沧溟东海崂 山遥万物生

青岛崂山生物多样性调查与评估报告

主编
——
郑培明 张晓 徐克阳 周仲元 邵蕊

山东科学技术出版社

·济南·

图书在版编目（CIP）数据

沧溟东海崂　山遥万物生：青岛崂山生物多样性调查与评估报告 / 郑培明等主编. —— 济南：山东科学技术出版社，2024.5
ISBN 978-7-5331-8569-5

Ⅰ. ①沧… Ⅱ. ①郑… Ⅲ. ①崂山 - 生物多样性 - 调查研究 - 研究报告 Ⅳ. ① Q16

中国国家版本馆 CIP 数据核字 (2024) 第 095504 号

沧溟东海崂　山遥万物生
——青岛崂山生物多样性调查与评估报告

CANGMING DONGHAI LAO
SHANYAO WANWU SHENG
——QINGDAO LAOSHAN SHENGWU DUOYANGXING
DIAOCHA YU PINGGU BAOGAO

责任编辑：陈　昕　张　琳

主管单位：山东出版传媒股份有限公司
出 版 者：山东科学技术出版社
　　　　　地址：济南市市中区舜耕路 517 号
　　　　　邮编：250003　电话：（0531）82098088
　　　　　网址：www.lkj.com.cn
　　　　　电子邮件：sdkj@sdcbcm.com
发 行 者：山东科学技术出版社
　　　　　地址：济南市市中区舜耕路 517 号
　　　　　邮编：250003　电话：（0531）82098067
印 刷 者：山东彩峰印刷股份有限公司
　　　　　地址：潍坊市潍城经济开发区玉清西街 7887 号
　　　　　邮编：261031　电话：（0536）8311811

规格：16 开（184 mm × 260 mm）
印张：29.75　　字数：400 千
版次：2024 年 5 月第 1 版　印次：2024 年 5 月第 1 次印刷
定价：298.00 元

编纂委员会

主　任　吴衍秋

委　员　龚振宇　李昊伦　崔文莲　孙　强　韩洪霞　黄　峻
　　　　　刘崇太　田成龙　王仁卿　吕昭智　薛　琳　王　悠

主　编　郑培明　张　晓　徐克阳　周仲元　邵　蕊

编　委　（以姓氏笔画排序）
　　　　　于　涛　王　蕙　王志强　刘炳初　严鹏程　李昊伦
　　　　　张　晓　张　晴　张　毅　张春雨　张淑萍　邵　蕊
　　　　　周仲元　郑培明　修　莉　贺同利　徐文颖　徐克阳
　　　　　徐琬莹　曹　赛　崔可宁　康泽辉　董兆克　潘明真

前　言

　　《沧溟东海崂 山遥万物生——青岛崂山生物多样性调查与评估报告》（简称《报告》）一书，以 2022—2024 年开展的崂山生物多样性保护优先区域生物多样性调查项目数据为基础，整合已有的崂山生物多样性历史资料和数据编著而成，是第一次全面、系统、深入、规范地对崂山生物多样性基本状况的调查、总结、概括和评述。

　　"生物多样性"是指动物、植物、微生物及其所组成的生态系统的多样性和变异性，包括遗传多样性、物种多样性和生态系统多样性 3 个基本层次。生物多样性是人类社会赖以生存和发展的重要物质基础，是维持自然生态系统稳定、保障粮食安全和社会－经济－自然复合生态系统安全的重要自然因素，对于人类社会的可持续发展具有直接、间接和潜在的重要价值。

　　生物多样性是地球生命共同体的血脉和根基，保护生物多样性已成为人类面临的一项刻不容缓的任务。2021 年 10 月，《生物多样性公约》第十五次缔约方大会（COP15）第一阶段会议在昆明成功举行。大会以"生态文明：共建地球生命共同体"为主题，为推进全球生态文明建设和生物多样性保护贡献了中国智慧、中国方案和中国力量，彰显习近平生态文明思想的世界意义。习近平主席发表主旨讲话，呼吁共同构建地球生命共同体。2022 年 12 月 19 日，COP15 第二阶段会议通过"昆明－蒙特利尔全球生物多样性框架"，为今后直至 2030 年乃至更长一段时间的全球生物多样性治理擘画了新蓝图。

　　作为世界上生物多样性最丰富的国家之一，同时也是最早签署和批准《生物多样性公约》的缔约方之一，中国不断推动生物多样性保护与时俱进、创新发展，取得显著成效，走出了一条中国特色生物多样性保护之路。2010 年，原环境保护部印发了《中国生物多样性保护战略与行动计划（2011 年—2030 年）》（环发

〔2010〕106号）；2021年，中共中央办公厅、国务院办公厅印发了《关于进一步加强生物多样性保护的意见》。党的二十大报告指出，尊重自然、顺应自然、保护自然，是全面建设社会主义现代化国家的内在要求。必须牢固树立和践行"绿水青山就是金山银山"的理念，站在人与自然和谐共生的高度谋划发展，贯彻落实"提升生态系统多样性、稳定性、持续性""推动绿色发展，促进人与自然和谐共生"重大任务。聚焦重点区域，系统开展生物多样性调查与评估工作，调查获取详细准确的生物多样性数据，是客观评估生物多样性现状、制定生物多样性保护和监测方案、开展相应保护和政策研究的前提。查明生物多样性本底是生物多样性保护的一项根本性的基础工作，对中国式现代化建设，以及国家安全和经济社会可持续发展都具有重要意义。

崂山位于山东半岛东南沿海，海拔1132.7 m，为我国海岸线第一高峰，素有"海上名山第一"的美誉。崂山濒临黄海，属暖温带大陆性季风气候，四季变化和季风进退都较明显，雨水丰沛、年温适中、冬无严寒、夏无酷暑。由于濒临黄海，受海洋的调节作用，所以又具有温和的海洋性气候特点。同时，复杂的地形造就了崂山复杂多变的小气候区。崂山东南部山区受海洋暖湿气流影响，温度高、降水多，为海洋性气候，位于此区域的太清宫附近被誉为崂山的"小江南"；巨峰北侧北九水一带，冬季平均气温至0℃以下，被誉为崂山的"小关东"。崂山生态系统多样，生物种类繁多，遗传成分复杂，生物多样性丰富，而且具有明显的沿海区域特色和山地小生境特点，自然生态保护和科研价值极高。在崂山开展系统、全面的生物多样性调查，摸清该区域生物多样性本底，不仅有利于维护崂山生态系统稳定，符合国家和山东省生物多样性保护的战略需求，而且对于服务国家、山东省和青岛市生态文明建设及促进青岛市经济社会可持续发展具有重要意义。

2021年，山东省生态环境厅等7部门联合印发了《山东省生物多样性保护战略与行动计划（2021—2030年）》，明确将崂山及周边区域列为省级生物多样性保护优先区域。2022年，山东省生态环境厅决定启动生物多样性保护优先区域的生物多样性调查试点项目，包括崂山、泰山－徂徕山、黄河三角洲3个优先区域，实施周期2年。崂山生物多样性保护优先区域包括崂山、华楼山、三标山等山脉，面积约为4.67万hm²。调查对象涵盖生态系统、高等植物、陆生脊椎动物、陆生昆虫、大型真菌、水生生物，以及生物多样性相关传统知识等多个方面，是对崂山生物多样性全面、系统、深入、规范的摸底调查。本次调查具有前瞻性、引领性和示范性价值。

调查发现，崂山实地记录各类物种共3081种（含亚种），包括陆生高等植物167科

759 属 1671 种，其中外来入侵种 71 种，珍稀濒危物种 111 种（国家一级重点保护植物 2 种，国家二级重点保护植物 14 种），调查区域分布新记录 28 种；陆生脊椎动物 28 目 72 科 257 种，其中国家一级重点保护野生鸟类 3 种，分别是黑鹳、东方白鹳、乌雕，国家二级重点保护野生鸟类 30 种；昆虫 18 目 135 科 362 属 431 种（含亚种），其中发现一新种山东褶大蚊（*Dicranoptycha shandongensis*），4 种"三有"名录中的昆虫；水生生物 476 种，其中浮游植物 211 种，浮游动物 93 种，底栖动物 84 种，鱼虾类 30 种，着生藻类 48 种，挺水植物 10 种；大型真菌 3 纲 15 目 52 科 104 属 246 种，其中调查区域分布新记录 202 种。这些新的记录、新的发现表明，崂山不仅拥有丰富的生物多样性，而且随着未来持续、深入、细致的调查、监测、评估，新的物种和记录将会持续增加和出现。

本书共分为崂山生物多样性保护优先区域概况、生态系统调查与评估、植物多样性调查与评估、哺乳动物多样性调查与评估、两栖及爬行动物多样性调查与评估、鸟类多样性调查与评估、昆虫多样性调查与评估、水生生物多样性调查与评估、大型真菌多样性调查与评估、生物多样性概要及面临的主要威胁与保护对策建议等 10 章，从多彩的生态系统、多样的物种和丰富的遗传资源等方面，全面展示了崂山的生物多样性之美。本书集学术性与应用性为一体，既有翔实的调查数据，又有丰富多彩的图片，让读者沉浸式体验崂山生物多样性之丰富，领略"沧溟东海崂，山遥万物生"的壮阔景象。

本次在崂山生物多样性保护优先区域还创新性地首次进行了生物多样性相关传统知识调查，共计调查到与生物多样性相关的传统知识词条 5 类 9 项 24 条，其中包括传统选育农业遗传资源的相关知识 4 条，传统医药相关知识 1 条，与生物资源可持续利用相关的传统技术及生产生活方式 8 条，与生物多样性相关的传统文化 6 条，传统生物地理标志产品相关知识 5 条。相关详细内容将单独发布。

由于生物多样性涉及内容繁多，且受调查时间及编写人员水平所限，书中难免存在疏漏和不足之处，敬请广大读者批评指正。也期待通过未来持续、深入、细致的定期调查和长期定位观测研究，补充和完善崂山生物多样性数据，为科学适宜保护和可持续利用提供更为有力的资料和依据。

编纂委员会
2024 年 5 月

目 录

第一章

崂山生物多样性保护优先区域概况

第一节　生态条件

一、地理位置

　　崂山生物多样性保护优先区域（以下简称"崂山优先区域"）位于青岛市东部、黄海之滨，地处北纬 36° 05′ ~36° 19′，东经 120° 24′ ~120° 42′，包括崂山、华楼山、三标山等山脉，面积约为 4.67 万 hm²。崂山主峰巨峰海拔 1132.7 m，是中国大陆 18 000 km 海岸线上的第一高峰，享有"海上名山第一"的美誉（图 1-1）。

图 1-1　崂山——海上名山第一

二、地质地貌

　　崂山属胶东低山丘陵的一部分，位于中朝古陆胶辽地盾的南部，构造体系属新华夏系第二隆起代的构造部位。崂山按其山脉的自然走向，可分为 4 条支脉，巨峰支脉、三标山支脉、石门山支脉和午山支脉，其中巨峰支脉包括巨峰干脊主体与直插黄海诸山。崂山优先区域包括巨峰、三标山和石门山支脉的主要山体，分别是崂山、三标山和华楼山。

三、土壤条件

崂山优先区域土壤的成土母岩，主要是中生代花岗岩酸性岩类及喷发熔岩基性岩类，其母质有现代残积物、洪积冲积物、河流冲积物、河海相沉积物4大类。根据第二次全国土壤普查统计，区域内有棕壤、潮土、盐土3个土类，其下分7个亚类，12个土属，26个土种。

四、水文特征

崂山优先区域水文资源丰富，有23条主要河流，以巨峰为中心向四面八方流淌。其中，向西流入胶州湾的有白沙河、五龙河、石门河、惜福镇河、小水河、李村河、张村河、王埠河等8条；向东流入黄海的有土寨河、石人河、王哥庄西山河、王哥庄河、晓望河、刁龙嘴河、泉心河、石头河等8条；向南流入黄海的有南九水河、西登瀛河、小河东河、凉水河、流清河、八水河等6条；向北流入即墨区的只有葛家河1条。且多直流入海，源短、流急，属季节性河。

崂山优先区域东南两面临海，蜿蜒曲折的海岸形成无数海湾、岬角和半岛，海面上还散布着许多岛屿。崂山海岸线漫长，北起江家土寨后小北河口，南至崂山头又折而向西，直到麦岛西山根，绕山区海岸线长达87.3 km。

五、气候特征

崂山优先区域属暖温带大陆性季风气候，四季变化和季风进退都较明显，具有雨水丰沛、年温适中、冬无严寒、夏无酷暑的特点。由于濒临黄海，受海洋的调节作用，又表现出春冷、夏凉、秋暖、冬温、昼夜温差小、无霜期长和湿度大等海洋性气候特点。因受海洋影响，加之地形复杂，东南部山区降水较多，空气湿润，小气候区明显，太清宫附近被誉为"小江南"，北九水则被誉为"小关东"，中部低山和丘陵区降水适中，形成半湿润温和区。

第二节 资源状况

一、生态系统

崂山优先区域可划分为森林生态系统、灌丛生态系统、草地生态系统、湿地生态系统、农田生态系统、城镇生态系统、其他类等 7 类 I 级类型；阔叶林、针叶林、针阔混交林、稀疏林、阔叶灌丛、稀疏灌丛、草地、沼泽、湖泊、河流、耕地、居住地、工矿交通、裸地等 14 类 II 级生态系统类型。调查区域内生态系统类型多样。

不管是从生态系统面积，还是斑块数、平均斑块面积来看，森林生态系统均占主导地位，森林生态系统为该区域的主要生态系统。从聚集度指数和边界密度来看，区域内各类生态系统聚集程度很高，破碎化程度较低。

根据生态系统质量评估结果，森林生态系统的质量最高，特别是阔叶林，为所有生态系统中质量最好的类型。这得益于崂山省级自然保护区是以森林生态系统类型为主的自然生态系统类保护区，特别是以暖温带落叶阔叶林森林植被和花岗岩峰丛地貌为主要保护对象。保护区总体状况良好，实现了对暖温带落叶阔叶林的有效保护。

但目前仍存在病虫灾、火灾、旅游压力增大给保护对象带来的威胁，保护该区域的生物多样性和自然生态系统是历史责任和义务，是可持续发展的需要和支撑，是提供更多优质生态产品的需要，是区域生态安全的需要，更是生态文明建设的需要。

二、植物资源

崂山优先区域特殊的地貌和温暖湿润的气候，孕育了极为丰富的生物多样性。植物种类繁多、区系成分复杂、珍稀和特有植物种类多、植被类型多样，是该区域植物分布的显著特点。该区域是山东植物区系最丰富的区域，同时也是我国暖温带地区东部资源最丰富的地区。崂山优先区域地处亚热带之终，北温带之始，又濒临黄海，故气候温和湿润，宜于南北各方多种植物在此生长或驯化繁殖。该区域植物区系属于泛北极植物区系，中亚－日本森林植物亚区，华北植物地区，辽东、山东丘陵植物亚地区，鲁东植物丘陵地区，以被子植物为主。

（一）植物种类

1. 物种概况

崂山优先区域高等植物名录以《中国植物志》分类系统（恩格勒分类系统）为主，结合 APG IV 分类系统以及 Species 2000 中国节点数据库进行调整与补充，共调查到 7 纲 52 目 167 科 759 属 1671 种（包括野生或半野生植物 1251 种，栽培观赏或蔬菜作物植物 420 种），其中蕨类植物有 16 科 28 属 52 种，裸子植物有 8 科 25 属 62 种；被子植物有 143 科 706 属 1557 种。被子植物种数占崂山优先区域高等植物总种数的 93.18%。

2. 入侵物种

崂山优先区域共发现入侵物种 71 种，主要包括土荆芥（*Dysphania ambrosioides*）、钻叶紫菀（*Symphyotrichum subulatum*）、一年蓬（*Erigeron annuus*）、小蓬草（*Erigeron canadensis*）、垂序商陆（*Phytolacca americana*）、藿香蓟（*Ageratum conyzoides*）、大狼耙草（*Bidens frondosa*）等。

3. 珍稀濒危物种

崂山优先区域珍稀物种共 111 种，其中包括水杉、银杏国家一级保护植物 2 种，青岛百合、山茴香等国家二级保护植物 14 种。此外，根据《山东稀有濒危保护植物》等资料，调查区域内较为稀有珍稀的物种 95 种。

4. 调查区域新分布物种

结合《崂山植物志》《山东植物志》等权威资料，本次调查发现调查区域新分布物种 28 种，如柳叶马鞭草（*Verbena bonariensis*）、辽藁本（*Conioselinum smithii*）、卵叶茜草（*Rubia ovatifolia*）等。

（二）植被资源

1. 针叶林

针叶林是崂山优先区域目前分布较广泛的植被类型之一，为天然、半天然的次生林和人工林。崂山的地带性针叶林属温性常绿针叶林，主要建群种是赤松（*Pinus densiflora*）、油松（*Pinus tabuliformis*）和黑松（*Pinus thunbergii*）、日本落叶松（*Larix kaempferi*）（图 1-2）。

图 1-2 赤松（*Pinus densiflora*）林

2. 阔叶林

崂山优先区域的阔叶林为典型暖温带落叶阔叶林类型，由暖温带常见的落叶阔叶树种组成，根据建群种和优势种不同，划分为麻栎（*Quercus acutissima*）林、栓皮栎（*Quercus variabilis*）林、枹栎（*Quercus serrata*）林、杂木林、枫杨（*Pterocarya stenoptera*）林、刺槐（*Robinia pseudoacacia*）林、毛白杨林、其他阔叶林（赤杨林、欧美杨林、楸树林等）及特种经济林等主要类型（图 1-3）。

图 1-3　麻栎（*Quercus acutissima*）林

3. 竹林

竹类通常分布于热带和亚热带地区，但在崂山优先区域栽培却很广泛，主要竹林是淡竹林、毛竹林和少量箬竹林（图1-4）。

4. 灌丛

崂山优先区域灌丛类型很多，包括常绿和落叶灌丛。常绿灌丛主要是山茶灌丛，零星分布在崂山临海悬崖和附近的长门岩等岛屿。其他类型有胡枝子（*Lespedeza bicolor*）灌丛、杜鹃灌丛、荆条灌丛、绣线菊灌丛等（图1-5、图1-6）。

图 1-4　淡竹（*Phyllostachys glauca*）林

图 1-5　荆条（*Vitex negundo* var. *heterophylla*）灌丛

图 1-6　迎红杜鹃（*Rhododendron mucronulatum*）灌丛

5. 灌草丛

崂山优先区域的灌草丛主要是黄背草（*Themeda triandra*）灌草丛（图1-7）。

6. 草甸

崂山优先区域的草甸主要是山地草甸，常见的有结缕草草甸、白茅草甸，以及荻（*Miscanthus sacchariflorus*）和油芒、野古草等组成的草甸（图1-8）。

图1-7 黄背草（*Themeda triandra*）　　　　图1-8 荻（*Miscanthus sacchariflorus*）

7. 水生植被

崂山优先区域分布有较多的河流和水库，主要植物群落有浮萍、紫萍等形成的漂浮群落，由莲、芦苇等形成的挺水群落等（图1-9）。

8. 栽培植被

崂山优先区域的栽培植被主要为农业栽培植被，如粮食和蔬菜、油料作物类及果树类，其中樱桃最为著名，还有目前广泛栽培的茶类经济作物和花卉等（图1-10）。

图 1-9　红睡莲（*Nymphaea alba* var. *rubra*）

图 1-10　樱桃（*Prunus pseudocerasus*）

（三）古树名木资源

　　崂山优先区域古树名木众多，其中有 2000 多年树龄的汉代圆柏和汉代银杏树，1000多年树龄的唐代糙叶树，400 多年树龄的明代山茶，100 多年树龄的乌桕，胸径超过 40 cm的锦熟黄杨等（图 1-11、图 1-12）。

图 1-11　汉柏凌霄——圆柏（*Juniperus chinensis*）

图1-12 崂山"绛雪"——山茶（*Camellia japonica*）

三、动物资源

按照中国动物地理区划，崂山优先区域属古北界、东亚亚界、华北区、黄淮平原亚区，包括暖温带旱作区农田动物群、温带森林－森林草原动物类群。崂山优先区域动物种类比较丰富多样。

（一）哺乳动物

崂山优先区域内分布有野生兽类物种6目10科16种，其中北松鼠、岩松鼠与猕猴为引入归化物种，其余兽类物种为土著种。

崂山优先区域内分布的兽类中，劳亚食虫目1科1种，占兽类物种总数的6.25%；翼手目2科4种，占25.00%；灵长目1科2种，占6.25%；兔形目1科1种，占6.25%；啮齿目2科5种，占31.25%；食肉目3科4种，占25.00%。

（二）两栖类和爬行类

崂山优先区域内的两栖、爬行动物物种主要为古北界物种和广布种，且存在团花锦蛇（*Elaphe davidi*）等国家二级重点保护野生动物。

（三）鸟类

崂山优先区域内实际记录到鸟类共 19 目 54 科 221 种，包含涉禽、游禽、猛禽、攀禽、鸣禽，不但具有较高的物种多样性，生态类型也十分丰富。

（四）昆虫

崂山优先区域内昆虫共 18 目 135 科 362 属 431 种（含亚种），其中重要物种包括新物种 1 种、山东省新记录物种 27 种、《国家保护的有重要生态、科学、社会价值的陆生野生动物名录》中的物种 4 种、《中国外来入侵物种名单》中的物种 3 种。

（五）水生生物

崂山生物多样性优先区域内水生生物资源丰富，共计 476 种，其中浮游植物 211 种，浮游动物 93 种，底栖动物 84 种，鱼虾类 30 种，着生藻类 48 种，挺水植物 10 种。

四、大型真菌

根据本次调查结果，结合历史数据资料，山东省共有大型真菌 64 科 166 属 435 种。崂山气候湿润，森林茂密，适合真菌类生存。根据本次调查结果，崂山现有大型真菌共 3 纲 15 目 52 科 104 属 246 种（图 1-13、图 1-14），其中 202 种为调查区域分布新记录。此外，评估得到 32 种珍稀或濒危物种，其中一级保护真菌 1 种、二级保护真菌 6 种、三级保护真菌 2 种。

图 1-13　绯红肉杯菌（*Sarcoscypha coccinea*）

图 1-14　云芝栓孔菌（*Trametes versicolor*）

第三节　社会经济

一、行政区域

　　崂山地区夏、商、西周为莱夷地。春秋时属东莱，战国时期属齐国。秦始皇帝二十六年（前 221 年），置琅琊郡（后置胶东郡），崂山地区属之。西汉时设不其县，辖崂山境，属琅琊郡。北齐天保七年（556 年），废不其县，其地并入长广县。隋开皇十六年（596 年），不其县故地并入即墨县，至清光绪二十四年（1898 年），崂山境域均属即墨县。

　　1949 年 6 月，崂山地区解放，设崂山行政办事处，属南海专区。1950 年 5 月，改属胶州专区。1951 年 4 月，划归青岛市。1953 年 6 月，改为青岛市崂山郊区。1961 年 10 月，设立崂山县。1988 年 11 月，撤县设立青岛市崂山区。1994 年 4 月，青岛市市区行政区划作重大调整，设立新的崂山区。

　　崂山林场始建于 1950 年，为山东省第三大国有林场，被誉为青岛市的绿肺和后花园。林场现有干部职工 300 余人，下设巨峰林区、流清林区、太清林区、华严林区、仰口林区、九水林区、华楼林区、夏庄林区 8 个林区。

　　2000 年 11 月 22 日，经山东省人民政府批准（鲁政字〔2000〕309 号）成立了青岛崂山省级自然保护区（以下简称崂山保护区），是以保护森林生态系统类型为主的自然生态系统类保护区，以暖温带落叶阔叶林森林植被和花岗岩峰丛地貌为主要保护对象，总面积 44 855 hm²。2019 年，山东省人民政府发文（鲁政字〔2019〕201 号），同意对崂山保护区范围和功能区进行调整。调整后保护区面积 31 526 hm²，其中核心区面积 7542 hm²，缓冲区面积 8924 hm²，实验区面积 15 060 hm²（图 1-15）。

图 1-15 崂山

二、产业发展

（一）产业构成概述

该区域内第一产业，以保护培育森林资源为主，积极应用新技术、新品种发展培育了市场潜力大、发展前景广阔的种植业；第二产业以荣获"中国名牌"产品称号的崂山矿泉水为代表；第三产业是适度开展了森林生态旅游业，带动餐饮、住宿等相关行业的发展。

（二）主要产业分析

崂山优先区域内各办事处中心区以工业生产为主。惜福镇以工业和第三产业为主。其中，2021 年工业产值约为 21.5 亿元，第三产业产值约为 25.03 亿元，农业产值约为 0.42 亿元。夏庄以工业和第三产业为主。其中，工业产值约为 190 亿元，农业产值约为 0.6 亿元，第三产业产值约为 40 亿元。

各办事处所属村庄以农业生产为主，并初步形成了王哥庄大馒头、王哥庄茶叶、北宅杂果的产业布局。沿海村庄以水产、旅游业为主。各办事处居民的年人均收入在 6000~9000 元，其中以北宅最低。

三、生态旅游

崂山风景名胜区是 1982 年国务院首批审定公布的国家重点风景名胜区之一，是中国重要的海岸山岳风景胜地，2011 年被批准为国家 AAAAA 级旅游景区。在全国的名山中，唯有崂山是在海边拔地而起的，是道教发祥地之一。崂山自古被称为"神宅仙窟""海上名山第一"。崂山按照空间划分为巨峰景区、流清景区、太清景区、上清景区、棋盘山景区、仰口景区、北九水景区、华楼景区、华严寺等 9 个景区，包括巨峰旭照、龙潭喷雨、明霞散绮、太清水月、海峤仙墩、那罗延窟、云洞蟠松、狮岭横云、华楼叠石、棋盘仙弈、岩瀑潮音、蔚竹鸣泉等崂山十二景，按照类别可划分为森林景观、地貌景观、水体景观、鸟类景观及人文景观。

第四节　　科学研究

一、研究历史

崂山植物的相关研究始于 19 世纪末。Loesener（1919）的"Prodromus Florae Tsingtauensis"一文中，简要提到了青岛植物区系分布；李继同的"青岛森林调查"（1919）是国内学者关于青岛（崂山）森林植被研究最早的文献之一；李顺卿是研究崂山植被的第一位中国学者，发表了关于"山东崂山植物环象初步观察"的文章（1935）；周光裕教授从 20 世纪 50 年代开始对崂山植物和植被开展研究。此后，有十多所高校和科研单位的专家学者在崂山开展植物、动物、微生物区系和生态系统的调查与研究。

崂山林场一直致力于国内外树木引种驯化和良种基地建设工作，取得了很大成绩。2006 年，承担国家林业局"日本落叶松母树林采种基地建设"项目，填补了山东省落叶松母树林基地建设的空白，将北九水林区 92.1 hm^2 落叶松林确定为采种保护林分。按照国家林业局有关要求，设计崂山风景区日本落叶松采种基地建设方案，积极启动了日本落叶松母树林基地建设。

二、研究成果

早在 19 世纪末，国内外学者就对崂山植物进行了详细深入的研究，先后编写了《青岛栽培植物名录》等书籍；1980 年，崂山林场在多年调查基础上，编写了《崂山木本植物名录》；崂山风景区管理委员会和山东师范大学组成了联合科研组，2003 年出版了《崂山植物志》；崂山风景管理局和崂山国家森林公园管理处合作，编写完成《崂山木本植物》，于 2017 年出版。在《山东森林保护志》《山东植物志》《山东植被》等专著中，关于崂山植物和植被的论述也非常多。

2023 年 11 月，崂山风景管理局委托山东大学，编研出版 "崂山生态保护丛书"，包含《崂山综合科学考察报告》《崂山生物多样性概况》《崂山稀有濒危保护植物》3 册，是第一次多角度、全方位对崂山生态保护的总结与凝练。

三、教研基地

山东大学、山东师范大学、山东农业大学、青岛农业大学、山东中医药大学、中国林业科学研究院等国内高等院校、科研机构，长期在崂山开展科学研究或设置教学科研基地，经常有学生来崂山考察和实习。在一些重大项目，如 "华北群落资源清查" "中国植被志编研" "中国灌丛志编研" 等相关研究工作中，崂山也是重要的研究对象。

2009 年，国家林业局批准建立青岛森林生态系统定位研究站，主要观测地址设在崂山。2015 年 7 月 16 日，山东大学、青岛市林业局商量共建青岛森林生态系统定位研究站，青岛森林定位站以崂山为核心，站点位置在崂山太清宫附近，定位站的建立为解决林业重大科学问题提供研究平台，提高林业科技的创新能力，为生态效益补偿及绿色 GDP 的核算提供数据支撑，在中国森林生态网络中具有重要地位。同时，为崂山的保护和建设提供科学依据，促进崂山生态保护的规范、健康发展。

第二章

生态系统调查与评估

第一节　调查内容及方法

一、调查范围

本项目调查区域为崂山优先区域，调查区域主要包括崂山、华楼山、三标山等，面积约为 46 700 hm²。调查区域与调整前的崂山省级自然保护区基本重合。

二、调查内容

基于 2022 年调查区域遥感影像，通过遥感影像解译与实地踏勘，查明该区域生态系统的类型、面积、分布和结构等景观格局特征。

三、调查方法

（一）资料收集

项目开展以来，项目组通过多种形式收集了崂山优先区域生态系统相关的文件、报告、专著、论文等基础资料。

（二）生态系统调查

基于调查区域可获取的最新遥感影像，通过遥感影像解译、无人机航拍、实地踏勘，结合"绿途"App 众源数据采集的方式进行生态系统调查。

（三）生态系统评估

以遥感影像解译结果和生态系统长期监测数据为基础，通过对生态系统格局、生态系统质量、生态系统干扰状况等指标进行计算，明确该区域生态系统的类型、面积、分布和结构等景观格局特征，为定量评估生态系统的空间格局提供依据。

第二节 生态系统调查

一、遥感影像解译

采用来源于中国资源卫星应用中心（https://www.cresda.com/zgzywxyyzx/index.html）的高分一号卫星（GF1-WFV）的遥感影像（空间分辨率 2 m）。通过波段组合、图像剪裁等对遥感影像进行预处理，使用 eCognition9.0 软件，以多尺度为基础的图像分割法将研究区域图像分割为 747 个斑块，再通过阈值分类和监督分类等方法，并结合基于人机交互的人工目视解译进行校正，对遥感影像定性、定量地提取出生态系统的类型、分布等信息。

二、野外实地核查

结合遥感影像解译结果，通过无人机与野外实地踏勘的方法，利用"绿途"App 众源数据采集，对分类斑块进行二次修正，并记录调查区域内各斑块的生态系统类型（到二级生态系统类型）。

三、生态系统分类

根据《全国生态状况调查评估规范——生态系统质量评估》（HJ 1172—2021），崂山生态系统类型划分为森林生态系统、灌丛生态系统、草地生态系统、湿地生态系统、农田生态系统、城镇生态系统、其他 7 类 I 级类型（表 2-1）。其中，森林生态系统又可细分为阔叶林、针叶林、针阔混交林与稀疏林 4 类 II 级类型；灌丛生态系统又可细分为阔叶灌丛与稀疏灌丛 2 类 II 级类型；草地生态系统又可细分为草地 1 类 II 级类型；湿地生态系统又可细分为沼泽、湖泊（库塘）与河流 3 类 II 级类型；农田生态系统又可细分为耕地 1 类 II 级类型；城镇生态系统又可细分为居住地与工矿交通 2 类 II 级类型；其他主要为裸地 1 类 II 级类型，共计 14 类 II 级生态系统类型。

表 2-1　生态系统分类体系

I级代码	I级类型	II级代码	II级类型	分类依据
1	森林生态系统	11	阔叶林	$H = 3\sim30\,\mathrm{m}$，$C \geqslant 0.2$，阔叶
		12	针叶林	$H = 3\sim30\,\mathrm{m}$，$C \geqslant 0.2$，针叶
		13	针阔混交林	$H = 3\sim30\,\mathrm{m}$，$C \geqslant 0.2$，$25\% < F < 75\%$
		14	稀疏林	$H = 3\sim30\,\mathrm{m}$，$C = 0.04\sim0.2$
2	灌丛生态系统	21	阔叶灌丛	$H = 0.3\sim5\,\mathrm{m}$，$C \geqslant 0.2$，阔叶
		23	稀疏灌丛	$H = 0.3\sim5\,\mathrm{m}$，$C = 0.04\sim0.2$
3	草地生态系统	31	草地	$K \geqslant 1$，土壤湿润，$H = 0.03\sim3\,\mathrm{m}$，$C \geqslant 0.2$
4	湿地生态系统	41	沼泽	地表经常过湿或有薄层积水，生长沼泽生和部分湿生、水生或盐生植物，有泥炭积累或明显的潜育层，包括森林沼泽、灌丛沼泽、草本沼泽等
		42	湖泊（库塘）	自然水面，静止
		43	河流	自然水面，流动
5	农田生态系统	51	耕地	人工植被，土地扰动，水生或旱生作物，收割过程
6	城镇生态系统	61	居住地	城市、镇、村等聚居区
		63	工矿交通	人工挖掘表面和人工硬表面，工矿用地、交通用地
8	其他	81	裸地	自然，松散表面或坚硬表面，壤质或石质，$C < 0.04$

*注：C，覆盖度／郁闭度；H，植被高度（m）；F，针叶树与阔叶树的比例；K，湿润指数。

第三节　生态系统评估

一、生态系统格局评估

基于《全国生态状况调查评估技术规范——生态系统格局评估》，以遥感和地面调查数据为基础，评估了崂山生物多样性保护优先区域的生态系统格局状况，定量分析了生态系统总体特征。生态系统格局评估使用了生态系统构成及其变化、生态系统空间格局特征及其变化两大一级指标；生态系统类型构成比例、斑块数、平均斑块面积、边界密度、聚集度指数 5 个二级指标。

（一）生态系统构成

基于调查区域可获取的最新遥感影像，通过遥感影像解译、无人机航拍、实地踏勘，结合"绿途"众源数据采集的方式，最终将崂山生物多样性保护优先区域的生态系统进行了类型划分。共划分为森林生态系统、灌丛生态系统、草地生态系统、湿地生态系统、农田生态系统、城镇生态系统、其他 7 类 I 级生态系统类型，14 类 II 级生态系统类型。

利用公式（1）评估了区域内各类生态系统面积比例，代表了各生态系统类型在评估区内的组成现状，结果见表 2-2。

$$P_{ij} = \frac{S_{ij}}{TS} \qquad (1)$$

式中，P_{ij} 为第 i 类生态系统在第 j 年的面积比例；S_{ij} 为第 i 类生态系统在第 j 年的面积；TS 为评估区域总面积。

表 2-2　生态系统类型构成表

I 级代码	I 级类型	II 级代码	II 级类型	面积 /km²	类型构成比例 /%
1	森林生态系统	11	阔叶林	64.13	14.36
		12	针叶林	119.34	26.72
		13	针阔混交林	74.63	16.71

（续）

I级代码	I级类型	II级代码	II级类型	面积/km²	类型构成比例/%
1	森林生态系统	14	稀疏林	25.10	5.62
2	灌丛生态系统	21	阔叶灌丛	63.24	14.16
		23	稀疏灌丛	15.44	3.46
3	草地生态系统	31	草地	53.30	11.93
4	湿地生态系统	41	沼泽	6.30	1.41
		42	湖泊（库塘）	7.09	1.59
		43	河流	0.41	0.09
5	农田生态系统	51	耕地	4.43	0.99
6	城镇生态系统	61	居住地	3.67	0.82
		63	工矿交通	3.14	0.70
8	其他	81	裸地	6.37	1.42

从表2-2可以看出，森林生态系统所占比例最大，达到了63.41%；灌丛生态系统次之，占总面积的17.62%；草地生态系统占比也达到了11.93%。二级生态系统中，针叶林占比最大，达到了26.72%；针阔叶混交林、阔叶林、阔叶灌丛的占比也相对较大，均达到了14%以上。可见，调查区域生态系统多样，且森林生态系统占主导地位。

（二）生态系统空间格局特征

在崂山优先区域生态系统类型划分的基础上，对研究区域内的生态系统分类进行渲染上色，得到了各生态系统类型分布图。森林生态系统为研究区域内的主要生态系统类型，占地面积大，在空间分布上较为聚集。特别是其中的针叶林，分布面积最为广阔。灌丛生态系统虽然分布较为零散，但仍占据一定面积，且以阔叶灌丛为主。草地生态系统多存在于森林生态系统和灌丛生态系统的交界处，分布较为零散，破碎化程度高。湖泊（库塘）生态系统（崂山水库）主要存在于研究区域的西北部，河流与沼泽生态系统则零星分布于森林生态系统之间。盐碱地主要分布于沿海区域，而农田、城镇和其他（裸地）生态系统则主要集中在研究区外侧，受人为活动干扰影响较大。

利用公式（2）到公式（5）评估了区域内生态系统空间格局特征，结果见表2-3。

$$\text{NP} = n_i \qquad\qquad (2)$$

式中，NP 为斑块数量指数；n_i 为第 i 类生态系统的斑块数量。

$$\overline{A_i} = \frac{1}{N}\sum_{j=1}^{N_i} A_{ij} \qquad\qquad (3)$$

式中，$\overline{A_i}$ 为平均斑块面积指数；N_i 为第 i 类生态系统的斑块总数；A_{ij} 为第 i 类生态系统第 j 个斑块的面积。

$$\text{ED}_i = \frac{1}{A_i}\sum_{j=1}^{M} L_{ij} \qquad\qquad (4)$$

式中，ED_i 为第 i 类生态系统边界密度指数；L_{ij} 为第 i 类生态系统斑块与相邻第 j 类生态系统斑块间的边界长度；A_i 为第 i 类生态系统的总面积。

$$C = C_{\max} + \sum_{i=1}^{n}\sum_{j=1}^{n} P_{ij}\ln(P_{ij}) \qquad\qquad (5)$$

式中，C 为生态系统聚集度指数；P_{ij} 为斑块类型 i 与 j 相邻的概率；n 为各类生态系统斑块总数；$C_{\max}$ 为 P_{ij} 参数的最大值。

表 2-3　生态系统空间格局特征表

I 级代码	I 级类型	II 级代码	II 级类型	斑块数量 / 个	平均斑块面积 /km²
1	森林生态系统	11	阔叶林	31	2.07
		12	针叶林	67	1.78
		13	针阔混交林	64	1.17
		14	稀疏林	68	0.37
2	灌丛生态系统	21	阔叶灌丛	100	0.63
		23	稀疏灌丛	36	0.43
3	草地生态系统	31	草地	189	0.28
4	湿地生态系统	41	沼泽	52	0.12
		42	湖泊（库塘）	11	0.64

（续）

I 级代码	I 级类型	II 级代码	II 级类型	斑块数量 / 个	平均斑块面积 /km²
4	湿地生态系统	43	河流	2	0.20
5	农田生态系统	51	耕地	19	0.23
6	城镇生态系统	61	居住地	28	0.13
		63	工矿交通	6	0.52
8	其他	81	裸地	74	0.07

崂山生物多样性保护优先区域共划分为 747 个斑块。其中，森林生态系统共有斑块 230 个，灌丛生态系统共有斑块 136 个，草地生态系统共有斑块 189 个，湿地生态系统共有斑块 65 个，农田生态系统共有斑块 19 个，城镇生态系统共有斑块 34 个，其他共有斑块 74 个。而从平均斑块面积来看，森林生态系统及其二级类型的平均斑块面积明显大于其他生态系统类型，特别是阔叶林，平均斑块面积 2.07 km²，针叶林和针阔混交林也分别达到了 1.78 km² 和 1.17 km²。该结果与区域内各类生态系统构成结果相一致，森林生态系统为该区域的主要生态系统。其余生态系统中，平均斑块面积相对较高的为阔叶灌丛（平均斑块面积 0.63 km²）、湖泊（库塘）（平均斑块面积 0.64 km²）等。而从聚集度指数和边界密度来看，区域内各类生态系统聚集指数均在 0.99 及以上，边界密度则为 33.32 m/hm²，说明各类生态系统聚集程度很高，破碎化程度较低。

二、生态系统质量评估

基于《全国生态状况调查评估技术规范——生态系统质量评估》，以遥感和地面调查数据为基础，遵循可操作性与技术可行性原则，评估了崂山生物多样性保护优先区域的生态系统质量状况。生态系统格局评估以遥感生态参数（植被覆盖度与总初级生产力）作为指标，采取分生态系统类型选取参照值的方法构建了生态系统质量指数。具体做法为：以每个生态系统的生态参数最大值作为参照值，依次计算每个生态系统参数值与其参照值的比值，得到该分区内该生态参数的相对密度。再由植被覆盖度和总初级生产力的相对密度来构建生态系统质量指数，反映区域内生态系统质量整体状况，具体计算方法见公式（6）和（7）。

$$\mathrm{RVI}_i = \frac{F_i}{F_{maxi}} \tag{6}$$

式中，RVI_i 为第 i 类生态系统生态参数的相对密度；F_i 为第 i 类生态系统生态参数值；F_{maxi} 为第 i 类生态系统生态参数最大值。

$$\mathrm{EQI}_i = \frac{FVC_i + GPP_i}{2} \times 100 \tag{7}$$

式中，EQI_i 为第 i 类生态系统质量；FVC_i 为第 i 类生态系统植被覆盖度相对密度；GPP_i 为第 i 类生态系统总初级生产力相对密度。

一般将生态系统质量分为 5 级，即优（$\mathrm{EQI} \geqslant 75$）、良（$55 \leqslant \mathrm{EQI} < 75$）、中（$35 \leqslant \mathrm{EQI} < 55$）、低（$20 \leqslant \mathrm{EQI} < 35$）、差（$\mathrm{EQI} < 20$）。根据生态系统质量评估结果（表 2-4），森林生态系统的质量最高，EQI 指数为 55.92，达到了良的水平。其中，阔叶林、针叶林与针阔混交林的生态质量也较好，EQI 指数分别为 69.24、59.40 与 57.79，均达到了良的水平，特别是阔叶林，是所有生态系统中质量最好的类型。而稀疏林生态质量稍差，EQI 指数为 37.26，仅达到中级水平。其他自然生态系统，包括灌丛生态系统（EQI 指数为 37.03）、草地生态系统（EQI 指数为 32.15）、湿地生态系统（EQI 指数为 34.09）及它们的二级类型生态质量一般只能达到中或低的水平。其他生态系统，包括农田生态系统（EQI 指数为 18.65）、城镇生态系统（EQI 指数为 6.99）、其他生态系统（EQI 指数为 0）及它们的二级类型的生态质量为差的等级水平。

表 2-4　生态系统质量评估表

I 级代码	I 级类型	生态系统质量	II 级代码	II 级类型	生态系统质量
1	森林生态系统	55.92	11	阔叶林	69.24
			12	针叶林	59.40
			13	针阔混交林	57.79
			14	稀疏林	37.26
2	灌丛生态系统	37.03	21	阔叶灌丛	38.75
			23	稀疏灌丛	35.32
3	草地生态系统	32.15	31	草地	32.15

（续）

I级代码	I级类型	生态系统质量	II级代码	II级类型	生态系统质量
4	湿地生态系统	34.09	41	沼泽	32.74
			42	湖泊（库塘）	35.51
			43	河流	34.01
5	农田生态系统	18.65	51	耕地	18.65
6	城镇生态系统	6.99	61	居住地	10.12
			63	工矿交通	3.85
8	其他	0	81	裸地	0

三、生态系统干扰状况评估

　　基于《生物多样性遥感调查与观测技术指南》《县域陆生高等植物多样性调查与评估技术规定》《县域植被多样性调查与评估技术规定》，调查组以遥感和地面调查数据为基础，对崂山生物多样性保护优先区域生态系统干扰的类型、面积和分布进行了定性和定量评估。生态系统干扰一般划分为自然干扰和人为干扰两类，每类中再细划分为两级。其中，自然干扰主要包括气象灾害、地质灾害、生物灾害、火灾等具体类型；人为干扰主要包括农林牧渔业活动、开发建设、环境污染等具体类型。影响强度可分为强、中、弱、无4个等级，影响强度分级见表2-5。

表2-5　影响强度分级

影响强度等级	状况描述
强	生境受到严重干扰；植被基本消失；野生动物难以栖息繁衍
中	生境受到干扰；植被部分消失，但干扰消失后，植被仍可恢复；野生动物栖息繁衍受到一定程度影响，但仍可以栖息繁衍
弱	生境受到一定干扰；植被基本保持原有状态；对野生动物栖息繁衍影响不大
无	生境没有受到干扰；植被保持原有状态；对野生动物栖息繁衍没有影响

　　崂山生物多样性保护优先区域生态系统干扰既有自然干扰，也有人为干扰。自然干扰包括火灾与生物灾害（病虫害）两类。其中，火灾主要发生在三标山附近（2022年4月），面积为 4.15 km^2，该区域的生境受到干扰，植被部分消失，但干扰消失后，植被仍可恢复，故影响强度为中；病虫害主要发生在北宅拖爬涧区域，流清河南、北天门区域，二龙山及大台崮区域，面积为 6.46 km^2，但情况并不严重，影响强度为弱。人为干扰主要是开发建设，包括旅游开发与路桥建设。其中，旅游开发主要发生在三标山区域的七涧谷景区、毛公山景区；华楼区域的华楼景区、太和山景区；崂山区域的北九水景区、流清河景区、太清景区、华岩寺景区以及巨峰景区等。虽然崂山是著名的风景名胜区，旅游业发达，受旅游开发影响的区域面积较大，面积为 16.28 km^2，但一直建有自然保护区，对崂山进行了有效保护，故旅游开发干扰强度为弱。路桥建设则主要为崂山景区专用路扩修，集中在泉心河水库以及仰口到青山渔村，面积为 0.44 km^2，面积虽然较小，但受人为干扰比较严重，影响强度为中。

第三章
植物多样性调查与评估

第一节　野外调查

一、调查原则

（一）保护优先原则

牢固树立尊重自然、顺应自然、保护自然的生态文明理念，维持和提高生物多样性，有效保护重要生态系统、生物物种和生物遗传资源。

（二）科学性和规范性原则

生物多样性调查坚持严谨的科学态度，根据崂山生物多样性的实际情况，合理规划调查路线；采用国家颁布的通用标准、统一的技术方法进行调查和编制报告。

（三）全面性原则

调查区域内尽可能多布设调查路线和样地，覆盖崂山的各种生境类型，以及不同的海拔段、坡位、坡向。

（四）重点性原则

根据崂山植物生长的具体情况以及前期资料调查情况，对崂山的重点区域、重点植物以及重点时段进行重点调查，确保植物调查的全面性与科学性。对核心区生境综合质量好、物种丰富的区域进行重点调查，加大调查强度和增加频率。对纳入《国家重点保护野生植物名录》及《山东珍稀濒危植物》的物种进行重点调查，记录其基本信息，以便后续对珍稀野生植物的生长状态和数量进行动态监测。在早春、夏季、晚秋3个时间段进行重点调查，这些时段是大部分植物展叶、开花、结果的关键时期，能够更高效地识别植物种类。

（五）历史资料与实际调查相结合原则

在开展植物调查期间，尽可能向崂山相关的管理机构、主管部门，以及周边社区、居民了解当地环境的变化、物种信息等，以弥补现场调查的不足和时间的限制。

二、调查方法

（一）高等植物多样性调查

1. 样地设置

调查区域为崂山生物多样性保护优先区域（以崂山、华楼山、三标山为主），区域内包含针叶林、阔叶林、竹林、灌丛、灌草丛、草甸、水生植被和栽培植被 8 个主要植被类型。

根据相关规范和标准，结合调查区域实际情况，本次调查通过样线法开展面上调查，结合重点区域和重点物种进行重点调查。通过点面结合的方式，对调查区域进行系统、全面的生物多样性调查。植物多样性调查频次为 3 次 / 年，分别在春（4~5 月）、夏（7~8 月）、秋季（10~11 月）开展（图 3-1）。

（1）面上调查：样线法。根据调查区域植被分布情况，划定 20 条样线。崂山区域 9 条样线；华楼山区域 6 条样线；三标山区域 5 条样线（表 3-1）。

沿样线进行植物区系踏查，结合 3S 技术、无人机航拍等技术手段，主要是调查样线上植物群落的建群种及主要物种、总体数量、总体分布特征等信息。

沿样线进行生态学群落调查。每条样线设置不少于 4 个样方。样方调查层次包括乔木层、灌木层和草本层。乔木层样方面积为 600 m²，形状为 20 m×30 m 的长方形，可根据实际情况调整为 6 个 10 m×10 m 的小样方；样方内取 2 个灌木层调查样方，大小为 10 m×10 m；3 个草本层调查样方，大小为 1 m×1 m。

表 3-1　样线列表

样线编号	调查区域	样线编号	调查区域
370212TVPR0001	流清	370212TVPR0007	华严寺
370212TVPR0002	巨峰	370212TVPR0008	棋盘石
370212TVPR0003	西九水	370212TVPR0009	太清宫
370212TVPR0004	北九水	370214TVPR0001	太和山风景区
370212TVPR0005	二龙山	370214TVPR0002	屈子行吟风景区
370212TVPR0006	仰口	370214TVPR0003	崂山水库南岸

（续）

样线编号	调查区域	样线编号	调查区域
370214TVPR0004	华楼游览区	370214TVPR0006	毛公山
370212TVPR0010	拖爬涧	370214TVPR0007	抱虎山
370212TVPR0011	百果山森林公园	370214TVPR0008	七涧谷－三标山
370214TVPR0005	青峪村	370212TVPR0012	塔山

（2）重点调查：重点区域、重点物种。对调查区域中的重点区域、重点物种设置约20个样方进行补充调查。

①重点区域。崂山重点区域为南天门、明霞洞、靛缸湾、白云洞、大平兰、张坡、神龟记、崂顶、北九水至巨峰一带；华楼山重点区域包括石门水库、石门庵、华楼宫、徐家、雄师崮；三标山重点区域包括刁口、傅家、上套、棉花、小庄。②重点物种。重点物种指调查区域中的特有、珍稀、濒危物种（含作物、花卉、中药材、食药用菌种），如常绿植物、兰科植物及百合科植物青岛百合等（参考《国家重点保护野生植物名录》《濒危野生动植物种国际贸易公约》《崂山稀有濒危保护植物》等）。此外，也会重点关注中低海拔早春季节类短命植物。

2. 群落调查

（1）样方基本信息：在调查过程中，利用GPS记录样地的基本信息，包括样地中心点的经纬度、海拔、坡度、坡向和坡位等信息（HJ 710.1—2014）。

（2）植物特征调查：①乔木层：DBH ≥ 5 cm 的所有植株进行每木调查，并统计幼树（DBH < 5 cm 且高度 > 50 cm 的个体）、幼苗（高度 < 50 cm 的个体）数量，包括种名、株数、胸径、树高、冠幅、物候、生活状况、郁闭度、枝下高等信息，并采集目标物种标本（HJ 710.1—2014）。②灌木层：系统调查小样方内 DBH < 5 cm 的木本个体，并记录整个样方中所出现的物种种名、株（丛）数、高度、基径、物候、生活状况、种群盖度等（HJ 710.1—2014）。③草本层：统计包括草质藤本和蕨类植物，并记录小样方内所出现物种的种名、株（丛）数、平均高度、基径、物候、生活状况、盖度和多度等级等（HJ 710.1—2014）。④重点物种：除进行上述常规群落调查外，重点关注和评价重点物种的生长状况、受威胁情况和保护现状（图 3-1）。

图 3-1 野外群落调查工作照

（二）高等植物多样性补充调查

1. 样地设置

根据相关规范和标准，结合调查区域实际情况，本次补充调查通过样线法开展面上调查，结合重点区域和重点物种重点开展专项样线调查。通过点面结合的方式，对调查区域进行系统、全面的生物多样性调查（图3-2）。

（1）面上调查：样线法＋样方法。根据调查区域植被分布情况和项目（一期）调查情况，新增6条样线，其中太清宫区域1条，崂顶区域4条，巨峰区域1条（表3-2）。

沿样线进行植物区系踏查，结合3S技术、无人机航拍等技术手段，主要调查样线上植物群落的建群种及主要物种、总体数量、总体分布特征等信息。

沿样线进行生态学群落调查，每条样线设置不少于4个样方，共计不少于80个样方。样方调查层次包括乔木层、灌木层和草本层。乔木层样方面积为600 m²，形状为20 m×30 m的长方形，可根据实际情况调整为6个10 m×10 m的小样方；样方内取2个灌木层调查样方，大小为10 m×10 m；3个草本层调查样方，大小为1 m×1 m。

（2）重点调查：重点物种指调查区域中的特有、珍稀、濒危的物种（含作物、花卉、中药材、食药用菌种），如常绿植物、兰科植物、百合科植物青岛百合等（参考《国家重点保护野生植物名录》《中国生物多样性红色名录（2020）》《崂山稀有濒危保护植物》等）。

表3-2 补充调查样线列表

样线编号	调查区域	样线编号	调查区域
370212TVPR0013	太清－张坡	370212TVPR0016	崂顶－仰口
370212TVPR0014	崂顶－返岭	370212TVPR0017	崂顶－二龙山
370212TVPR0015	崂顶－明道观	370212TVPR0018	巨峰－子英庵口

2. 群落调查

（1）样方基本信息：在调查过程中，利用GPS记录样地的基本信息。包括样地中心点的经纬度、海拔、坡度、坡向和坡位等信息（HJ 710.1—2014）。

（2）植物特征调查：①乔木层：DBH ≥ 5 cm的所有植株进行每木调查，并统计幼树（DBH < 5 cm且高度 > 50 cm的个体）、幼苗（高度 < 50 cm的个体）数量，包括种名、株数、胸径、树高、冠幅、物候、生活状况、郁闭度、枝下高等信息，并采集目标物

图 3-2 野外补充调查工作照

种标本（HJ 710.1—2014）。②灌木层：系统调查小样方内 DBH < 5 cm 的木本个体，并记录整个样方中所出现的物种种名、株（丛）数、高度、基径、物候、生活状况、种群盖度等（HJ 710.1—2014）。③草本层：统计包括草质藤本和蕨类植物，并记录小样方内所出现物种的种名、株（丛）数、平均高度、基径、物候、生活状况、盖度和多度等级等（HJ 710.1—2014）。④重点物种：除进行上述常规群落调查外，重点关注和评价重点物种的生长状况、受威胁情况和保护现状。

（三）高等植物物种多样性核算

1. 陆生高等植物物种多样性

基于生物类群调查的物种多样性评价方法，即单一指数评价方法，单一指数评价方法以香农－维纳多样性指数为评估参数，评估全部样线、重点区域及整个调查评估区域的物种多样性。

香农－维纳多样性指数（H'），为基于信息论原理提出的多样性指数公式，该多样性指数通过描述群落中各物种的组成状况来反映多样性变化，见公式（1）。

$$H' = -\sum_{i=1}^{S} P_i \log_2 P_i \qquad (1)$$

式中，P_i 为某个体 i 在植物群落中的比例（$P_i = n_i/P$）；S 为样方中物种数量（个）。植物群落中，生物种类多代表群落的复杂程度高，即 H' 值越大，群落所含的信息量越大，物种多样性越高。

2. 陆生高等植物物种评估

（1）物种总数：统计调查区域内的植物物种总数，并统计不同植被类型中的植物物种数。植被类型按《中华人民共和国植被图（1：1 000 000）》的植被分类标准，划分到植被亚型。

（2）新记录的种类和数量：统计历史调查资料中没有记录，而在本次调查中新发现与记录到的物种及种数。

（3）特有物种比例：分别统计调查区域内的中国特有种比例和地方特有种比例。计算见公式（2）。

$$PE = \frac{SE}{S} \times 100\% \qquad (2)$$

式中，PE 为特有种的比例；SE 为调查区域内的中国特有种 / 地方特有种的种数（个）；

S 为调查区域内的物种总种数（个）。

（4）珍稀濒危物种的种类与种数：统计调查区域内被纳入《中国生物多样性红色名录——陆生高等植物卷》中的受威胁物种及种数，包括极危物种（CR）、濒危物种（EN）与易危物种（VU）。

（5）高多样性区域识别：基于陆生高等植物物种多样性分布，利用插值法绘制调查区域生物多样性热图，识别高多样性区域。

（6）陆生高等植物物种多样性影响因素：基于野外调查与资料数据分析，分析人为活动以及其他因素对调查区域陆生高等植物物种多样性的影响及其程度。

（7）亟待重点保育的物种：从物种分布、种群数量、种群更新能力、适宜生境的质量与范围、已有保护措施等 5 个方面，根据目标物种调查结果进行综合评估，识别种群稀少、受威胁程度严重、需要重点保育的物种。

三、标本鉴定

采集的植物标本均来自健康、完整的植株。每一种调查植物采集至少一号标本，每号标本采集 3 份，并做好编号。木本植物标本尽量包含茎、叶、花和（或）果；草本植物标本采集植物全株，尽量包含根、茎、叶、花和（或）果；竹类植物标本包含茎、叶、笋、竹箨和竹鞭；蕨类植物标本包含成熟叶、幼叶、孢子囊群、地下茎和不定根（环境保护部〔2017〕84 号）。此外，在开展植物标本采集过程中留存分子材料用于物种鉴定（图 3-3 至图 3-5）。

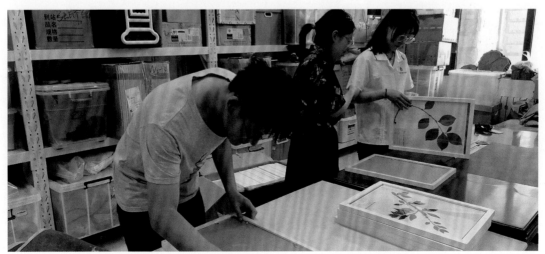

图 3-3　于山东大学生命科学学院进行植物标本制作

　　拍摄植物全株、花、果等具有鉴定特征的特写，且与采集的标本相对应。拍摄植物所在群落外貌景观及小生境的照片，照片上包含地理位置信息（包括经纬度与海拔）（环境保护部〔2017〕84号）。

　　对实地调查所得到的结果进行整理，分析并评估崂山陆生高等植物物种多样性。

图3-4　于野外现场进行植物标本鉴定

图3-5　于山东大学生命科学学院实验室进行标本鉴定及土样分装

第二节　植物多样性

一、区系组成

植物种类繁多、区系成分复杂、珍稀和特有植物种类多，植被类型多样，是崂山优先区域植物分布的显著特点。崂山优先区域是山东省植物区系最丰富的区域，同时也是我国暖温带地区东部植物资源最丰富的地区。

（一）物种组成

崂山优先区域植物多样性丰富。本次野外实地调查，发现优先区域现有高等植物 7 纲 52 目 167 科 759 属 1671 种，其中蕨类植物有 16 科 28 属 52 种，裸子植物有 8 科 25 属 62 种；被子植物有 143 科 706 属 1557 种。其中，被子植物种数占崂山优先区域高等植物总种数的 93.18%，说明被子植物是构成该区系的主体，在区系中起主导作用（表 3-3）。

表 3-3　崂山优先区域高等植物科、属、种统计表

类别		纲数	目数	科数	属数	种数
蕨类植物		3	3	16	28	52
种子植物	裸子植物	3	4	8	25	62
	被子植物	1	45	143	706	1557
合计		7	52	167	759	1671

1.优势科

崂山优先区域植物种类最多的科是菊科，共有 134 种；第二大科是禾本科，共有 120 种；第三位的是蔷薇科，共有 118 种；含 25 种以上的科分别是豆科（86 种）、百合科（76 种）、莎草科（53 种）、蓼科（37 种）、唇形科（39 种）、十字花科（35 种）、伞形科（28 种）、忍冬科（28 种）、毛茛科（26 种）、木樨科（26 种）和石竹科（26 种）。这些科都是广布全球的科，这 14 个科共有种数 832 种，占崂山优先区域高等植物总种数的 49.79%，而 14 个科仅占总科数的 8.38%（图 3-6 至图 3-8）。

图 3-6 禾本科芒（*Miscanthus sinensis*）　　图 3-7 禾本科牛筋草（*Eleusine indica*）

图 3-8 禾本科毛秆野古草（*Arundinella hirta*）

2. 优势属

崂山优先区域植物区系具有古老性，单种属和寡种属数量较多，植物种类 10 种以上的属为李属（26 种）、蓼属（21 种）、薹草属（20 种）、蒿属（19 种）、堇菜属（17 种）、松属（13 种）、莎草属（12 种）、大戟属（12 种）、葱属（11 种）、苹果属（11 种）和木兰属（11 种），其次为胡枝子属（10 种）、野豌豆属（10 种）、鼠李属（10 种）、荚蒾属（10 种）、栎属（9 种）、槭属（9 种）、灯芯草属（9 种）、柳属（9 种）、桡属（9 种）、苋属（9 种）、紫堇属（9 种）、委陵菜属（9 种）、忍冬属（9 种）和绣线菊属（9 种）。这 25 个属共有种数 303 种，占崂山优先区域总种数的 18.13%（图 3-9 至图 3-11）。

图 3-9　蒿属 阴地蒿（*Artemisia sylvatica*）　　图 3-10　蒿属狭叶牡蒿（*Artemisia angustissima*）

图 3-11　李属 稠李（*Padus racemosa*）

3. 优势种

崂山位于山东半岛东南沿海，濒临黄海。崂山植物区系是山东半岛植物区系的典型代表之一，植物种类比较丰富，优势科现象明显，特有种现象明显；分布类型多样，地理成分复杂，温带成分优势明显，泛热带成分丰富，与热带植物区系有一定的联系，不仅有发育良好的落叶阔叶林，温带针叶林也很繁茂。优势种为松科的黑松（*Pinus thunbergii*）、赤松（*Pinus densiflora*）、壳斗科的麻栎（*Quercus acutissima*）及豆科的刺槐（*Robinia pseudoacacia*）。这几个物种是该区域典型的地带性植物，构成崂山优先区域的森林主体（图 3-12 至图 3-14）。

图 3-12　赤松（*Pinus densiflora*）

图 3-13　麻栎（*Quercus acutissima*）

图 3-14　刺槐（*Robinia pseudoacacia*）

（二）植物区系

　　崂山植物区系属于泛北极植物区系，中亚－日本森林植物亚区，华北植物地区，辽东、山东丘陵植物亚地区，鲁东植物丘陵地区，以被子植物为主。崂山因临近海洋，冬暖夏凉，雨量充沛，植物地理成分复杂，但以温带成分植物占优势。崂山植物区系不仅具有古老性，种的特有现象也明显，单种属和寡种属数量较多，又由于崂山特殊的地理位置和地貌、气候特征，有多种亚热带成分植物在这里自然分布，最著名的是常绿树种红楠和常绿灌木山茶等。此外，由于青岛在历史上曾被德国和日本侵占，加之港口城市的影响，外来植物在崂山也很普遍，如常见的来自欧洲的法桐，来自北美的刺槐、火炬松、湿地松，来自日本的黑松、日本落叶松、日本花柏、日本扁柏等。还有逸生的外来种金鸡菊等，在崂山到处可见。

　　通过本次调查，统计出崂山共有高等植物 7 纲 52 目 167 科 759 属 1671 种，崂山被子植物种数占崂山优先区域总种数的 93.18%。这说明被子植物构成了崂山植物区系的主体，在崂山植物区系中起主导作用。

　　从崂山植物区系种子植物含 10 种以上科的排序来看，50 种以上的大科有 4 个，即菊科 Asteraceae（104 种）、禾本科 Poaceae（96 种）、豆科 Leguminosae（59 种）、蔷薇科 Rosaceae（52 种）。含 20 种以上 50 种以下的有 9 个科，依次为百合科 Liliaceae（41 种）、莎草科 Cyperaceae（40 种）、蓼科 Polygonaceae（31 种）、唇形科 Lemiaceae（31 种）、十字花科 Cruciferae（27 种）、伞形科 Umbelliferae（27 种）、毛茛科 Ranunculaceae（24 种）、石竹科 Caryophyllaceae（21 种）、兰科 Orchiclaceae（20 种）。含 10~19 种的科有 11 个，依次为玄参科 Scrophulariaceae（17 种）、大戟科 Euphorbiaceae（17 种）、藜科 Chenopodiaceae（15 种）、茄科 Solanaceae（14 种）、堇菜科 Violaceae（13 种）、旋花科 Convolvulaceae（11 种）、报春花科 Primulaceae（11 种）、荨麻科 Urticaceae（10 种）、萝藦科 Asclepiadaceae（10 种）、茜草科 Rubiaceae（10 种）、忍冬科 Caprifoliaceae（10 种）。以上 24 科，共计 322 属 702 种，分别占崂山植物区系属、种的 42.4%、42.0%，而科数仅占 14.37%，这表明以上这些科构成了崂山植物区系的主体。

　　从崂山植物区系种子植物含 5 种以上属的统计来看，种数在 10 种以上的属有 7 个，即蓼属 Persicaria（22 种）、蒿属 Artemisia（19 种）、薹草属 Carex（15 种）、堇菜属 Viola（13 种）、李属 Prunus（10 种）、胡枝子属 Lespedeza（10 种）、野豌豆属 Vicia（10 种）；种数在 5~9 种的属共有 29 属。以上 36 个 5 种以上的属仅占本区系总属数的 4.74%，但总种数为 268 种，占本区系总种数的 16.04%。从以上对崂山植物区系优势科和优势属的分析，可知这些优势科和优势属构成了该区系植物的主体，优势现象明显。

崂山地处山东半岛东部，地理位置优越，南北没有高山相阻，东西与海洋相通，具有优越的气候条件。在独特的地貌结构和优越气候条件的影响下，经过自然界的长期演化，崂山已成为山东植物的特有现象中心之一。在分布于山东的 76 种特有植物中（隶属于 32 科 53 属），在崂山分布的有 28 种，如毛萼野茉莉（*Styrax japonicus*）、崂山梨（*Pyrus trioicularis*）、青岛百合（*Lilium tsingtauense*）、山麦冬（*Liriope spicata*）、山东万寿竹（*Disporum smilacinum*）等。

根据吴征镒对中国种子植物区系地理成分的划分，15 种分布类型在崂山均有分布。北温带分布 142 属，占本区系总属数的 18.7%，远远高于中国区系中本分布类型所占的比例（10.3%），居所有类型首位。典型的北温带分布属，如榆属（*Ulmus*）、胡桃属（*Juglans*）、桦木属（*Betula*）、鹅耳枥属（*Carpinus*）、堇菜属（*Viola*），在该区均有分布。各类温带性质的分布属共有 277 个，占本区系总属数的 36.5%。由此可见，崂山植物区系温带成分优势明显。泛热带分布属 82 个，占本区系总属数的 10.8%，仅次于北温带分布属，居第二位。泛热带分布属主要分布于热带，但有的分布区边缘可以到达亚热带，甚至于温带，崂山植物区系中的朴属（*Celtis*）、乌桕属（*Triadica*）、狗尾草属（*Setaria*）等均属于这种情况。各类热带性质的分布属共 127 个，占本区系总属数的 16.7%，这表明该植物区系与热带植物区系有一定的联系。

二、外来入侵物种

包含 71 种外来入侵种（表 3-4，图 3-15 至图 3-17），其中列入《中国外来入侵物种名单》的有豚草（*Ambrosia artemisiifolia*）、刺苋（*Amaranthus spinosus*）、土荆芥（*Dysphania ambrosioides*）、马缨丹（*Lantana camara*）、加拿大一枝黄花（*Solidago canadensis*）、反枝苋（*Amaranthus retroflexus*）、圆叶牵牛（*Ipomoea purpurea*）、钻叶紫菀（*Symphyotrichum subulatum*）、一年蓬（*Erigeron annuus*）、小蓬草（*Erigeron canadensis*）、垂序商陆（*Phytolacca americana*）、藿香蓟（*Ageratum conyzoides*）、大狼耙草（*Bidens frondosa*）。

表 3-4　调查区域外来入侵种名单

入侵物种编号	物种名称	学名
1	豚草	*Ambrosia artemisiifolia*

（续）

入侵物种编号	物种名称	学名
2	刺苋	*Amaranthus spinosus*
3	土荆芥	*Dysphania ambrosioides*
4	马缨丹	*Lantana camara*
5	加拿大一枝黄花	*Solidago canadensis*
6	反枝苋	*Amaranthus retroflexus*
7	圆叶牵牛	*Ipomoea purpurea*
8	钻叶紫菀	*Symphyotrichum subulatum*
9	一年蓬	*Erigeron annuus*
10	小蓬草	*Erigeron canadensis*
11	垂序商陆	*Phytolacca americana*
12	藿香蓟	*Ageratum conyzoides*
13	大狼耙草	*Bidens frondosa*
14	鬼针草	*Bidens pilosa*
15	大米草	*Sporobolus anglica*
16	青葙	*Celosia argentea*
17	凹头苋	*Amaranthus blitum*
18	绿穗苋	*Amaranthus hybridus*
19	合被苋	*Amaranthus polygonoides*
20	皱果苋	*Amaranthus viridis*
21	紫茉莉	*Mirabilis jalapa*
22	北美独行菜	*Lepidium virginicum*
23	含羞草	*Mimosa pudica*
24	田菁	*Sesbania cannabina*
25	白车轴草	*Trifolium repens*
26	野老鹳草	*Geranium carolinianum*

（续）

入侵物种编号	物种名称	学名
27	白苞猩猩草	*Euphorbia heterophylla*
28	小花山桃草	*Oenothera curtiflora*
29	月见草	*Oenothera biennis*
30	三裂叶薯	*Ipomoea triloba*
31	牵牛	*Ipomoea nil*
32	曼陀罗	*Datura stramonium*
33	北美车前	*Plantago virginica*
34	熊耳草	*Ageratum houstonianum*
35	香丝草	*Erigeron bonariensis*
36	意大利苍耳	*Xanthium strumarium* subsp. *Italicum*
37	牛膝菊	*Galinsoga parviflora*
38	粗毛牛膝菊	*Galinsoga quadriradiata*
39	苋	*Amaranthus tricolor*
40	球序卷耳	*Cerastium glomeratum*
41	通奶草	*Euphorbia hypericifolia*
42	火炬树	*Rhus typhina*
43	苘麻	*Abutilon theophrasti*
44	长春花	*Catharanthus roseus*
45	苦蘵	*Physalis angulata*
46	阿拉伯婆婆纳	*Veronica persica*
47	长叶车前	*Plantago lanceolata*
48	剑叶金鸡菊	*Coreopsis lanceolata*
49	婆婆针	*Bidens bipinnata*
50	印加孔雀草	*Tagetes minuta*
51	加拿大早熟禾	*Poa compressa*

（续）

入侵物种编号	物种名称	学名
52	黑麦草	*Lolium perenne*
53	梯牧草	*Phleum pratense*
54	虎尾草	*Chloris virgata*
55	香附子	*Cyperus rotundus*
56	大麻	*Cannabis sativa*
57	小酸模	*Rumex acetosella*
58	小藜	*Chenopodium ficifolium*
59	北美苋	*Amaranthus blitoides*
60	灰绿藜	*Oxybasis glauca*
61	土人参	*Talinum paniculatum*
62	鹅肠菜	*Stellaria aquatica*
63	麦蓝菜	*Gypsophila vaccaria*
64	臭荠	*Lepidium didymum*
65	荠	*Capsella bursa-pastoris*
66	弯曲碎米荠	*Cardamine flexuosa*
67	野西瓜苗	*Hibiscus trionum*
68	小酸浆	*Physalis minima*
69	鳢肠	*Eclipta prostrata*
70	菊芋	*Helianthus tuberosus*
71	欧洲千里光	*Senecio vulgaris*

图 3-15　鬼针草（*Bidens pilosa*）　　　图 3-16　垂序商陆（*Phytolacca americana*）

图 3-17　北美独行菜（*Lepidium virginicum*）

三、珍稀濒危物种

（一）珍稀濒危野生植物

本次调查共统计 111 种珍稀濒危野生植物（表 3-5），根据国家林业和草原局、农业农村部 2021 年 9 月公布的《国家重点保护野生植物名录》，有 2 种属于国家一级重点保护植物，即银杏（*Ginkgo biloba*）、水杉（*Metasequoia glyptostroboides*），有 14 种属于国家二级重点保护植物，即青岛百合（*Lilium tsingtauense*）、山茴香（*Carlesia sinensis*）等（图 3-18 至图 3-20）。

表 3-5　调查区域珍稀濒危野生植物

编号	物种名称	学名	国家保护级别
1	银杏 *	*Ginkgo biloba*	国家一级
2	水杉 *	*Metasequoia glyptostroboides*	国家一级
3	中华结缕草	*Zoysia sinica*	国家二级
4	青岛百合	*Lilium tsingtauense*	国家二级
5	紫点杓兰	*Cypripedium guttatum*	国家二级
6	白及	*Bletilla striata*	国家二级
7	鹅掌楸 *	*Liriodendron chinense*	国家二级
8	玫瑰	*Rosa rugosa*	国家二级
9	野大豆	*Glycine soja*	国家二级
10	黄檗	*Phellodendron amurense*	国家二级
11	紫椴	*Tilia amurensis*	国家二级
12	软枣猕猴桃	*Actinidia arguta*	国家二级
13	中华猕猴桃 *	*Actinidia chinensis*	国家二级
14	人参 *	*Panax ginseng*	国家二级
15	山茴香	*Carlesia sinensis*	国家二级
16	珊瑚菜	*Glehnia littoralis*	国家二级
17	河北梨	*Pyrus hopeiensis*	

（续）

编号	物种名称	学名	国家保护级别
18	全缘贯众	*Cyrtomium falcatum*	
19	华北落叶松 *	*Larix gmelinii* var. *principis-rupprechtii*	
20	大叶藻	*Zostera marina*	
21	长苞谷精草	*Eriocaulon decemflorum*	
22	山东银莲花	*Anemone shikokiana*	
23	杜仲	*Eucommia ulmoides*	
24	华北散血丹	*Physaliastrum sinicum*	
25	白药谷精草	*Eriocaulon cinereum*	
26	崂山梨	*Pyrus trilocularis*	
27	山东茜草	*Rubia truppeliana*	
28	骨碎补	*Davallia trichomanoides*	
29	妙峰岩蕨	*Woodsia oblonga*	
30	林问荆	*Equisetum sylvaticum*	
31	束尾草	*Phacelurus latifolius*	
32	乳突薹草	*Carex maximowiczii*	
33	卷丹	*Lilium lancifolium*	
34	铃兰	*Convallaria keiskei*	
35	山东万寿竹	*Disporum smilacinum*	
36	二苞黄精	*Polygonatum involucratum*	
37	黄精	*Polygonatum sibiricum*	
38	穿龙薯蓣	*Dioscorea nipponica*	
39	长苞头蕊兰	*Cephalanthera longibracteata*	
40	北火烧兰	*Epipactis xanthophaea*	
41	小斑叶兰	*Goodyera repens*	
42	二叶舌唇兰	*Platanthera chlorantha*	

（续）

编号	物种名称	学名	国家保护级别
43	密花舌唇兰	*Platanthera hologlottis*	
44	角盘兰	*Herminium monorchis*	
45	蜈蚣兰	*Cleisostoma scolopendrifolium*	
46	无柱兰	*Ponerorchis gracilis*	
47	原沼兰	*Malaxis monophyllos*	
48	银线草	*Chloranthus quadrifolius*	
49	山杨	*Populus davidiana*	
50	朝鲜柳	*Salix koreensis*	
51	毛榛	*Corylus mandshurica*	
52	千金榆	*Carpinus cordata*	
53	坚桦	*Betula chinensis*	
54	高帽乌头	*Aconitum longecassidatum*	
55	腺毛翠雀	*Delphinium grandiflorum* var. *gilgianum*	
56	多被银莲花	*Anemone raddeana*	
57	褐毛铁线莲	*Clematis fusca*	
58	转子莲	*Clematis patens*	
59	五味子	*Schisandra chinensis*	
60	红楠	*Machilus thunbergii*	
61	狭叶山胡椒	*Lindera angustifolia*	
62	红果山胡椒	*Lindera erythrocarpa*	
63	三桠乌药	*Lindera obtusiloba*	
64	胶州延胡索	*Corydalis kiautschouensis*	
65	全叶大蒜芥	*Sisymbrium luteum*	
66	华蔓茶藨子	*Ribes fasciculatum* var. *chinense*	
67	东北茶藨子	*Ribes mandshuricum*	

（续）

编号	物种名称	学名	国家保护级别
68	小野珠兰	*Stephanandra incisa*	
69	黄檀	*Dalbergia hupeana*	
70	渐尖叶鹿藿	*Rhynchosia acuminatifolia*	
71	锦鸡儿	*Caragana sinica*	
72	北野豌豆	*Vicia ramuliflora*	
73	山酢浆草	*Oxalis griffithii*	
74	竹叶花椒	*Zanthoxylum armatum*	
75	算盘子	*Glochidion puberum*	
76	乌桕	*Triadica sebifera*	
77	白木乌桕	*Neoshirakia japonica*	
78	鸡爪槭	*Acer palmatum*	
79	多花泡花树	*Meliosma myriantha*	
80	红柴枝	*Meliosma oldhamii*	
81	葛枣猕猴桃	*Actinidia polygama*	
82	山茶	*Camellia japonica*	
83	黄海棠	*Hypericum ascyron*	
84	赶山鞭	*Hypericum attenuatum*	
85	大叶胡颓子	*Elaeagnus macrophylla*	
86	瓜木	*Alangium platanifolium*	
87	深山露珠草	*Circaea alpina*	
88	刺楸	*Kalopanax septemlobus*	
89	辽东楤木	*Aralia elata* var. *glabrescens*	
90	滨海前胡	*Peucedanum japonicum*	
91	泰山前胡	*Peucedanum wawrae*	
92	杜鹃	*Rhododendron simsii*	

（续）

编号	物种名称	学名	国家保护级别
93	腺齿越橘	*Vaccinium oldhamii*	
94	华山矾	*Symplocos chinensis*	
95	野茉莉	*Styrax japonicus*	
96	玉铃花	*Styrax obassia*	
97	尖帽草	*Mitrasacme indica*	
98	笔龙胆	*Gentiana zollingeri*	
99	紫草	*Lithospermum erythrorhizon*	
100	单叶蔓荆	*Vitex rotundifolia*	
101	日本散血丹	*Physaliastrum echinatum*	
102	挖耳草	*Utricularia bifida*	
103	宜昌荚蒾	*Viburnum erosum*	
104	华北忍冬	*Lonicera tatarinowii*	
105	羊乳	*Codonopsis lanceolata*	
106	桔梗	*Platycodon grandiflorus*	
107	紫菀	*Aster tataricus*	
108	蜂斗菜	*Petasites japonicus*	
109	海州蒿	*Artemisia fauriei*	
110	苍术	*Atractylodes lancea*	
111	沙苦荬	*Ixeris repens*	

注：* 表示半野生种。

图 3-18　银杏（*Ginkgo biloba*）　　　　图 3-19　青岛百合（*Lilium tsingtauense*）

图 3-20　水杉（*Metasequoia glyptostroboides*）

（二）调查区域分布新记录物种

对比《崂山植物志》等官方权威资料，崂山优先区域已调查的植物种类中有 28 种植物是调查区域分布新记录物种，如柳叶马鞭草（*Verbena bonariensis*）、辽藁本（*Conioselinum smithii*）、卵叶茜草（*Rubia ovatifolia*）等物种（表 3-6，图 3-21 至图 3-23）。

表 3-6　调查区域新记录物种

序号	物种名称	学名
1	华北剪股颖	*Agrostis clavata*
2	多枝乱子草	*Muhlenbergia ramosa*
3	莠竹	*Microstegium vimineum*
4	褐穗莎草	*Cyperus fuscus*
5	毛缘宽叶薹草	*Carex ciliatomarginata*
6	异穗薹草	*Carex heterostachya*
7	矮韭	*Allium anisopodium*
8	天蒜	*Allium paepalanthoides*
9	长苞头蕊兰	*Cephalanthera longibracteata*
10	蝎子草	*Girardinia diversifolia* subsp. *suborbiculata*
11	高帽乌头	*Aconitum longecassidatum*
12	胶州延胡索	*Corydalis kiautschouensis*
13	粗毛碎米荠	*Cardamine hirsuta*
14	苦豆子	*Sophora alopecuroides*
15	锐角槭	*Acer acutum*
16	茜堇菜	*Viola phalacrocarpa*
17	细距堇菜	*Viola tenuicornis*
18	胡颓子	*Elaeagnus pungens*
19	深山露珠草	*Circaea alpina* subsp. *caulescens*
20	人参	*Panax ginseng*

（续）

序号	物种名称	学名
21	辽藁本	*Conioselinum smithii*
22	柳叶马鞭草	*Verbena bonariensis*
23	麻叶风轮菜	*Clinopodium urticifolium*
24	毛叶香茶菜	*Isodon japonicus*
25	卵叶茜草	*Rubia ovatifolia*
26	马㼎儿	*Zehneria japonica*
27	粗毛牛膝菊	*Galinsoga quadriradiata*
28	毛脉翅果菊	*Lactuca raddeana*

图3-21　胶州延胡索（*Corydalis kiautschouensis*）

图 3-22　柳叶马鞭草（*Verbena bonariensis*）

图 3-23　毛叶香茶菜（*Isodon japonicus*）

（三）栽培观赏与蔬菜作物植物

对比《崂山植物志》等官方权威资料，崂山优先区域已调查的植物种类中，有 420 种是用于栽培观赏与蔬菜种植的，如巢蕨（*Asplenium nidus*）、苏铁（*Cycas revoluta*）、南洋杉（*Araucaria cunninghamii*）、凤尾竹（*Bambusa multiplex*）等（表 3-7，图 3-24、图 3-25）。

表 3-7　调查区域栽培观赏与蔬菜作物植物

编号	物种名称	学名
1	芋	*Colocasia esculenta*
2	洋葱	*Allium cepa*
3	葱	*Allium fistulosum*
4	蒜	*Allium sativum*
5	韭	*Allium tuberosum*
6	姜	*Zingiber officinale*
7	莙荙菜	*Beta vulgaris* var. *cicla*
8	菠菜	*Spinacia oleracea*
9	花椰菜	*Brassica oleracea* var. *botrytis*
10	白菜	*Brassica rapa* var. *glabra*
11	甘蓝	*Brassica oleracea* var. *capitata*
12	青菜	*Brassica rapa* var. *chinensis*
13	萝卜	*Raphanus sativus*
14	大豆	*Glycine max*
15	扁豆	*Lablab purpureus*
16	长豇豆	*Vigna unguiculata* subsp. *sesquipedalis*
17	短豇豆	*Vigna unguiculata* subsp. *cylindrica*
18	赤豆	*Vigna angularis*
19	绿豆	*Vigna radiata*

（续）

编号	物种名称	学名
20	豇豆	*Vigna unguiculata*
21	菜豆	*Phaseolus vulgaris*
22	芫荽	*Coriandrum sativum*
23	茴香	*Foeniculum vulgare*
24	胡萝卜	*Daucus carota* var. *sativa*
25	辣椒	*Capsicum annuum*
26	朝天椒	*Capsicum annuum* var. *conoides*
27	番茄	*Solanum lycopersicum*
28	马铃薯	*Solanum tuberosum*
29	茄	*Solanum melongena*
30	苦瓜	*Momordica charantia*
31	丝瓜	*Luffa aegyptiaca*
32	冬瓜	*Benincasa hispida*
33	西瓜	*Citrullus lanatus*
34	甜瓜	*Cucumis melo*
35	黄瓜	*Cucumis sativus*
36	葫芦	*Lagenaria siceraria*
37	瓠子	*Lagenaria siceraria* var. *hispida*
38	小葫芦	*Lagenaria siceraria* var. *microcarpa*
39	南瓜	*Cucurbita moschata*
40	西葫芦	*Cucurbita pepo*
41	佛手瓜	*Sechium edule*
42	莴笋	*Lactuca sativa* var. *angustata*
43	莴苣	*Lactuca sativa*

（续）

编号	物种名称	学名
44	小麦	*Triticum aestivum*
45	稷	*Panicum miliaceum*
46	粱	*Setaria italica*
47	多脉高粱	*Sorghum 'Nervosum'*
48	玉蜀黍	*Zea mays*
49	草莓	*Fragaria* × *ananassa*
50	落花生	*Arachis hypogaea*
51	烟草	*Nicotiana tabacum*
52	芝麻	*Sesamum indicum*
53	东海铁角蕨	*Asplenium castaneoviride*
54	巢蕨	*Asplenium nidus*
55	镰羽耳蕨	*Polystichum balansae*
56	江南星蕨	*Lepisorus fortunei*
57	金鸡脚假瘤蕨	*Selliguea hastata*
58	二歧鹿角蕨	*Platycerium bifurcatum*
59	苏铁	*Cycas revoluta*
60	南洋杉	*Araucaria cunninghamii*
61	日本云杉	*Picea torano*
62	日本榧	*Torreya nucifera*
63	红松	*Pinus koraiensis*
64	樟子松	*Pinus sylvestris* var. *mongolica*
65	北美短叶松	*Pinus banksiana*
66	湿地松	*Pinus elliottii*
67	火炬松	*Pinus taeda*

（续）

编号	物种名称	学名
68	雪松	*Cedrus deodara*
69	白皮松	*Pinus bungeana*
70	日本五针松	*Pinus parviflora*
71	刚松	*Pinus rigida*
72	金松	*Sciadopitys verticillata*
73	落羽杉	*Taxodium distichum*
74	池杉	*Taxodium distichum* var. *imbricarium*
75	日本柳杉	*Cryptomeria japonica*
76	罗汉柏	*Thujopsis dolabrata*
77	北美香柏	*Thuja occidentalis*
78	千头柏	*Platycladus orientalis* 'Sieboldii'
79	绒柏	*Chamaecyparis pisifera* 'Squarrosa'
80	羽叶花柏	*Chamaecyparis pisifera* 'Plumosa'
81	云片柏	*Chamaecyparis obtusa* 'Breviramea'
82	福建柏	*Chamaecyparis hodginsii*
83	龙柏	*Juniperus chinensis* 'Kaizuca'
84	铺地柏	*Juniperus procumbens*
85	粉柏	*Juniperus squamata* 'Meyeri'
86	塔柏	*Juniperus chinensis* 'Pyramidalis'
87	金球桧	*Juniperus chinensis* 'Aureoglobosa'
88	欧洲刺柏	*Juniperus communis*
89	鹿角桧	*Juniperus* × *pfitzeriana*
90	北美圆柏	*Juniperus virginiana*
91	东北红豆杉	*Taxus cuspidata*

（续）

编号	物种名称	学名
92	短叶罗汉松	*Podocarpus chinensis*
93	罗汉松	*Podocarpus macrophyllus*
94	竹柏	*Nageia nagi*
95	凤尾竹	*Bambusa multiplex f. fernleaf*
96	佛肚竹	*Bambusa ventricosa*
97	人面竹	*Phyllostachys aurea*
98	毛竹	*Phyllostachys edulis*
99	阔叶箬竹	*Indocalamus latifolius*
100	花叶芦竹	*Arundo donax 'Versicolor'*
101	苦竹	*Pleioblastus amarus*
102	风车草	*Cyperus involucratus*
103	棕榈	*Trachycarpus fortunei*
104	加拿利海枣	*Phoenix canariensis*
105	江边刺葵	*Phoenix roebelenii*
106	棕竹	*Rhapis excelsa*
107	矮棕竹	*Rhapis humilis*
108	蒲葵	*Livistona chinensis*
109	鱼尾葵	*Caryota maxima*
110	假槟榔	*Archontophoenix alexandrae*
111	菖蒲	*Acorus calamus*
112	金钱蒲	*Acorus gramineus*
113	龟背竹	*Monstera deliciosa*
114	广东万年青	*Aglaonema modestum*
115	海芋	*Alocasia odora*

（续）

编号	物种名称	学名
116	马蹄莲	*Zantedeschia aethiopica*
117	垂花水塔花	*Billbergia nutans*
118	紫竹梅	*Tradescantia pallida*
119	紫露草	*Tradescantia ohiensis*
120	吊兰	*Chlorophytum comosum*
121	玉簪	*Hosta plantaginea*
122	紫萼	*Hosta ventricosa*
123	芦荟	*Aloe vera*
124	郁金香	*Tulipa* × *gesneriana*
125	百合	*Lilium brownii* var. *viridulum*
126	凤尾丝兰	*Yucca gloriosa*
127	软叶丝兰	*Yucca flaccida*
128	朱蕉	*Cordyline fruticosa*
129	虎眼万年青	*Stellarioides longibracteata*
130	虎尾兰	*Sansevieria trifasciata*
131	吉祥草	*Reineckea carnea*
132	万年青	*Rohdea japonica*
133	蜘蛛抱蛋	*Aspidistra elatior*
134	文竹	*Asparagus setaceus*
135	非洲天门冬	*Asparagus densiflorus*
136	假叶树	*Ruscus aculeatus*
137	君子兰	*Clivia miniata*
138	垂笑君子兰	*Clivia nobilis*
139	葱莲	*Zephyranthes candida*

（续）

编号	物种名称	学名
140	韭莲	*Zephyranthes carinata*
141	文殊兰	*Crinum asiaticum* var. *sinicum*
142	朱顶红	*Hippeastrum rutilum*
143	花朱顶红	*Hippeastrum vittatum*
144	石蒜	*Lycoris radiata*
145	鹿葱	*Lycoris squamigera*
146	水仙	*Narcissus tazetta* subsp. *chinensis*
147	黄水仙	*Narcissus pseudonarcissus*
148	龙舌兰	*Agave americana*
149	金边龙舌兰	*Agave americana* var. *marginata*
150	晚香玉	*Polianthes tuberosa*
151	唐菖蒲	*Gladiolus gandavensis*
152	香雪兰	*Freesia refracta*
153	德国鸢尾	*Iris germanica*
154	鸢尾	*Iris tectorum*
155	百子莲	*Agapanthus africanus*
156	芭蕉	*Musa basjoo*
157	鹤望兰	*Strelitzia reginae*
158	大花美人蕉	*Canna* × *generalis*
159	美人蕉	*Canna indica*
160	朱兰	*Pogonia japonica*
161	白及	*Bletilla striata*
162	建兰	*Cymbidium ensifolium*
163	蕙兰	*Cymbidium faberi*

（续）

编号	物种名称	学名
164	春兰	*Cymbidium goeringii*
165	虎头兰	*Cymbidium hookerianum*
166	墨兰	*Cymbidium sinense*
167	石斛	*Dendrobium nobile*
168	龙爪柳	*Salix matsudana f. tortuosa*
169	绦柳	*Salix matsudana 'Pendula'*
170	三蕊柳	*Salix nipponica*
171	沼生栎	*Quercus palustris*
172	夏栎	*Quercus robur*
173	大叶榉树	*Zelkova schneideriana*
174	三角榕	*Ficus triangularis*
175	无花果	*Ficus carica*
176	印度榕	*Ficus elastica*
177	榕树	*Ficus microcarpa*
178	竹节蓼	*Muehlenbeckia platyclada*
179	鸡冠花	*Celosia cristata*
180	尾穗苋	*Amaranthus caudatus*
181	叶子花	*Bougainvillea spectabilis*
182	松叶菊	*Lampranthus spectabilis*
183	高雪轮	*Atocion armeria*
184	大蔓樱草	*Silene pendula*
185	须苞石竹	*Dianthus barbatus*
186	香石竹	*Dianthus caryophyllus*
187	肥皂草	*Saponaria officinalis*

（续）

编号	物种名称	学名
188	莲	*Nelumbo nucifera*
189	红睡莲	*Nymphaea alba* var. *rubra*
190	睡莲	*Nymphaea tetragona*
191	芍药	*Paeonia lactiflora*
192	牡丹	*Paeonia × suffruticosa*
193	飞燕草	*Consolida ajacis*
194	日本小檗	*Berberis thunbergii*
195	武当玉兰	*Yulania sprengeri*
196	含笑花	*Michelia figo*
197	白兰	*Michelia × alba*
198	月桂	*Laurus nobilis*
199	虞美人	*Papaver rhoeas*
200	花菱草	*Eschscholzia californica*
201	秃疮花	*Dicranostigma leptopodum*
202	荷包牡丹	*Lamprocapnos spectabilis*
203	羽衣甘蓝	*Brassica oleracea* var. *acephala*
204	芸薹	*Brassica rapa* var. *oleifera*
205	蔊菜	*Rorippa indica*
206	紫罗兰	*Matthiola incana*
207	糖芥	*Erysimum amurense*
208	桂竹香	*Erysimum × cheiri*
209	醉蝶花	*Tarenaya hassleriana*
210	落地生根	*Bryophyllum pinnatum*
211	八宝	*Hylotelephium erythrostictum*

（续）

编号	物种名称	学名
212	长药八宝	*Hylotelephium spectabile*
213	厚叶岩白菜	*Bergenia crassifolia*
214	紫花重瓣溲疏	*Deutzia purpurascens*
215	白花重瓣溲疏	*Deutzia scabra* var. *candidissima*
216	欧洲山梅花	*Philadelphus coronarius*
217	山梅花	*Philadelphus incanus*
218	太平花	*Philadelphus pekinensis*
219	绣球	*Hydrangea macrophylla*
220	圆锥绣球	*Hydrangea paniculata*
221	蜡瓣花	*Corylopsis sinensis*
222	蚊母树	*Distylium racemosum*
223	光叶粉花绣线菊	*Spiraea japonica* var. *fortunei*
224	粉花绣线菊	*Spiraea japonica*
225	珍珠绣线菊	*Spiraea thunbergii*
226	华北珍珠梅	*Sorbaria kirilowii*
227	珍珠梅	*Sorbaria sorbifolia*
228	无毛风箱果	*Physocarpus opulifolius*
229	白鹃梅	*Exochorda racemosa*
230	窄叶火棘	*Pyracantha angustifolia*
231	细圆齿火棘	*Pyracantha crenulata*
232	火棘	*Pyracantha fortuneana*
233	枇杷	*Eriobotrya japonica*
234	贴梗海棠	*Chaenomeles speciosa*
235	木瓜	*Pseudocydonia sinensis*

（续）

编号	物种名称	学名
236	欧楂	*Mespilus germanica*
237	重瓣白海棠花	*Malus spectabilis* var. *albiplena*
238	重瓣粉海棠花	*Malus spectabilis* 'Riversii'
239	湖北海棠	*Malus hupehensis*
240	唐棣	*Amelanchier sinica*
241	七姊妹	*Rosa multiflora* 'Grevillei'
242	木香花	*Rosa banksiae*
243	百叶蔷薇	*Rosa centifolia*
244	寿星桃	*Prunus persica* 'Densa'
245	碧桃	*Prunus persica* 'Duplex'
246	紫叶桃	*Prunus persica* 'Zi Ye Tao'
247	白山桃	*Prunus davidiana* f. *alba*
248	重瓣榆叶梅	*Prunus triloba* 'Multiplex'
249	撒金碧桃	*Prunus persica* 'Versicolor'
250	梅	*Prunus mume*
251	大叶早樱	*Prunus* × *ubhirtella*
252	东京樱花	*Prunus* × *yedoensis*
253	北美肥皂荚	*Gymnocladus dioica*
254	云实	*Biancaea decapetala*
255	龙爪槐	*Styphnolobium japonicum* 'Pendula'
256	多花紫藤	*Wisteria floribunda*
257	紫藤	*Wisteria sinensis*
258	白花藤萝	*Wisteria venusta*
259	无刺刺槐	*Robinia pseudoacacia* var. *inermis*

（续）

编号	物种名称	学名
260	刺槐	*Robinia pseudoacacia*
261	毛洋槐	*Robinia hispida*
262	龙牙花	*Erythrina corallodendron*
263	黄刺条	*Caragana frutex*
264	农吉利	*Crotalaria sessiliflora*
265	玉树	*Crassula arborescens*
266	大花酢浆草	*Oxalis bowiei*
267	马蹄纹天竺葵	*Pelargonium zonale*
268	天竺葵	*Pelargonium hortorum*
269	旱金莲	*Tropaeolum majus*
270	亚麻	*Linum usitatissimum*
271	蒺藜	*Tribulus terrestris*
272	金柑	*Citrus japonica*
273	佛手	*Citrus medica* 'Fingered'
274	代代酸橙	*Citrus* × *aurantium* 'Daidai'
275	柑橘	*Citrus reticulata*
276	米仔兰	*Aglaia odorata*
277	瓜子金	*Polygala japonica*
278	蜜甘草	*Phyllanthus ussuriensis*
279	山麻秆	*Alchornea davidii*
280	红背桂	*Excoecaria cochinchinensis*
281	银边翠	*Euphorbia marginata*
282	铁海棠	*Euphorbia milii*
283	金刚纂	*Euphorbia neriifolia*
284	一品红	*Euphorbia pulcherrima*

（续）

编号	物种名称	学名
285	燕子掌	*Crassula ovata*
286	南酸枣	*Choerospondias axillaris*
287	龟甲冬青	*Ilex crenata* var. *convexa*
288	枸骨	*Ilex cornuta*
289	齿叶冬青	*Ilex crenata*
290	金心黄杨	*Euonymus japonicus* 'Aureo-pictus'
291	金边黄杨	*Euonymus japonicus* 'Aurea-marginatus'
292	银边黄杨	*Euonymus japonicus* var. *albo-marginatus*
293	平顶凤仙	*Impatiens balsamina* 'Nana'
294	凤仙花	*Impatiens balsamina*
295	苏丹凤仙花	*Impatiens walleriana*
296	龙爪枣	*Ziziphus jujuba* 'Tortuosa'
297	锦葵	*Malva cathayensis*
298	圆叶锦葵	*Malva pusilla*
299	蜀葵	*Alcea rosea*
300	红秋葵	*Hibiscus coccineus*
301	芙蓉葵	*Hibiscus moscheutos*
302	朱槿	*Hibiscus rosa-sinensis*
303	午时花	*Pentapetes phoenicea*
304	金丝桃	*Hypericum monogynum*
305	三色堇	*Viola tricolor*
306	四季秋海棠	*Begonia cucullata*
307	斑叶竹节秋海棠	*Begonia maculata* 'Wightii'
308	秋海棠	*Begonia grandis*
309	紫叶秋海棠	*Begonia palmata* × *versicolor*

（续）

编号	物种名称	学名
310	仙人掌	*Opuntia dillenii*
311	令箭荷花	*Nopalxochia ackermannii*
312	昙花	*Epiphyllum oxypetalum*
313	鼠尾掌	*Aporocactus flagelliformis*
314	山影拳	*Cereus pitajaya*
315	蟹爪兰	*Schlumbergera truncata*
316	瑞香	*Daphne odora*
317	结香	*Edgeworthia chrysantha*
318	喜树	*Camptotheca acuminata*
319	红千层	*Callistemon rigidus*
320	白萼倒挂金钟	*Fuchsia 'Albo Coccinea'*
321	倒挂金钟	*Fuchsia hybrida*
322	山桃草	*Oenothera lindheimeri*
323	常春藤	*Hedera nepalensis* var. *sinensis*
324	菱叶常春藤	*Hedera rhombea*
325	旱芹	*Apium graveolens*
326	线叶水芹	*Oenanthe linearis*
327	花叶青木	*Aucuba japonica* var. *variegata*
328	桃叶珊瑚	*Aucuba chinensis*
329	青木	*Aucuba japonica*
330	四照花	*Cornus kousa* subsp. *chinensis*
331	红瑞木	*Cornus alba*
332	仙客来	*Cyclamen persicum*
333	报春花	*Primula malacoides*
334	鄂报春	*Primula obconica*

（续）

编号	物种名称	学名
335	樱草	*Primula sieboldii*
336	藏报春	*Primula sinensis*
337	雪柳	*Fontanesia philliraeoides* var. *fortunei*
338	金钟花	*Forsythia viridissima*
339	白丁香	*Syringa oblata* 'Alba'
340	欧丁香	*Syringa vulgaris*
341	暴马丁香	*Syringa reticulata* subsp. *amurensis*
342	北京丁香	*Syringa reticulata* subsp. *pekinensis*
343	紫丁香	*Syringa oblata*
344	金桂	*Osmanthus fragrans* var. *thunbergii*
345	柊树	*Osmanthus heterophyllus*
346	探春花	*Chrysojasminum floridum*
347	矮探春	*Jasminum humile*
348	茉莉花	*Jasminum sambac*
349	醉鱼草	*Buddleja lindleyana*
350	黄花夹竹桃	*Thevetia peruviana*
351	鸡蛋花	*Plumeria rubra*
352	长春花	*Catharanthus roseus*
353	夹竹桃	*Nerium oleander*
354	球兰	*Hoya carnosa*
355	欧旋花	*Calystegia sepium* subsp. *spectabilis*
356	毛籽鱼黄草	*Merremia sibirica* var. *trichosperma*
357	蕹菜	*Ipomoea aquatica*
358	番薯	*Ipomoea batatas*
359	橙红茑萝	*Ipomoea cholulensis*

（续）

编号	物种名称	学名
360	茑萝	*Ipomoea quamoclit*
361	葵叶茑萝	*Ipomoea × sloteri*
362	南美天芥菜	*Heliotropium arborescens*
363	美女樱	*Glandularia × hybrida*
364	马缨丹	*Lantana camara*
365	牡荆	*Vitex negundo* var. *cannabifolia*
366	臭牡丹	*Clerodendrum bungei*
367	藿香	*Agastache rugosa*
368	一串红	*Salvia splendens*
369	硬毛地笋	*Lycopus lucidus* var. *hirtus*
370	紫苏	*Perilla frutescens*
371	五彩苏	*Coleus scutellarioides*
372	罗勒	*Ocimum basilicum*
373	酸浆	*Alkekengi officinarum*
374	木本曼陀罗	*Brugmansia arborea*
375	夜香树	*Cestrum nocturnum*
376	珊瑚樱	*Solanum pseudocapsicum*
377	刺天茄	*Solanum violaceum*
378	花烟草	*Nicotiana alata*
379	碧冬茄	*Petunia × hybrida*
380	黄金树	*Catalpa speciosa*
381	虾衣花	*Justicia brandegeeana*
382	珊瑚花	*Justicia carnea*
383	爆仗竹	*Russelia equisetiformis*
384	金鱼草	*Antirrhinum majus*

（续）

编号	物种名称	学名
385	荷包花	*Calceolaria crenatiflora*
386	大岩桐	*Sinningia speciosa*
387	硬骨凌霄	*Tecomaria capensis*
388	大花栀子	*Gardenia jasminoides 'Grandiflorum'*
389	栀子	*Gardenia jasminoides*
390	白马骨	*Serissa serissoides*
391	虎刺	*Damnacanthus indicus*
392	绣球荚蒾	*Viburnum keteleeri 'Sterile'*
393	粉团	*Viburnum plicatum*
394	日本珊瑚树	*Viburnum awabuki*
395	琼花	*Viburnum keteleeri*
396	珊瑚树	*Viburnum odoratissimum*
397	欧洲荚蒾	*Viburnum opulus*
398	六道木	*Zabelia biflora*
399	半边月	*Weigela japonica* var. *sinica*
400	朝鲜锦带花	*Weigela coraeensis*
401	红白忍冬	*Lonicera japonica* var. *chinensis*
402	贯月忍冬	*Lonicera sempervirens*
403	马瓟瓜	*Cucumis melo* var. *agrestis*
404	雏菊	*Bellis perennis*
405	春黄菊	*Anthemis tinctoria*
406	翠菊	*Callistephus chinensis*
407	联毛紫菀	*Symphyotrichum novi-belgii*
408	百日菊	*Zinnia elegans*
409	黑心菊	*Rudbeckia hirta*

（续）

编号	物种名称	学名
410	金光菊	*Rudbeckia laciniata*
411	向日葵	*Helianthus annuus*
412	两色金鸡菊	*Coreopsis tinctoria*
413	大丽花	*Dahlia pinnata*
414	万寿菊	*Tagetes erecta*
415	天人菊	*Gaillardia pulchella*
416	蓍	*Achillea millefolium*
417	蒿子秆	*Glebionis carinata*
418	菊花	*Chrysanthemum × morifolium*
419	瓜叶菊	*Pericallis × hybrida*
420	朝鲜苍术	*Atractylodes koreana*

图 3-24　北九水的樱桃（*Prunus pseudocerasus*）

图 3-25　茶（*Camellia sinensis*）

四、趋势分析

为进一步加强崂山珍稀林木种质资源保护工作，强化崂山珍稀树种原地保存力度，崂山林场先后向国家争取了崂山珍稀树种培育基地建设示范项目和青岛市日本落叶松采种基地建设项目，同时加快优良乡土树种繁育基地建设。

崂山植物多样性资源整体呈现上升趋势，崂山生物多样性保护优先区域的植物多样性丰富。本次野外实地调查，共收集 8 纲 52 目 167 科 759 属 1671 种（其中有野生半或野生植物 1251 种，栽培观赏或蔬菜作物植物 420 种）。

后续将计划在三标山、华楼、崂山的重点区域中，选取三个区域分别建立长期定位监测点，主要开展水文、土壤、气象、生物等四个要素的长期监测。水文主要监测指标包括地表径流、树干茎流、林内降水等指标；土壤主要监测指标有物理性质、速效养分、季节动态等；气象主要监测温度、降水、空气质量因子、光照等；生物主要监测植物多样性、物候、幼苗更新等，定期开展每木调查。这有利于全面检测崂山生物多样性优先区域的整体状况，并且对水文、土壤、气象、生物四大要素展开全面检测，实现对重点地区和重点物种的长期定位观测，有助于为长时间序列的生物多样性研究奠定基础。

第三节　空间分布格局

一、生物多样性指数

插值是离散函数逼近的重要方法，利用它可通过函数在有限个点处的取值状况，估算出函数在其他点处的近似值。插值也被用来填充图像变换时像素之间的空隙。本项目共调查样方 1056 个，包括 176 个乔木样方、352 个灌木样方和 528 个草本样方。基于样方调查的物种数据计算生物多样性指数，基于插值法进行可视化。

结果显示，调查区域内生物多样性存在较大的空间异质性，崂山南坡和沿海区域生物多样性较高；调查区域西北部的三标山、华楼、北九水等地区生物多样性较低。

二、植被类型及分布

崂山植被在中国植被区划中属于暖温带落叶阔叶林区的暖温带落叶阔叶林地带的南部亚地带。在山东植被分区中崂山植被属于山东半岛植被区的"胶南丘陵栽培植被，含南方成分的赤松林、麻栎林小区"。由于水热条件比较优越，因而在崂山植物区系组成中南方成分比省内其他各处丰富，山东省天然分布的常绿阔叶树木如红楠、大叶胡颓子和山茶等，只见于崂山；化香、乌桕也有较多分布，山东其他地方也都罕见；常绿灌木竹叶花椒、胶州卫矛、扶芳藤等，都较其他各地多，生长也较为良好；引种栽培的常绿阔叶树木有 30 种左右，其中如构骨、珊瑚树、棕榈等，也只在本区能够露天栽培。崂山的南方成分为全省之最，在我国华北地区也最丰富。

崂山原始分布的针叶林主要是赤松林，系由天然生长或人工繁育而成，从低海拔到海拔 700~800 m 之间仍能生长，林相也较整齐。20 世纪 70 年代以前，赤松是崂山及其附近地区的主要森林类型，后来由于虫害严重而大面积死亡，只有华岩寺附近还保留长势良好的中老龄林，其他如北九水、三标山、华楼等只见到零星残存的大树和幼林。目前在海拔 500 m 以下部分，赤松则常为人工栽培的黑松取代。黑松林主要分布于面海山坡和海滩沙地，在这些地方，它表现出良好的适应性。在青岛市区所栽的针叶树也以黑松为主。此外，在崂山海拔较高的地方，栽种的是比较耐寒的日本落叶松，其中 40 年以上的日本落叶松林已不下 660 hm²，长势普遍良好。

崂山原有的落叶阔叶林建群种是落叶栎类，以麻栎为主，还有栓皮栎、槲栎、槲树、枹栎等。栎类在山区生长茂盛，即使在土壤瘠薄的砾质山坡，也能形成灌木状生长。但自20世纪末自刺槐引到青岛以后，适应了这里的环境，很快便繁衍起来，成为最主要的落叶阔叶林树种。目前在海拔600 m以下的丘陵及平原地，刺槐林的面积已大大超过其他落叶阔叶林。此外，落叶阔叶杂木林在崂山也较常见，树种有臭椿（*Ailanthus altissima*）、朴树（*Celtis sinensis*）、黄连木（*Pistacia chinensis*）等。在山谷和河两岸则有枫杨（*Pterocarya stenoptera*）、腺柳（*Salix chaenomeloides*）和赤杨等。崂山和崂东一带较温暖地区，则有较多的楝（*Melia azedarach*）树生长，树叶茂盛。山阴坡水分条件特别优越，植物生长十分茂密，落叶阔叶林树占据了优势，板栗、盐麸木（*Rhus chinensis*）、毛赤杨、八角枫（*Alangium chinense*）、苦木、稠李（*Padus racemosa*）、三桠乌药（*Lindera obtusiloba*）、山胡椒（*Lindera glauca*）、白蜡树（*Fraxinus chinensis*）、野茉莉（*Styrax japonicus*）等乔木和灌木形成了茂密的落叶阔叶杂木林。林下土层肥厚，草本和藤本植物较多，著名的青岛百合（*Lilium tsingtauense*）即分布在这些林下。崂山最高峰崂顶一带，因海拔较高，朝夕多有云雾飘浮，空气经常湿润，日本落叶松（*Larix gmelini*）、赤松及常见的各种针叶树都广泛分布。此外，灌木中较突出的种类有玉铃花（*Styrax obassia*）、华北忍冬（*Lonicera japonica*）、天目琼花、锦带花（*Weigela florida*）及猕猴桃等，青岛百合在林下也很常见。

崂山南麓的下清宫一带，三面高山包围，南面向海，在这种环境下，发育着比较特殊的植被，不仅有常绿阔叶树天然分布，而且引种的亚热带树木生长良好。蒲松龄名著《聊斋志异》中所描述的"绛雪"即耐冬，为栽培的山茶，高达4~5 m；露天栽培的棕榈也呈小乔本状，并能正常开花；小叶黄杨高达10 m，胸径约40 m；乌桕可成20 m高的大树；喜树生长正常，等等。此外还有天然分布的淡竹林和多种天然生长的常绿灌木、藤木和草本植物。人工栽培的茶树已引进驯化为远近闻名的崂山茶，在近海岛屿上更有天然生长的山茶灌丛。

由于这些常绿植物的存在，所以早年国外学者编绘的世界植被图上，将包括青岛在内的胶州湾沿海地区作为常绿阔叶林的分布地，尽管不够准确，但也表明了这一地区植被组成上的亚热带特色。

由于崂山海拔较高，地形复杂，气候多样，植物种类繁多，加之人工引种栽培，形成了多样的植被类型。崂山植被可分为针叶林、落叶阔叶林、竹林、灌丛、灌草丛、草甸、水生植被和栽培植被8种类型。

（一）针叶林

针叶林是以裸子植物松柏目的乔木树种为建群种所形成的森林群落的总称，包括各种针叶纯林和少数针阔叶混交林。针叶林是崂山分布广泛的植被类型之一，为天然、半天然的次生林。崂山的地带性针叶林属温性常绿针叶林，主要建群种是赤松（*Pinus densiflora*）。此外，非地带性的种类主要是从国内外引进的种类，其中日本落叶松（*Larix gmelini*）、黑松（*Pinus thunbergii*）、日本花柏（*Chamaecyparis pisifera*）等引自日本，马尾松（*Pinus massoniana*）、杉木（*Cunninghamia lanceolata*）、水杉（*Metasequoia glyptostroboides*）引自我国亚热带。（表3-8）

表3-8　崂山针叶林分析样地

样方号	群落类型	样方面积/m²	种数	*H'*	调查地点	海拔/m
BHS-1	赤松林	600	25	2.65	城阳区抱虎山霞沟	183.40
MGS-1	黑松林	600	30	3.04	城阳区惜福镇街道毛公山	144.94
BJS-1	日本落叶松林	600	39	3.23	崂山区北宅街道北九水	783.05
DBS-1	油松林	600	44	3.51	崂山区西台村大标山	166.00

注：多样性以重要值为基数，*H'* 为 Shannon-Wiener 指数。

1. 赤松林（Form. *Pinus densiflora*）

赤松林为常绿针叶林，群落外观上终年常绿，但群落的下层多为落叶种类，随季节变化而表现出一定的季相特征。如冬季和春季，灌木层、草本层都落叶或枯萎，群落内光照充足，而在夏、秋季节，灌木和草本正是生长季节，群落茂密，这对于减弱夏季的暴雨对土壤的冲刷是很重要的。赤松林的天然分布区是山东半岛，气候为暖温带季风气候。由于受海洋的影响，分布区的大部分地区降水较多，热量丰富，完全能满足赤松生长发育的需要，因此崂山是中国赤松最主要的分布区之一。赤松下的土壤为棕壤，呈酸性或弱酸性。按土层的厚度可分为厚层土、中层土和薄层土，厚层土土厚可达50~100 cm，是典型的棕壤，见于阴坡中下部。这类土壤虽然最适于赤松的生长，但所占比例极少。中层土的厚度为30~50 cm，见于阴坡中上部和阳坡下部。这类土约占赤松林下土壤的一半左右。

长期以来，赤松在崂山广泛分布，生长发育良好，并形成大面积的天然森林群落。虽然赤松林曾不断遭受砍伐、火烧、虫灾等的破坏，但又通过其强大的自然更新能力而迅速恢复，蔚然成林。目前还没有其他任何树种能与之相比或取而代之。地质时期，山东半岛曾与辽东半岛以及朝鲜半岛和日本列岛相连，后来由于地面下陷而成为今日隔海相峙的形势。在现代植物区系中，山东半岛与辽东半岛及日本和朝鲜间形成间断分布。

　　赤松林曾经是崂山分布最为集中和广泛的植被类型，现在主要分布在华严寺、仰口，其他区域常见于黑松林中，垂直分布在海拔 200~800 m。该群落外貌整齐，郁闭度 0.5~0.8。在赤松纯林中、乔木层仅由赤松组成，在混交林中可见到麻栎、栓皮栎（*Quercus variabilis*）、槲树（*Quercus dentata*）、黄连木（*Pistacia chinensis*）。在人工混交林中则有黑松（*Pinus thunbergii*）及刺槐（*Robinia pseudoacacia*）等。赤松林下灌木层的种类较复杂，尤其在中厚层土上更为丰富。较常见的种类有胡枝子（*Lespedeza bicolor*）、兴安胡枝子（*Lespedeza davurica*）、三桠绣线菊（*Spiraea trilobata*）、华北绣线菊（*Spiraea fritschiana*）、山槐（*Albizia kalkora*）、花木兰、白檀（*Symplocos paniculata*）、扁担杆（*Grewia biloba*）、卫矛（*Euonymus alatus*）、照山白（*Rhododendron micranthum*）、盐麸木（*Rhus chinensis*）、山胡椒（*Lindera glauca*）、百里香（*Thymus mongolicus*）等。常见的藤本植物有南蛇藤（*Celastrus orbiculatus*）、葛（*Pueraria lobata*）、菝葜（*Smilax china*）等。组成草本层的植物也较丰富，优势的种类有黄背草（*Themeda triandra*）、野古草（*Arundinella hirta*）、结缕草（*Zoysia japonica*）、地榆（*Sanguisorba officinalis*）、霞草、石竹（*Dianthus chinensis*）、唐松草（*Thalictrum aquilegifolium* var. *sibiricum*）、委陵菜（*Potentilla chinensis*）、隐子草，以及薹草属、蒿属的一些种类。其他常见的种类有丛生隐子草（*Cleistogenes caespitosa*）、桔梗（*Platycodon grandiflorus*）、中华卷柏（*Selaginella sinensis*）、瓦松（*Orostachys fimbriatus*）等。（表 3-9）

表 3-9　赤松林群落分析

		种名	平均		株数	重要值 + 灌层
			高度 /m	胸径 /cm		
乔木层	赤松	*Pinus densiflora*	5.36	9.28	69	100.00+5.93
	合计				69	

		种名	平均高度 /cm	盖度 /%	频度	重要值
灌木层	胡枝子	*Lespedeza bicolor*	55.00	25.00	0.50	17.42
	荆条	*Vitex negundo* var. *heterophylla*	40.03	18.50	1.00	16.08

（续）

	种名		平均高度 /cm	盖度 /%	频度	重要值
灌木层	黑松	*Pinus thunbergii*	120.00	3.00	0.50	12.67
	花木蓝	*Indigofera kirilowii*	33.21	10.00	1.00	11.89
	山槐	*Albizia kalkora*	43.75	5.00	1.00	10.50
	野花椒	*Zanthoxylum simulans*	44.14	1.50	1.00	9.02
	截叶铁扫帚	*Lespedeza cuneata*	40.00	8.00	0.50	8.96
	加杨	*Populus × canadensis*	38.00	5.00	0.50	7.52
	赤松	*Pinus densiflora*	40.00	1.00	0.50	5.93
草本层	芦苇	*Phragmites australis*	45.00	40.00	0.33	19.91
	木防己	*Cocculus orbiculatus*	62.14	4.67	1.00	10.85
	野古草	*Arundinella hirta*	32.39	7.67	1.00	9.52
	黄背草	*Themeda triandra*	52.14	3.50	0.67	8.26
	野青茅	*Deyeuxia pyramidalis*	45.00	8.00	0.33	8.01
	狗尾草	*Setaria viridis*	34.00	2.50	0.67	6.40
	绵枣儿	*Barnardia japonica*	13.43	2.33	1.00	5.97
	中华卷柏	*Selaginella sinensis*	3.00	10.00	0.33	5.30
	长蕊石头花	*Gypsophila oldhamiana*	12.00	4.00	0.67	5.14
	野鸢尾	*Iris dichotoma*	23.50	1.00	0.67	4.97
	小红菊	*Chrysanthemum chanetii*	22.00	1.00	0.33	3.52
	长冬草	*Clematis hexapetala* var. *tchefouensis*	10.00	1.00	0.33	2.53
	变色白前	*Vincetoxicum versicolor*	5.00	2.00	0.33	2.49
	小苦荬	*Ixeridium dentatum*	5.00	1.00	0.33	2.12

2. 黑松林（Form. *Pinus thunbergii*）

黑松原产于日本及朝鲜半岛东部沿海地区，黑松与赤松、油松的生物学和生态学特性有很大的相似性，都是喜光树种，树干较通直，根系穿透力强，有根菌共生，耐干旱瘠薄，不耐水湿，在排水不良的条件下生长不良，甚至烂根死亡。它们的物候期和生长节律也有一定的共同性。黑松生长的特点是：早期生长快，树高和胸径连年生长量最高峰比油松来得早，与赤松相当或稍早，高峰值也较大。据在崂山林场对 5 株黑松树干解析材料分析，15~22 年生树高和胸径连年生长量最高峰都是出现在 7 年左右。黑松与山东的赤松和油松两个本土树种相比，抗病虫害能力强，但是黑松的抗旱和抗低温能力低于赤松和油松。

由于是人工林，黑松林纯林多，单层林冠，局部地方也有形成异龄复层林。在崂山，黑松林中多栽植日本花柏和日本落叶松，也是同一林层，且林龄较幼，是一个不稳定的人工栽培群落。在刺槐混交林中，黑松处于林冠中下部，顶梢被刺槐枝条磨损，生长受抑制。

黑松林栽培于崂山各地海拔 400~500 m 地段，北九水、华楼、下宫、三标山、大台崮等较为集中和典型，为人工林，郁闭度 0.5~0.8，灌木总盖度 15%，树高 7~13 m，胸径 15~23 cm。乔木层以黑松为优势种，伴生有日本落叶松、辽东桤木（*Alnus hirsuta*）、麻栎（*Quercus acutissima*）、刺槐（*Robinia pseudoacacia*）、赤松（*Pinus densiflora*）和盐肤木（*Rhus chinensis*）等常见种，偶见梧桐（*Firmiana simplex*）、山槐（*Albizia kalkora*）和水榆花楸（*Sorbus alnifolia*）。灌木层以胡枝子（*Lespedeza bicolor*）、花木蓝（*Indigofera kirilowii*）、荆条等为局部优势种，伴有小野珠兰（*Stephanandra incisa*）、华东菝葜（*Smilax china*）、扁担杆（*Grewia biloba*）、钩齿溲疏（*Deutzia baroniana*）等为常见种，偶见郁李（*Prunus japonica*）、牛叠肚（*Rubus crataegifolius*）、朝鲜鼠李（*Rhamnus koraiensis*）、臭椿（*Ailanthus altissima*）等；草本层中西来稗草、野青茅（*Deyeuxia pyramidalis*）、大油芒（*Spodiopogon sibiricus*）、狗娃花（*Aster hispidus*）等为局部优势种，伴有败酱（*Patrinia scabiosifolia*）、羊须草、卷柏、霞草、黄花菜（*Hemerocallis citrina*）、地榆（*Sanguisorba officinalis*）、隐子草、狭叶珍珠菜（*Lysimachia pentapetala*）、牡蒿（*Artemisia japonica*）、狗尾草（*Setaria viridis*）、蒙古蒿（*Artemisia mongolica*）、长蕊石头花（*Gypsophila oldhamiana*）、艾、大叶铁线莲（*Clematis heracleifolia*）、唐松草（*Thalictrum aquilegifolium* var. *sibiricum*）、北柴胡（*Bupleurum chinense*）等常见种，偶见薯蓣（*Dioscorea opposita*）、马兰（*Aster indicus*）、东风菜（*Aster scaber*）、拳参（*Bistorta officinalis*）、龙牙草、茜草（*Rubia cordifolia*）、苦菜、日本安蕨（*Athyrium niponicum*）、内折香茶菜（*Isodon inflexus*）、藜、两型豆（*Amphicarpaea edgeworthii*）等。（表 3-10）

表 3-10　黑松林群落分析

	种名		平均		株数	重要值 + 灌层
			高度 /m	胸径 /cm		
乔木层	黑松	Pinus thunbergii	6.31	10.34	99	61.09
	臭椿	Ailanthus altissima	6.76	9.78	5	25.55+4.85
	山槐	Albizia kalkora	5.65	7.20	2	13.37
	合计				106	

	种名		平均高度 /cm	盖度 /%	频度	重要值
灌木层	荆条	Vitex negundo var. heterophylla	79.51	33.50	1.00	25.40
	花木蓝	Indigofera kirilowii	63.10	17.50	1.00	16.72
	野花椒	Zanthoxylum simulans	65.45	2.50	1.00	9.67
	郁李	Prunus japonica	90.00	3.00	0.50	9.20
	叶底珠	Flueggea suffruticosa	62.00	5.00	0.50	8.43
	山槐	Albizia kalkora	38.00	2.00	1.00	7.74
	胡枝子	Lespedeza bicolor	19.00	2.00	1.00	6.57
	紫穗槐	Amorpha fruticosa	55.00	2.00	0.50	6.56
	臭椿	Ailanthus altissima	35.00	1.00	0.50	4.85
	君迁子	Diospyros lotus	35.00	1.00	0.50	4.85
草本层	野古草	Arundinella hirta	28.10	6.67	1.00	12.42
	木防己	Cocculus orbiculatus	5.08	4.00	1.00	11.04
	鸦葱	Takhtajaniantha austriaca	24.00	1.50	0.67	7.83
	青绿薹草	Carex breviculmis	15.80	2.50	0.67	7.76
	鬼针草	Bidens pilosa	3.67	1.50	0.67	7.12
	画眉草	Eragrostis pilosa	42.00	3.00	0.33	5.45
	长冬草	Clematis hexapetala	38.00	3.00	0.33	5.31
	长蕊石头花	Gypsophila oldhamiana	7.00	5.00	0.33	4.66

（续）

	种名		平均高度 /cm	盖度 /%	频度	重要值
草本层	地榆	*Sanguisorba officinalis*	25.00	2.00	0.33	4.64
	球序韭	*Allium thunbergii*	17.00	3.00	0.33	4.58
	黄瓜菜	*Crepidiastrum denticulatum*	23.00	2.00	0.33	4.57
	乳浆大戟	*Euphorbia esula*	23.00	2.00	0.33	4.57
	黄精	*Polygonatum sibiricum*	25.00	1.00	0.33	4.42
	球果堇菜	*Viola collina*	1.50	4.00	0.33	4.25
	桔梗	*Platycodon grandiflorus*	4.00	2.00	0.33	3.91
	南玉带	*Asparagus oligoclonos*	3.00	2.00	0.33	3.87
	中华卷柏	*Selaginella sinensis*	2.00	1.00	0.33	3.62

3. 落叶松林（Form. *Larix kaempfer*）

日本落叶松原产日本本洲中部及关东山地，由于它生长快，材质较好，欧美各国普遍引种。山东省于 1884 年开始引进日本落叶松，栽植在青岛市崂山林场滑溜口、北九水林区的前、后泥洼、四方石、麦石屋一带海拔 700~900 m 的山地上，已有 100 余年的历史，郁闭度 0.7~1.0，平均胸径 15~30 cm。日本落叶松多为纯林，其中一部分由于引种时的种苗混杂，间有华北落叶松。

林下各层的结构特点，决定于造林前的植被类型。造林前的植被类型主要有松林、灌丛和灌草丛，所以种类组成也和这些类型相似。常见的灌木种类有茅莓（*Rubus parvifolius*）、白檀（*Symplocos tanakana*）、绣线菊、郁李（*Prunus japonica*）、胡枝子（*Lespedeza bicolor*）、三桠乌药（*Lindera obtusiloba*）、小叶鼠李（*Rhamnus davurica*）、溲疏、花木蓝（*Indigofera kirilowii*）、迎红杜鹃（*Rhododendron mucronulatum*）、忍冬（*Lonicera japonica*）、荆条等，总数在 50 种以上。草本植物尤为丰富，主要有苔属数种、黄背草（*Themeda triandra*）、野古草（*Arundinella hirta*）、白茅、楼斗菜、地榆（*Sanguisorba officinalis*）、玉竹（*Polygonatum odoratum*）、白羊草（*Bothriochloa ischaemum*）、结缕草（*Zoysia japonica*）、桔梗（*Platycodon grandiflorus*）、蒿属数种、前胡、铁线莲属数种和唇形科数种等。经常占优势的种类是莎草科、菊科和禾本科种类。（表 3-11）

表 3-11　日本落叶松林群落分析

	种名		平均		株数	重要值+灌层
			高度 /m	胸径 /cm		
乔木层	日本落叶松	*Larix kaempferi*	15.61	27.71	69	56.83
	辽东桤木	*Alnus hirsuta*	6.64	9.50	20	16.93
	麻栎	*Quercus acutissima*	7.45	12.00	2	10.44
	水榆花楸	*Sorbus alnifolia*	5.30	8.18	11	8.97+6.55
	白檀	*Symplocos tanakana*	5.65	9.50	2	6.82
	合计				104	

	种名		平均高度 /cm	盖度 /%	频度	重要值
灌木层	迎红杜鹃	*Rhododendron mucronulatum*	78.73	5.50	1.00	11.05
	山樱花	*Prunus serrulata*	200.00	1.00	0.50	10.60
	卫矛	*Euonymus alatus*	36.80	3.50	1.00	7.71
	垂丝卫矛	*Euonymus oxyphyllus*	56.70	2.50	1.00	7.69
	三桠乌药	*Lindera obtusiloba*	54.23	2.00	1.00	7.18
	郁李	*Prunus japonica*	50.00	4.00	0.50	6.99
	水榆花楸	*Sorbus alnifolia*	100.00	1.00	0.50	6.55
	白蜡树	*Fraxinus chinensis*	45.00	3.00	0.50	5.96
	菝葜	*Smilax china*	32.14	1.50	1.00	5.87
	山葡萄	*Vitis amurensis*	28.00	2.00	0.50	4.45
	槲树	*Quercus dentata*	30.00	1.00	0.50	3.71
	华东菝葜	*Smilax sieboldii*	28.00	1.00	0.50	3.63
草本层	宽叶薹草	*Carex siderosticta*	11.67	30.00	0.67	9.44
	糙苏	*Phlomoides umbrosa*	60.00	15.00	0.33	7.29
	龙常草	*Diarrhena mandshurica*	55.71	7.00	0.67	6.94

（续）

	种名		平均高度 /cm	盖度 /%	频度	重要值
草本层	日本安蕨	*Anisocampium niponicum*	40.00	10.00	0.33	5.34
	小黄紫堇	*Corydalis raddeana*	50.00	6.00	0.33	5.02
	青岛百合	*Lilium tsingtauense*	50.00	6.00	0.33	5.02
	南山堇菜	*Viola chaerophylloides*	50.00	6.00	0.33	5.02
	东北南星	*Arisaema amurense*	40.00	8.00	0.33	4.94
	三叶委陵菜	*Potentilla freyniana*	10.00	10.00	0.33	3.92
	鸭跖草	*Commelina communis*	30.00	5.00	0.33	3.87
	两型豆	*Amphicarpaea edgeworthii*	30.00	4.00	0.33	3.67
	球果堇菜	*Viola collina*	20.00	6.00	0.33	3.6
	拳参	*Bistorta officinalis*	40.00	1.00	0.33	3.55
	拐芹	*Angelica polymorpha*	30.00	3.00	0.33	3.47
	细叶薹草	*Carex duriuscula*	30.00	3.00	0.33	3.47
	细辛	*Asarum heterotropoides*	15.00	5.00	0.33	3.16
	求米草	*Oplismenus undulatifolius*	10.00	3.00	0.33	2.52
	京黄芩	*Scutellaria pekinensis*	10.00	1.00	0.33	2.12

4. 油松林（Form. *Pinus tabuliformis*）

油松林主要分布于滑溜口，海拔 500~700 m，郁闭度 0.5~0.8，土壤层厚。油松林的种类组成因群落类型不同而异，纯林较混交林简单。在纯林中，乔木层只有油松，在混交时，常有赤松、黑松、侧柏、刺槐、麻栎、栓皮栎、槲栎、槲树、元宝槭、黄连木、黑弹树、白蜡树、春榆、椴树和蔷薇科的一些种类等，多散生分布，数量较少。油松林林下灌木种类较丰富，其种类随地区而异，主要有胡枝子属数种、绣线菊属数种以及木兰属、连翘（*Forsythia suspensa*）属、杜鹃属、黄栌属等的种类。常见种类有胡枝子（*Lespedeza bicolor*）、多花胡枝子（*Lespedeza floribunda*）、三裂绣线菊（*Spiraea trilobata*）、黄栌、照山白（*Rhododendron micranthum*）、锦带花（*Weigela florida*）、牛奶子（*Elaeagnus umbellata*）、茅莓（*Rubus parvifolius*）、大花溲疏、野蔷薇（*Rosa multiflora*）、卫矛（*Euonymus* alatus）、连翘（*Forsythia suspensa*）、大果榆（*Ulmus macrocarpa*）、扁担杆、小叶鼠李（*Rhamnus davurica*）、白檀（*Symplocos tanakana*）等。草本层种类也很丰富，以禾本科、菊科、莎草科、蔷薇科的几个属最常见，如菅属、野古草（*Arundinella hirta*）属、白羊草（*Bothriochloa ischaemum*）属、莎草属、蒿属、委陵菜属等。常见的有黄背草（*Themeda triandra*）、野古草（*Arundinella hirta*）、结缕草（*Zoysia japonica*）、羊胡子草、地榆（*Sanguisorba officinalis*）、翻白草（*Potentilla discolor*）、香薷（*Elsholtzia ciliata*）以及早熟禾（*Poa annua*）数种、蒿数种、桔梗（*Platycodon grandiflorus*）、石竹（*Dianthus chinensis*）、山丹（*Lilium pumilum*）、霞草、中华卷柏（*Selaginella sinensis*）、卷柏、铃兰（*Convallaria majalis*）、蕨类数种、鸡眼草（*Kummerowia striata*）等。（表 3-12）

表 3-12　油松林群落分析

	种名		平均		株数	重要值+灌层
			高度 /m	胸径 /cm		
乔木层	油松	*Pinus tabuliformis*	5.94	9.77	26	33.13+4.90
	黑松	*Pinus thunbergii*	6.39	11.39	9	20.98
	赤松	*Pinus densiflora*	6.67	10.33	3	12.97
	麻栎	*Quercus acutissima*	7.75	10.25	4	12.65+2.03
	枫杨	*Pterocarya stenoptera*	7.00	9.67	3	11.14
	花曲柳	*Fraxinus chinensis* subsp. *rhynchophylla*	7.50	14.00	1	9.12+6.32
	合计				46	

	种名		平均高度 /cm	盖度 /%	频度	重要值
灌木层	胡枝子	*Lespedeza bicolor*	55.00	30.00	1.00	16.87
	荆条	*Vitex negundo* var. *heterophylla*	155.00	10.00	1.00	10.52
	山槐	*Albizia kalkora*	330.00	1.00	0.50	8.71
	小花扁担杆	*Grewia biloba* var. *parviflora*	165.00	5.00	0.50	7.03
	花曲柳	*Fraxinus chinensis* subsp. *rhynchophylla*	130.00	5.00	0.50	6.32

（续）

	种名		平均高度 /cm	盖度 /%	频度	重要值
灌木层	榔榆	*Ulmus parvifolia*	170.00	2.00	0.50	5.88
	野蔷薇	*Rosa multiflora*	90.00	4.00	0.50	5.09
	油松	*Pinus tabuliformis*	60.00	5.00	0.50	4.90
	牛叠肚	*Rubus crataegifolius*	49.20	1.50	1.00	4.80
	酸枣	*Ziziphus jujuba* var. *spinosa*	130.00	1.00	0.50	4.65
	花木蓝	*Indigofera kirilowii*	70.00	3.00	0.50	4.27
	忍冬	*Lonicera japonica*	70.00	2.00	0.50	3.85
	茅莓	*Rubus parvifolius*	29.00	3.00	0.50	3.43
	青花椒	*Zanthoxylum schinifolium*	25.00	3.00	0.50	3.35
	多花胡枝子	*Lespedeza floribunda*	45.00	1.00	0.50	2.92
	鼠李	*Rhamnus davurica*	42.00	1.00	0.50	2.86
	君迁子	*Diospyros lotus*	25.00	1.00	0.50	2.51
	麻栎	*Quercus acutissima*	1.00	1.00	0.50	2.03
草本层	宽蕊地榆	*Sanguisorba applanata*	45.00	15.00	0.67	13.32
	野青茅	*Deyeuxia pyramidalis*	38.08	8.00	1.00	11.09
	卷柏	*Selaginella* sp.	10.00	11.50	0.67	8.20
	栝楼	*Trichosanthes kirilowii*	30.00	9.00	0.33	8.06
	大油芒	*Spodiopogon sibiricus*	45.00	2.00	0.33	6.88
	东亚唐松草	*Thalictrum minus* var. *hypoleucum*	20.00	5.00	0.33	5.4
	黄瓜菜	*Crepidiastrum denticulatum*	16.00	4.00	0.33	4.58
	低矮薹草	*Carex humilis*	10.00	2.00	0.67	4.43
	南美鬼针草	*Bidens subalternans*	17.00	2.00	0.33	3.89
	紫苞鸢尾	*Iris ruthenica*	15.00	2.00	0.33	3.68
	野菊	*Chrysanthemum indicum*	10.00	3.00	0.33	3.54

（续）

	种名		平均高度 /cm	盖度 /%	频度	重要值
草本层	山马兰	*Aster lautureanus*	4.00	4.00	0.33	3.3
	播娘蒿	*Artemisia sp.*	4.00	3.50	0.33	3.10
	隐子草	*Cleistogenes sp.*	13.00	0.50	0.33	2.87
	委陵菜	*Potentilla chinensis*	4.00	2.00	0.33	2.50
	木防己	*Cocculus orbiculatus*	4.00	1.00	0.33	2.11
	长蕊石头花	*Gypsophila oldhamiana*	4.00	1.00	0.33	2.11
	紫花地丁	*Viola philippica*	2.00	1.50	0.33	2.09
	早开堇菜	*Viola sp.*	2.00	1.50	0.33	2.09

（二）落叶阔叶林

落叶阔叶林植被是崂山的地带性植被类型，典型类型是栎属 (*Quercus*) 种类为主要建群种类植物群落，也有槭树、杨树等种类组成的群落。目前，引自北美的刺槐，分布面积更为广泛。

群落垂直成层结构明显，可分为乔木层、灌木层和草本层，一般没有苔藓等组成的地被层。林下灌木层主要以豆科的胡枝子属和木兰属、蔷薇科的绣线菊属等落叶的种类组成。草本层主要以禾本科的菅草属、野古草属、结缕草属、大油芒属，莎草科的薹草属、蔷薇科的委陵菜属、菊科的蒿属等的种类组成，且冬季地上部分全部枯死或以种子越冬。崂山的阔叶林主要是由落叶阔叶林构成，主要树种有麻栎、栓皮栎、刺槐、枫杨、辽东桤木、日本桤木等。（表 3-13）

表 3-13 崂山阔叶林分析样地

样方号	群落类型	样方面积 /m²	种数	*H'*	调查地点	海拔 /m
SQ	麻栎林	600	51	3.84	崂山区明霞洞（神泉）	474.00
XJS-4	栓皮栎林	600	17	2.70	崂山区西九水小崂顶	309.40

（续）

样方号	群落类型	样方面积 /m²	种数	*H'*	调查地点	海拔 /m
XJ-2	刺槐林	600	28	3.12	崂山区徐家	268.33
TPJ-1	枫杨林	600	38	3.31	崂山区北宅街道拖爬涧	196.68

注：多样性以重要值为基数，*H'* 为 Shannon-Wiener 指数。

1. 麻栎林（Form. *Quercus acutissima*）

麻栎林是栎林中最主要和最典型的类型，在暖温带和亚热带的山地都有分布，也是山东省栎林中面积最大的。麻栎是我国温带、暖温带和亚热带山地广泛分布的森林树种，在温带针阔叶混交林区域，常与其他落叶栎类组成混交林，而少见有纯林存在。麻栎林分布区的气候同赤松类似，但其生态幅更广，对热量和湿度的要求比赤松宽。麻栎林下的土壤，在暖温带山地多为棕壤和褐土，在亚热带为黄棕壤与黄褐土，形成这些土壤类型的母质包括花岗岩、石灰岩、石英岩以及砂页岩等。

典型的麻栎林见于太清宫山地阳坡、崂顶南坡，垂直分布可达 1000 m，郁闭度 0.6~1。天然麻栎林很少为纯林，大多数情况下林中常混生栓皮栎、槲栎、槲树、枹栎等栎树和其他针、阔叶种类，如赤松、油松、黑松、刺楸、紫椴、水榆花楸、君迁子、野茉莉（*Styrax japonicus*）、黑弹树、臭椿（*Ailanthus altissima*）、楝（*Melia azedarach*）、黄檀（*Dalbergia hupeana*）、黄连木（*Pistacia chinensis*）、栾树（*Koelreuteria paniculata*）等。

林下的灌木因土壤条件而有较大的变化。土层深厚肥沃湿润的地方以胡枝子、照山白（*Rhododendron micranthum*）、三桠乌药（*Lindera obtusiloba*）、山胡椒（*Lindera glauca*）、盐麸木（*Rhus chinensis*）、白檀（*Symplocos tanakana*）、锦带花（*Weigela florida*）、郁李（*Prunus japonica*）、三桠绣线菊、连翘（*Forsythia suspensa*）、野蔷薇（*Rosa multiflora*）、大花溲疏等最为常见。在土壤较干燥瘠薄的地方，常见种类是荆条、酸枣（*Ziziphus jujuba* var. *spinosa*）、花木蓝（*Indigofera kirilowii*）、多花胡枝子、绒毛胡枝子、兴安胡枝子、截叶铁扫帚（*Lespedeza cuneata*）、荛花、扁担杆、小叶鼠李等。草本植物中也有类似情况，常见的是禾本科、菊科、豆科、蔷薇科、莎草科等种类。在土壤湿润肥沃的地段有野古草、羊胡子草、大油芒、荻、野青茅（*Deyeuxia pyramidalis*）、狼尾草（*Pennisetum alopecuroides*）、绶草（*Spiranthes sinensis*）、山丹（*Lilium pumilum*）、薄荷（*Mentha canadensis*）、香薷（*Elsholtzia ciliata*）、大叶铁线莲（*Clematis heracleifolia*）、鸭跖草（*Commelina communis*）、地榆（*Sanguisorba officinalis*）等。而白羊草（*Bothriochloa* ischaemum）、黄背草（*Themeda triandra*）、白茅、蓬子菜（*Galium verum*）、霞草、委陵菜（*Potentilla chinensis*）、翻白草（*Potentilla discolor*）、青蒿（*Themeda triandra*）、荩草（*Arthraxon hispidus*）、黄芪、草木樨（*Melilotus officinalis*）、紫花地丁（*Viola philippica*）、马兜铃（*Aristolochia debilis*）、北柴胡（*Bupleurum chinense*）等在较干瘠地方经常出现。层外植物有葛藤、蝙蝠葛（*Menispermum dauricum*）、菝葜、猕猴桃等。（表3-14）

表3-14　麻栎林群落分析

种名		平均		株数	重要值+灌层
		高度/m	胸径/cm		
乔木层	麻栎　*Quercus acutissima*	8.58	29.33	12	21.45+11.27
	黑松　*Pinus thunbergii*	7.81	18.16	31	21.10
	辽东桤木　*Alnus hirsuta*	10.12	34.20	5	14.98
	栓皮栎　*Quercus variabilis*	8.30	23.70	10	14.10+5.79
	山杨　*Populus davidiana*	7.85	20.25	4	8.56
	赤松　*Pinus densiflora*	8.03	25.00	4	7.87
	山樱花　*Prunus serrulata*	5.75	8.50	4	6.28
	栗　*Castanea mollissima*	7.80	10.00	1	5.65+5.56
	合计			71	

种名		平均高度/cm	盖度/%	频度	重要值
灌木层	麻栎　*Quercus acutissima*	220.00	30.00	0.50	11.27
	小花扁担杆　*Grewia biloba* var. *parviflora*	120.00	25.00	0.50	8.17
	栓皮栎　*Quercus variabilis*	120.00	10.00	0.50	5.79
	栗　*Castanea mollissima*	110.00	10.00	0.50	5.56
	水榆花楸　*Sorbus alnifolia*	70.00	15.00	0.50	5.44
	野蔷薇　*Rosa multiflora*	80.00	12.00	0.50	5.19

（续）

		种名	平均高度 /cm	盖度 /%	频度	重要值
灌木层	元宝槭	*Acer truncatum*	100.00	8.00	0.50	5.02
	盐麸木	*Rhus chinensis*	90.00	6.00	0.50	4.47
	郁李	*Prunus japonica*	48.00	10.00	0.50	4.14
	卫矛	*Euonymus alatus*	25.00	4.00	1.00	4.11
	锦带花	*Weigela florida*	40.00	11.00	0.50	4.11
	菝葜	*Smilax china*	60.00	8.00	0.50	4.10
	鼠李	*Rhamnus davurica*	48.00	8.00	0.50	3.82
	胡枝子	*Lespedeza bicolor*	45.00	8.00	0.50	3.75
	青花椒	*Zanthoxylum schinifolium*	42.00	8.00	0.50	3.68
	花木蓝	*Indigofera kirilowii*	28.00	9.00	0.50	3.52
	牛叠肚	*Rubus crataegifolius*	29.00	7.00	0.50	3.23
	臭椿	*Ailanthus altissima*	35.00	6.00	0.50	3.21
	紫穗槐	*Amorpha fruticosa*	38.00	5.00	0.50	3.12
	刺楸	*Kalopanax septemlobus*	40.00	4.00	0.50	3.00
	南蛇藤	*Celastrus orbiculatus*	35.00	4.00	0.50	2.89
草本层	木防己	*Cocculus orbiculatus*	180.00	9.00	0.33	11.44
	野青茅	*Deyeuxia pyramidalis*	95.00	15.00	0.33	8.81
	葛	*Pueraria montana* var. *lobata*	20.00	30.00	0.33	8.56
	求米草	*Oplismenus undulatifolius*	15.00	20.00	0.33	6.2
	地锦	*Parthenocissus tricuspidata*	5.33	12.00	0.67	5.28
	薯蓣	*Dioscorea polystachya*	13.25	4.00	1.00	5.17
	芒	Miscanthus sinensis	70.00	2.00	0.33	4.88
	东亚唐松草	*Thalictrum minus* var. *hypoleucum*	30.00	4.50	0.67	4.81
	两型豆	*Amphicarpaea edgeworthii*	25.00	4.50	0.67	4.58

（续）

	种名		平均高度 /cm	盖度 /%	频度	重要值
草本层	蕨	*Pteridium aquilinum* var. *latiusculum*	18.75	4.00	0.67	4.19
	大油芒	*Spodiopogon sibiricus*	40.00	3.00	0.33	3.72
	长萼瞿麦	*Dianthus longicalyx*	35.00	4.00	0.33	3.70
	野菊	*Chrysanthemum indicum*	10.00	8.00	0.33	3.4
	阴地蒿	*Artemisia sylvatica*	32.50	3.00	0.33	3.37
	龙须菜	*Asparagus schoberioides*	25.00	3.00	0.33	3.03
	低矮薹草	*Carex humilis*	20.00	2.00	0.33	2.58
	亚柄薹草	*Carex lanceolata* var. *subpediformis*	12.00	3.00	0.33	2.43
	鸭跖草	*Commelina communis*	8.00	2.00	0.33	2.03

2. 栓皮栎林（Form. *Quercus variabilis*）

栓皮栎林主要分布于太清宫、上清宫－明霞洞、八水河附近，海拔 300~700 m，郁闭度 0.6~0.8。其组成与麻栎林相似，但中生植物种类较多，有较强的耐寒性。灌木层有胡枝子、荆条、花木蓝（*Indigofera kirilowii*）、山槐（*Albizia kalkora*）、小花扁担杆（*Grewia biloba* var. *parviflora*）、白檀（*Symplocos tanakana*）、锦带花（*Weigela florida*）等；草本层有溪水薹草（*Carex forficula*）、大披针薹草（*Carex lanceolata*）、野古草（*Arundinella hirta*）、石竹（*Dianthus chinensis*）、长蕊石头花（*Gypsophila oldhamiana*）、牡蒿（*Artemisia japonica*）等。（表 3-15）

表 3-15　栓皮栎林群落分析

	种名		平均		株数	重要值＋灌层
			高度 /m	胸径 /cm		
乔木层	栓皮栎	*Quercus variabilis*	8.70	10.47	33	44.76+26.43
	麻栎	*Quercus acutissima*	9.80	11.25	10	27.90

（续）

	种名		平均		株数	重要值+灌层
			高度/m	胸径/cm		
乔木层	黑松	*Pinus thunbergii*	9.31	12.06	8	27.34
	合计				51	

	种名		平均高度/cm	盖度/%	频度	重要值
灌木层	栓皮栎	*Quercus variabilis*	125.56	6.00	1.00	26.43
	荆条	*Vitex negundo* var. *heterophylla*	90.00	8.00	0.50	22.38
	花曲柳	*Fraxinus chinensis* subsp. *rhynchophylla*	110.00	6.00	0.50	21.07
	花木蓝	*Indigofera kirilowii*	51.23	1.50	1.00	14.37
	山槐	*Albizia kalkora*	40.00	1.00	0.50	8.64
	青花椒	*Zanthoxylum schinifolium*	20.00	1.00	0.50	7.11
	野蔷薇	*Rosa multiflora*	80.00	12.00	0.50	5.19
草本层	宽蕊地榆	*Sanguisorba applanata*	6.00	7.00	0.33	17.78
	毛叶香茶菜	*Isodon japonicus*	26.00	2.50	0.33	15.42
	野菊	*Chrysanthemum indicum*	28.00	1.00	0.33	13.24
	东亚唐松草	*Thalictrum minus* var. *hypoleucum*	6.56	2.25	0.67	12.18
	求米草	*Oplismenus undulatifolius*	15.00	2.00	0.33	11.21
	低矮薹草	*Carex humilis*	4.60	1.25	0.67	9.75
	大油芒	*Spodiopogon sibiricus*	10.00	1.00	0.33	7.87

3. 刺槐林（Form. *Robinia pseudoacacia*）

刺槐林是引种栽培的人工林，分布甚广，多为纯林，郁闭度在 0.6~1.0。林下灌木极少，阴坡的草本层多为一些喜湿性植物，如鸭跖草（*Commelina communis*）、丛枝蓼（*Persicaria posumbu*）、求米草（*Oplismenus undulatifolius*）、鹅肠菜（*Stellaria aquatica*）等；阳坡林下常见草本植物主要有广序臭草（*Melica onoei*）、黄背草（*Themeda triandra*）、鹅观草（*Elymus kamoji*）、低矮薹草等。（表 3-16）

表 3-16　刺槐林群落分析

	种名		平均		株数	重要值+灌层
			高度 /m	胸径 /cm		
乔木层	刺槐	*Robinia pseudoacacia*	10.90	18.70	48	42.27+19.00
	麻栎	*Quercus acutissima*	14.27	25.00	7	18.35
	槲树	*Quercus dentata*	15.00	30.00	1	10.06
	栗	*Castanea mollissima*	13.50	19.00	2	9.24
	黑弹树	*Celtis bungeana*	4.93	10.25	4	9.06+22.84
	黑松	*Pinus thunbergii*	9.25	9.50	2	6.54
	叶底珠	*Flueggea suffruticosa*	5.20	5.00	1	4.49+9.11
	合计				65	

	种名		平均高度 /cm	盖度 /%	频度	重要值
灌木层	黑弹树	*Celtis bungeana*	30.00	20.00	0.50	22.84
	刺槐	*Robinia pseudoacacia*	42.00	6.00	1.00	19.00
	郁李	*Prunus japonica*	27.20	6.00	1.00	16.10
	卫矛	*Euonymus alatus*	18.36	6.00	1.00	14.36
	扁担杆	*Grewia biloba*	20.00	7.00	0.50	12.03
	叶底珠	*Flueggea suffruticosa*	19.00	3.00	0.50	9.11
	麻栎	*Quercus acutissima*	13.00	1.00	0.50	6.57
草本层	地锦	*Parthenocissus tricuspidata*	78.30	26.50	0.67	13.21
	金线草	*Persicaria filiformis*	70.00	35.00	0.33	12.66
	求米草	*Oplismenus undulatifolius*	17.50	30.00	0.67	10.76
	商陆	*Phytolacca acinosa*	90.00	20.00	0.33	10.64
	山麦冬	*Liriope spicata*	40.77	4.33	1.00	8.57
	早开堇菜	*Viola prionantha*	18.00	20.00	0.33	6.88
	野线麻	*Boehmeria japonica*	55.00	8.00	0.33	6.36

（续）

	种名		平均高度 /cm	盖度 /%	频度	重要值
草本层	鹅观草	*Elymus kamoji*	60.00	5.00	0.33	6.00
	木防己	*Cocculus orbiculatus*	50.00	3.00	0.33	5.07
	白屈菜	*Chelidonium majus*	45.00	1.00	0.33	4.40
	渥丹	*Lilium concolor*	45.00	1.00	0.33	4.40
	歪头菜	*Vicia unijuga*	40.00	2.00	0.33	4.35
	唐松草	*Thalictrum aquilegiifolium* var. *sibiricum*	22.00	5.00	0.33	4.02
	鬼针草	*Bidens pilosa*	8.00	2.00	0.33	2.68

4. 枫杨林

枫杨（*Pterocarya stenoptera*）又称枰柳，崂山各景区的山沟有小片枫杨林零星分布，北九水一带较多，其他多在各地沟谷分布，很常见零星的大树。林下多生耐水湿植物，如鸭跖草（*Commelina communis*）、水蓼（*Persicaria hydropiper*）、路边青（*Geum aleppicum*）、鹅肠菜（*Stellaria aquatica*）、翼果薹草（*Carex neurocarpa*）等。（表3-17）

表 3-17　枫杨林群落分析

	种名		平均		株数	重要值+灌层
			高度 /m	胸径 /cm		
乔木层	枫杨	*Pterocarya stenoptera*	8.33	17.43	59	51.67+9.92
	黑松	*Pinus thunbergii*	6.04	9.92	22	18.31
	山槐	*Albizia kalkora*	6.50	8.00	1	8.49
	臭椿	*Ailanthus altissima*	5.60	7.50	4	7.88
	山樱花	*Prunus serrulata*	5.20	6.00	1	7.25
	桃	*Prunus persica*	4.30	5.00	1	6.40+3.15
	合计				65	

（续）

	种名		平均高度/cm	盖度/%	频度	重要值
灌木层	黑弹树	*Celtis bungeana*	193.33	11.00	1.00	12.03
	栾	*Koelreuteria paniculata*	230.00	12.00	0.50	11.32
	枫杨	*Pterocarya stenoptera*	180.00	11.00	0.50	9.92
	胡枝子	*Lespedeza bicolor*	103.33	9.50	1.00	9.64
	扁担杆	*Grewia biloba*	80.80	9.00	1.00	8.99
	酸枣	*Ziziphus jujuba* var. *spinosa*	250.00	5.00	0.50	8.85
	南蛇藤	*Celastrus orbiculatus*	230.00	3.00	0.50	7.64
	火炬树	*Rhus typhina*	120.00	8.00	0.50	7.50
	紫穗槐	*Amorpha fruticosa*	67.50	2.00	1.00	5.86
	扶芳藤	*Euonymus fortunei*	25.00	6.00	0.50	4.80
	荆条	*Vitex negundo* var. *heterophylla*	80.00	2.00	0.50	4.26
	桃	*Prunus persica*	45.00	1.00	0.50	3.15
	青花椒	*Zanthoxylum schinifolium*	45.00	1.00	0.50	3.15
	多花胡枝子	*Lespedeza floribunda*	32.00	1.00	0.50	2.90
草本层	山葡萄	*Vitis amurensis*	15.00	45.00	0.33	14.64
	鸭跖草	*Commelina communis*	20.71	31.50	0.67	13.28
	圆叶牵牛	*Ipomoea purpurea*	100.00	6.00	0.33	12.61
	薯蓣	*Dioscorea polystachya*	10.00	20.00	0.33	7.70
	臭草	*Melica sp.*	50.00	3.00	0.33	7.10
	牵牛	*Ipomoea nil*	15.56	4.50	0.67	5.81
	歪头菜	*Vicia unijuga*	25.00	4.00	0.33	4.99
	金盏银盘	*Bidens biternata*	25.00	2.00	0.33	4.47
	木防己	*Cocculus orbiculatus*	25.00	2.00	0.33	4.47
	山东茜草	*Rubia truppeliana*	6.50	0.50	0.67	3.92
	东亚唐松草	*Thalictrum minus* var. *hypoleucum*	15.00	3.00	0.33	3.78

（续）

	种名		平均高度 /cm	盖度 /%	频度	重要值
草本层	小花鬼针草	*Bidens parviflora*	12.00	2.00	0.33	3.24
	刺蓼	*Persicaria senticosa*	10.00	1.00	0.33	2.79
	半夏	*Pinellia ternata*	5.00	1.00	0.33	2.32
	野线麻	*Boehmeria japonica*	2.00	2.00	0.33	2.29
	婆婆针	*Bidens bipinnata*	5.00	0.50	0.33	2.19
	萝藦	*Cynanchum rostellatum*	5.00	0.50	0.33	2.19
	求米草	*Oplismenus undulatifolius*	5.00	0.50	0.33	2.19

5. 赤杨林

崂山的赤杨林由引种栽植的日本桤木（*Alnus japonica*）和辽东桤木（*Alnus sibirica*）组成，北九水、上清宫常见，主要分布在大圈子和大车子一带，郁闭度在 0.6~0.8。灌木层主要有胡枝子（*Lespedeza bicolor*）、牛叠肚（*Rubus crataegifolius*）等；草本层主要有东亚唐松草（*Thalictrum minus* var. *hypoleucum*）、歪头菜（*Vicia unijuga*）、拳参（*Bistorta officinalis*）、地榆、乌苏里风毛菊（*Saussurea ussuriensis*）、低矮薹草（*Carex humilis*）等。

6. 混交林

混交林分布于山地阳坡、山谷，海拔 350~800 m。混合种有麻栎（*Quercus acutissima*）、水榆花楸（*Sorbus alnifolia*）、日本桤木（*Alnus japonica*）、辽椴（*Tilia mandshurica*）、紫椴（*Tilia amurensis*）、胡枝子（*Lespedeza bicolor*）、荆条、小花扁担杆（*Grewia biloba* var. *parviflora*）等。

7. 其他人工林

在下宫东南的张坡一带，20 世纪 60 年代引种栽培的鹅掌楸和枫香已是参天大树，郁闭成林，高度 20~30 m，郁闭度为 1.0，表明这里的小气候适宜这些亚热带种类的生长。

（三）竹林

1. 淡竹林

淡竹林分布于上下清宫附近庙宇周围的向阳避风处，北九水也有栽培。组成种类简单，林下有水蓼（Persicaria hydropiper）、紫花地丁（Viola philippica）、鸭跖草（Commelina communis）等。

2. 毛竹林

林龄长和成片毛竹林分布于王哥庄街道姜家村，20 世纪 60 年代南竹北引时栽培，基径 5~10 cm，高 5~8 m。林下植物稀疏，有茅莓（Rubus parvifolius）、兴安胡枝子、半夏（Pinellia ternata）、香附子（Cyperus rotundus）、水蓼（Persicaria hydropiper）等少数几种。

（四）灌丛

灌丛包括一切以灌木为建群种或优势种所组成的植被类型。

1. 胡枝子灌丛

胡枝子灌丛常见于山顶和阴坡空旷地带，成丛状分布，盖度 40%~50%，最大的可到 100%，是崂山分布最广的灌丛之一，在南崂、北崂、三标山、华楼等地都有分布。伴生种类有三裂绣线菊（Spiraea trilobata）、华北绣线菊（Spiraea fritschiana）、白檀（Symplocos tanakana）、牛叠肚（Rubus crataegifolius）、荚蒾（Viburnum dilatatum）、锦带花（Weigela florida）、圆叶鼠李（Rhamnus davurica）、地椒（Thymus quinquecostatus）、黄背草（Themeda triandra）、野古草（Arundinella hirta）等。

2. 荆条灌丛

荆条灌丛常见于阳坡空旷地带，成丛状分布，盖度 50%~80%，最大的可到 100%，是崂山分布最广的灌丛类型之一，在三标山、华楼等地海拔 300~500 m 阳坡较常见。伴生种类有三裂绣线菊（Spiraea trilobata）、酸枣、白檀（Symplocos tanakana）、牛叠肚（Rubus crataegifolius）、地椒（Thymus quinquecostatus）、黄背草（Themeda triandra）等。

3. 绣线菊灌丛

绣线菊灌丛多分布在海拔较低的阴坡和沟谷，尤以北九水和太清宫最常见。建群种主要是三裂绣线菊（Spiraea trilobata）和华北绣线菊（Spiraea fritschiana），植株高度 0.2~2 m，盖度 40%~60%。伴生种类有野蔷薇（Rosa multiflora）、花木蓝（Indigofera kirilowii）、白檀（Symplocos tanakana）、地榆（Sanguisorba officinalis）、委陵菜（Potentilla chinensis）、蔓孩儿参（*Pseudostellaria heterophylla*）、绵枣儿（*Scilla scilloides*）等。

4. 天目琼花灌丛

天目琼花灌丛零星分布与崂山各地，通常多分布在落叶松林等群落下层，形成明显的灌木层，尤以巨峰和北九水多见，其余大多为零星分布，群落高度 1.0~2.5 m，盖度可高达 60%，5~6 月开花，7~9 月结果，果实可一直保留到来年 3 月。伴生种类有迎红杜鹃、三桠乌药、绣线菊等，草本层有几种堇菜属植物，以及地榆（*Sanguisorba officinalis*）、披针薹草（*Carex lanceolata*）等。

5. 小野珠兰灌丛

小野珠兰灌丛在山沟和山坡的各处均有分布，尤以北九水和流清河最多，其余大多为零星分布，群落高度 0.5~1.5 m，盖度可高达 60%。伴生种类除郁李（*Prunus japonica*）外，主要是一些草本如歪头菜（*Vicia unijuga*）、矮桃（*Lysimachia clethroides*）、白头婆（*Eupatorium japonicum*）、地榆（*Sanguisorba officinalis*）、大披针薹草（*Carex lanceolata*）等。

6. 白檀灌丛

白檀灌丛多分布在海拔 400~600 m 的阴坡和半阴坡上，群落高度 1~2 m，盖度 40%~60%。伴生种类较多，有胡枝子、野蔷薇、三桠乌药（*Lindera obtusiloba*）、锦带花（*Weigela florida*）、盐麸木（*Rhus chinensis*）、小叶女贞（*Ligustrum quihoui*）、卫矛（*Euonymus alatus*）、三裂绣线菊（*Spiraea trilobata*）、华北绣线菊（*Spiraea fritschiana*）、郁李（*Prunus japonica*）、大披针薹草（*Carex lanceolata*）、荻、败酱（*Patrinia scabiosifolia*）、地榆（*Sanguisorba officinalis*）、黄花菜（*Hemerocallis citrina*）、野茉莉（*Styrax japonicus*）等。

7. 山茶灌丛

山茶灌丛主要分布在沿海长门岩岛，是野生山茶（*Camellia japonica*）在我国分布的最北边缘。伴生种类有大叶胡颓子（*Elaeagnus macrophylla*）、红楠（*Machilus thunbergii*）、忍冬（*Lonicera japonica*）、野蔷薇（*Rosa multiflora*）及野艾蒿（*Artemisia lavandulifolia*）、野菊（*Chrysanthemum indicum*）、黄花菜（*Hemerocallis citrina*）、鹅观草（*Elymus kamoji*）、酸模（*Rumex acetosa*）等。据记载，千里岩、大管岛、小管岛等岛屿和崂山下宫向阳海岸曾有山茶分布，目前已经很少见。

8. 迎红杜鹃灌丛

该灌丛分布于崂山各地海拔 300 m 以上的阴坡、半阴坡，在崂顶附近有成片分布，常出现于落叶松林的下木层，形成明显的灌木层。4~5 月的盛花期，整个群落非常壮观。

（五）灌草丛

灌草丛以中生或旱中生多年生草本植物为主要建群种，建群层为草本层，主要种类有黄背草（*Themeda triandra*）、白羊草（*Bothriochloa ischaemum*）、野古草（*Arundinella hirta*）等，中间散生的灌木有荆条、三裂绣线菊（*Spiraea trilobata*）、华北绣线菊（*Spiraea fritschiana*）、小花溲疏（*Deutzia parviflora*）、花木兰、胡枝子（*Lespedeza bicolor*）、小叶鼠李（*Rhamnus parvifolia*）、酸枣（*Ziziphus jujuba* var. *spinosa*）等。

（六）草甸

1. 芦苇草甸

芦苇草甸分布在各沟壑两侧及小北海沼泽地带，是崂山地区分布最广的草甸类型，高度 80~100 cm，群落总盖度 30%~100%。伴生种也多为草本，有荻、水蓼（*Persicaria hydropiper*）、香蒲（*Typha orientalis*）、碱蓬（*Suaeda glauca*）、蒿类等。

2. 结缕草草甸

结缕草（*Zoysia japonica*）草甸分布在北九水疗养院沟底，群落高度 15~25 cm，总盖度 65%~90%。伴生种有早熟禾（*Poa annua*）、野蔷薇（*Rosa multiflora*）、长蕊石头花（*Gypsophila oldhamiana*）、狗尾草（*Setaria viridis*）、两型豆（*Amphicarpaea edgeworthii*）、马唐（*Digitaria sanguinalis*）等。

3. 广序臭草草甸

广序臭草草甸分布于凉清河沿岸、仰口山沟壑两侧，群落高度 40~60 cm，盖度可达 80%。伴生种有两型豆（*Amphicarpaea edgeworthii*）、溪水薹草（*Carex forficula*）、蕨等。

4. 筛草草甸

筛草（*Carex kobomugi*）草甸分布于仰口海滩，群落高度 15~40 cm，总盖度 80% 左右。伴生种有肾叶打碗花（*Calystegia hederacea*）、珊瑚菜（*Glehnia littoralis*）、毛鸭嘴草（*Ischaemum aristatum* var. *glaucum*）、单叶蔓荆（*Vitex rotundifolia*）、砂引草（*Tournefortia sibirica*）等。

5. 盐地碱蓬草甸

盐地碱蓬草甸分布于小北海沼泽地带，群落高度 30~50 cm，总盖度达 80%。伴生种有二色补血草（*Limonium bicolor*）、平车前（*Plantago asiatica*）、星星草（*Puccinellia tenuiflora*）、藜、獐毛（*Aeluropus sinensis*）等。

6. 蒿类草甸

蒿类草甸分布在蔚竹庵阳坡、华楼索道和太清索道沿线，植株高度 25~100 cm 不等，总盖度 60%~90%。除野艾蒿（*Artemisia lavandulifolia*）外，还有蒙古蒿（*Artemisia mongolica*）、阴地蒿（*Artemisia sylvatica*）、鸭跖草（*Commelina communis*）等。

7. 大米草草甸

大米草草甸分布于仰口小北海泥潭，群落高度 20~30 cm，总盖度 50%，群落单一，仅大米草（*Spartina anglica*）一种。

（七）水生植被

水生植被是以水生植物为建群种的植被类型，包括分布于湖泊、池塘、河沟及季节性积水地域的植被类型。

1. 眼子菜群落

该群落分布于华楼、仰口、夏庄的水库、池塘和河道、沟渠。主要种类有菹草（*Potamogeton crispus*）、竹叶眼子菜（*Potamogeton wrightii*）、鸡冠眼子菜（*Potamogeton cristatus*）、篦齿眼子菜（*Stuckenia pectinata*），伴生香蒲（*Typha orientalis*）、丁香蓼（*Ludwigia prostrata*）等。

2. 狐尾藻群落

该群落分布于华楼、北宅、惜福镇的水库、池塘。主要种类有狐尾藻（*Myriophyllum verticillatum*）、穗状狐尾藻（*Ceratophyllum demersum*），伴生有菹草（*Potamogeton crispus*）等。

（八）栽培植被

凡属人栽培而形成并且管理程度高的各种植物群落都属于栽培植被。崂山的栽培植被类型也很多，如各种农业植被、果园植被、茶园等，其中茶树是崂山地区栽培最广泛的常绿灌木植被，"崂山茶"已成为崂山的品牌和支柱产业之一。

三、因素分析

崂山的现存植被分布与气候、地形以及人为活动密切相关，可以大致将崂山的植被分为 3 个小区：

　　第一个小区是崂山主体部分的南崂和北崂，是崂山林场的主林区。这一小区海拔高、南北气候差异大，植被类型最为复杂多样。主要植被类型有赤松林、麻栎林、栓皮栎林、枫杨林、杜鹃灌丛、胡枝子灌丛、绣线菊灌丛，以及半自然的刺槐林、落叶松林、鹅掌楸林等，茶园也主要分布在这一小区。

　　第二个小区是华楼林区，也是崂山林场的主要林区，由于长期处于良好的保护管理，植被总体良好，有少量赤松林、麻栎林和大面积分布的半自然人工栽培，有黑松林、刺槐林、毛白杨林等，灌丛有荆条灌丛等。

　　第三个小区是三标山及其周边部分，由于长期受到人为保护，尚未大范围开发，是目前崂山植被类型最为多样的小区。植被类型包括赤松林、赤松麻栎混交林、油松林、枫杨林和半自然的黑松林、刺槐林，以及荆条灌丛、绣线菊灌丛、胡枝子灌丛等，还有广泛分布的樱桃等果园植被。

　　此外，由于崂山海拔只有 1132.7 m，处于暖温带区域，形不成明显的植被垂直分布带谱，赤松、麻栎等种类可以分布到海拔 1100 m；但在植物种类和植被类型上有一定差异，如引自日本的日本落叶松在海拔 500 m 以上的阴坡生长良好，迎红杜鹃、宜昌荚蒾等种类在海拔 800~1100 m 之间生长良好。

第四章
哺乳动物多样性调查与评估

第一节　野外调查

2022 年 6 月至 2023 年 6 月，调查组于崂山生物多样性保护优先区域内开展了兽类调查。根据不同兽类生活习性、体型大小等生物学特征，采用不同的调查方法进行针对性的调查，主要利用样线法、红外触发相机陷阱技术、访问法、资料收集法等对中大型兽类展开调查（包欣欣，2017；刘雪华 等，2018；Braga-Pereira F, et al.；吴政浩 等，2023）；主要利用铗夜法、网捕法等对小型兽类（啮齿目、劳亚食虫目、翼手目等）进行调查（张斌 等，2014；赵联军 等，2016；胡宜峰 等，2019）。（图 4-1 至图 4-4）

一、样线法

样线调查在保证后勤补给与可到达性的基础上尽可能覆盖保护区内所有的生境类型、海拔梯度、地形地貌等生态特征，调查时沿样线两侧仔细搜索和观察动物的活动痕迹，如足迹、粪便、卧迹、啃食痕迹、拱迹、洞巢穴等，包括越过样线的个体以及预定样线宽度以外的个体及活动痕迹。详细记录发现的动物个体、粪便、活动痕迹以及对应的地理坐标，并通过拍摄照片、采集样品等方法留存记录，以确保物种鉴定的准确性。

二、红外触发相机陷阱技术

当野生动物从红外相机装置前方经过时，红外相机收到红外感应信号并自动触发，拍摄照片或视频进行记录。调查时根据不同海拔高度和生境安放红外相机，通常选择在兽径、水源地、觅食场所等地，也可选择有兽类活动痕迹（粪便、足迹等）附近安放。相机直接捆绑于离地面约 0.5 m 高的树干上，使拍摄角度平行于水平地面。共回收有效影像文件（图片及视频）7000 余张、段，其中野生兽类（含引入归化物种）影像文件 1500 余张、段。

三、铗捕法

在调查区域内的不同生境，布设鼠铗以捕捉啮齿目和劳亚食虫目小型兽类（鼠型动物）。设置 2~3 条间隔 50 m 左右或不同行进方向的样线，沿线间隔 5~10 m 放置 1 个鼠铗，每条样线放置 20~30 铗，以花生为饵，白天放置、次日上午收回鼠铗，记录捕获数量和种类，

图 4-1　夏季调查工作照

图 4-2　冬季调查工作照

带回捕获个体进一步测量形态，并采集组织、保留皮张和头骨、制作标本。合计在调查区域内布设兽铗 630 铗次、兽笼 5 铗次。

四、网捕法（含直接计数）

对于翼手目动物采取网捕法与直接计数法探洞的方式，对崂山保护区内 6 个已知的未封闭洞穴山洞进行了多次探索。对集群的蝙蝠进行计数，并使用昆虫网采集少量凭证标本。记录数量种类和位置，拍摄照片和视频，对凭证标本进行形态测量鉴定与DNA条形码鉴定。

图4-3 红外相机布设

图4-4 冬季蝙蝠调查

第二节　哺乳动物多样性

一、种类组成

通过对崂山生物多样性保护优先区域的综合科考调查，合计调查到区内分布有野生兽类物种 6 目 10 科 16 种，其中北松鼠、岩松鼠与猕猴为引入归化物种，其余兽类物种为土著种（表 4-1）。

区内分布的兽类中，劳亚食虫目 1 科 1 种，占兽类物种总数的 6.25%；翼手目 2 科 4 种，占 25.00%；灵长目 1 科 2 种，占 6.25%；兔形目 1 科 1 种，占 6.25%；啮齿目 2 科 5 种，占 31.25%；食肉目 3 科 4 种，占 25.00%。

二、区系组成

根据调查统计结果，崂山生物多样性保护优先区域 16 种兽类中，东洋界种类 3 种，占 18.75%；古北界种类 11 种，占 68.75%；广布种种类 1 种，占 6.25%，未定种鼠耳蝠分布区系不明。古北种类在兽类区系组成中占绝对优势。食肉目、啮齿目及翼手目种类较多，表现出明显的山地特征。

三、国家保护与珍稀濒危物种

根据调查统计结果，崂山生物多样性保护优先区区域 16 种兽类中，有 3 种国家二级重点保护野生动物，分别为貉、豹猫和猕猴，但猕猴为引入归化物种。区内没有物种被列入 IUCN 红色名录易危（VU）及以上受威胁等级。

表 4-1　崂山生物多样性保护优先区域兽类地理区系及保护级别

目	科	种	地理区系			保护等级	IUCN 濒危等级	备注
			古北界	东洋界	广布种			
劳亚食虫目 EULIPOTYPHLA	猬科 Erinaceidae	东北刺猬 Erinaceus amurensis			√		LC	
翼手目 CHIROPTERA	菊头蝠科 Rhinolophidae	马铁菊头蝠 Rhinolophus ferrumequinum	√				LC	
	蝙蝠科 Vespertilionidae	渡濑氏鼠耳蝠 Myotis rufoniger		√			LC	
		鼠耳蝠属未定种 Myotis sp.						
		阿拉善伏翼 Hypsugo alaschanicus	√				LC	
灵长目 PRIMATES	猴科 Cercopithecidae	猕猴 Macaca mulatta		√		二	LC	引入种
兔形目 LAGOMORPHA	兔科 Leporidae	蒙古兔 Lepus tolai	√				LC	
啮齿目 RODENTIA	松鼠科 Sciuridae	北松鼠 Sciurus vulgaris	√				LC	引入种
		岩松鼠 Sciurotamias davidianus	√				LC	引入种
	鼠科 Muridae	山东社鼠 Niviventer sacer	√				NE	
		大林姬鼠 Apodemus peninsulae	√				NE	
		黑线姬鼠 Apodemus agrarius	√				LC	
食肉目 CARNIVORA	犬科 Canidae	貉 Nyctereutes procyonoides	√			二	LC	
	鼬科 Mustelidae	亚洲狗獾 Meles leucurus	√				LC	
		黄鼬 Mustela sibirica	√				LC	
	猫科 Felidae	豹猫 Prionailurus bengalensis		√		二	LC	

注：濒危等级：CR-极危，EN-濒危，VU-易危，NT-近危，LC-无危，NE-未评估。

四、生态类群

保护区兽类可分为 3 种生态类群。

1. 地栖生态类群。包括绝大多数的兽类，其形态特征表现为四肢发达，善于奔跑。主要有东北刺猬、蒙古兔、山东社鼠、大林姬鼠、黑线姬鼠、貉、亚洲狗獾、黄鼬和豹猫等，合计 9 种，占总分布兽类的 56.25%。

2. 树栖生态类群。形态结构适于树栖生活，主要为猕猴、北松鼠和岩松鼠，共 3 种，占总分布兽类的 18.75%。

3. 飞行生态类群。有翼，可以飞行，均为翼手目物种，共 4 种，占总分布兽类的 25.00%。

五、空间分布

崂山优先区内哺乳动物数量比较稀少，白天调查很难发现，非翼手目绝大部分都是通过红外相机拍摄。

狗獾在崂山优先区域内全域分布，且数量较多，但是崂顶等高海拔区域可能数量较少，最高记录海拔为 820 m，在 900~1000 m 布设的多个相机中均没有拍摄到狗獾。

貉目前只在三标山区域有发现，北坡和南坡都有记录，出现在海拔 250~600 m 的区域。

黄鼬和蒙古兔在崂山全域分布，从山底到海拔 1000 m 的位置都有记录。

岩松鼠和北松鼠在崂山全域分布，从海拔 250~1000 m 位置都有记录。

豹猫目前只在三标山有一次记录，出现的位置在海拔 600 m 左右。

翼手目的分布跟未封闭山洞的分布有关，在崂山优先区域所有的未封闭山洞中均发现蝙蝠，其中马铁菊头蝠是绝对优势物种，每个山洞都有分布，并且数量众多，最多的一次调查中，同一个山洞中至少有 600 只。渡濑氏鼠耳蝠只在石门山山洞中记录到，最多一次 6 只。阿拉善伏翼只在三标山记录到，最多一次有 17 只。夏季蝙蝠的数量远少于冬季，估计山洞只是主要的过冬聚集地，夏季便分散到各地。

第三节　讨论

一、哺乳动物多样性现状

　　崂山位于山东半岛经济最发达、人口最密集的城市周边，距离市区仅 20 多 km。在20 世纪 80 年代的调查记录中，兽类只有食虫目、翼手目、食肉目、啮齿目中的十几种小型种类，构成暖温带森林农田动物群。野生动物栖息地减少、人类活动频繁增加、引入种的大量繁殖及大量流浪猫狗的存在，造成土著野生动物食物来源的减少，种间和种内竞争愈加激烈，导致适合野生动物生存的环境正逐渐丧失，部分物种可能已从保护区消失（例如赤狐）。

二、马铁菊头蝠

　　马铁菊头蝠为崂山地区翼手目优势物种，在所有被调查的洞穴中均有一定数量的发现，其中在三标山山洞最多，最多的一次调查记录到 600 只左右。马铁菊头蝠全年调查均有发现记录，但夏季比秋季数量少（图 4-5）。

三、渡濑氏鼠耳蝠

　　渡濑氏鼠耳蝠颜色鲜艳，呈金黄色，背部红褐色，腹部橙色，耳壳边缘、鼻端、前肢第一指及后脚之脚掌、五趾与爪、尾巴末端均带黑色。在国内分布于安徽、福建、广西、上海、浙江等省。2021 年 12 月，渡濑氏鼠

图 4-5　马铁菊头蝠群

耳蝠首次在山东省威海市被记录，青岛是山东省发现的第二个记录地点，数量比较稀少。目前只在石门山山洞发现冬眠居群，最大记录 6 只，冬眠结束后离开洞穴（图 4-6）。

图 4-6　渡濑氏鼠耳蝠

四、未定种鼠耳蝠

在石门山山洞调查时，发现一种小型的鼠耳蝠，4 只左右，其背毛和腹毛毛基黑色，毛尖分别为灰褐色和浅灰色；翼膜起始于趾基部，尾膜起始于踝关节，无距缘膜；胫裸露，尾膜具少许毛发毛，尾尖游离少许。初步识别为大卫鼠耳蝠（目前山东省没有记录），但因为小型鼠耳蝠分类非常复杂，种类的识别往往无法直接通过外部形态特征做出鉴别。为此调查团队采集了一只凭证标本，并寄至广州大学进行了形态（外部与颅骨）与 DNA 条形码分析（图 4-7）。

形态（外部与颅骨）测量数据如下：前臂长 FA：32.92 mm，后足长 HF：15.08 mm，胫骨长 TIB：6.98 mm（连爪）/6.88 mm（不连爪），颅全长 GTL：13.81 mm，颅基长 CBL：12.93 mm，枕犬长 CCL：12.03 mm，脑颅宽 BB：6.91 mm，颧宽 ZW：8.42 mm，眶间距 IOW：3.47 mm，上齿列长 C1–M1L：4.95 mm，上犬齿宽 C1–C1W：3.36 mm，上臼齿宽 M3–M3W：5.46 mm，下齿列长 C1–M3L：5.11 mm，下颌长 ML：10.01 mm，下颌高 MH：2.91 mm。形态测量值符合大卫鼠耳蝠。

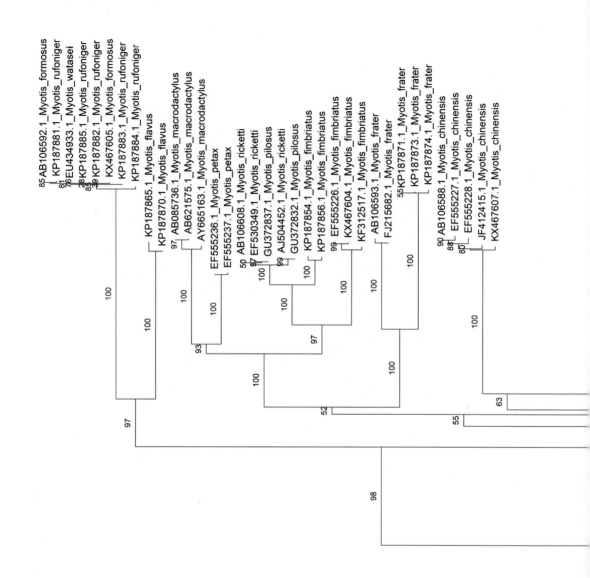

图 4-7 基于 Cyt b 序列构建的鼠耳蝠属部分物种的系统发育关系

DNA 提取与扩增后，进行 DNA 条形码比对与系统发育学分析。从系统发育树构树结果来看，崂山鼠耳蝠样本（广州大学编号：GZHU22834）位于 *Myotis aurascens* 内部，理论上可以通过分子鉴定为 *M. aurascens*，但该物种在中国没有分布记录，甚至没有中文名。其次可以发现，喜马拉雅鼠耳蝠 *M. muricola* 同样嵌于 *M. aurascens* 内部，剩余的 *M. aurascens* 不成单系，显然被鉴定为 *M. aurascens* 的物种并不是一个独立的物种，而是多个物种组成的复合群体。而 *M. aurascens* 这个物种又有学者认为是大卫鼠耳蝠 *M. davidii* 的次定同物异名，但是从构树情况看，GZHU 22834 又无法与产地为北京（模式产地）的大卫鼠耳蝠 *M. davidii* 相匹配，在发育树上距离较远。结合资料得知，韩国将 *M. aurascens* 列入国内名录，在济州岛等多地有发现，而青岛距离韩国较近，分布很有可能类似。

同专家讨论后，由于当前东亚地区小型鼠耳蝠类群缺乏正确的分类整理，以现有资料无法准确厘清其中的分类问题，无法进行准确鉴定，暂时列为未定种处理。至少是山东省新记录兽类物种，不排除为中国新记录物种或新物种的可能，有待进一步研究。

五、阿拉善伏翼

冬季在三标山调查时，发现 17 只未知种的伏翼类蝙蝠，体型较小，头宽短；耳壳较小，略呈三角形；耳屏狭长，超过耳壳长一半，前端不尖锐；翼膜较宽长，薄而几乎透明；拇指短；跗趾长不超过胫骨长度一半。伏翼类蝙蝠同样形态保守，很难通过外部形态特征准确鉴定，定种难度仅次于鼠耳蝠，因此调查组在 2 月 23 日采集了标本，因现场看体色有黄绿色和深棕色两个类群，故各采集了一号标本，并将样本送往广州大学进行形态与 DNA 条形码鉴定分析，最终结果两号标本都被确定为阿拉善伏翼，体色差异可能来自成幼区别（图 4-8）。

六、啮齿目

目前在野外只发现山东社鼠、黑线姬鼠以及大林姬鼠 3 种。小型啮齿类动物调查通用的方式采用了铗捕法和笼捕法。2022 年 7 月至今，调查组在降云涧、柳树台、黑风口、石门山、太和观、五峰仙馆、二龙山、茶庙涧等区域共布设了 630 个鼠铗、5 个兽笼，只捕捉到山东社鼠。在不同地点布设的 45 台红外相机中，有五台相机捕捉到啮齿类动物。其中有两只背上有清晰的黑线，整体形态符合姬鼠属物种特征，可以判断为黑线姬鼠。另外 3 只根据形态判断也是姬鼠属物种，其中有一只背上没有明显黑线，耳郭明显大于黑线姬鼠，依据历史分布记录，鉴定为大林姬鼠。

图 4-8　阿拉善伏翼

七、狗獾

　　狗獾是崂山地区分布较广的原生野生哺乳动物，早年因为滥捕滥杀数量锐减，随着近年保护力度的加大及居民法律意识的提高，崂山狗獾的数量呈现稳步增长。本次调查中，布设的红外相机中，约 1/3 拍摄到了狗獾频繁活动的影像，其中不乏母獾带崽的珍贵记录。在石门山一条不到 2 km 的样线上，发现有近期活动痕迹的狗獾洞 5 个。通过对护林员的走访，得知狗獾在崂山地区目击频率较高，说明狗獾在崂山资源量较大，有着健康的繁殖种群。从海拔梯度分析，狗獾主要在中低海拔活动，海拔 800 m 以上布设的相机中，仅有一台相机有影像记录（图 4-9）。

八、貉

　　貉为新晋国家二级重点保护野生动物，体型短而肥壮，介于浣熊和狗之间，体色乌棕；吻部白色；四肢短呈黑色；尾巴粗短，脸部有一块黑色的"面罩"。貉在部分地区种群量较大，例如上海市区 2022 年的调查结果估计有 3000~5000 只，但在山东省内貉极为罕见，山东省内有关貉的分布记录大部分被认定为是养殖逃逸个体。卢浩泉在 1984 年发表的《山东省哺乳动物区系初步研究》中，将貉列为胶东和鲁中地区的分布新记录，但是一直没有影像资料。在走访调查过程中，多位世居崂山的老人证实在 20 世纪七八十年代以前就见过貉，并准确地描述了貉的外貌特征和形态，但在夏季和秋季设置的红外相机中都没能拍摄到。为了确认崂山是否仍然有野生貉的分布，调查团队于 2023 年 2 月 19 日扩大红外相机设置范围，于戴家山、石门山、三标山新布置了 17 台相机，3 月 18 日回收时，在两台相机中拍到了貉，此为青岛首条野生貉的影像记录。相机中多次拍到了两只貉同时出现的场景，推测当地有一个貉的小种群，可以确认青岛仍然有野生貉的自然分布（图 4-10）。

图 4-9　红外相机拍摄的狗獾

图 4-10　两只貉，红外相机拍摄的视频截图

九、豹猫

豹猫同为新晋国家二级重点保护野生动物，体型与家猫相仿，主要栖息于山地林区、郊野灌丛和林缘村寨附近。分布的海拔高度可从低海拔海岸带一直分布到 3000 m 的高山林区，广泛分布于中国。

历史上豹猫在青岛分布非常广泛，从平原到丘陵到山区均有分布，俗称"野狸子"，但随着栖息地环境的变化及人为捕猎的加剧，青岛的豹猫数量急剧下降，近 30 年来没有任何影像记录，也几乎没有其他任何可靠的痕迹或目击记录。

在调查过程中，调查队走访了崂山地区诸多护林员和村里老人，均反馈已经几十年没有看到过豹猫。有老人说 2010 年前后，有人在仰口山里捡到一只豹猫尸体，这是崂山区域内唯一关于豹猫的未经证实的信息。

为了确定豹猫在崂山地区是否仍有分布，调查员全年在崂山多个地点布置红外相机，但是都没有收获。2023 年 3 月 18 日，在三标山地区布置了 10 台红外相机，于 5 月 7 日回收数据时，其中一台相机拍到了一只猫科动物，照片角度无法准确展现明显的识别特征，但广泛征求了猫科动物研究领域的多位专家，综合意见后，最终确定其为豹猫。这条珍贵的影像记录证明豹猫仍然在崂山有自然分布，这也是整个青岛地区唯一的野生豹猫影像资料（图 4-11）。

图 4-11　红外相机拍摄的豹猫

十、引入归化种

岩松鼠、北松鼠、猕猴均不是崂山的原生物种。通过查询公开的资料可知 3 种均是崂山风景区从外地引入。从 2000 年开始从长白山引入松鼠，从四川引入猕猴。这 3 种动物目前均已经在野外大量繁殖，在调查组部署的红外相机中几乎每一台都拍到了岩松鼠，5台相机拍到了北松鼠（图4-12、图4-13）。在柳树台寨上附近的调查中，记录到一群野生猕猴，数量高达50余只。猕猴在崂山没有天敌，很容易大量繁殖，且对农作物的危害较大，喜欢吃带有甜味的农作物，如水果和玉米等。猕猴入侵果园后会大肆采摘各类水果，对于不甜的果实往往咬一口就丢弃，从而造成农作物受损，产量减少。崂山是青岛地区著名的水果产地，如果猕猴数量进一步增长，很容易导致人和动物的矛盾。未来需要对猕猴的数量和分布做进一步的调查。

图4-12　红外相机拍摄的北松鼠

图4-13　红外相机拍摄的岩松鼠

第五章
两栖及爬行动物多样性调查与评估

第一节　野外调查

一、调查原则

崂山生物多样性优先区域生物多样性调查原则遵循中华人民共和国环境保护部（现为生态环境部）2014 年颁布的《生物多样性观测技术导则 两栖动物》《生物多样性观测技术导则 爬行动物》及基于导则的《县域两栖类和爬行类多样性调查与评估技术规定》等文件的相关规定，遵循科学性、全面性、重点性和可达性原则。

（一）科学性原则

崂山生物多样性优先区域生物多样性调查与评估坚持严谨的科学态度，采用科学的技术方法，评估县域生物多样性现状、受威胁因素以及保护状况，并提出针对性保护措施或者建议。

（二）全面性原则

覆盖调查区域内各种生境类型以及不同的海拔段、坡位、坡向，尽可能覆盖更多的工作网格。

（三）重点性原则

在县域内生境质量好、生物多样性丰富的区域，如自然保护区、风景名胜区、自然遗产地等重点网格增加调查强度。

（四）可达性原则

调查线路根据调查区域实地情况、安全与保障条件合理规划。

二、调查方法

崂山生物多样性优先区域生物多样性调查原则遵循中华人民共和国环境保护部（现为生态环境部）2014 年颁布的《生物多样性观测技术导则 两栖动物》《生物多样性观测

技术导则 爬行动物》及基于导则的《县域两栖类和爬行类多样性调查与评估技术规定》等文件中明确规定的方法，最大限度确保数据互通性和严谨性。

对崂山生物多样性优先区域两栖、爬行动物进行调查与评估，主要包括以下方面：收集整理历史调查结果及有关两栖爬行动物的志书、报告、文献、标本、数据库等资料，构建崂山生物多样性优先区域两栖、爬行动物初步物种名录。

鉴于两栖、爬行动物属外温动物，不能采取红外触发相机或红外线夜视仪等方式，需要采取人工搜寻方式进行调查研究。在本项目中，主要采用样线法开展野外调查。根据动物种类及习性，调查时间选在惊蛰后的 4~10 月。同时，对防火护林员、驴友等进山人员进行走访调查。

样线法是指依据地形地貌和野生动物的生态生物学特性，按照要求的抽样强度布设调查线路，沿线路行走，观察并记录线路两侧野生动物及其活动痕迹以及距离线路中线距离的调查方法。样线布设应考虑野生动物的栖息地类型、活动范围、生态习性、透视度和所使用的交通工具，宜选择分层随机抽样。在本项目调查中，选择在爬行类适宜栖息地布设样线，调查人员在样线上行进，发现动物时，记录动物名称、数量、距离样线中线的垂直距离、地理位置、影像等信息。样线上行进的速度根据调查工具确定，步行为每小时 1~2 km。同时使用 GPS 记录样线调查的行进轨迹。

在实际操作时，根据可行走性，在理论样线起点附近使用 GPS 定位，该点为实际起点（实际起点与理论起点之间的距离应小于两个邻近理论起点间距的 1/4），在整个调查过程中开启路径记录功能，直至达到理论样线长度结束并使用 GPS 定位，该点位置为实际终点，该样线称为实际样线。除非有特殊情况，否则当天样线的 GPS 信息必须于当天导入电脑保存。

两栖爬行类白天调查一般选取晴天或雨后间晴期间，时间为上午 9~12 时，以及下午 16~18 时。注意避开地质灾害易发的大雨时段以及正午日光直射时段。夜间调查，在日落后 2~5 小时，乘车或步行，用强光手电及头灯等光源，搜寻动物眼睛的反光并拍照记录，并找寻溶洞或水底等生境。夜间样线的重点调查对象为树蛙、攀蜥等树栖两栖爬行类，以及水源附近的蛙、蝾螈等夜行性两栖动物。

三、标本鉴定

（一）形态学鉴定

标本通过形态学特征鉴定到种和种下等级。进行标本鉴定时，主要依据《动物志》（两栖纲和爬行纲）《中国两栖动物及其分布彩色图鉴》《中国两栖动物检索及图解》《中国蛇类》等，并结合各标本馆馆藏标本。

（二）分子鉴定

对于采取的两栖类卵群、蝌蚪，以及爬行类蛇蜕、粪便等无法直接通过形态学特征鉴定的材料，可采取 DNA 片段测序，并通过 GenBank 数据库在线比对、系统发育学研究等方式对其进行准确鉴定。

1. 采取 DNA 样本

（1）活体取样：根据蛇体的健康状况酌情采集其腹鳞或尾尖等分子样本。同时将芯片上的不干胶条形码标签取下一张，粘贴在离心管外围，并在数据表对应位置标注"已取样"字样。

（2）路杀尸体：选取暴露在表面或已充分干燥的部分以酒精保存，并做好标签标记。

（3）蛇蜕样本：对于新鲜蛇蜕可在其蜕皮前对其进行充分清洁。选取颈部软组织和体液较为丰富的部位进行保存。标签信息记录方式同（1）和（2）。

2.DNA 提取

采用先进的 DNA 提取技术，以进口试剂盒依据操作。具体流程如下：

（1）通过蛋白酶裂解的方法将组织样本溶解，使 DNA 释放到溶液中。

（2）以核酸吸附的方式获取 DNA，通过漂洗、离心的方式纯化 DNA。

（3）以洗脱试剂将核酸吸附柱上的 DNA 溶解、洗脱；获得的 DNA 原液在去离子水中溶解并在 −80℃ 冰箱中长期冷冻保存。

3. 目的片段扩增

聚合酶链式反应（PCR）是一种用于放大扩增特定的 DNA 片段的分子生物学技术，可看作是生物体外的特殊 DNA 复制。PCR 的最大特点是能将微量的 DNA 大幅增加，因此，无论是化石中的古生物、历史人物的残骸，还是遗留的毛发、皮肤或血液，只要能够提取出微量的 DNA，就能用 PCR 加以放大，进行比对。PCR 常用的试剂主要包括 DNA 模板、引物、超纯水、 DNA 聚合酶以及特定的反应缓冲液、dNTP，其流程分为预变性—变性、退火、延伸循环—最终延伸几个步骤。

（1）初始化步骤：将溶液加热至 94~98°C，以激活 DNA 聚合酶。该步骤的时间取决于所使用的聚合酶。

（2）变性步骤：DNA 是双链分子，DNA 扩增需要引物与单链 DNA 模板相互作用。

在此步骤中，将反应混合物加热至 94~98° C 并保持 20~30 秒，以破坏两条链之间的氢键并生成单链 DNA 分子。此时进入 PCR 循环。

（3）退火步骤：变性后，反应混合物中的 DNA 模板是单链的。由于引物与 DNA 模板互补，当反应温度降低到 50~65℃ 时，引物会与模板序列匹配，互补碱基之间形成氢键。退火温度取决于所用引物的 Tm，一般比引物 Tm 低 3~5℃。该步骤将持续 20~40 秒以完全退火，然后聚合酶将定位到引物 – 模板杂交体以开始 DNA 组装。

（4）延伸步骤：在此步骤中，DNA 聚合酶开始合成 DNA，因此温度应为 DNA 聚合酶的最适宜温度。一般选择 72℃，但有些酶在 68℃ 时效果更好。这一步与体内 DNA 复制非常相似，DNA 聚合酶将 dNTPs 添加到引物中，以 5' 到 3' 方向与模板互补，最终产生新的双链 DNA 片段。延伸时间取决于目标 DNA 片段的长度和 DNA 聚合酶的能力。一般来说，DNA 聚合酶每 60 秒产生 1000 个碱基。

（5）（2）~（4）步称为一个循环，每循环一次，目标片段量翻倍。一个 PCR 过程使用 30~35 个循环。在 PCR 循环的早期，PCR 产物以指数速率积累，而在 PCR 循环的后期，随着 dNTPs、引物的减少和 DNA 聚合酶在变性温度下的失活，反应减慢，PCR 速率逐渐下降。

（6）最终延伸：30~35 个循环结束后，在 68~74℃ 的温度下最终延伸 5~10 分钟，以充分延伸剩余的单链 DNA。

4. 序列测定

对每份样本采用双链文库构建的方法构建 DNA 文库，并对每个样本进行 UDG 的修饰以去除特征性的 DNA 的污染；PCR 扩增 DNA 片段，使用 NanoDrop 2000 分光光度计检测 DNA 浓度，Illumina HiSeq Xten 上机测序。

5. 系统发育分析

对一些样品的线粒体 ND4 和 Cyt b 基因片段进行 PCR 扩增。基于本研究测得的 ND4 基因与下载自 GenBank 的同源基因，用 MEGA 软件计算部分 ND4 序列间的 p-distance 遗传距离。以 RAXML7.0.4 软件（Stamatakis et al. 2006）构建最大似然树（ND4 与 Cytb 合并构建），利用 jModelTest 2.1.4 软件（Darriba et al. 2012）选择最佳碱基替代模型，并进行 1000 次非参数自展重抽样分析（nonparametric bootstrap analysis）。以 MrBayes 3.1.2 软件（Ronquist et al. 2003）进行贝叶斯推算，根据两个不同的线粒体基因片段分为 2 个区，利用 jModel Test 2.1.4 软件计算最佳碱基替代模型（ND4 为 TrN+I+G；Cytb 为 TIM1+I+G）；在默认热值的条件下，使用 4 个马尔可夫链运算 5 000 000 代，每隔 1000 代抽样一次，舍弃 50% 老化样本，计算 50% 一致树。

第二节 两栖及爬行动物多样性

一、区系组成

崂山地区在动物地理区划上位于古界华北区。因受海洋气候影响，又带有大陆性季风气候及海洋性气候特点，植物种类繁多，形成森林、灌木丛、草丛、沙生植物、盐生植物及农业栽培等多种植被类型。丰富的植被类型形成复杂生境，适于各类昆虫栖息、繁衍，也为两栖、爬行动物等食物链上层的脊椎动物提供了丰富的食物来源。

根据现有的两栖、爬行动物调查结果来看，该地区的两栖、爬行动物物种主要为古北界物种和广布种。

二、珍稀濒危物种

在本调查中发现的团花锦蛇（*Elaphe davidi*）为国家二级重点保护野生动物。国家林业和草原局、农业农村部联合发布公告，公布新调整的《国家重点保护野生动物名录》，调整后的名录共列入野生动物 980 种和 8 类，其中国家一级保护野生动物 234 种和 1 类、国家二级保护野生动物 746 种和 7 类。上述物种中，686 种为陆生野生动物，294 种和 8 类为水生野生动物。其中，团花锦蛇为 2021 年最新收录进保护名录的物种之一。

形态学描述和生物学资料见物种多样性爬行动物部分。

三、入侵物种

本区域发现的入侵物种为美洲牛蛙。

美洲牛蛙（*Lithobates catesbeiana*）是蛙科牛蛙属动物，体形与一般蛙相同，但个体较大，雌蛙体长达 20 cm，雄蛙 18 cm，最大个体可达 2 kg 以上；鸣声很大，远闻如牛叫而得名；头部宽扁；口端位，吻端尖圆面钝；眼球外突，分上下两部分，下眼皮上有瞬膜，可将眼闭合；背部略粗糙，有细微的肤棱；四肢粗壮，前肢短，无蹼；后肢较长大，趾间有蹼；肤色随着生活环境而多变，通常背部及四肢为绿褐色，背部带有暗褐色斑纹；头部及口缘鲜绿色；腹面白色；咽喉下面的颜色随雌雄而异，雌性多为白色、灰色或暗灰色，雄性为金黄色。

美洲牛蛙生活在气候温暖的地区，水生栖息地广泛，包括湖泊、池塘、沼泽，以及水库、咸水池塘、溪流和沟渠，主要在夜间活动，吃藻类、水生植物和一些无脊椎动物。原产于北美洲地区，已遍及世界各大洲，是各地食用蛙中的主要养殖种类。由于养殖过程中逃逸或是被人为放生，美洲牛蛙现已扩散到国内很多省份，山东多个地区也有发现（图5-1）。该物种被列入2020年颁布的《中国外来入侵物种名单》。

从全球范围来看，其主要生态危害在于传播病原体、挤占生态位、食物竞争和直接捕食等四个方面。

美洲牛蛙携带蛙壶菌真菌，可以导致两栖动物在大尺度上的种群数量减少，甚至灭绝；美洲牛蛙蝌蚪可以改变水体中藻类群落的生物量、结构与组成，高密度的蝌蚪能够对淡水生态系统的养分循环和初级生产力产生较大的改变；美洲牛蛙入侵后可以捕食入侵地的其他蛙类和幼鱼，其与掠食性鱼类共存可以提高自身的竞争优势，更好地适应环境，甚至美洲牛蛙的入侵还有利于其他鱼类（太阳鱼）的入侵。此外，美洲牛蛙蝌蚪是致病菌大肠杆菌的适宜宿主；美洲牛蛙也会携带囊虫，其会感染包括人类在内宿主的胃肠道。

此外，牛蛙体型较大，远大于本土其他两栖、爬行类物种，且性情凶猛，繁殖能力强，对本土物种生存将造成严重威胁。牛蛙蝌蚪也会捕食其他本土昆虫及水生两栖动物的幼体。

图 5-1　崂山大河东附近拍摄的牛蛙成体

第三节　物种多样性及分布

两栖爬行动物资源是崂山生物多样性的重要组成部分，关于青岛地区的两栖爬行动物种类目前还没有公开的研究资料，缺乏较系统的分布调查，只能通过网上或者个人交流来获取历史记录。

到目前为止，调查团队在崂山保护区的调查共记录到两栖类 5 种，爬行类 15 种，包括：太行林蛙、中华蟾蜍、东方铃蟾、黑斑蛙（黑斑侧褶蛙）、牛蛙（外来入侵种）、无蹼壁虎、丽斑麻蜥、山地麻蜥、宁波滑蜥、北草蜥、黑眉锦蛇、团花锦蛇、王锦蛇、赤链蛇、赤峰锦蛇、长岛蝮、虎斑颈槽蛇、乌梢蛇、白条锦蛇、黄脊游蛇等。

一、两栖动物

在本区域的两栖动物中，中华蟾蜍（*Bufo gargarizans*）是优势物种，海拔从 0~1000 m 均有分布，但是山区数量较少；东方铃蟾同样为广布物种，从 100~1000 m 都有分布，基本只在山区分布，溪流、水井以及很小的水坑都能发现，局部数量特别多，在部分消防池和季节性水坑中发现过几百只个体挤在面积狭小的水面内；黑斑蛙常见于水田、池塘、湖泽、水沟等静水或流水缓慢的河流附近，崂山山区内很少有此类生境，所以多在水库和河流附近有发现，不过在 6 月的一次调查中，在海拔 700 m 左右、直径只有两三米的孤立水坑中发现一只，说明黑斑蛙比已知记录更能适应环境。

本区域调查共发现两栖动物 5 种（含外来入侵种 1 种）

（一）中华蟾蜍 *Bufo gargarizans*

雄性体长 10 cm 左右，雌性体长可达 12 cm；体型圆钝，头宽大于头长。吻圆而高，吻棱明显；鼓膜显著，两侧耳后具毒腺；体色变异较多；黄褐色、灰褐色、棕褐色、红褐色等；体表具疣粒；腹部多为黄色，有黑色迷彩斑；四肢短粗，跳跃能力较差。栖息于多种环境，城市中也常见其踪迹；夜行性；繁殖季节为 4~6 月。崂山生物多样性优先区域内全境分布（图 5-2）。

图 5-2　中华蟾蜍

（二）东方铃蟾 *Bombina orientalis*

体长 4~5 cm；头宽略大于头长；体背黑褐色、黄褐色或绿色，密布小疣，具黑色圆形斑；腹面红色或橘红色，具黑色斑；指和趾尖端与腹面颜色呈相同的红色或橘红色。多栖息于海拔 100~900 m 的低山山区，多见于溪流、田及路边车轮碾压后的水坑中。反应迟缓，跳跃能力较差，受到威胁时四肢蜷缩，翘起头部和臀部，露出腹部醒目色斑。6 月开始繁殖。崂山生物多样性优先区域内全境分布（图 5-3、图 5-4）。

（三）黑斑侧褶蛙 *Pelophylax nigromaculatus*

雄性体长 5~7 cm；雌性明显大于雄性；头长大于头宽；吻端钝圆，吻棱不明显；鼓膜大而明显，具双侧外声囊；背面皮肤较粗糙；生活时体背颜色变异较丰富，多为淡绿色、黄绿色、深绿色、灰褐色等，杂有许多大小不一的黑斑纹；多数个体具有淡黄色或淡绿色的脊线纹；背侧褶金黄色、浅棕色或黄绿色，有些个体沿背侧褶下方有黑纹；四肢背面浅棕色，常有棕黑横纹；指、趾末端钝尖；趾间蹼发达。

栖息于平原或丘陵的水田、池塘、湖沼区及海拔 2200 m 以下的多种环境。崂山山区内鲜少见到，山区周边的水库和河流附近较为常见（图 5-5）。

图 5-3 东方铃蟾绿色型

图 5-4 东方铃蟾棕色型

图 5-5　黑斑侧褶蛙（崂山海拔 700 m 处记录）

（四）太行林蛙 *Rana taihangensis*

　　根据资料，山东在历史上有 3 个地点有林蛙记录，分别是徂徕山、昆嵛山和崂山，最初都识别为中国林蛙。随着技术的进步，研究人员发现徂徕山的林蛙不是中国林蛙，而是一个全新种，命名为徂徕林蛙；昆嵛山的林蛙也是一个新物种，命名为昆嵛林蛙，后来发现昆嵛林蛙是韩国林蛙的同物异名。从地理隔离来分析，处于徂徕山和昆嵛山之间的崂山分布的林蛙，很有可能也不是中国林蛙。为确定崂山林蛙的种类，2022 年，调查员在崂山 8 个相隔较远的位置捕捉了 11 只林蛙，其中 7 只带回做样本，并送到广州大学做 DNA 条形码分析，结果 7 个样本均鉴定为中国林蛙。但是到了 2022 年 9 月，河南大学的申惠君、杨欣玥等人新发布了一篇论文 "A New Brown Frog of the Genus Rana (Anura, Ranidae) from North China, with a Taxonomic Revision of the R. chensinensis Species Group"，将分布于太行山东坡、海河流域的原中国林蛙种群命名为一新物种太行林蛙。为了确定崂山的林蛙是否属于太行林蛙，调查员在 2023 年 10 月又捕捉了多只林蛙样本并寄到沈阳农业大学实验室做 DNA 条形码分析。初步结果已经出来，确定送检的崂山林蛙样本属于太行林蛙，是山东省新记录（图 5-6 至图 5-8）。目前专家仍然在做进一步的探讨分析，未来分类仍然有可能出现变化。

图 5-6 太行林蛙

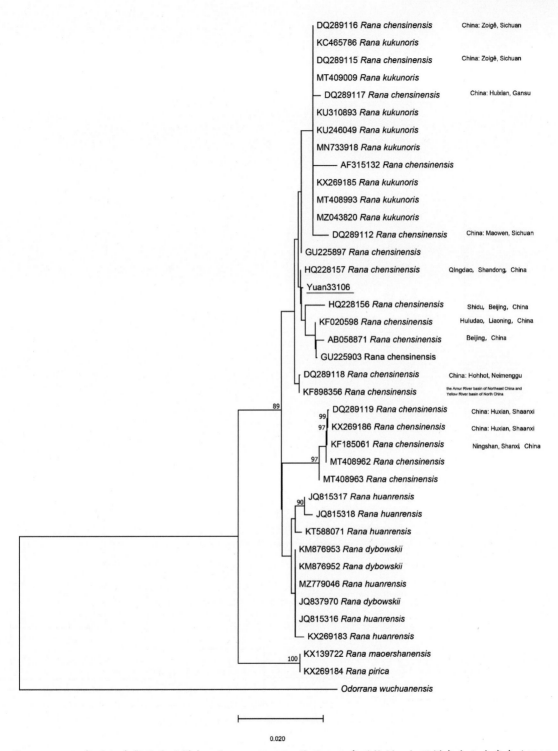

图 5-7　2022 年崂山采集的林蛙样本，即 Yuan33106，使用 16S 序列构树，与同样来自山东青岛（2010 年采集）、北京十渡、辽宁葫芦岛与北京等地的中国林蛙 *Rana chensinesis* 聚在同一演化支，分子鉴定结果为中国林蛙，这个时间太行林蛙的论文刚刚发表，缺少太行林蛙的样本

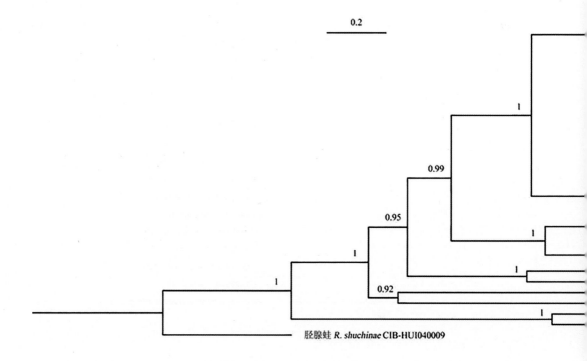

图 5-8　2023 年 10 月崂山采集的林蛙样本，即 SYAUBAA000082 和 SYAUBAA000036，使用 16S 序列构树，与太行林蛙 *Rana taihangensis* 聚在同一演化支，分子鉴定结果为太行林蛙

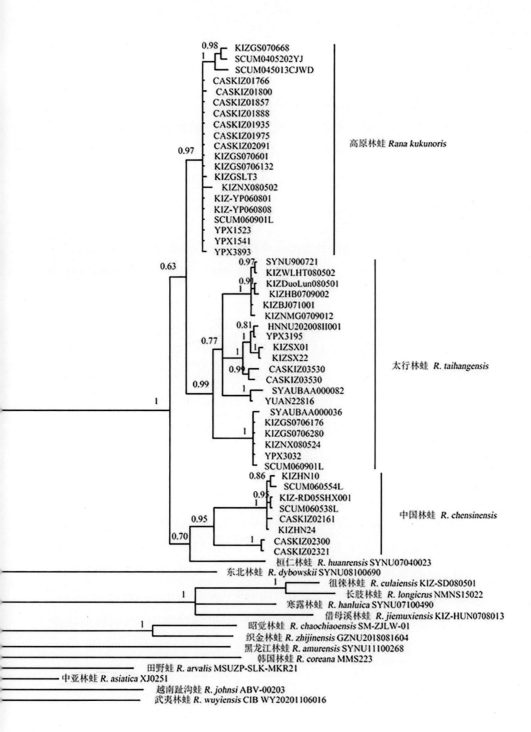

二、爬行动物

在本区域中，爬行动物的各种类数量都比较少，分布分散，样线调查中很难遇到，因此主要通过收集登山者和护林员的信息来确定种类和分布。蜥蜴中以山地麻蜥、无蹼壁虎和宁波滑蜥数量居多，在调查过程中偶尔可见。蛇类观测到数量最多的种类是长岛蝮（俗称土灰，剧毒），分布较广，从低海拔到崂山山顶都有记录。

在本调查中发现的团花锦蛇（*Elaphe davidi*）为国家二级重点保护野生动物。

（一）无蹼壁虎 *Gekko swinhonis*

其身体扁平，头吻呈三角形，吻鳞呈长方形；鼻孔近吻端，位于吻鳞、第一上唇鳞、上鼻鳞及后鼻鳞之间；无活动眼睑，耳孔小；上下颌具有细齿，舌长；头体背面被颗粒状细鳞，吻部颗粒状细鳞扩大；四肢具五指（趾），指（趾）端膨大，指（趾）间无蹼；身体背面一般呈灰棕色，其深浅程度与生活环境及个体大小有关；身体腹面淡肉色。

全长105~132 mm，头体长为尾长的0.72~1.04倍。上唇鳞8~12枚，下唇鳞7~11枚，颏片两对，呈弧形排列，外侧一对较小。无蹼壁虎栖息场所广泛，几乎所有建筑物的缝隙及树木、岩缝等处均有分布。

崂山生物多样性优先区域内全境分布，多见于民宅墙壁或路旁石墙（图5-9）。

（二）北草蜥 *Takydromus septentrionalis*

体背草绿、棕绿或棕色，体腹黄绿或灰白，眼至肩部有一条浅纵纹，雄体背侧有一纵纹，体侧有不规则的深色斑；头部具大的对称形鳞片，无上鼻鳞；额鼻鳞1枚，前端钝圆，后端为一锐角；前额鳞1对，左右相切，其外边大于内边的2倍；额鳞长五边形，上眶鳞4对，第1对极小呈颗粒状，第2对最大，第2、第3对均呈三角形；额顶鳞1对，呈五边形，左右相切；顶间鳞小，菱形，以后尖与后方更小的枕鳞相连；腹鳞大，8列，起强棱；体侧有2~3行较腹鳞明显小的棱鳞列，其中外侧的较内侧的鳞片大，而且鳞列长；体侧余部被粒鳞；四肢背面被棱鳞，腹面鳞片较光滑，肱、股后缘被粒鳞；肛前鳞1枚，呈倒梯形，其表面有2条棱。

崂山生物多样性优先区域内全境分布，多见于路边草丛环境（图5-10）。

图 5-9　无蹼壁虎（*Gekko swinhonis*）

图 5-10　北草蜥（*Takydromus septentrionalis*）

（三）丽斑麻蜥 *Eremias argus*

体圆长而略平扁，尾圆长，头略扁平而宽，前端稍圆钝；背棕灰夹青、棕绿、棕褐、黑灰等色，头顶棕灰色，头颈侧有黑镶黄色长纹 3 条；从两顶鳞后外缘开始向后有 2 条浅黄色纵纹直达尾的 1/5 处；从两侧上唇鳞后端经耳孔、体侧到尾基部各具 1 条纵纹；背及体侧具有几乎纵行对称的眼状斑，中心近黄色或乳白色，周围棕黑色；腹部乳白色，四肢与尾部的腹面乳黄色。栖息于平原、丘陵、草原及农田等各种不同生境。

崂山生物多样性优先区域内相对少见，见于低海拔水库周围砂石较多的灌丛环境（图5-11）。

图5-11　丽斑麻蜥（*Eremias argus*）

（四）山地麻蜥 *Eremias brenchleyi*

体背褐色，体背及体侧共4列较大的眼状斑（每侧2列），至肛门后逐渐淡化消失，外围镶黑斑，内嵌白斑；其中靠近背侧的两列眼斑之间另有2~3列小黑斑不规则分散排列于背正中。体侧有明显黑褐色条纹，贯穿颈部至尾基部。黑褐色宽条纹下方有一条白色条纹与之相邻，宽度约为黑褐色条纹的2/3；白色条纹下方又紧贴一淡黄褐色条纹，略宽于上方的白色条纹。四肢背面与体背颜色几乎相同，体、四肢及尾腹面乳白色，膝至后肢基部亦有2~3枚小眼斑。成体尾与体背颜色几乎相同，幼体尾部为蓝色。

崂山生物多样性优先区域内全境分布，多见于路边石堆等干燥环境（图5-12）。

（五）宁波滑蜥 *Scincella modesta*

体呈古铜色，略带黑点，自头侧经体侧至尾基两侧各有一条约两片半鳞宽的黑色纵纹，纵纹下具棕红色，中间杂以黑斑点，腹面色浅。

背鳞为体侧鳞宽的2倍，环体中段鳞26~30行；第Ⅳ趾趾下瓣10~16枚；背侧两黑纵纹间背鳞6+2（1/2）行，侧纵纹上缘波状，下缘不规则。形态头宽大于颈部，吻鳞宽大于高，从背面可见；无上鼻鳞；额鼻鳞1枚，较宽，略呈梯形，前缘与吻鳞相接较宽，后缘

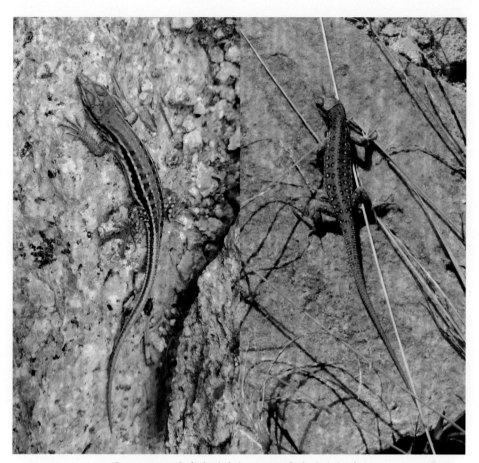

图 5-12　山地麻蜥（左）同丽斑麻蜥（右）对比

图 5-13　宁波滑蜥（*Scincella modesta*）

以尖端与额鳞相接；前额鳞1对，左右不相接或恰相遇；额鳞五边形，与前2枚眶上鳞相接；额顶鳞1对，较大，在间顶鳞，基本对称；单枚间顶鳞位于额顶鳞和顶鳞之间的正中部位；顶鳞1对，较大，在间顶鳞后缘恰相接；颈鳞3或4对，第1对扩大的颈鳞与顶鳞斜向相接；鼻鳞完整，鼻孔位于鼻鳞中央；颊鳞2枚，前颊鳞宽大于长，后颊鳞近方形，约为前颊鳞的2倍；上睫鳞6枚；眶上鳞4枚，第2枚最大，前2枚与额鳞相接；下眼睑具一透明睑窗；上唇鳞7枚（偶有8枚），第4、第5枚上唇鳞矩形或略呈五边形；下唇鳞6枚，偶有7枚；颞鳞2+2+3，上前颞鳞最小，上后颞鳞最大，下前第二、上前第二逐渐增大，2枚颞鳞与顶鳞相接；耳孔卵圆形，小于眼径，大于下眼睑窗，前缘无瓣突；鼓膜小而下陷。

系我国特有种。崂山生物多样性优先区域内全境分布，多见于路边石堆等干燥环境（图5-13）。

（六）虎斑颈槽蛇 *Rhabdophis tigrinus*

体型中等偏小，头椭圆形，与颈区分明显。颈背正中2行背鳞间具1个纵行浅凹槽。体侧斑纹两色间隔。通身背面橄榄绿色或草绿色或浅蓝色或蓝色（底色变异较大），体前段两侧具常呈方形的粗大的黑色与橘红色斑块，相间排列，后段犹可见黑色斑块，橘红色则渐趋消失。头椭圆形，与颈区分明显。颈背正中具1个纵行浅凹槽。眼较大，瞳孔圆形。颊鳞1枚；眶前鳞2（1）枚，眶后鳞3或4枚，个别一侧为2枚，颞鳞1（2）+2（1）枚，个别一侧后颞鳞为3或4枚；上唇鳞7枚(2-2-3式)或8(2-3-3式，个别为2-2-4式或3-2-3式）枚；下唇鳞9（8~10）枚，前5（4）枚接前颔片；颔片2对。背鳞19-19-17（15）行，全部具棱或仅两侧最外行平滑；腹鳞144~188；肛鳞2分；尾下鳞38~74对；上颌齿每侧20~21+2枚，最后2枚较大。

栖息于山地、农田、水边及林地边缘。日行性，以鱼类、蛙类、蟾蜍等为食。受惊扰时体前段膨扁且竖起。

崂山生物多样性优先区域内全境分布，较为常见（图5-14、图5-15）。

（七）黄脊游蛇 *Orientocoluber spinalis*

体较细长，全长80 cm左右。背面绛红色，背脊正中有1条镶黑边的鲜明黄色纵线，其端起自额鳞，后端通达尾末，体侧由于鳞片边缘黑色，缀成几条深色纵线或点线，腹面淡黄色。眶前鳞1，有一较小的眶前下鳞，眶后鳞2(1)；颞鳞2+2(3)，上唇鳞多为3-2-3式。背鳞17-17-15行，体鳞平滑，颈部及体中部17行，肛前15行；腹鳞雄者186~194，雌者202~206；肛鳞2分，尾下鳞83~79对。

图 5-14　虎斑颈槽蛇幼体

图 5-15　虎斑颈槽蛇成体

生活于平原、丘陵或河床等开阔地带，河流附近，草地沙荒或林区都可发现，胆小，易受到惊吓，行动非常敏捷。平原地区 4 月上旬就开始出蛰。晴天活动，雨后出来较多；吃蜥蜴，饥饿时也食蜥蜴卵、蛇卵和其他幼蛇。

崂山生物多样性优先区域内多见于干燥的山区石堆、灌丛等蜥蜴出没的环境中，相对少见（图 5-16）。

图 5-16　黄脊游蛇（*Orientocoluber spinalis*）

（八）赤链蛇 *Lycodon rufozonatus*

吻较前突且宽圆；头略大较宽且甚扁，与颈可区分；头背黑褐色，鳞沟红色。枕部具倒"V"形红色斑；体、尾背面黑褐色，具约等距排列的红色横斑；头、尾腹面污白色，腹鳞两侧散布少数黑褐色点斑；体型中等偏大，观察标本最大全长雄性 1480（1260+220）mm，雌性 1630（1380+250）mm；眼小，瞳孔直立呈椭圆形；躯尾较长；颊鳞 1 枚，略呈细长三角形，尖端插入眶前鳞和上唇鳞之间入眶（有些个体不入眶）；前额鳞不入眶。眶前鳞 1 枚（个别一侧为 2 枚），眶后鳞 2 枚；颞鳞 2（1，3）+3（2，1）枚；上唇鳞 8 枚（2-3-3 或 3-2-3）或 7 枚（2-2-3）；下唇鳞 9 枚（8~10），前 4（5）枚切前颌片；颌片 2 对，约等长。背鳞 17（19~21）-17（19）-15（17）行，仅中央几行具弱棱；腹鳞 184~225；肛鳞完整；尾下鳞双行，53~88 对；上颌齿每侧 12~13 枚，由两个齿间隙分为 3 组，6（7）+3+3，最后一组最大。

赤链蛇多在傍晚及夜间出没于水源地附近。食性极广，捕食鱼类、蛙类、蛇类、蜥蜴、小型哺乳动物、鸟类等。

崂山生物多样性优先区域内全境分布，较为常见。

图 5-17　赤链蛇（*Lycodon rufozonatus*）

（九）团花锦蛇 *Elaphe davidi*

体中等偏大；头略大，呈长椭圆形，与颈区分明显；尾短尖。眼大，上半部突出头背，瞳孔圆形。颊鳞1枚；鼻间鳞略呈三角形，鼻鳞分裂，鼻孔开口于前半部；眶前鳞1枚，眶后鳞多为2枚；上唇鳞8枚，第一枚与鼻鳞相切，第五枚最大；下唇鳞9枚，第六枚最大，前五枚与前额片相切。头背有深褐色斑，眼后有黑纹斜达口角；体背灰褐色，有3行黑褐色镶黑边的圆斑，正中一行较大，与两侧斑交错排列。腹面浅黄色，散有不规则褐色斑点。幼体头背灰白色。

团花锦蛇栖息于平原、丘陵、开阔的河谷地带、山路旁及植被稀疏的沙壤土山上。以鸟卵、幼鸟、鼠类蛙类、蜥蜴及其他蛇类为食。也被报道潜入农户鸡窝中吞食鸡蛋。

团花锦蛇在中国见于石家庄以北及北京、天津、山西、内蒙古、辽宁、吉林、黑龙江、山东、陕西等地。为中国特有种，国外未见报道。

崂山生物多样性优先区域内相对少见，仅见于主峰附近的林区（图5-18）。

图 5-18　团花锦蛇（*Elaphe davidi*）

（十）王锦蛇 *Elaphe carinata*

体粗壮；全身黑色杂以黄色花斑，体前部有若干黄色横纹；头背棕黄色，鳞缘黑色，在尾下形成黑色纵线；幼蛇背面灰橄榄色，鳞缘微黑，枕后有一短黑纵纹，腹面肉色。前额具有"王"字样黑色斑纹。吻鳞宽大于高，背见部明显，鼻间鳞方形，长稍大于宽，前额鳞长小于宽，其沟稍大于鼻间鳞沟；额鳞盾形，其长稍超过其与吻鳞的距离，顶鳞大于额鳞，其间沟小于额鳞长。颊鳞 1，眶前鳞 2，眶后鳞 2，眶上鳞 1，眶下鳞 0，前颞鳞 2，后颞鳞 3，偶有 2 片的；上唇鳞 8 枚，3-2-3 式，第 7 枚最大；下唇鳞 11，个别 10 枚；体鳞明显起棱，仅最上一行平滑无棱，背鳞则为 23-23-19 行；腹鳞 224（♂），210~223（♀）；尾下鳞双列，62~101 对（♂），82~97 对（♀）；肛鳞 2 枚。

幼体与成体色斑差异较大，幼蛇背面灰橄榄色，鳞缘微黑，枕后有一短黑纵纹，腹面肉色，有 4 道红褐色纵纹自颈后延伸至尾末，体背正中具若干红褐色或深褐色短横纹，体中后段不明显。随年龄增长，体色逐渐发生变化，头部部分鳞沟呈黑色，成体背面颜色较为多变，多见黄色、黄绿色、橄榄绿色等，体前部有若干黄色横纹；头背棕黄色，鳞缘黑色，在尾下形成黑色纵线。

崂山生物多样性优先区域内相对少见，仅见于山区中、高海拔地段（图 5-19）。

图 5-19　王锦蛇（*Elaphe carinata*）

（十一）黑眉锦蛇 *Elaphe taeniura*

体背土灰色或棕灰色，眼后有两条明显的黑纹延伸至颞部，如黑眉状；体背前段有窄的横行黑色梯状纹，前段明显，体后段逐渐消失，体侧和腹鳞两侧有 4 条黑色纵纹，从体中段开始伸至尾尖；腹部灰白色或淡灰色，腹鳞两侧具黑色块斑；头长，吻鳞宽超于高，从头上可以看到；鼻间鳞长小于宽，其间沟为前额鳞间沟的 1/2 或 1/3；前额鳞长大于宽；额鳞盾状，长大于宽，其长大于其与吻端的距离，顶鳞大于额鳞。颊鳞 1 枚，眶前鳞 2 枚，眶后鳞 2 枚，眶上鳞 1 枚，前颞鳞 2 枚（个别是 3 枚），后颞鳞 3 枚（少数是 2 枚）；上唇鳞 9 枚，个别是 8 枚或 10 枚或 11 枚（多数是 4-2-3 式，少数是 3-2-3 式，个别 4-2-4 和 4-2-5 式）；下唇鳞 12 枚，个别 10 枚、11 枚或 14 枚；体鳞微弱起棱，但外侧 4 行无棱；背鳞行数为 25（23，24）-25（21，23，24）-19（17），腹鳞雄性为 248~266，雌性为 227~254；肛鳞 2 分；尾下鳞双列，雄性为 81~114 对，雌性为 81~110 对。

崂山生物多样性优先区域内相对少见，仅见于山区中、高海拔林区（图 5-20）。

（十二）赤峰锦蛇 *Elaphe anomala*

成体最大可达 2 m 以上；头较大，与颈区分明显；唇部黄色，上下唇鳞后缘黑色，体背面前段为灰绿色或灰褐色，横斑变模糊甚至无，体尾后端颜色偏黄，上有数十个边缘为黑色的深褐色横斑；体尾腹面黄色，散布有略呈方形的黑褐色小斑。

　　幼体与成体色斑差异较大，幼体唇部白色，唇鳞后缘为黑色，眼后有一条深褐色眉纹；背面深褐色，体尾背面具数十个边缘为黑色的黑褐色横斑；成体后头侧、腹面黄白色，上、下唇鳞后缘黑色；通身背面棕灰色或浅棕色，体前段横斑色浅或不明显，体后段及尾背具黄色横斑，占 2~4 个鳞列，两横斑间隔 4~6 个鳞列。体、尾腹面浅黄色或鹅黄色，散布略呈方形的黑褐色小斑

　　崂山生物多样性优先区域内相对常见，多见于山区中、高海拔林区，在河流湿地也可见到（图 5-21）。

图 5-20　黑眉锦蛇（*Elaphe taeniura*）

图 5-21　赤峰锦蛇（*Elaphe anomala*）

（十三）白条锦蛇 *Elaphe dione*

头略呈椭圆形，体尾较细长，全长 1 m 左右；吻鳞略呈五边形，宽大于高，从背面可见其上缘；鼻孔大，呈贺形；背面苍灰、灰棕或棕黄色；背面深褐色，具 4~6 条浅色纵纹。鼻孔大，呈贺形，开口于大小几相等的前后鼻鳞间；颊鳞 1 枚，长大于高；眶前鳞 2 枚，少数为 1 或 3 枚，不与额鳞相切；眶上鳞 1 枚；眶后鳞 2 枚；颞鳞 2-3（或 4）枚。上唇鳞 8（3-2-3）枚，第 7 枚最大；下唇鳞 10~11 对，第 1 对在颏鳞后方相切，前 5 对切前颏片。白条锦蛇生活于平原、丘陵或山区、草原，栖于田野、坟堆、草坡、林区。

崂山生物多样性优先区域内全境分布，为常见种（图 5-22）。

图 5-22　白条锦蛇（*Elaphe dione*）

（十四）乌梢蛇 *Ptyas dhumnades*

体背面棕黑色或绿褐色到黑褐色，密被菱形鳞片；上唇及喉部淡黄色；背脊两侧有两条褐色纵纹；成年个体黑纵线在体后逐渐不显；腹鳞灰白色。幼体与成体体色差异明显。幼蛇背面鲜绿色，有 4 条黑线纵贯全身；尾部渐细而长；头颈区别显著；吻鳞自头背可见，宽大于高；鼻间鳞为前额鳞长的 2/3；顶鳞后有 2 枚稍大的鳞片；上唇鳞有 8 枚；下唇鳞有 8~10 枚；背鳞鳞行成偶数；肛鳞 2 行。

崂山生物多样性优先区域内见于山涧溪流等水源地附近（图 5-23）。

图 5-23　乌梢蛇成体

（十五）长岛蝮 *Gloydius changdaoensis*

具管状毒牙的剧毒蛇。头呈三角形，与颈部区分明显；体背面棕褐色，具有两列粗大、周围暗棕色、中心色浅而外侧开放的圆斑，圆斑彼此交错或并列；眼后至口角上缘有一暗褐色宽纵纹，下缘呈波浪状，有 1 条明显的细白边；体中段背鳞 23 行；腹鳞 143~158；尾下鳞 36~43。栖息于林下石堆、落叶堆等。春秋季有爬树捕鸟习性。

崂山生物多样性优先区域内广泛分布（图 5-24）。

长岛蝮蛇系李建立（1999）以外部形态、鳞片计数和蛇毒电泳等方法比较了东北内陆、辽东半岛及胶东半岛的一些蝮蛇，分别将辽东半岛分布的"蛇岛蝮"和胶东半岛分布的"岩栖蝮"命名为蛇岛蝮千山亚种（*Gloydius shedaoensis qianshanensis* Li，1999）和岩栖蝮长岛亚种（*Gloydius saxatilis changdaoensis* Li，1999）；江帆等（2009）再次对山东沿海一些岛屿所采的一些蝮蛇标本进行研究，认为它们属一新种，并以李建立之名将其命名为"庙岛蝮"（*G. lijianlii* Jiang and Zhao，2009）。Orlov 等（1999）对岩栖蝮（*G. saxatilis*）的有效性进行了探讨，并提供了中介蝮（*G. intermedius*）的 1 号选模标本（编号 ZISP2221，Lectotype，采自乌苏里江流域）的照片，该标本从外观上看，确系国内学者所谓的岩栖蝮（黑眉蝮）。根据国际动物命名法规中的优先权原则，种本名"*intermedius*"的发表要早于"*saxatilis*"。据此提出"岩栖蝮（*G. saxatilis*）"不是有效种本名，而是"中介蝮（*G. intermedius*）"的次订同物异名。上述观点近年来得到了国外学者的普遍认同和采用（Orlov et al. 1999，Wagner et al. 2016）。本研究同意将岩栖蝮作为中介蝮的次订同

图 5-24　长岛蝮（*Gloydius changdaoensis*）

物异名。据此，李建立（1999）命名的山东半岛及江苏北连云港（竹岛）分布的"岩栖蝮长岛亚种"拉丁学名应更正为"*Gloydius intermedius changdaoensis* Li，1999"。

而江帆和赵尔宓（2009）命名的"庙岛蝮"与李建立（1999）命名的岩栖蝮长岛亚种之间到底是何关系，或者说长岛群岛的蝮蛇是一种，还是两种共存，目前学术界尚无定论。二者原始文献中描述的形态相似，腹鳞和尾下鳞的数量也有大幅度重叠。特别是根据本研究的分子生物学研究结果，不论是长岛群岛与胶东半岛陆地，还是长岛各个岛屿之间，这些蝮蛇的不同种群之间虽然在遗传上有一定的差异，但总体上仍处于一个单系，彼此的差异在种内变异的范围内。结合其形态与生活习性，本研究初步得出结论，长岛蝮与庙岛蝮应属同一物种。长岛群岛仅有一种蝮蛇被记录和报道。根据国际动物命名法规的优先权原则，庙岛蝮是长岛蝮的次订同物异名，应按照无效名称处理。长岛群岛的蝮蛇正确的拉丁学名应为：长岛蝮 *Gloydius changdaoensis* Li 1999。

长岛蝮与庙岛蝮的系统分类地位，以及二者之间的分类关系见图 5-25。

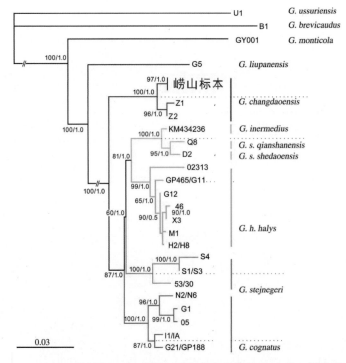

图 5-25　亚洲蝮蛇系统发育分析结果（崂山样本为长岛蝮）

第四节　多样性保护对策和建议

一、存在问题

从物种保护的角度来看，爬行类和两栖类主要为蛇类遭到路杀（roadkill，即车辆碾轧致死）现象尤为严重。例如调查工作中，在盘山公路沿途路线中，发现的蛇类路杀尸体包括 4 种，超过 10 条，而活体仅 1 条且均暴露在路面上。

探查其原因，可能是由于调查区域两侧车辆较多，山路崎岖，来往车辆避让不及，从路上经过的蛇类极易遭到来往车辆的碾轧（见图 5-26 至图 5-28）。

此外，一些消防池等人工设施由于四面光滑，深度较高。对于一些依赖水源生存而攀爬能力又较差的两栖、爬行动物来说，一旦进入无法自行爬出，旱季或冬季往往会冻死或脱水而死，进而对其生存和繁殖造成威胁。

图 5-26　被车辆碾轧致死的白条锦蛇幼体

图 5-27　崂山景区路杀的长岛蝮

155

图 5-28　被车辆碾轧致死的虎斑颈槽蛇亚成体

二、对策建议

本区域两栖、爬行动物多样性水平较低，因此，建议在后续调查研究中加大关注，不断关注区域内或周边地区相关类群的物种多样性信息以及分类学变动情况，实时掌握崂山及周边地区爬行动物物种多样性动态。

对于消防池等易形成生态陷阱的设施，应对周边进行加高，设置阶梯等便于两栖、爬行动物爬出的结构。同时，巡护人员应定期清理和救助被围困在消防池、水井内的两栖、爬行动物。

生物多样性保护措施：建议设置警示牌或限速，提示过往车辆不要碾轧蛙、蛇、鸟等野生动物。

第六章
鸟类多样性调查与评估

第一节　野外调查

一、调查原则

根据《生物多样性观测技术导则鸟类、两栖类、爬行类、陆生哺乳动物》和《县域鸟类、两栖类、爬行类、陆生哺乳动物多样性调查与评估技术规定》要求，结合崂山山脉的地理特点、前期预调查数据、社区走访、物种分布、典型生境，选择具有代表性的区域进行调查。本项目调查采用样线法、样点法、红外相机自动拍摄法、样方法、网捕法等多种方法。共设置 17 条调查样线、5 个调查样点、8 个红外相机监测点。

二、调查方法

鸟类多样性调查安排在晴朗、风力不大（三级以下风力）天气条件的清晨或傍晚，于鸟类活动高峰期进行。迁徙期及繁殖期调查选择早晨 7:30~10:30 或傍晚 16:00~18:30。

调查方法有样线法、直接计数法、样点法，针对不同的调查对象采取不同的方法。目前的调查以样线法为主、样点法为辅。

样线法适宜于开阔地区的鸟类调查。样线上行进的速度根据调查工具确定，步行速度为每小时 1~2 km。发现动物时，记录动物名称、动物数量、地理位置、影像等信息，同时使用 GPS 记录样线调查的行进轨迹。

样点法适宜在林木较茂密、视野不开阔的地区或者在地形复杂不适宜采用样线法的区域使用。根据实际情况，只在秋季迁徙期对猛禽监测采用了样点法。到达样点后，安静休息 1 分钟，以调查人员所在地为样点中心，观察并记录四周发现的动物名称、数量、距离样点中心距离、影像等信息。每个样点的计数时间为 6 分钟，每只鸟只记录一次，飞出又飞回的鸟不进行计数。

第二节　鸟类多样性

一、区系组成

　　崂山地处东亚—澳大利西亚候鸟迁徙路线之上，每年由古北界迁来越冬、停歇或者经过的候鸟（尤其是雁鸭类、鸻鹬类和燕雀类），加上夏季繁殖鸟类种类，造就了崂山生物多样性保护优先区域内较高的鸟类物种多样性。

　　本项目调查中，2022 年 6 月至 2023 年 9 月，区域内共实际记录到 19 目 54 科 221 种鸟类（暂时未统计前些年有记录但本次调查期间未有实际记录的鸟种），包含涉禽、游禽、猛禽、攀禽、鸣禽，不但具有较高的物种多样性，生态类型也十分丰富。

　　在崂山保护区目前记录的 221 种鸟类中，非雀形目鸟类 111 种，占总记录鸟类种类数的 50%；雀形目鸟类 111 种，占 50%；非雀形目鸟类中，鸻形目（23 种）、雁形目（20种）、鹰形目（15 种）种数最多，共占 26.13%。

　　通过对鸟类的居留类型进行分析，目前共记录到夏候鸟 56 种，占 25.23%；留鸟 36 种，占 16.22%；冬候鸟 34 种，占 15.32%。崂山保护区的鸟类以旅鸟占优势，共记录到 93 种，占总物种数的 41.89%；从数量上看，经过或者暂歇的迁徙鸟类种群数量很大，例如家燕、金腰燕、红胁绣眼鸟、黄雀、灰山椒鸟等鸟种在迁徙高峰期每天有几千只。

　　从鸟类类群组成上看，冬候鸟以雀形目（13 种）、雁形目（13 种）最多，共占 11.71%；在夏候鸟中，雀形目（27 种）、鹈形目（7 种）共占 60.71%。统计两个最大的目发现，鸻形目鸟类全为候鸟（23 种，占 100%），雀形目鸟类以候鸟（86 种，占 81%）为主。

　　在调查鸟类中，繁殖鸟共计 86 种（占 38.74%）。繁殖鸟中留鸟 27 种（雀形目最多，17 种）、夏候鸟 59 种（雀形目最多，29 种）。

　　猛禽共计 3 目 4 科 14 属 24 种（占全国猛禽种数的 24.00%）；其中鹰科种数最多(14 种)，占 58.33%，其次为鸥鹬科（5 种）。

　　青岛地处南北交界处，既有古北界繁殖鸟种也有典型的东洋界繁殖鸟种，并且因为温度适宜，很多原本需要到南方过冬的鸟种，也有部分群体留在青岛度冬，因此部分鸟种很难断定是繁殖还是过境，是夏候鸟还是留鸟。例如青岛有雀鹰、灰背鸫、白腹鸫、黄喉鹀繁殖，但是大部分是过境，还有少部分度冬，另外例如大白鹭、苍鹭、白鹭等全年大量可见。

二、国家保护与珍稀濒危物种

崂山有中国鸟类特有种 3 种，分别是黄腹山雀、银喉长尾山雀和乌鸫，其中银喉长尾山雀由原银喉长尾山雀亚种 *Aegithalos glaucogularis vinaceus* 提升，乌鸫由原乌鸫普通亚种 *Turdus merula mandarinus* 和四川亚种 *T. m. sowerbyi* 提升。

国家一级重点保护野生鸟类 3 种，分别是黑鹳、东方白鹳、乌雕。国家二级重点保护野生鸟类 30 种，共 33 种（表 6-1）。

表 6-1　崂山国家保护与珍稀濒危鸟类

编号	学名	中文名	保护级别
001	*Anser albifrons*	白额雁	二
002	*Aix galericulata*	鸳鸯	二
003	*Mergellus albellus*	斑头秋沙鸭	二
004	*Podiceps nigricollis*	黑颈䴙䴘	二
005	*Ciconia nigra*	黑鹳	一
006	*Ciconia boyciana*	东方白鹳	一
007	*Pandion haliaetus*	鹗	二
008	*Elanus caeruleus*	黑翅鸢	二
009	*Pernis ptilorhynchus*	凤头蜂鹰	二
010	*Clanga clanga*	乌雕	一
011	*Accipiter trivirgatus*	凤头鹰	二
012	*Accipiter soloensis*	赤腹鹰	二
013	*Accipiter gularis*	日本松雀鹰	二
014	*Accipiter nisus*	雀鹰	二
015	*Accipiter gentilis*	苍鹰	二
016	*Circus spilonotus*	白腹鹞	二
017	*Circus cyaneus*	白尾鹞	二
018	*Circus melanoleucos*	鹊鹞	二

（续）

编号	学名	中文名	保护级别
019	*Milvus migrans*	黑鸢	二
020	*Butastur indicus*	灰脸鵟鹰	二
021	*Buteo japonicus*	普通鵟	二
022	*Otus semitorques*	北领角鸮	二
023	*Otus sunia*	红角鸮	二
024	*Bubo bubo*	雕鸮	二
025	*Athene noctua*	纵纹腹小鸮	二
026	*Ninox scutulata*	日本鹰鸮	二
027	*Falco tinnunculus*	红隼	二
028	*Falco amurensis*	红脚隼	二
029	*Falco subbuteo*	燕隼	二
030	*Falco peregrinus*	游隼	二
031	*Alauda arvensis*	云雀	二
032	*Paradoxornis heudei*	震旦鸦雀	二
033	*Zosterops erythropleurus*	红胁绣眼鸟	二

《世界自然保护联盟（IUCN）濒危物种红色名录》(2020) 中濒危物种 (EN)1 种：东方白鹳；易危物种（VU）3 种：红头潜鸭、乌雕、田鹀；近危物种（NT）：罗纹鸭、白眼潜鸭、鹌鹑、黑尾塍鹬、震旦鸦雀。《濒危野生动植物种国际贸易公约 (CITES)》(2017-01-02) 附录 I 收录 2 种：东方白鹳、游隼。

列入国家"三有"名录的物种 185 种。

在 33 种国家一、二级重点保护动物中，赤腹鹰、雀鹰、北领角鸮、红角鸮、雕鸮、纵纹腹小鸮、红隼、燕隼、游隼、画眉在调查过程中确认在崂山保护区内有繁殖。苍鹰、凤头蜂鹰、红嘴相思鸟在夏季有多次发现，尤其是苍鹰和红嘴相思鸟，极有可能在崂山繁殖。黑翅鸢、日本鹰鸮、凤头鹰和震旦鸦雀在青岛其他地区有繁殖，推测生境类似的崂山也很有可能。

三、物种新分布和新繁殖记录

（一）山东省新繁殖记录

到目前为止，共发现山东省新繁殖记录6种，包括白腹蓝鹟、绿背姬鹟、北灰鹟、蓝歌鸲、灰背鸫、白腹鸫（图6-1、图6-2）。

白腹蓝鹟是青岛常见的过境鸟，以前国内仅东北、河北和北京有繁殖记录，本次发现把白腹蓝鹟的繁殖界限往南推进了200 km以上，并且部分区域观察到繁殖个体的最低海拔在400 m以下。山东省在此海拔以上的山区有很多，所以未来可能在更多的地区有发现。

绿背姬鹟在山东省的记录非常少，没有公开发表的记录，已知个人目击记录不超过10笔，青岛只有一笔不确定的雌鸟记录。以前仅河北、河南和山西有繁殖记录。本次发现把绿背姬鹟的繁殖界限往东推进了200 km以上。繁殖地在海拔700~1000 m，省内类似海拔的区域也有不少，推测泰山、蒙山等地也可能有繁殖。

北灰鹟是青岛常见的过境鸟，指名亚种国内以前只在东北地区有繁殖记录，本次发现把繁殖界限往南推进了200 km以上。在海拔300~1000 m的多个位置观察到，推测繁殖对海拔并无特别的要求，未来可能在更多的地区有发现。

蓝歌鸲是青岛少见的过境鸟，此前国内仅在东北有繁殖记录，近些年陆续在河北和北京发现有繁殖，本次发现也把繁殖界限往南推进了200 km以上。繁殖地在海拔900 m左右，推测省内少数地区也会有繁殖。

灰背鸫是青岛常见的过境鸟，国内以前只在东北地区有繁殖，本次发现同样把繁殖界限往南推进了200 km以上。观察到的繁殖海拔在400~1000 m，数量比较多，推测未来可能在更多的地区有发现。

白腹鸫是青岛常见的过境鸟，国内以前只在东北地区有繁殖，本次发现同样把繁殖界限往南推进了200 km以上。观察到的繁殖海拔在600~1000 m，数量比灰背鸫更多一些，推测未来可能在更多的地区有发现。

（二）青岛市新繁殖记录

青岛市新繁殖记录5种，雀鹰、黄喉鹀、云南柳莺、小灰山椒鸟、虎斑地鸫（怀氏虎鸫），其中云南柳莺和小灰山椒是已知的繁殖东界（图6-3）。黄喉鹀、云南柳莺，此前省内仅见于泰山地区。黄喉鹀和云南柳莺在海拔700 m以上繁殖，省内有较多符合这种生境的区域，推测可能在更多的地区有发现。小灰山椒鸟此前仅日照和潍坊有繁殖记录，对海拔没

图 6-1　崂山繁殖的白腹蓝鹟、绿背姬鹟、北灰鹟、蓝歌鸲、灰背鸫

图 6-2　崂山繁殖的白腹鸫幼鸟

有很高的要求，在 400 m 附近观察到，推测在崂山比已知的更常见。虎斑地鸫在威海和潍坊有繁殖记录，对海拔亦没有特别高的要求。

图 6-3　青岛新繁殖记录雀鹰、黄喉鹀、云南柳莺、小灰山椒鸟、虎斑地鸫

（三）猛禽繁殖

　　猛禽包含鹰形目、隼形目和鸮形目下所有的种类，其中鹰形目和隼形目为日行性猛禽，鸮形目为夜行性猛禽，所有猛禽都是国家一级、二级保护动物。到目前为止，调查团队在崂山共发现 9 种猛禽繁殖，其中鹰形目 2 种：雀鹰、赤腹鹰；鸮形目 4 种，北领角鸮、红角鸮、雕鸮、纵纹腹小鸮；隼形目 3 种：红隼、燕隼、游隼。

雀鹰以前只在日照、潍坊和威海有繁殖记录，7月份在崂山观察到1~3只幼鸟。根据雀鹰的繁殖时间确定是刚离巢不久的幼鸟，因三个区域距离不远，且时间接近，无法排除其非同一巢孵出。

赤腹鹰在山东不少地市都有繁殖记录，但是青岛一直没有公开发表的记录。本次在北九水区域发现一巢。成鸟五月中旬拍到交配，月底开始产卵；7月4日观察到雏鸟，一共孵出5只；7月15日有幼鸟开始站到巢外；7月24日，观察到4只幼鸟，3只站在巢周围的树枝上，1只在巢内；7月25日，巢周边只能看到1只，成鸟在叼树枝修补巢穴；7月28日，所有的幼鸟都不在巢内。查询国内的繁殖记录，可观察的育雏期在27~29天（成鸟可能还要继续喂食一段时间，但远离巢穴无法观察），北九水这一巢非常符合育雏周期。

领角鸮在青岛有观测记录，但没有繁殖记录。本次调查在崂山发现了树洞中的2只雏鸟，确定繁殖。（图6-4）

游隼在青岛沿海岛屿有繁殖记录，本次调查首次发现在青岛内陆的繁殖证据，共观察到两巢，其中有一巢观察到幼鸟追着成鸟乞食。

图6-4 北领角鸮雏鸟、雀鹰幼鸟、赤腹鹰育雏

（四）推测极有可能繁殖的重点鸟种

在夏季调查中，调查团队还记录到部分可能繁殖的鸟种，因未观察到育雏或者数量太少，无法确认繁殖，这些鸟种也是后续调查的重点种类。

鳞头树莺，在2023年5月20日的调查中，在五峰仙馆样线上至少记录到4只在同时鸣唱（图6-5），2023年6月10日的调查中记录到至少2只在同时鸣唱，结合2022年6月18日以及2020年6月25日调查记录到多只个体鸣唱，可以推测鳞头树莺在崂山繁殖.目前没有发现雏鸟或者育雏行为，如果可以确认，比已知的繁殖界限往南推进了200 km以上。

图6-5 崂顶占域鸣唱的鳞头树莺

淡脚柳莺，目前国内只在东北有繁殖记录，在2023年6月10日的调查中，分别在海拔1000 m、800 m以及700 m多个位置记录到鸣唱声音，并且在2023年6月14日及6月17日的确认调查中仍然听到鸣唱，推测极有可能在崂山繁殖，目前没有发现雏鸟或者育雏行为，如果可以确认，比已知的繁殖界限往南推进了200 km以上。

淡尾鹟莺，正常只在秦岭和长江以南有分布，北方已知只在北京有少量繁殖。2022年6月12日的调查中记录到声音片段，2023年5月3日的调查中记录到完整的鸣唱，这也是山东省第一条可以确认的记录。在6月10日的调查中在两个相隔300 m的地点都记录到声音并且看到，其中一个地点至少有2只同时出现。6月14日的调查中，为了确认是否有多个个体，在多个位置展开同步调查，确认至少有2只，并且拍到1只。6月17日在3个地点展开同步调查，确认至少有3只不同个体同时出现。根据这些记录我们推测淡尾鹟莺极有可能在崂山繁殖（图6-6）。

图 6-6　崂山拍摄的淡尾鹟莺

　　方尾鹟，正常只在秦岭和长江以南有分布，山东省内只有泰安和威海各有一条记录。在 2023 年 6 月 10 日的调查中首次记录到声音，在 6 月 14 日的复查中首次拍到照片，为青岛鸟种新记录。在 6 月 17 日的确认调查中至少有 3 只个体同时出现，并且 3 个发现地点都相隔一定的距离，推测极有可能在崂山繁殖，距离已知的繁殖地都在 1000 km 左右（图 6-7）。

图 6-7　崂山拍摄的方尾鹟

苍鹰，中型猛禽，山东省没有明确的繁殖记录。以前认为需要较大和较多的猎物，以山东的现状很难有足够的猎物支撑繁殖，但在2023年6月14日的调查中，看到一只苍鹰（根据体型推测是雌鸟）成功捕食一只雉鸡；在6月15日三标山的调查中再次发现一只苍鹰；6月18日在平度市发现一对苍鹰同时出现并有婚飞行为。根据这些记录我们推测苍鹰极有可能在崂山繁殖。

寿带，2022年6月19日在三标山记录到2只，在2023年6月12日进行针对性调查时，观察到2只雄鸟和1只雌鸟，并且对鸣唱回放反应强烈，推测极有可能在三标山有繁殖（图6-8）。目前寿带在山东的繁殖地点非常稀少，只有三四个位置有明确的繁殖记录，青岛在2022年首次确认在黄岛有繁殖。

图 6-8 三标山拍摄的寿带雄鸟

小鸦鹃，在2023年6月12日的调查中发现一对同时出现，这是崂山区域第一次记录到，推测极有可能在崂山繁殖。

矶鹬，在2022和2023年5月底和6月中旬多次观察到，而历史上矶鹬在山东省有繁殖记录。

鸳鸯，2022年6月底观察到鸳鸯雌鸟，并且在其他组织放置在崂山的红外相机中也拍到多只，而鸳鸯在省内的泰安和潍坊最近几年都出现繁殖记录。

冕柳莺，2022年6月12日记录到了冕柳莺的鸣唱，而冕柳莺在邻近的北京、河北、以及韩国都有繁殖。

紫啸鸫，在潮音瀑附近安装的红外相机拍到一只，时间从 2022 年 8 月 2 日持续到 9 月 4 日，据拍摄时间和周边地市的记录推测紫啸鸫可能在崂山繁殖。紫啸鸫在山东是一种非常罕见的鸟类，目前只有日照有繁殖记录（未发表），且青岛目前只有三条记录。

黄眉姬鹟，在 2023 年 6 月 10 日的调查中，在五峰仙馆的样线上记录到至少 2 只鸣唱的雄鸟，且对鸣唱回放反应强烈，有在崂山繁殖的可能性（图 6-9），但遗憾的是在 6 月 17 日的确认调查中并没有再次出现，这一天整个样线上鸟鸣非常少。黄眉姬鹟目前在国内没有繁殖记录。

图 6-9　崂顶拍摄的黄眉姬鹟雄鸟，正在鸣唱

黄雀，在 2023 年 6 月 14 日的调查中发现一只雄鸟，尾羽和飞羽非常完整，不像放生或者逃逸，在 6 月 17 日的确认调查中未再次发现。黄雀繁殖区域非常靠北，国内只在黑龙江有繁殖，距离崂山较远，但对雀形目来说，远距离出现繁殖区域仍有可能，未来调查需要关注。

（五）其他繁殖记录

除上述重点繁殖记录，还有一些记录也非常重要和少见：大鹰鹃、小杜鹃、绿鹭、普通夜鹰、虎纹伯劳、蓝矶鸫、灰鹡鸰、山鹡鸰、红尾水鸲、金眶鸻。在保护区内，北红尾鸲、大山雀、白头鹎、银喉长尾山雀、暗绿绣眼鸟、环颈雉、远东树莺、大杜鹃、喜鹊是优势种，从海拔 0~1000 m 均有分布且繁殖（图 6-10）。此外，画眉、领雀嘴鹎等非原生物种，已经在崂山繁殖且分布比较广泛。非原生的红嘴相思鸟推测已经在崂山高海拔地区（800~1000 m）繁殖，调查中多次在崂顶观察到，并且对鸣声回放（playback）反应强烈。这 3 种非原生鸟类已经在省内的泰山繁殖，其中画眉和领雀嘴鹎在省内很多地市都已经野外繁殖多年。

图 6-10　北红尾鸲雌鸟筑巢、绿鹭幼鸟

四、趋势分析

调查中发现灰背鸫、白腹鸫、北灰鹟等多种以前只在东北有繁殖记录的鸟种在崂山繁殖，另外有多种极有可能在崂山繁殖的鸟种以前也只在东北有繁殖，推测崂山的生境跟

邻近的辽宁省部分地区类似，能在辽宁省繁殖的鸟种，很有可能也在崂山繁殖。未来的调查中可以整理辽宁省夏季繁殖的鸟种，做重点关注。同样，崂山纬度跟韩国类似，距离相近，理论上韩国有繁殖的鸟种在崂山也会出现，例如白腹蓝鹟、黄喉鹀、北灰鹟就是这种现象。另外，淡脚柳莺和鳞头树莺在韩国有繁殖，在崂山极有可能繁殖。因此未来调查也可以整理韩国的繁殖鸟种做重点关注。

随着全球变暖的加剧，南鸟北进现象比较明显，例如现在非常常见的乌鸫、白头鹎和八哥在20世纪80年代以前在山东非常少。调查发现小灰山椒鸟、画眉、领雀嘴鹎等原先认为的南方鸟种都在崂山有繁殖，红嘴相思鸟、淡尾鹟莺、方尾鹟等典型的南方鸟种也极有可能在崂山繁殖。如果未来调查中遇到所谓的南方鸟种也需要做针对性调查，看是否有繁殖的可能。

第三节　空间分布格局

一、空间分布格局

（一）空间分布

雁鸭、䴙䴘、水鸟、鸥类基本上集中在崂山水库、白沙河以及大河东河等湿地，部分直接迁徙过境，其中雁鸭基本集中在崂山水库，其他水库因为面积较小，只有少量鸭子出现；猛禽绝大部分直接从崂山过境，少量停歇过夜，极少数繁殖；林鸟绝大部分春秋迁徙过境，少部分繁殖。

夏季繁殖的林鸟中，不少种类对于海拔和区域有着明显的要求。蓝歌鸲和鳞头树莺只发现于海拔900 m以上的崂顶区域；绿背姬鹟、云南柳莺、红嘴相思鸟、淡脚柳莺只在700~1000 m有记录；方尾鹟和淡尾鹟莺只出现在600~750 m；白腹蓝鹟出现在400~1000 m；黄喉鹀和白腹鸫出现在600~1000 m；灰背鸫出现在500~1000 m。

画眉、白头鹎、北红尾鸲、山麻雀、山鹪莺、灰鹪莺、大山雀、银喉长尾山雀等鸟种对海拔没有明显的要求，从山底到最高处均有繁殖。麻雀、珠颈斑鸠、家燕、金腰燕等种类明显伴人而居，非人类居住区非常少见。

大部分繁殖鸟类集中在北坡和阴面，靠海阳面鸟的种类和数量明显低于北坡。例如云南柳莺、黄喉鹀等数量比较多的鸟种在阳坡和向海的几条样线中几乎没有记录，灰背鸫、白腹鸫、白腹蓝鹟等数量较多的鸟种在这几条样线中也只有少量的记录。

冬季过冬林鸟主要集中在海拔 400~700 m，其中以黄雀的数量最多，高海拔有零星的斑鸫、红尾斑鸫、燕雀、黄雀出现。

（二）重点繁殖鸟类种群密度估计

很多繁殖鸟类都有海拔和区域要求，因此种群密度只能是针对样线所在的局部区域的评估，不能反映在整个崂山保护区的分布。以五峰仙馆至观景平台的样线为主，样线长 1000 m，调查范围为样线两侧各 50 m 的区域，总面积约 0.1 km²。五峰仙馆是整个崂山地区鸟类多样性最丰富的地区。

云南柳莺，本样线上最多记录到 6 只，推测密度为 60 只 / km²。

白腹蓝鹟，本样线最多记录到 3 只雄鸟，推测密度为 30 只 / km²，考虑到还有雌鸟，所以密度最大可至 60 只 / km²。

黄喉鹀，本样线最多记录到 5 只，推测密度为 50 只 / km²。

绿背姬鹟，本样线最多记录到 2 只，推测密度为 20 只 / km²。

山鹡鸰，本样线最多记录到 3 只，推测密度为 30 只 / km²。

灰背鸫，2 只鸣唱的雄鸟，推测密度为 20 只 / km²，考虑到还有雌鸟，所以密度最大可至 40 只 / km²。

蓝歌鸲，本样线最多记录到 5 只鸣唱雄鸟，推测密度为 50 只 / km²，考虑到还有雌鸟，所以密度最大可至 100 只 / km²。

鳞头树莺，本样线最多记录到 4 只同时鸣唱个体，推测密度为 40 只 / km²。

白腹鸫，本样线最多记录到 3 只同时鸣唱个体，推测密度为 30 只 / km²。

二、时间分布

（一）夏季繁殖鸟类

截至目前，在调查区域内共记录繁殖鸟类近百种，其中默认包含在青岛地区广泛分布且繁殖的种类，例如白鹭、夜鹭等，因保护区域内有崂山水库、白沙河等适宜其繁殖的湿地生境，所以认为是繁殖鸟种；另外常见留鸟也默认为是繁殖鸟，例如喜鹊、麻雀等。

除上述常规鸟种，本次调查中发现记录了很多罕见和有重要意义的新鸟种。

（二）秋季迁徙

崂山处于东亚 – 澳大利西亚候鸟迁徙路线之上，又紧靠黄海，迁徙候鸟为避免直接跨海，往往会沿海岸线迁徙，每年迁徙季节都有大量的古北界候鸟迁徙通过或者暂停崂山。其中以林鸟、水鸟和猛禽的数量最多，高峰期一天可以上万。

1. 林鸟迁徙

林鸟迁徙始于8月上旬，到11月上旬，林鸟迁徙基本结束，但仍然有一定数量的燕雀、黄雀以及少量鸫和鹨过境。调查区域共记录到迁徙林鸟86种，不同月份迁徙种类和数量有差异（表6-2）。

8~9月初，开始只有少量的柳莺、鹟、黑喉石䳭等，到9月中旬种类到达高峰，大部分迁徙经过青岛的林鸟都可以观察到，但总数不多且较为零散，很少有成群的现象。

10月开始，随着气温的降低，迁徙种类开始减少，但数量开始达到高峰。到十月中下旬种类和数量都开始明显下降，而部分种类，例如燕雀、黄雀开始呈大群出现。

迁徙期日观测数量不稳定，一般天气恶劣如阴天刮风时数量最多，如家燕和金腰燕在高峰时经过单一观察点的数量在四五千只以上，推测鸟类迁徙跟天气和风向密切关联。

表6-2　秋季林鸟迁徙时间和方式

种类	主流迁徙开始—截止时间	迁徙方式
柳莺 / 树莺 / 蝗莺 / 苇莺	8 月中旬—10 上旬	零散过境
鹟属 / 歌鸲类 / 姬鹟	8 月下旬—10 上旬	零散过境
三宝鸟 / 杜鹃	9 月上旬—9 下旬	零散过境
家燕 / 金腰燕	8 月下旬—10 中旬	松散的大群体
鹨（除苇鹨外）	8 月下旬—10 上旬	小群
黑枕黄鹂	9 月上旬—10 上旬	小群
秃鼻 / 小嘴乌鸦	9 月下旬—10 中旬	小群
白喉针尾雨燕	9 月上旬—10 上旬	小群
黄鹡鸰 / 理氏鹨	9 月上旬—10 上旬	小群
鹀	9 月下旬—10 中旬	小群

（续）

种类	主流迁徙开始—截止时间	迁徙方式
苇鹀	9月下旬—10下旬	小群
灰山椒鸟／红胁绣眼鸟	9月中旬—10上旬	中等规模群体
鸫（除斑鸫、红尾斑鸫）	9月中旬—10中旬	小群
云雀、斑鸫、红尾斑鸫	10月上旬—11上旬	小群
山斑鸠	10月上旬—10下旬	小群
燕雀／黄雀	10月上旬—11上旬	中等规模群体

注：几只到几十只算小群，几十到几百只算中等规模群体。

2. 水鸟迁徙

崂山水库是白沙河的发源地，在崂山的最后一个山谷，四周环山，中成盆地，具有天然水库的良好条件。面积较大，水位有深有浅，有一定面积的芦苇地，且有部分裸露河滩，适宜各类水鸟栖息停留。夏季观察到黑水鸡、小鸊鷉、凤头鸊鷉、骨顶鸡、金眶鸻、普通翠鸟、斑嘴鸭、绿头鸭、各种鹭、东方大苇莺、白鹡鸰、灰鹡鸰、震旦鸦雀和黄苇鳽等湿地鸟种繁殖。

到了秋季迁徙季，同样有较多种类的鸻鹬和雁鸭类在崂山水库停歇补充体力。7月底8月初，鸻鹬和燕鸥类开始迁徙，水库岸边浅水区可以观察不少鸻鹬，例如沙锥、青脚鹬、泽鹬、黑尾塍鹬、矶鹬、尖尾滨鹬、长趾滨鹬、须浮鸥和白翅浮鸥等；到9月开始，绿翅鸭和少量白眉鸭最先出现；到10月以后，大部分有分布的鸭子会呈小群出现；11月以后，普通秋沙鸭、鹊鸭以及少量斑头秋沙鸭最后到来。除普通秋沙鸭和部分绿头鸭、斑嘴鸭、鹊鸭停留过冬，大部分鸭类只在崂山水库暂时停歇。

除崂山水库之外，调查区域内还有书院水库、大石村水库等中小型水库，这些水库一般位于山区峡谷，水位较深，岸边陡峭，水鸟迁徙以鸳鸯为主，另外还记录到少量的小鸊鷉，赤颈鸭、绿翅鸭。

除了水库湿地出现的水鸟，很多大型水鸟例如鹭、雁、鸬鹚以及鹤会采取跟猛禽类似的迁徙方式：沿山脉迁徙。在秋季鸟类调查中记录到3只东方白鹳和3只黑鹳（3次，每次1只）经过崂山，两者都是国家一级保护动物。另外多次观察到白额雁和豆雁以数百只的群体经过崂山。

3. 猛禽迁徙

猛禽是处于食物链顶端的旗舰物种，其种类和数量的多少可反映生态系统健康程度和完整性。目前，国内很多城市已在猛禽迁徙路线建立猛禽监测点，在每年的春秋迁徙季节定期进行猛禽种类和数量监测。大连老铁山到山东长岛是国内最著名的猛禽迁徙通道，2022年9月1号—10月25号，老铁山共监测到猛禽24种近5万只。理论上经过老铁山到长岛一线的猛禽在登陆山东后，绝大部分会从青岛经过，但在崂山秋季调查中记录的猛禽数量远远低于老铁山的数量，因此推测在青岛境内有未知的迁徙通道。

调查团队最初的崂山保护区猛禽监测点定于三标山和华楼山一带，实地勘察后，发现这两个地点因为视野和所处位置的原因，观察到的数量较少，不能反映整个崂山猛禽迁徙的真实数量。青岛城区的地理位置跟大连非常像，同样是一个半岛，东北是宽阔的崂山区域，越往西南越窄，到胶州湾口变成一个点。大量从崂山区域进入青岛的猛禽，越往南飞因为地理的限制数量越集中（瓶颈效应），最终汇集到太平山、青岛山以及团岛一带，跨海后继续往山东西南地区迁徙。猛禽在迁徙中，多数个体会避开城市上空，而且猛禽有沿山脉迁徙的特性，因此将观测点迁徙到午山－浮山－太平山一线。

根据观察，进入崂山的猛禽在外出时一般有两条主要线路：一条沿着崂山北部的山体，即三标山－华楼山－十梅庵－北岭山－团岛，第一条是午山－浮山－太平山一线，第二条路线的数量明显多于第一条。另外有少数猛禽会通过城市上方到太平山或直接经过沿海岛屿。每天过境的种类和数量有时空差异，8月下旬开始，有少量的赤腹鹰、日本松雀鹰和燕隼以及红脚隼开始零星过境；到9月中旬雀鹰、凤头蜂鹰和苍鹰开始出现；到10月初普通鵟、灰脸鵟鹰、鹞和雕开始出现，同时赤腹鹰几乎看不到，每天的猛禽数量开始上升，在同一观测点可观测到每日几百只甚至上千只过境；11月初迁徙基本结束，最后多是普通鵟、雀鹰和苍鹰过境，最晚到11月中旬还能看到成群普通鵟在迁徙。

根据观察，天气对猛禽迁徙有着重要的影响，猛禽在飞行中需要依靠上升热气流的帮助。无风晴朗的天气猛禽数量最少，因为上升热气流很强，导致猛禽飞行得都比较高，很难观察到。阴天刮风的时候猛禽数量较多，推测热气流弱，猛禽飞不高，所以容易被观察到。另外，下雨对猛禽也有影响，如果是小雨，猛禽会继续迁徙，雨量稍大会找位置停歇，等雨停之后继续迁徙，所以在雨后容易观察到较多的猛禽。青岛秋季猛禽迁徙的最显著特点是在西风天（包括西南风和西北风时），猛禽的数量会成倍增长，最近几年猛禽数量过千的时候全部都是在这种风向时出现。推测这种现象跟青岛的地理位置有关，当出现三四级以上的西风天时，猛禽相当于逆风飞，所以会把很多原先迁徙不经过崂山区域的猛禽都往东南方向吹，最终到达沿海一线，然后沿海岸线飞，所以在观察点能看到比平时多的猛禽。

　　为监测秋季迁徙经过崂山的猛禽种类和数量，调查团队从 9 月 11 日开始组织人员上山观察，到 10 月 19 日结束。本次秋季猛禽监测共实施 20 天，共监测到 19 种日行性猛禽，总数 2960 只。记录中普通𫛭（1424 只）、黑鸢（398 只）和凤头蜂鹰（367 只）数量最多，其中普通𫛭的数量占猛禽总数约 50%；仅有 1 只黑翅鸢和乌雕，前者作为留鸟，很少出现在山区，而乌雕等大型猛禽（全是国家一级保护动物），数量稀少，每年只有极少数个体会迁徙经过青岛；红脚隼 30 只，低于国内其他地点的监测数据几个数量级，也明显少于青岛往年的记录数量，往年在午山区域有多次超过四五百只以上的记录。因为红脚隼在迁徙中有非常强的跨海能力，可以直接跨越阿拉伯海，所以推测红脚隼采用了不同的迁徙线路，例如在午山开始直接跨海等。猛禽过境总数超过 180 只的日数 5 天，而这几天均为西风天气。通常青岛秋季西风天数量较少，所以总体观测到的猛禽总量不多（表 6-3）。

（三）冬季过冬鸟类

　　崂山地区过冬鸟类主要是林鸟和雁鸭类，相对于其他季节种类和数量都明显少。崂山高海拔地区主要以针叶林为主，食物较少，鸟类的密度非常小，遇见率较低，红外相机拍到的次数也非常少，主要以红尾斑鸫、斑鸫、燕雀、黄雀、黄喉鹀、银喉长尾山雀为主；中低海拔鸟种和数量相对多一些，主要以黄雀和各种鹀、燕雀、北红尾鸲为常见鸟；水库中主要以普通秋沙鸭、普通鸬鹚、绿头鸭、斑嘴鸭为主。

　　在调查中发现栗耳短脚鹎在崂山多个地点有小规模过冬群体，其中在蔚竹庵附近记录到的数量最多，至少 7 只，而以往在整个青岛只有四五条记录。因为栗耳短脚鹎在中国的吉林、朝鲜和韩国有繁殖，且山东长岛有繁殖记录，昆嵛山保护区有疑似夏季记录，所以未来需要注意是否可能在崂山繁殖。

　　黄雀在崂山过冬的数量较多，分布广泛，从山底到崂顶都能见到，在冬季的一次调查中，最大的一群有 300 多只，是数量最多的鸟种。

　　在大河东河样线的调查中，发现了在山东非常罕见的西方秧鸡，同时发现普通秧鸡、大麻鳽等少见鸟类，另外首次确定虎斑地鸫、扇尾沙锥和长嘴剑鸻在崂山区域也有少量过冬个体。

　　在调查中发现了羽色很完整的画眉和红嘴相思鸟，确认这两种鸟可以顺利在青岛过冬，加上夏季的记录，推测两种鸟都已经野外繁殖。

表6-3 2022秋季崂山猛禽监测汇总

鸟种	时间																				数量总计
	0911	0912	0916	0917	0918	0919	0922	0923	0924	0925	1004	1005	1007	1009	1010	1011	1015	1017	1018	1019	总计
鹗					1			1				1				1					4
黑翅鸢																1					1
黑鸢											12			20	302	28		31	5		398
赤腹鹰	7			17	1				1	1											27
日本松雀鹰	3			5	2		1		14	6	11	1	6	4	12	16	1		5		87
雀鹰	1		2						3		2	2	12	6	10	56	3	150	50		297
苍鹰	1											3	6	7	11	43	5	18	35	1	130
凤头鹰																1				1	2
灰脸鵟鹰												1	26	1		11			2		41
凤头蜂鹰			2		5	2	14	72	146	32	30	3	44	2	3	9			3		367
普通鵟													53	26	75	111	7	850	252	50	1424
白腹鹞								1		1											2
鹊鹞													1	1							2
白尾鹞				1										2	2	3		9			17
乌雕													1								1
红隼	7											2	2			2					13
红脚隼					11	22	3						24	2		19	9				90
燕隼		6	12							5	2	1	3	2	3	8	2				44
游隼			1						1	2	1	2	2	2				1	1		13
日期总计	19	6	17	23	20	24	18	74	165	47	58	16	180	75	418	309	27	1059	353	52	2960

（四）春季过境鸟类

春季过境崂山的鸟类同秋季相比非常零散，数量少，几乎看不到成群迁徙的现象，雁鸭之外，只有部分鹬鸻、鸦、鹟、绣眼以及部分猛禽能看到十几只到几十只的过境群体。

雁鸭类的迁徙开始的最早，3月上旬到中旬，几十只到上百只的豆雁/白额雁群大量通过崂山区域，高峰期每天可达几千只；本地过冬的各种鸭子也基本离开青岛；3月底4月初，少量的白眉鸭抵达崂山水库，会做短暂停留；4月中旬以后只能看到少量在本地繁殖的绿头鸭和斑嘴鸭。

鹬鸻类中在崂山繁殖的金眶鸻4月前后抵达白沙河并开始占域，其他少量的鹬鸻例如青脚鹬和白腰草鹬也逐渐出现，大多是短暂停留。

林鸟中黑喉石䳭、柳莺、鸦、鹟和鸫在4月左右开始出现，到5月种类和数量都有明显增加。

猛禽3月底和4月初开始零星迁徙，主要是雀鹰、苍鹰、普通𫛭，其中灰脸𫛭鹰会出现几十只的群体，高峰期每天至少有几百只过境。同春季相比，秋季灰脸𫛭鹰只有零星记录，每天最多不过几十只。赤腹鹰和日本松雀鹰基本要在5月以后才会集中出现。

在2023年5月初的样线调查中，夏候繁殖鸟中只有云南柳莺进入明显的繁殖状态，很多个体开始大声鸣唱并且有明显的占域行为。黄喉鸦、灰背鸫、北灰鹟、白腹蓝鹟只有少量个体开始鸣唱，并且对鸣声回放没有明显的反应。小灰山椒和虎斑地鸫都有出现，但没有听到鸣唱。调查中画眉鸣唱的个体非常多，从崂顶到低海拔均有出现，在5月2号的样线调查中至少遇到6只雄鸟，说明画眉已经在崂山广泛繁殖。同时在崂顶听到一只红嘴相思鸟鸣唱，说明仍然稳定出现。

第七章
昆虫多样性调查与评估

第一节　野外调查

一、调查原则

（一）科学性和规范性原则

坚持严谨的科学态度，根据调查区域生物多样性的实际情况，合理布设调查点，尽可能沿用历史调查点位，保持调查数据的连续性和可比性。采用国家颁布的通用标准、统一的技术方法进行科学考察和编制报告。

（二）全面性和可行性原则

调查区域包括的各种生境类型，以及不同的海拔段、坡位、坡向。覆盖调查区域内尽可能多的调查网格和样地，调查结果能够全面反映生物群落分布状况和生物多样性特点。同时在确保达到调查目的、保证必要的采样精度和样本量的前提下，兼顾调查的可实施性，以期用最少的样本量和人力、物力、时间投入，获得最有效的数据。

（三）重点性和代表性原则

结合重点区域和重点物种进行重点调查，并且调查点位应具有足够的代表性。对生境综合质量好、物种丰富的区域重点调查，增加调查强度和频度。对关键类群，如纳入《国家重点保护动物名录》《中国生物多样性红色名录》《濒危野生动植物种国际贸易公约》（CITES）及山东省珍稀濒危名录中的受威胁（近危、易危、濒危、极危）物种进行重点调查，补充缺乏物种和数据，在其可能分布的生境增加调查强度和频度。抓住早春、夏季、晚秋三个生物活跃的关键时段调查。

（四）资料与调查相结合原则

尽可能向调查区域相应的管理机构、主管部门以及周边社区、居民了解当地生态系统的变化、物种变迁信息等，以补充现场调查的不足和时间的限制。

二、调查方法

（一）资料收集

收集整理历史调查、有关的昆虫志、报告、文献、标本、数据库等资料，通过筛选归纳，完成相关昆虫资料和名录整理，共整理出在山东省分布的昆虫976种。收集了涉及的行政区划、自然地理位置、地形地貌、土壤、气候、植被、农林业以及当地的社会人文、经济状况和影响生物物种生存的建筑设施等资料。

（二）样线调查

在《县域昆虫多样性调查与评估技术规定》基础上，根据崂山的地形、地貌、海拔、生境等前期资料整理，确定调查样线，样线覆盖各种生境类型以及不同的海拔段、坡位、坡向以及较多的工作网格。采用无人机进行样线周边生境总体调查，调查区域包括崂山、华楼山、三标山及周围支系山脉，面积约4.67万 hm²，结合气候和植被分区特点设定观察样点和调查样线。针对不同季节昆虫的行为特性，对调查区域不同类群的昆虫进行了针对性调查，基本包括林区的枯萎杂草、常绿杂草，林木昆虫扫网调查、越冬昆虫的挖掘调查、马氏网持续诱集、陷阱持续收集，并完成记录轨迹，拍摄照片，记录经纬度信息等工作。

2022年，综合不同昆虫的生活习性以及崂山优先区域的环境、海拔特点，结合植物调查组的分组设置，将昆虫调查区域整体分为四大区域，分别为崂山北部区域、崂山南部区域、三标山区域和华楼山区域。针对以上四大区域，进行了具体的样线规划，经过实地考察采集、调整，最终确定固定观测点及样线信息（表7-1）。5月至次年5月期间，进行了不同季节的野外调查和数据收集工作，样线网捕周期为春夏秋季每月1~2次，冬季共2次（12月至次年3月）；定点诱集为春夏秋每月收集1次，冬季持续诱集，共收集1次（12月至次年3月）。根据昆虫的特点，结合《县域昆虫多样性调查与评估技术规定》要求，调查团队按计划完成了外业调查工作，共计7名教师、37名学生参与到项目中，调查频次超过《县域昆虫多样性调查与评估技术规定》要求。截至2023年5月，累计出动44组次、142人次（学生）；累计布设马来氏网31个，蜂蝶诱捕器16个，吸风式光诱设备8个，高压汞灯夜间灯诱2次；累计设置并回收陷阱105个（图7-1）。

表 7-1　2022 年调查样线设置信息

样线名	编号	起点坐标	终点坐标	样线长度 /km
流清河	370212INSR0001	120° 37′ 3.46″ E, 36° 7′ 58.29″ N	120° 37′ 56.3″ E, 36° 7′ 54.89″ N	0.73
巨峰 A	370212INSR0002	120° 37′ 21.72″ E, 36° 9′ 19.76″ N	120° 37′ 49.54″ E, 36° 9′ 43.91″ N	0.62
巨峰 B	370212INSR0003	120° 37′ 49.54″ E, 36° 9′ 43.91″ N	120° 37′ 58.36″ E, 36° 9′ 51.13″ N	0.71
巨峰 C	370212INSR0004	120° 37′ 58.36″ E, 36° 9′ 51.13″ N	120° 38′ 2.89″ E, 36° 9′ 53.31″ N	0.54
青山村	370212INSR0005	120° 41′ 17.8″ E, 36° 8′ 52.75″ N	120° 41′ 6.91″ E, 36° 8′ 49.5″ N	0.58
北九水	370212INSR0006	120° 35′ 56.53″ E, 36° 12′ 49.9″ N	120° 35′ 59.54″ E, 36° 12′ 45.41″ N	0.32
马头涧	370212INSR0007	120° 37′ 37.22″ E, 36° 14′ 59.38″ N	120° 37′ 39.14″ E, 36° 14′ 50.99″ N	0.38
仰口	370212INSR0008	120° 40′ 7.79″ E, 36° 14′ 17.67″ N	120° 39′ 56.6″ E, 36° 14′ 7.86″ N	0.49
华严寺	370212INSR0009	120° 40′ 52.4″ E, 36° 12′ 17.7″ N	120° 40′ 50.8″ E, 36° 12′ 11.8″ N	0.50
二龙山	370212INSR0010	120° 38′ 40.20″ E, 36° 14′ 17.68″ N	120° 38′ 33.89″ E, 36° 14′ 52.16″ N	0.19
毕家村	370212INSR0011	120° 31′ 53.84″ E, 36° 13′ 44.28″ N	120° 31′ 59.1″ E, 36° 13′ 45.01″ N	0.21
太和山庄	370214INSR0001	120° 27′ 40.34″ E, 36° 13′ 13.41″ N	120° 27′ 47.91″ E, 36° 13′ 22.08″ N	0.44
崂山水库南岸 A	370214INSR0002	120° 28′ 42.52″ E, 36° 15′ 17.31″ N	120° 28′ 46.48″ E, 36° 15′ 13.81″ N	0.20
崂山水库南岸 B	370214INSR0003	120° 30′ 9.99″ E, 36° 14′ 56.97″ N	120° 30′ 21.5″ E, 36° 14′ 51.68″ N	0.46
青峪村	370214INSR0004	120° 31′ 57.73″ E, 36° 16′ 19.96″ N	120° 31′ 48.81″ E, 36° 16′ 26.89″ N	0.62
抱虎山	370214INSR0005	120° 31′ 40.5″ E, 36° 17′ 38.1″ N	120° 31′ 57.59″ E, 36° 17′ 43.74″ N	0.87
七涧谷	370214INSR0006	120° 33′ 58.9″ E, 36° 18′ 26.76″ N	120° 33′ 57.28″ E, 36° 18′ 32.19″ N	0.36

图 7-1　2022 年开展野外调查工作

2023 年，基于一期调查成果的基础进行重点和补充调查工作。对崂山优先区域生境进行了进一步调查，针对新记录 / 新种的重复采集和生物多样性丰富区域的重点调查（图 7-2）。共计设置 4 个基本区域（北九水、巨峰、崂山东南沿海、华楼山），8 条独立样线。包含一期调查的昆虫多样性丰富区域、新种发现区域、高海拔区域等（表 7-2）。针对以上四大区域 8 条样线，进行了具体的样线规划，结合《县域昆虫多样性调查与评估技术规定》要求，对崂山优先区域不同类群的昆虫进行的补充调查（表 7-3）。从 6 月至 9 月，共计上山 13 次，出动 38 人次，进行了包括林区的林木昆虫调查；灌木杂草昆虫扫网调查；水体附近及水生昆虫调查；地下昆虫调查以及尽可能地进行洞穴、腐生昆虫调查，例行扫网方式主要对灌木、杂草等小、中型昆虫进行捕捉；马来氏网对环境中所有具有趋上、趋光的昆虫进行收集（图 7-3）。

图 7-2　2023 年生境调查过程中的部分生境照片

表 7-2　2023 年调查样线设置情况

样线编号	调查区域
370212INSR0002	巨峰 A（350 m）
370212INSR0003	巨峰 B（500 m）
370212INSR0004	巨峰 C（高海拔 750 m）
370212INSR0005	青山、黄山
370212INSR0012	巨峰 D（高海拔＞900m）
370212INSR0013	巨峰－北九水（黑风口）
370212INSR0014	北九水（降云涧）
370214INSR0011	石门山（华楼山）

表 7-3　2023 年调查情况统计表

调查区域	涉及样线	时间（月.日）
巨峰	370212INSR0002 370212INSR0003 370212INSR0004 370212INSR0012	7.5/8.9/9.23
北九水	370212INSR0013 370212INSR0014	6.15/7.13/8.8/9.26
华楼山（百果山）	370214INSR0011	7.2/8.9/9.16
青山、黄山	370212INSR0005	7.5/8.9/9.23

图 7-3　2023 年开展野外调查工作

（三）标本采集

标本采集通过诱集方法（马来氏网、灯诱和陷阱）和非诱集方法（扫网、震落）相结合的方式。非诱集方法采集到的标本在第一时间留下影像资料和寄主数据等信息。

1. 马来氏网法

主要用于采集双翅目、膜翅目、半翅目等类群昆虫。每种主要生境类型中设置不少于 3 个马来氏网诱捕昆虫。马来氏网收集瓶中，放入 2/3 或者更多酒精。在极端干旱或者湿润的环境下，尽量放满瓶 100% 分析纯酒精。换瓶时，直接将收集瓶加满酒精即可。马来氏网序号以 MT0001、MT0002、MT0003……为序，前置行政区划代码，如 370212INSMT0001。

2. 灯诱法

适用于趋光性强的昆虫调查。诱虫灯采用高压汞灯 / 黑光灯，保障诱虫灯有足够的亮度和射程，并结合悬挂白色幕布，在合适的地区诱集（可夜晚入驻，有电源供应，并满足当地防火要求）。序号以 LT0001、LT0002、LT0003……为序，前置行政区划代码，如 370212INSLT0001。

3. 陷阱法

主要用于地表昆虫调查。将容器放置到土壤中，容器上沿与地面平齐；陷阱采用塑料杯，在距离杯口 2/3 处设置出水口。陷阱内使用糖、醋、酒精及水等组成的引诱剂或者防腐剂。序号以 PT0001、PT0002、PT0003……为序，前置行政区划代码，如 370212INSPT0001。

4. 扫网法、震落法

每条调查样线扫网次数不少于 100 网，匀速采集。利用昆虫的假死特点，振击寄主植物，使其自行落下，从而采集昆虫。有些昆虫无假死特性，但猛烈振击也会使其落下。使用振落法时配合使用采集伞、采集网和白布单等工具，收集振落昆虫。有些具有保护色和拟态昆虫可能不会被振落，但受振击后会解除拟态从而爬行暴露出来，易于采集。序号以 R0001、R0002、R0003……为序，前置行政区划代码，如 370212INSR0001。

通过以上方法共采集昆虫标本 28 000 余头，其中，夏季昆虫资源较为丰富，大型、中型昆虫为主的标本 20 000 余头；春秋季昆虫约 8000 头；冬季调查采集到标本总数较少，总计约 500 头。主要来源为马来氏网和陷阱收集，少量来源于土地挖掘和扫网。标本制作后保存于标本盒和标本柜中，防火、防水浸、控制温湿度、预防害虫和霉菌的浸染。采集到的小型昆虫浸渍保存。

（四）图像获取

照片为生境照片，每张照片显示相机内置的拍摄日期与时间。每条样线或每个采集点不少于 3 张生境照片。此外，还提供了能够反映物种形态特征的物种图片，每个物种不少于 3 张，共计 1813 张，其中鳞翅目 466 张、鞘翅目 358 张、半翅目 334 张、膜翅目 275 张、双翅目 173 张、直翅目 65 张、蜻蜓目 31 张、蜚蠊目 22 张、广翅目 20 张、脉翅目 15 张、螳螂目 14 张、革翅目 11 张、襀翅目 10 张、蜉蝣目 5 张、竹节虫目 4 张、石蛃目 4 张、衣鱼目 3 张、毛翅目 3 张。

三、标本鉴定

昆虫物种鉴定主要以形态学鉴定为主，通过各个分类阶元的鉴别特征——进行鉴定（图 7-4）。查找大量文献和资料，包含昆虫生态图鉴、动物志、各科属论文等，根据不同类群的形态特征和分类检索表，详细观察其头、胸、腹并进行比对，主要包括口器、触角、翅、背板、足以及雄性生殖器等。尤其通过解剖雄性生殖器研判生殖隔离的存在，以进一步区分昆虫种类。大部分种类需要将雄虫腹部末端在体视显微镜下用解剖针或刀片取下雄虫生殖节，放入盛有化学溶液的容器中，水浴加热，直至肌肉组织溶解，挑至培养皿

图 7-4　室内标本鉴定

内，在体视显微镜下进行观察。生殖结构复杂的则进一步解剖，将所有生殖器结构拆分，在体视显微镜下观察其细节。部分种类取下标本的整个腹板，在体视显微镜下用解剖针拨开腹部结构，难以拨取的则可以用眼科剪从腹板一侧小心剪开，放入化学溶液中水浴，去除杂质，再进行观察。

采用形态学鉴定有困难的种类使用 DNA 条形码开展分子鉴定（图 7-5）。提取物种的 DNA 分子标记，即 COI 基因进行分子鉴定。昆虫的各个目中体型较小的种类，通过形态特征鉴定难度较大，则提取其 COI 基因，在数据库中进行对比，根据同一物种序列相似度高的原理，对序列从分子方面进行鉴定，并结合形态学鉴定结果，确定昆虫种类。一些极为相似的种类，通过提取 COI 基因，测定相似物种之间的遗传距离，结合形态特征，确定分类标准，区别相似物种，从而准确鉴定种类。另外，不完全变态昆虫由于各龄期昆虫形态差别极大，可通过提取 COI 基因使幼龄期的昆虫与成虫进行配对。一些昆虫存在雌雄二型和多型现象，通过提取 COI 基因进行配对，保证种类鉴定的准确性。

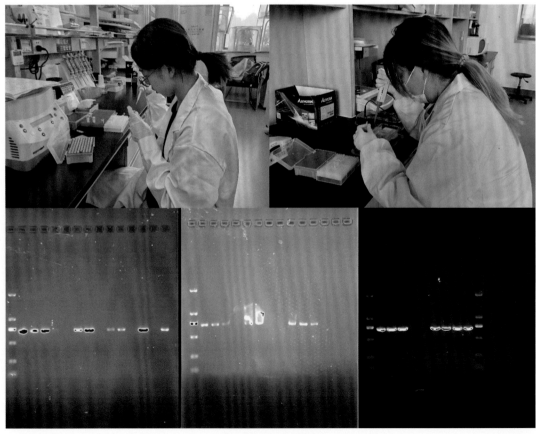

图 7-5　分子鉴定

通过形态学并辅以DNA条形码，采集到的标本共鉴定为18目135科362属431种（含亚种）（表7-4），占山东省记录物种数的44.16%。

表 7-4　崂山优先区域昆虫物种组成

目	科数	属数	种数	种数占比/%
鳞翅目	27	93	113	26.22
鞘翅目	21	71	84	19.49
半翅目	21	58	61	14.15
膜翅目	20	58	77	17.87
双翅目	18	40	51	11.83
直翅目	9	15	16	3.71
蜻蜓目	4	6	6	1.39
蜚蠊目	2	4	4	0.93
脉翅目	2	3	3	0.70
革翅目	2	2	2	0.46
襀翅目	2	2	2	0.46
螳螂目	1	3	3	0.70
广翅目	1	2	4	0.93
毛翅目	1	1	1	0.23
蜉蝣目	1	1	1	0.23
竹节虫目	1	1	1	0.23
衣鱼目	1	1	1	0.23
石蛃目	1	1	1	0.23
总计	135	362	431	100.00

第二节　昆虫多样性

崂山优先区域内共 18 目 135 科 362 属 431 种（含亚种），其中一些重要物种包括新物种 1 种、山东省新记录种 24 种、《国家保护的有重要生态、科学、社会价值的陆生野生动物名录》和《有重要生态、科学、社会价值的陆生野生动物名录》中的物种 4 种、《中国外来入侵物种名单》中的物种 3 种。

一、物种组成

从科级阶元数量来看，鳞翅目昆虫最为丰富（27 科，占已知科数的 20.00%），其次是鞘翅目和半翅目（21 科，占 15.56%）。膜翅目和双翅目科级阶元数量也较为丰富（20 科和 18 科，占 14.81% 和 13.34%），其次是直翅目和蜻蜓目（9 科和 4 科，占 6.67% 和 2.96%）。科级阶元数量较少的有蜚蠊目、脉翅目、革翅目和襀翅目（各 2 科，各占 1.48%），以及最少的螳螂目、广翅目、毛翅目、蜉蝣目、竹节虫目、衣鱼目和石蛃目（各 1 科，各占 0.74%）（图 7-6）。

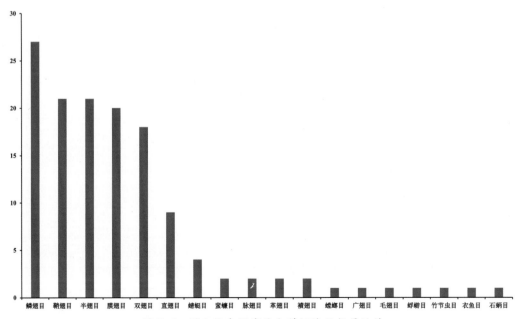

图 7-6　崂山优先区域昆虫科级阶元数量统计

崂山优先区域内的 18 目 135 科 362 属 431 种（含亚种）中，从属级阶元数量来看，鳞翅目昆虫最为丰富（93 属，占已知属数的 25.69%），其次是鞘翅目（71 属，占19.61%）。半翅目和膜翅目属级阶元数量也较为丰富（各 58 属，占 16.02%），其次是双翅目和直翅目（40 属和 15 属，占 11.05% 和 4.14%）。蜻蜓目、蜚蠊目、脉翅目和螳螂目属级阶元数量分别为 6 属、4 属、3 属和 3 属（分别占 1.66%、1.11%、0.83% 和 0.83%）。属级阶元数量较少的有革翅目、襀翅目和广翅目（各 2 属，占 0.55%），而毛翅目、蜉蝣目、竹节虫目、衣鱼目和石蛃目最少（各 1 属，占 0.28%）（图 7-7）。

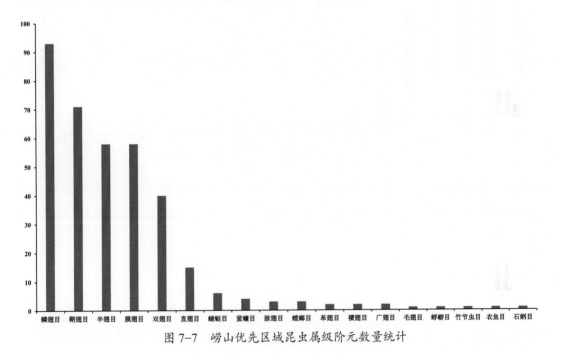

图 7-7 崂山优先区域昆虫属级阶元数量统计

崂山优先区域内的 18 目 135 科 362 属 431 种（含亚种）中，从种级阶元数量来看，鳞翅目昆虫最为丰富（113 种，占已知物种总数的 26.22%），其次是鞘翅目（81 种，占18.79%）。膜翅目、半翅目和双翅目种级阶元数量也较为丰富（77 种、61 种和 51 种，占17.87%、14.15% 和 11.83%），其次是直翅目、蜻蜓目、蜚蠊目、广翅目、脉翅目和螳螂目（16种、6 种、4 种、4 种、3 种和 3 种，占 3.71%、1.39%、0.93%、0.93%、0.70% 和 0.70%）。种级阶元数量较少的有革翅目和襀翅目（各 2 种，占 0.46%），而毛翅目、蜉蝣目、竹节虫目、衣鱼目和石蛃目最少（各 1 种，占 0.23%）（图 7-8）。

崂山优先区域内的 18 目 135 科 362 属 431 种（含亚种）中，鳞翅目的夜蛾科Noctuidae 为优势科，包括 18 属和 21 种，其次为半翅目的蝽科 Pentatomidae，包括 14 属

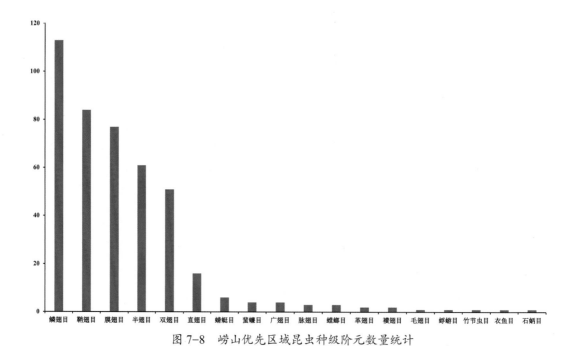

图 7-8 崂山优先区域昆虫种级阶元数量统计

和 14 种，以及鞘翅目的天牛科 Cerambycidae，包括 12 属和 13 种。其余属种数量较多的
还有鳞翅目的螟蛾科 Pyralidae 和鞘翅目的步甲科 Carabidae，均包括 10 属和 12 种，以及
膜翅目的姬蜂科 Ichneumonidae，包括 10 属和 10 种（表 7-5）。

表 7-5 崂山优先区域昆虫物种组成

目	科	科拉丁名	属数	种数
蜉蝣目	四节蜉科	Baetidae	1	1
石蛃目	石蛃科	Machilidae	1	1
竹节虫目	叶䗛科	Phyllidae	1	1
衣鱼目	土衣鱼科	Nicoletiidae	1	1
毛翅目	等翅石蛾科	Philopotamidae	1	1
广翅目	齿蛉科	Corydalidae	2	4
襀翅目	叉襀科	Nemouridae	1	1
襀翅目	襀科	Perlidae	1	1

（续）

目	科	科拉丁名	属数	种数
脉翅目	蝶角蛉科	Ascalaphidae	1	1
脉翅目	草蛉科	Chrysopidae	2	2
蜚蠊目	蜚蠊科	Blattidae	3	3
蜚蠊目	姬蠊科	Blattellidae	1	1
螳螂目	螳科	Mantidae	3	3
蜻蜓目	蜓科	Aeshnidae	1	1
蜻蜓目	扇螅科	Platycnemididae	1	1
蜻蜓目	螅科	Coenagrionidae	1	1
蜻蜓目	蜻科	Libellulidae	3	3
半翅目	长蝽科	Lygaeidae	3	3
半翅目	缘蝽科	Coreidae	7	9
半翅目	叶蝉科	Cicadellidae	3	4
半翅目	蚜科	Aphididae	1	1
半翅目	象蜡蝉科	Dictyopharidae	2	2
半翅目	网蝽科	Tingidae	1	1
半翅目	土蝽科	Cydnidae	1	1
半翅目	同蝽科	Acanthosomatidae	1	1
半翅目	跷蝽科	Berytidae	1	1
半翅目	沫蝉科	Cercopidae	2	2
半翅目	黾蝽科	Gerridae	1	1
半翅目	盲蝽科	Miridae	4	4
半翅目	猎蝽科	Reduviidae	5	5
半翅目	蜡蝉科	Fulgoridae	1	1

（续）

目	科	科拉丁名	属数	种数
半翅目	角蝉科	Membracidae	2	2
半翅目	龟蝽科	Plataspidae	2	2
半翅目	负子蝽科	Belostomatidae	1	1
半翅目	飞虱科	Delphacidae	1	1
半翅目	盾蝽科	Scutelleridae	1	1
半翅目	蝽科	Pentatomidae	14	14
半翅目	蝉科	Cicadidae	4	4
鳞翅目	蛀果蛾科	Carposinidae	1	1
鳞翅目	舟蛾科	Notodontidae	1	2
鳞翅目	织蛾科	Oecophoridae	1	1
鳞翅目	长角蛾科	Adelidae	1	1
鳞翅目	夜蛾科	Noctuidae	18	21
鳞翅目	眼蝶科	Satyridae	1	2
鳞翅目	天蛾科	Sphingidae	9	12
鳞翅目	弄蝶科	Hesperiidae	3	3
鳞翅目	螟蛾科	Pyralidae	10	12
鳞翅目	麦蛾科	Gelechiidae	1	1
鳞翅目	鹿蛾科	Ctenuchidae	1	1
鳞翅目	蜡螟科	Galleriidae	1	1
鳞翅目	绢蛾科	Scythrididae	1	1
鳞翅目	卷蛾科	Tortricidae	2	2
鳞翅目	蛱蝶科	Nymphalidae	6	6
鳞翅目	灰蝶科	Lycaenidae	4	4

（续）

目	科	科拉丁名	属数	种数
鳞翅目	虎蛾科	Agaristidae	1	1
鳞翅目	凤蝶科	Papilionidae	2	4
鳞翅目	粉蝶科	Pieridae	3	4
鳞翅目	毒蛾科	Lymantriidae	3	6
鳞翅目	灯蛾科	Arctiidae	7	9
鳞翅目	大蚕蛾科	Saturniidae	2	2
鳞翅目	刺蛾科	Limacodidae	1	1
鳞翅目	尺蛾科	Geometridae	8	10
鳞翅目	草螟科	Crambidae	1	1
鳞翅目	菜蛾科	Plutellidae	1	1
鳞翅目	斑蛾科	Zygaenidae	3	3
膜翅目	蛛蜂科	Pompilidae	3	3
膜翅目	肿腿蜂科	Bethylidae	1	1
膜翅目	蚁科	Formicidae	6	6
膜翅目	蚁蜂科	Mutillidae	1	2
膜翅目	叶蜂科	Tenthredinidae	5	5
膜翅目	蚜茧蜂科	Aphidiidae	1	1
膜翅目	熊蜂科	Bombidae	1	2
膜翅目	小蜂科	Chalalcididae	1	1
膜翅目	土蜂科	Scoliidae	3	5
膜翅目	树蜂科	Siricidae	2	3
膜翅目	青蜂科	Chrysididae	1	1
膜翅目	切叶蜂科	Megachilidae	1	1

（续）

目	科	科拉丁名	属数	种数
膜翅目	泥蜂科	Sphecidae	6	9
膜翅目	蜜蜂科	Apidae	5	9
膜翅目	金小蜂科	Pteromalidae	1	1
膜翅目	茧蜂科	Braconidae	2	2
膜翅目	姬蜂科	Ichneumonidae	10	10
膜翅目	胡蜂科	Vespidae	6	12
膜翅目	蜾蠃科	Eumenidae	1	2
膜翅目	扁叶蜂科	Pamphiliidae	1	1
双翅目	沼大蚊科	Limoniidae	1	1
双翅目	长足虻科	Dolichopodidae	1	1
双翅目	蝇科	Muscidae	2	2
双翅目	摇蚊科	Chironomidae	2	3
双翅目	眼蕈蚊科	Sciaridae	2	2
双翅目	水虻科	Stratiomyidae	4	5
双翅目	食蚜蝇科	Syrphidae	6	7
双翅目	食虫虻科	Asilidae	2	2
双翅目	虻科	Tabanidae	2	2
双翅目	毛蚊科	Bibionidae	1	1
双翅目	麻蝇科	Sarcophagidae	3	3
双翅目	丽蝇科	Calliphoridae	4	9
双翅目	菌蚊科	Mycetophilidae	1	1
双翅目	寄蝇科	Tachinidae	1	2
双翅目	广口蝇科	Platystomatidae	1	1

（续）

目	科	科拉丁名	属数	种数
双翅目	缟蝇科	Lauxaniidae	1	1
双翅目	蜂虻科	Bombyliidae	4	5
双翅目	大蚊科	Tipulidae	2	3
鞘翅目	葬甲科	Silphidae	1	1
鞘翅目	萤科	Lampyridae	1	1
鞘翅目	隐翅虫科	Staphylinidae	2	3
鞘翅目	叶甲科	Chrysomelidae	5	6
鞘翅目	芫菁科	Meloidae	1	1
鞘翅目	肖叶甲科	Eumolpidae	2	2
鞘翅目	象甲科	Curculionidae	9	11
鞘翅目	天牛科	Cerambycidae	12	13
鞘翅目	鳃金龟科	Melolonthidae	4	8
鞘翅目	锹甲科	Lucanidae	1	1
鞘翅目	瓢虫科	Coccinellidae	8	10
鞘翅目	露尾甲科	Nitidulidae	1	1
鞘翅目	丽金龟科	Rutelidae	2	2
鞘翅目	叩甲科	Elateridae	4	4
鞘翅目	卷叶象甲科	Attelabidae	1	1
鞘翅目	金龟科	Scarabaeidae	2	2
鞘翅目	花金龟科	Cetoniidae	2	2
鞘翅目	郭公虫科	Cleridae	1	1
鞘翅目	豉甲科	Gyrinidae	1	1
鞘翅目	步甲科	Carabidae	10	12

（续）

目	科	科拉丁名	属数	种数
鞘翅目	斑金龟科	Trichiidae	1	1
直翅目	锥头蝗科	Pyrgomorphidae	1	1
直翅目	螽斯科	Tettigoniidae	3	3
直翅目	蟋蟀科	Gryllidae	2	3
直翅目	网翅蝗科	Arcypteridae	1	1
直翅目	驼螽科	Rhaphidophoridae	1	1
直翅目	蝼蛄科	Gryllotalpidae	1	1
直翅目	蝗科	Acrididae	1	1
直翅目	斑腿蝗科	Catantopidae	3	3
直翅目	斑翅蝗科	Oedipodidae	2	2
革翅目	肥螋科	Anisolabididae	1	1
革翅目	蠼螋科	Labiduridae	1	1

二、重要物种

（一）新物种

在整理采集到的标本时，于崂山北九水发现了褶大蚊属昆虫标本，经初步的外部形态比对后发现，它们为同一物种且与中国已知种类均存在一定差异。随后进一步解剖了雄虫和雌虫的腹末结构（图7-9），开展了细致的比较形态学研究，最终确定这种褶大蚊不同于以往发现的任何一种褶大蚊，是一个世界首次报道的新物种。相关成果已在国际学术期刊 Insects（《昆虫》）发表，标志着此新物种的正式确认。

结合分布区域分析，推断该新物种为山东省特有种，故命名为"山东褶大蚊"。不同于大部分喜潮湿环境的大蚊，该物种发现于较干燥的灌木丛中（图7-10），对比相关类群的生物学特性，推测其幼虫可能在地下取食植物根部生长。其成虫具有趋光性，部分标本为灯诱获得。

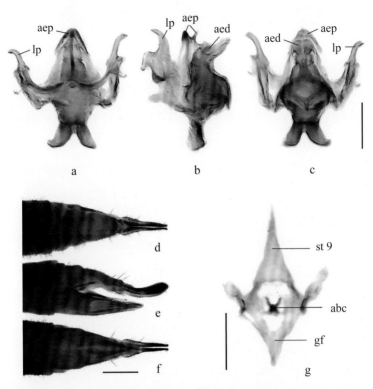

图 7-9　山东褶大蚊雄虫的腹末解剖结构（a–c）和雌虫的腹末（d–f）及其解剖结构（g）

图 7-10　山东褶大蚊在崂山北九水的生境

新物种介绍如下：

山东褶大蚊 *Dicranoptycha shandongensis* Xu, Chen & Zhang, 2023（图 7-11）

分类地位：双翅目 Diptera 大蚊科 Tipulidae 褶大蚊属 *Dicranoptycha*。

形态特征：体长 10.6~11.0 mm。触角的柄节和梗节棕黄色，鞭节的第 1 节棕黄色，顶端带有棕黑色，鞭节的第 2~5 节棕黑色基部带有棕黄色，剩余部分为棕黑色。鞭节上轮毛的长度稍稍超过各鞭节的长度。前盾片棕黑色。侧板棕黑色，下前侧片部分区域棕黄色。翅痣不明显，比翅的剩余部分颜色深。Rs 略长于 dm 室；dm 室长大约是宽的 3 倍；m-cu 超过 M 分叉处，大约是自身长度的 2/3，约在 dm 室的 1/3 处。

分布：崂山（北九水景区）；山东。

价值：生态系统和生物多样性维持。

生境：常绿阔叶林、落叶阔叶林、针阔混交林。

图 7-11 山东褶大蚊

（二）"三有"名录物种

《国家保护的有重要生态、科学、社会价值的陆生野生动物名录》是依据《中华人民共和国野生动物保护法（2018 修正）》制定的文件。"三有"保护动物是指国家保护的有重要生态、科学、社会价值的陆生野生动物。在《国家保护的有益的或者有重要经济、科学研究价值的陆生野生动物名录》基础上，2023 年 6 月 30 日，国家林业和草原局公布新调整的《有重要生态、科学、社会价值的陆生野生动物名录》，新调整的"三有动物"名录共收录野生动物 1924 种，其中昆虫类 96 种。本次调查发现"三有"名录中的昆虫 4 种。

1. 中华蜜蜂 *Apis cerana* Fabricius, 1793（图 7-12）

分类地位：膜翅目 Hymenoptera 蜜蜂科 Apidae 蜜蜂属 *Apis*。

形态特征：工蜂体长 10.0~13.0 mm；全身被黄褐色绒毛；头黑色，呈三角形；唇基中央稍隆起，中央具三角形黄斑；上唇长方形，具黄斑；上颚顶端有 1 黄斑；触角柄节黄色；小盾片黑色；足及腹部第 3~4 节背板红黄色，第 5~6 节背板色暗，各节背板端缘均具黑色环带。

分布：崂山（北九水景区）；全国广布。

价值：传粉，生态系统和生物多样性维持。

生境：常绿阔叶林、落叶阔叶林、针阔混交林。

图 7-12　中华蜜蜂

2. 大黄长角蛾 *Nemophora amurensis* Alphéraky, 1897（图 7-13）

分类地位：鳞翅目 Lepidoptera 长角蛾科 Adelidae 长角蛾属 *Nemophora*。

形态特征：翅展 24.0 mm；雄蛾触角是翅长的 4 倍，雌蛾触角短，略长于前翅；前翅黄色，基半部有许多青灰色纵条，向外是一条很宽的黄色横带，横带两侧有青灰色带光泽的横带，端部约 1/3 有呈放射状向外排列的青灰色纵条。

分布：崂山（巨峰）；山东、黑龙江、江西、四川、重庆。

价值：生态系统和生物多样性维持。

生境：常绿阔叶林、落叶阔叶林、针阔混交林。

图 7-13　大黄长角蛾

3. 绿步甲 *Carabus smaragdinus* Fischer von Waldheim, 1823（图 7-14）

分类地位：鞘翅目 Coleoptera 步甲科 Carabidae 步甲属 *Carabus*。

形态特征：体长 30.0~35.0 mm，宽 10.5~13.5 mm；头、前胸背板暗铜色，绿色金属光泽强；唇基前部中央有深凹；前胸背板后角向下后方倾斜不显著，侧缘上下弯曲小，两侧基凹浅，鞘翅绿色，侧缘金绿色，每鞘翅有 6 行不亮的黑点瘤突（第 7 行瘤突两端不完整），奇数行瘤突短小，偶数行瘤突长大，椭圆形；沿翅缘有 1 行大刻点，缝角刺突尖而上翘；雄虫前足跗节基部有 3 节膨大。

分布：崂山（巨峰、北九水景区、马头涧、二龙山、毕家村、崂山水库、青峪村、抱虎山、七涧谷、塔山）；山东、北京、河北、内蒙古、辽宁、河南、山西；俄罗斯、朝鲜、韩国。

价值：生态系统和生物多样性维持。

生境：常绿阔叶林、落叶阔叶林、针阔混交林。

4. 木棉梳角叩甲 *Pectocera fortunei* Candèze, 1873（图 7-15）

分类地位：鞘翅目 Coleoptera 叩甲科 Elateridae 梳角叩甲属 *Pectocera*。

形态特征：体长 24.0~28.0 mm，宽 6.0~7.0 mm；体型大，赤褐色，全身密被灰黄色绒毛，鞘翅上密生的灰白色绒毛形成斑纹，腹面绒毛更密更长；头呈三角形低凹，较深，额宽是复眼宽度的 1.6 倍，上颚弯，端部锐尖，触角基上方隆起，刻点粗，复皮大；雌性触

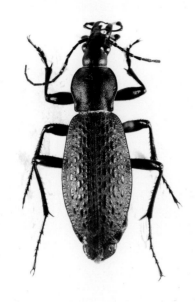

图 7-14　绿步甲

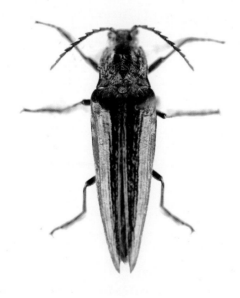

图 7-15　木棉梳角叩甲

角呈弱锯齿状；雄性第 3~10 节各节着生一狭长形叶片，呈栉齿状，第 3 节叶片长度是节
长的 3.8 倍；前胸背板中央纵向隆起，两侧低凹，有明显的中纵沟，表面刻点明显，前部
较粗，中后部细弱，大小不等；后角锐尖，端部稍转向外方。

分布：崂山（青山村）；山东、江苏、浙江、湖北、江西、福建、台湾、海南、四川；日本、越南。

价值：生态系统和生物多样性维持。

生境：常绿阔叶林、落叶阔叶林、针阔混交林。

（三）外来入侵物种

生态系统中的物种经过成百上千年的竞争、排斥、适应和互利互助，形成了现在相互依赖又互相制约的密切关系。外来物种引入后，有可能因不能适应新环境而被排斥在系统之外；也有可能因新的环境中没有相抗衡或制约它的生物，这个引进种可能成为真正的入侵者，打破平衡，改变或破坏当地的生态环境，严重破坏生物多样性。因此，需要制定针对性的法律法规，采取积极有效的措施预防外来物种入侵。我国制定《中国外来入侵物种名单》，分别在 2003 年、2010 年、2014 年、2016 年分 4 批发布，共 71 个物种。本次调查发现《中国外来入侵物种名单》中的昆虫 3 种。

1. 美国白蛾 *Hyphantria cunea* (Drury, 1773)（图 7-16）

分类地位：鳞翅目 Lepidoptera 灯蛾科 Arctiidae 白蛾属 *Hyphantria*。

形态特征：体长 9.0~13.0 mm，翅展 25.0~36.0 mm，雌虫略大；头白色，复眼黑褐色。胸部背面密布白色绒毛，腹部白色；雄虫触角黑色，双栉齿状，内侧栉齿较短，约为外侧栉齿的 2/3；前翅无斑至多个黑褐色斑；雌虫触角锯齿状，褐色；前翅纯白色，少数有斑点，后翅通常为纯白色或在近边缘处有小黑点；前足基节及腿节端部橘黄色，胫节及跗节内侧白色，外侧为黑色；中后足腿节白色或黄色，胫节、跗节上常有黑斑。

分布：崂山（马头涧）；山东、辽宁、河北、天津、陕西、河南；日本、朝鲜及北美、欧洲各国。

记录名单：《中国外来入侵物种名单》第三批。

生境：常绿阔叶林、落叶阔叶林、针阔混交林。

2. 悬铃木方翅网蝽 *Corythucha ciliata* (Say, 1832)（图 7-17）

分类地位：半翅目 Hemiptera 网蝽科 Tingidae 网蝽属 *Corythucha*。

形态特征：体长 3.2~3.7 mm，乳白色，在两翅基部隆起处的后方有褐色斑；头发达，盔状，头兜的高度较中纵脊稍高；头兜、侧背板、中纵脊和前翅表面的网肋上密生小刺，侧背板和前翅外缘的刺列十分明显；前翅显著超过腹部末端，静止时前翅近长方形；足细长，腿节不加粗。

分布：崂山（巨峰）；中国西南、华南、华中、华北的大部分地区；韩国、意大利、法国、瑞士、西班牙、匈牙利、塞尔维亚、黑山、德国、克罗地亚、保加利亚、美国、加拿大。

记录名单：《中国外来入侵物种名单》第三批。

生境：常绿阔叶林、落叶阔叶林、针阔混交林。

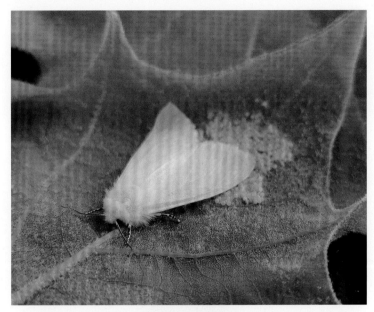

图 7-16　美国白蛾

图 7-17　悬铃木方翅网蝽

3. 德国小蠊 *Blattella germanica* (Linnaeus, 1767)（图 7-18）

分类地位：蜚蠊目 Blattodea 姬蠊科 Blattellidae 姬蠊属 *Blattella*。

形态特征：体长 11.0~25.0 mm，长椭圆形，体浅褐色，雄雌同型。头小，扁三角形，藏前胸下；触角长丝状；复眼肾状、发达。前胸背板上有 2 条宽大平行的褐色纵纹；前翅革质，后翅膜质；中、后足腹面多刺，跗节具跗垫和中垫，爪对称；雄虫腹部末节后缘两侧有 1 对腹刺，雌虫无腹刺。

分布：崂山（流清河、马头涧、太和山、青峪村）；山东、北京、天津、黑龙江、吉林、辽宁、河北、江苏、福建、江西、湖南、湖北、广东、广西、云南、贵州、四川、重庆、陕西、内蒙古、浙江；世界各地。

记录名单：《中国外来入侵物种名单》第四批。

生境：常绿阔叶林、落叶阔叶林、针阔混交林。

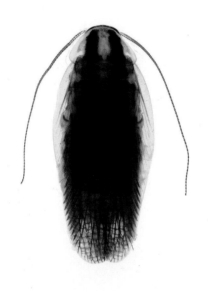

图 7-18　德国小蠊

（四）濒危珍稀物种

濒危珍稀物种是根据国家重点保护动物划分的标准，结合物种的科学价值、经济价值、资源数量、濒危程度以及是否为中国所特有等多项因素综合评价、论证而制定的。为了更好地保护我国珍稀野生动物，国家林业和草原局、农业农村部 2021 年联合发布了最新版的《国家重点保护野生动物名录》，其中昆虫种类由原来的 21 种增至 75 种，包含一级保护动物 3 种和二级保护动物 72 种。本次调查中未发现《国家重点保护野生动物名录》中的昆虫种类。

三、物种新分布

名录筛选出山东省新记录种 24 种，涉及 22 科 24 属。山东省新记录种信息详见表 7-6。

表 7-6　山东省新记录种信息

科	种	种拉丁名	采集地	中国记录分布地
弄蝶科	黄赭弄蝶	*Ochlodes crataeis* (Leech, 1894)	青峪村	陕西、河南、浙江、四川
天蛾科	椴六点天蛾	*Marumba dyras* (Walker, 1856)	北九水	辽宁、河北、江苏、江西、浙江、湖南、海南、云南
夜蛾科	绕环夜蛾	*Spirama helicina* (Hübner, 1831)	七涧谷、太和风景区、崂山水库南岸	江西
尺蛾科	蝶青尺蛾	*Geometra papilionaria* (Linnaeus, 1758)	北九水	黑龙江、吉林、辽宁、内蒙古、北京、河北、山西
长角蛾科	大黄长角蛾	*Nemophora amurensis* Alphéraky, 1897	青山村	黑龙江、江西、四川、重庆
斑蛾科	蓝宝灿斑蛾	*Clelea sapphirina* Walker, 1854	巨峰中海拔	香港、广东、重庆
水虻科	黄足瘦腹水虻	*Sargus flavipes* Meigen, 1822	仰口	黑龙江
毛蚊科	红腹毛蚊	*Bibio rufiventris* (Duda, 1930)	北九水	黑龙江、辽宁、内蒙古、北京、河北、陕西、福建、云南
摇蚊科	毛跗球附器摇蚊	*Kiefferulus barbatitarsis* (Kieffer, 1911)	青峪村	河北、河南、新疆、安徽、浙江、江西、湖南、福建、台湾、广东、海南、贵州、云南
蝽科	岱蝽	*Dalpada oculata* (Fabricius, 1775)	太和山风景区	云南、浙江、福建、广东、广西、四川、贵州

（续）

科	种	种拉丁名	采集地	中国记录分布地
缘蝽科	曲胫侎缘蝽	*Mictis tenebrosa* (Fabricius, 1787)	马头涧	浙江、湖南、江西、四川、福建、广东、广西、云南、西藏
同蝽科	细齿同蝽	*Acanthosoma denticaudum* Jakovlev, 1880	七涧谷、巨峰高海拔	黑龙江、吉林、北京、辽宁、陕西、山西、福建
猎蝽科	环足健猎蝽	*Neozirta eidmanni* (Taueber, 1930)	北九水	北京、河南、陕西、浙江、广西、广东、海南
叶蝉科	白边大叶蝉	*Tettigoniella albomarginata* (Signoret, 1853)	崂山水库南岸、二龙山、塔山、流清河、太和山风景区、青峪村、北九水、抱虎山、巨峰高海拔	东北、北京、四川、江苏、浙江、福建、广东、台湾、甘肃
胡蜂科	变侧异腹胡蜂	*Parapolybia varia* (Fabricius, 1787)	七涧谷、巨峰高海拔	江苏、福建、湖北、广东、云南、台湾
步甲科	暗色气步甲	*Brachinus scotomedes* Redtenbacher, 1868	华严寺、七涧谷、太和山风景区、仰口	福建、云南、四川、台湾
步甲科	肩步甲	*Carabus hummeli* Fischer von Waldheim, 1823	抱虎山	北京、河北、内蒙古、辽宁、吉林、黑龙江
步甲科	罕丽步甲	*Carabus manifestus* (Kraatz, 1881)	巨峰低海拔、巨峰高海拔	北京、河北、山西、内蒙古、辽宁、吉林
露尾甲科	四斑露尾甲	*Librodor japonicus* (Motschulsky, 1857)	巨峰 B、马头涧	东北、华北、中国南方大部分地区
金龟科	沙氏亮嗡蜣螂	*Onthophagus schaefernai* Balthasar, 1935	北九水、二龙山	北京、河北、广西、四川、云南
天牛科	四点象天牛	*Mesosa myops* (Dalman, 1817)	青山村	东北、内蒙古、河北、北京、安徽、四川、台湾、广东
叩甲科	双瘤槽缝叩甲	*Agrypnus bipapulafus* (Candeze, 1865)	二龙山、崂山水库南岸、七涧谷、太和山风景区、仰口	吉林、辽宁、内蒙古、河南、江苏、湖北、江西、福建、台湾、广西、四川、贵州、云南

（续）

科	种	种拉丁名	采集地	中国记录分布地
叶甲科	胡枝子克萤叶甲	*Cneorane violaceipennsis* Allard, 1889	巨峰低海拔	河北、黑龙江、吉林、辽宁、甘肃、江西、湖南、福建、台湾、广东、广西、四川、山西、陕西、江苏、安徽、浙江、湖北
蜻科	黄基赤蜻	*Sympetrum speciosum* Oguma, 1915	北九水	北京、河北、河南、广东、广西、四川、云南、台湾

四、区系分析

（一）在世界动物地理中的地位

调查区域昆虫在古北区均有分布（431 种），东洋区有 385 种分布（占已知物种总数的 89.33%），澳洲区有 80 种分布（占 18.56%），新北区有 55 种分布（占 12.76%），非洲区有 36 种分布（占 8.35%），新热带区有 26 种分布（占 6.03%）。

调查发现该区域昆虫共有 18 种分布型（表 7-7），主要为古北区－东洋区分布型，有 274 种，占已知物种总数的 63.57 %；剩余物种中，古北区－东洋区－澳洲区分布型有 44 种，古北区分布型有 43 种，古北区－新北区－东洋区－非洲区－澳洲区－新热带区分布型有 21 种，古北区－新北区－东洋区分布型有 20 种，古北区－新北区－东洋区－澳洲区分布型有 5 种，古北区－东洋区－非洲区分布型有 5 种，古北区－东洋区－非洲区－澳洲区分布型有 4 种，古北区－新北区－东洋区－非洲区分布型有 3 种，古北区－新北区分布型有 2 种，古北区－新北区－东洋区－澳洲区－新热带区分布型有 2 种，东洋区－澳洲区分布型有 2 种，古北区－新北区－东洋区－非洲区－澳洲区分布型、古北区－新北区－新热带区分布型、古北区－东洋区－非洲区－新热带区分布型、古北区－东洋区－澳洲区－新热带区分布型、古北区－东洋区－新热带区分布型、东洋区－非洲区分布型各仅有 1 种。

结果表明，调查区域昆虫古北区特征非常明显，并有较多东洋区成分，其他区系成分较少，这可能与该区域位于古北区、临近东洋区的地理位置有关。

（二）在中国动物地理中的地位

调查区域昆虫在华北区均有分布（431 种），在华中区有 384 种分布（占已知物种总数的 89.10%），西南区有 295 种分布（占 68.45%），青藏区有 268 种分布（占 62.18%），华南区有 252 种分布（占 58.47%），东北区有 243 种分布（占 56.38%），蒙新区有 227 种分布（占 52.67%）。

调查发现该区域昆虫共有 40 种分布型（表 7-8），种数最多的为东北区－华北区－蒙新区－青藏区－西南区－华中区－华南区分布型，共有 99 种，占已知物种总数的 22.97%；其他物种中，华北区－青藏区－西南区－华中区－华南区分布型有 48 种，东北区－华北区－蒙新区－青藏区－西南区－华中区分布型有 31 种，华北区－华中区分布型有 23 种，华北区－西南区－华中区－华南区分布型有 21 种，华北区－青藏区－西南区－华中区分布型有 18 种，东北区－华北区－青藏区－西南区－华中区－华南区分布型有 16 种，华北区－蒙新区－青藏区－西南区－华中区－华南区分布型有 15 种，华北区分布型和华北区－华中区－华南区分布型各有 14 种，东北区－华北区－蒙新区－华中区分布型有 12 种，东北区－华北区－青藏区－西南区－华中区分布型有 11 种，东北区－华北区－华中区分布型和东北区－华北区－华中区－华南区分布型各有 9 种，东北区－华北区－蒙新区分布型有 8 种，东北区－华北区－蒙新区－青藏区－华中区分布型和东北区－华北区－西南区－华中区－华南区分布型各有 7 种，东北区－华北区分布型、东北区－华北区－蒙新区－青藏区分布型、东北区－华北区－蒙新区－西南区－华中区－华南区分布型、华北区－蒙新区分布型和华北区－蒙新区－青藏区－西南区－华中区分布型各有 6 种，东北区－华北区－蒙新区－西南区－华中区分布型和华北区－蒙新区－华中区－华南区分布型各有 5 种，东北区－华北区－蒙新区－青藏区－华中区－华南区分布型和华北区－蒙新区－华中区分布型各有 4 种，东北区－华北区－蒙新区－华中区－华南区分布型、华北区－蒙新区－西南区－华中区－华南区分布型和华北区－西南区分布型各有 3 种，华北区－蒙新区－青藏区－华中区分布型有 2 种，东北区－华北区－蒙新区－西南区分布型、东北区－华北区－青藏区－华中区分布型、东北区－华北区－西南区分布型、东北区－华北区－西南区－华中区分布型、华北区－蒙新区－青藏区分布型、华北区－蒙新区－青藏区－西南区－华中区分布型、华北区－蒙新区－青藏区－华中区－华南区分布型、华北区－蒙新区－西南区分布型、华北区－青藏区－华中区－华南区分布型和华北区－西南区－华中区分布型各仅有 1 种。

表 7-7　崂山优先区域昆虫在世界动物地理中的分布型

序号	分布型	种数	种数占比 /%
1	古北区－东洋区	274	63.57
2	古北区－东洋区－澳洲区	44	10.20
3	古北区	43	9.98
4	古北区－新北区－东洋区－非洲区－澳洲区－新热带区	21	4.87
5	古北区－新北区－东洋区	20	4.64
6	古北区－新北区－东洋区－澳洲区	5	1.16
7	古北区－东洋区－非洲区	5	1.16
8	古北区－东洋区－非洲区－澳洲区	4	0.93
9	古北区－新北区－东洋区－非洲区	3	0.70
10	古北区－新北区	2	0.47
11	古北区－新北区－东洋区－澳洲区－新热带区	2	0.47
12	东洋区－澳洲区	2	0.47
13	古北区－新北区－东洋区－非洲区－澳洲区	1	0.23
14	古北区－新北区－新热带区	1	0.23
15	古北区－东洋区－非洲区－新热带区	1	0.23
16	古北区－东洋区－澳洲区－新热带区	1	0.23
17	古北区－东洋区－新热带区	1	0.23
18	东洋区－非洲区	1	0.23
总计	18	431	100.00

表 7-8　崂山优先区域昆虫在中国动物地理中的分布型

序号	分布型	种数	种数占比 /%
1	东北区－华北区－蒙新区－青藏区－西南区－华中区－华南区	99	22.97
2	华北区－青藏区－西南区－华中区－华南区	48	11.14

（续）

序号	分布型	种数	种数占比 /%
3	东北区－华北区－蒙新区－青藏区－西南区－华中区	31	7.19
4	华北区－华中区	23	5.34
5	华北区－西南区－华中区－华南区	21	4.87
6	华北区－青藏区－西南区－华中区	18	4.18
7	东北区－华北区－青藏区－西南区－华中区－华南区	16	3.71
8	华北区－蒙新区－青藏区－西南区－华中区－华南区	15	3.48
9	华北区	14	3.25
10	华北区－华中区－华南区	14	3.25
11	东北区－华北区－蒙新区－华中区	12	2.78
12	东北区－华北区－青藏区－西南区－华中区	11	2.55
13	东北区－华北区－华中区	9	2.09
14	东北区－华北区－华中区－华南区	9	2.09
15	东北区－华北区－蒙新区	8	1.86
16	东北区－华北区－蒙新区－青藏区－华中区	7	1.62
17	东北区－华北区－西南区－华中区－华南区	7	1.62
18	东北区－华北区	6	1.39
19	东北区－华北区－蒙新区－青藏区	6	1.39
20	东北区－华北区－蒙新区－西南区－华中区－华南区	6	1.39
21	华北区－蒙新区	6	1.39
22	华北区－蒙新区－青藏区－西南区－华中区	6	1.39
23	东北区－华北区－蒙新区－西南区－华中区	5	1.16
24	华北区－蒙新区－华中区－华南区	5	1.16
25	东北区－华北区－蒙新区－青藏区－华中区－华南区	4	0.93
26	华北区－蒙新区－华中区	4	0.93

（续）

序号	分布型	种数	种数占比 /%
27	东北区－华北区－蒙新区－华中区－华南区	3	0.70
28	华北区－蒙新区－西南区－华中区－华南区	3	0.70
29	华北区－西南区	3	0.70
30	华北区－蒙新区－青藏区－华中区	2	0.46
31	东北区－华北区－蒙新区－西南区	1	0.23
32	东北区－华北区－青藏区－华中区	1	0.23
33	东北区－华北区－西南区	1	0.23
34	东北区－华北区－西南区－华中区	1	0.23
35	华北区－蒙新区－青藏区	1	0.23
36	华北区－蒙新区－青藏区－西南区－华中区－华中区	1	0.23
37	华北区－蒙新区－青藏区－华中区－华南区	1	0.23
38	华北区－蒙新区－西南区	1	0.23
39	华北区－青藏区－华中区－华南区	1	0.23
40	华北区－西南区－华中区	1	0.23
总计	40	431	100.00

第三节　空间分布格局

一、生物多样性指数

不同调查样点的昆虫物种丰富度和多样性指数统计情况见表 7-9，其中包括物种丰富度、辛普森（Simpson）多样性指数和香农－维纳（Shannon-Wiener）多样性指数这三个重要指标。从表中可以看出，各个调查样点之间在物种丰富度和多样性指数上存在不同程度上的差异。其中，北九水调查样点的物种丰富度最高，达到19.079，而巨峰－北九水（黑风口）的物种丰富度最低，为4.467。辛普森多样性指数在不同调查样点之间差异不显著，而香农－维纳多样性指数与物种丰富度表现出相似的趋势。

表7-9 调查样点的昆虫物种丰富度和多样性指数统计情况

调查样点	物种丰富度	辛普森多样性指数	香农－维纳多样性指数
北九水	19.079	0.941	3.715
崂山水库南岸 A	18.738	0.963	3.870
巨峰 B	17.473	0.957	3.879
七涧谷	17.208	0.948	3.701
抱虎山	16.135	0.919	3.513
巨峰 C	14.700	0.964	3.825
青峪村	14.268	0.946	3.640
青山村	12.650	0.958	3.613
马头涧	12.250	0.831	2.900
二龙山	12.045	0.947	3.454
太和山	11.528	0.922	3.166
塔山	11.457	0.968	3.668
仰口	10.818	0.956	3.496
流清河	10.735	0.973	3.662
巨峰 A	10.165	0.956	3.421
崂山水库南岸 B	9.183	0.878	2.820
华严寺（景区）	8.535	0.776	2.372
毕家村	7.852	0.947	3.172
华楼山	7.089	0.898	2.823
北九水（降云涧）	5.410	0.896	2.628

（续）

调查样点	物种丰富度	辛普森多样性指数	香农－维纳多样性指数
巨峰 D	4.718	0.934	2.799
巨峰－北九水（黑风口）	4.467	0.922	2.689

二、空间分布格局

将物种丰富度数值与空间图层进行关联，并进行插值分析以获得保护区内昆虫物种丰富度的空间图，结果揭示整个研究区域成片状分布着物种丰富度为 0~6.217 的区域，即物种丰富度较低的区域。具体来说，有 2 个地点物种数量较低，分别是巨峰黑风口和巨峰海拔 900 m 以上区域。同时，北部地区和东南部的一些区域呈现出较高的物种丰富度，而西南部则表现出相对较低的丰富度，这可能与该地区的调查点较少有关。

基于插值平滑后的香农－维纳多样性指数来看，整个区域的香农－维纳多样性指数最低为 2.44，最高为 9.03，有 10 处区域表现出较高的昆虫多样性，包括七涧谷、抱虎山、青峪村、崂山水库南岸 A 等。多样性偏低的区域有巨峰和华严寺。辛普森指数用于反映物种优势度情况。综合考虑两种指数，多样性较低的区域是华严寺，该地区为保护空缺，因为其多样性指数相对较低。

三、保护空缺和受威胁因素

我国的保护体系目前主要集中在大型兽类、两爬类、鸟类等脊椎动物的保护上，而对于无脊椎动物，尤其是以昆虫为代表的生物保护相对薄弱。通常，这些保护措施主要是通过设立自然保护区和制定相关法律来实施。蝴蝶是一类代表性昆虫，具有较高的观赏价值和生态价值，但我国蝴蝶多样性正受到生境破坏、人为干扰、气候变化等诸多因素威胁。

崂山优先区域内的蝴蝶中，蛱蝶科的物种数最多，为 5 种，而小眼蝶科物种数最少，为 2 种。眼蝶科的个体数最多，为 108 个，而灰蝶科的个体数最少，为 6 个。在 IUCN 红色名录评估等级方面，蛱蝶科中有 1 个物种被评为无危，而其他科的物种尚未进行评估（表 7-10）。需要注意的是，未评估并不意味着这些物种不受威胁或不需要保护，而是指目前缺乏足够的数据或信息来评估它们的保护状况。

表 7-10 崂山优先区域蝴蝶群落的数量特征

科	物种数	个体数	IUCN 红色名录评估等级
眼蝶科	2	108	未评估
蛱蝶科	6	30	无危
弄蝶科	3	12	未评估
粉蝶科	4	29	未评估
凤蝶科	4	17	未评估
灰蝶科	4	6	未评估

目前，以蝴蝶为代表的昆虫面临的威胁因素如下。

（一）生物自身因素

昆虫受到的影响不仅来自外部，还受到其自身天生的生物学特点制约，这些特点可能导致种群的存续受到威胁。例如，蝴蝶的生存和繁衍能力受到多种因素的综合影响，包括产卵量、世代周期的长短、对极端气候条件的耐受性、对寄主的选择性、对杀虫药物的抗性、对天敌侵袭的自我保护能力、迁移扩散能力等，这些要素综合地影响了蝶类种群的存续状况和数量。

（二）环境污染

蝴蝶对环境的变化特别敏感，类似的情况也适用于其他昆虫。任何形式的污染都可能对这些昆虫构成致命威胁。当它们的栖息地环境或寄主植物受到污染时，这些昆虫的存续便受到了威胁。大气污染和酸雨会使盐类、重金属等污染物附着于植物体表，这些污染物可能随叶子一起进入鳞翅目食叶昆虫体内，显著影响其摄食行为。大气污染将引起植物生理、生化性质和组成成分发生变化，自然会对植食性昆虫的生存质量和数量产生影响。另一方面，大气污染物可能还会引起植物次生代谢产物的变化。如果这些次生代谢物的生成过程产生某些变化，那么蝴蝶的适应度也将受到很大的影响。近年来，生物学家发现蜜蜂、蝴蝶等为花朵授粉的昆虫越来越少，它们的消失可能与空气污染有极大的关系。空气污染不仅直接威胁了这些昆虫的生存，还可能影响它们与植物的生态互动，对生态系统的平衡产生进一步的负面影响。

（三）栖息地破坏

在经济利益的驱动下，许多地区将大片原生植被改造成结构单一、生物多样性贫乏的人工经济林。事实表明，物种的多样性与环境的多样性呈正相关，即环境类型越复杂多样，物种多样性指数也越高。植物群落结构单一，环境质量相对较差，昆虫的多样性指数、物种丰富度和均匀度指数均为最低，而优势度指数最高。生境破碎化是指大块连续分布的自然生境被其他非适宜生境分隔成许多面积较小的生境斑块的过程，其将导致生态系统严重退化，进而改变斑块生境中的生物多样性、种间关系、群落结构和生态系统。生态环境的丧失和破碎化对蝶类生物多样性的影响也是至关重要的，尤其对稀有蝴蝶种群的生存与繁衍的影响是致命的。

（四）人为捕捉

随着昆虫标本如蝴蝶观赏、标本制作、放飞等关于昆虫的利用越来越广泛，规模也越来越大，使得养殖蝴蝶根本无法满足日益增长的蝴蝶市场需求。因此，众多蝴蝶商人铤而走险，在野外大量捕捉蝴蝶甚至是国家保护蝶种，无节制的大规模捕捉导致野外蝴蝶数量迅速下降。

（五）城市化

随着中国城市化的不断推进，城市硬地增加，绿地面积减少，城市绿地多数呈斑块化分布，植物组成也多以绿化树种为主，蝴蝶幼虫寄主植物和成虫蜜源植物减少，人为干扰增强，导致蝴蝶种类和数量也相应减少。城市自然生境的碎片化，压缩蝴蝶生存空间的同时，也弱化了蝴蝶成虫的飞翔能力，对蝴蝶成虫也存在选择压力。特别是对寄主和蜜源植物专一性相对较低、飞翔能力相对较强、喜欢移动的蝴蝶而言，更不容易在城市化背景下存活。蝴蝶多样性和丰富度指数沿城市化梯度变化显著，城市化水平越高，蝴蝶多样性指数越低。

（六）气候变暖

蝴蝶属于变温动物，温度可以影响蝴蝶行为。全球气候变化尤其是全球气候变暖将直接导致蝴蝶种群被动迁移而难以适应新环境。蝴蝶类群的物候期、与寄主和蜜源植物的协同关系以及飞行行为的变化甚至将引起成虫形态特征的变化。

四、保护对策及建议

（一）生境保护和恢复

明确定义并划定重要的生态系统区域，特别是森林、湿地、草地和水体。这些生态系统是昆虫多样性的关键栖息地，保护和修复这些生态系统将是优先考虑的举措。

生境保护：确保崂山各种生态系统的完整性，禁止非法采伐、开发或污染，特别是森林和湿地。

生态修复：实施植树造林项目，以恢复和扩大森林覆盖范围。同时，开展湿地和水体的恢复工作，以改善栖息地质量。

（二）物种名录的建立与更新

建立和持续更新崂山的昆虫物种名录，特别关注濒危、特有和重要的物种。这些名录将成为制定保护策略的重要基础。

野外调查：利用野外考察和采样，记录不同生态系统中的昆虫物种。使用 DNA 分析和昆虫学家的专业知识，确保鉴定准确。

物种监测网：建立在线平台，对各种昆虫进行观察记录，让公众和科学家共享数据。

（三）生态学研究

进行深入的生态学研究，以更好地了解关键昆虫物种的生活史、栖息地需求和生态功能。

野外观察：通过野外观察，了解关键昆虫的行为和生活史，包括繁殖习性、食性和越冬策略。

标记实验：标记关键物种，以跟踪它们的活动范围和迁徙模式。这有助于揭示它们的生态需求。

（四）公众教育和参与

提高公众对崂山昆虫多样性保护的认识，并鼓励他们参与保护工作。

生态教育活动：举办学校和社区的生态教育活动，包括野外考察、生态讲座和工作坊。

宣传资料：制作宣传资料，包括小册子、海报和在线信息，向公众传递昆虫知识和昆虫保护的重要性。

（五）国际和跨领域合作

促进与其他研究机构和国际组织的合作，共享信息和经验，共同制定更好的保护策略。

数据共享：建立数据共享平台，以便各个研究团队和组织可以共享物种名录、生态学研究和监测数据。

国际研究合作：积极参与国际昆虫多样性保护计划，从其他地区的经验中学习，同时将崂山的独特性贡献给国际社会。

崂山的昆虫多样性保护是一个综合性、跨领域的挑战，需要政府、保护组织、学术界和公众的紧密合作。通过明确定义优先保护区域、持续监测昆虫多样性、开展生态学研究、加强公众教育和促进国际合作，确保崂山的昆虫多样性得到持续保护。

这些建议和对策构成了一个全面的保护计划，旨在保护崂山独特的昆虫多样性和生态系统。更重要的是，这一工作不仅有助于崂山的生态平衡和生物多样性保护，还为未来提供了有益的科学研究和教育机会。

第八章
水生生物多样性调查与评估

第一节　野外调查

一、调查原则

本次调查位点的设置主要依据对已有资料的调研结合调查区域的实际环境状况设置的，主要参考山东省青岛生态环境监测中心的常规调查站位以及中国海洋大学前期在该区域的研究资料，以确保所得结果的连续性与可比性。

位点布设遵循以下原则：

（1）连续性原则：尽可能沿用历史调查点位，保持调查数据的连续性和可比性。

（2）一致性原则：生物调查点位尽可能与水文测量、水质理化监测、生境调查点位相一致，尽可能获取足够信息，用于解释观测到的生态环境质量状况。

（3）代表性原则：调查点位应具有足够的代表性，调查点位覆盖整个流域，调查结果能够全面反应水体生物群落分布状况和生物多样性特点。

（4）可行性原则：在确保达到调查目的、保证必要的采样精度和样本量前提下，要兼顾调查采样的可实施性，以期用最少的断面和人力、物力、时间投入，获得最有效的数据。

（5）结合水体的自然条件，同时考虑水体周边人类干扰和活动情况（生活源、工业源、生产活动）的影响。

二、调查方法

（一）调查区域及点位布设

计划调查区域包括崂山水库、晓望水库、大石村水库、大河东水库、书院水库、白沙河。

1. 崂山水库

6个调查点位：进水口区域（1个点位）、库区中心区域（3个点位）、出水口区域（1个点位）和出水口筑坝区域（1个点位）。

2. 书院水库

3个调查点位：进水口、中心、出水口。

3. 大石村水库

3 个调查点位：进水口、中心、出水口。

4. 晓望水库

3 个调查点位：进水口、中心、出水口。

5. 大河东水库

3 个调查点位：进水口、中心、出水口。

6. 白沙河

目标水域分 2 个河段开展调查，共设置 8 个位点，其中包括 7 个调查点位和 1 个断面点位。具体信息为：

（1）调查点位（7 个）：从崂山顶部河流发源处到河流进入乌衣巷村（长约 8 km）为一个调查河段。本河段设置 3 个调查点位，白沙河流经的潮音瀑附近设置调查点位 1 个。从乌衣巷村到崂山水库入口（长约 6 km）作为一个调查河段。本河段设置 3 个调查点位。

（2）断面点位（1 个）：在白沙河流出崂山水库后设置 1 个断面调查点位。

7. 调查频次

本调查项目分为四个季度月（春、夏、秋、冬）分别开展。

8. 采样层次

本次调查中，采样与观测层位见表 8-1。

表 8-1　采样与观测层位

水深范围	标准层位
水深＜5 m	表层 0.5 m
水深 5 m~10 m	表层 0.5 m、透光层底部
水深＞10 m	表层 0.5 m、1/2 透光层、透光层底部

（二）水质

用 ProQuatro 手持式多参数水质仪（美国赛莱默）现场测量并记录温度、电导率、pH 值、溶解氧、水深和透明度参数值。调查区域总氮、总磷、高锰酸盐和叶绿素 a 的取样使用有机玻璃采水器根据水深（依据《国家地表水环境质量监测网监测任务作业指导书》）在不同层次采集水样。

图 8-1　野外调查工作照

图 8-2　野外采样

调查规范：

《水质 高锰酸盐指数的测定》（GB/T 11892—1989）；

《水质 总磷的测定 钼酸铵分光光度法》（GB/T 11893—1989）；

《水质 总氮的测定 碱性过硫酸钾消解紫外分光光度法》（HJ 636—2012）；

《水质 叶绿素 a 的测定 分光光度法》。

（三）浮游生物

浮游生物的样品采集、处理均按照《全国淡水生物物种资源调查技术规定（试行）》（生态环境部）《水生态监测技术要求——淡水浮游动物（试行）》中国环境监测总站）和《水生态监测技术要求——淡水浮游植物（试行）》（中国环境监测总站）进行，采用 25 号浮游生物网进行分层采样，经浓缩、固定后进行分类鉴定、计数。

（四）底栖生物

底栖生物的样品采集、处理均按照《全国淡水生物物种资源调查技术规定（试行）》和《内陆大型底栖无脊椎动物多样性调查与评估技术规定》（生态环境部）进行。水库生物样品采用 1/16 彼得生采泥器，白沙河生物样品采用 D 型手抄网和小铲，每个位点取样 3 次。样品经过孔径 40 目的筛网筛选，经过自来水筛洗、挑拣后用 4% 甲醛溶液固定。

（五）淡水鱼类

淡水鱼类采集处理按照《全国淡水生物物种资源调查技术规定（试行）》和《内陆大型底栖无脊椎动物多样性调查与评估技术规定》（生态环境部）进行，采用现场捕获法（采用渔网、鱼笼设备）、渔获物调查法。

（六）着生藻类

着生藻类的样品采集、处理均按照《全国淡水生物物种资源调查技术规定（试行）》（生态环境部）进行，采用天然基质法用毛刷在器皿中刷下石砾、鹅卵石等的所有着生藻类，带回实验室进行鉴定分析。

（七）挺水植物

采取拍摄的方式在调查区域内对发现的挺水植物进行拍照，记录挺水植物的种类组成。

（八）eDNA

在调查点位进行样品采集，提取样本 DNA，使用引物分别对收集到的 eDNA 进行 PCR 扩增，依据 Illumina 测序平台建库要求进行测序文库构建，并采用 Illumina 测序平台对扩增子进行高通量测序。使用相关软件 USEARCH/CROP、Denoiser/UCLUST 根据相似度与包括本地数据库和公用数据库在内的数据库（Greengenes 和 SILVA）进行比对检索，在美国国家生物技术信息中心（NCBI）的核苷酸数据库 GenBank 中进行注释，确定研究样点的水生生物组成（表 8-2）。

表 8-2　水生生物调查项目分析方法

样品	调查指标	主要方法
水质	总氮、总磷、高锰酸盐、叶绿素 a	分光光度法
浮游植物	类群或种类组成、数量、生物量、优势种或类群	镜检、高通量测序
浮游动物	类群或种类组成、数量、生物量、优势种或类群	镜检、高通量测序
底栖生物	物种或类群组成、密度、生物量、优势种	镜检、高通量测序
淡水鱼类	物种或类群种类组成、长度范围、体重范围	鱼笼、渔网、高通量测序
着生藻类	类群或种类组成、数量、优势种或类群	镜检
挺水植物	类群或种类组成、用途作用、价值	镜检

三、标本鉴定

根据权威和公开发表的资料，通过筛选归纳，完成青岛及崂山生物多样性保护优先区域的水生生物资料名录整理。具体鉴定内容及方法如下：

（一）浮游植物

1. 种类鉴定

优势种类应鉴定到种，其他种类至少鉴定到属。种类鉴定除用定性样品进行观察外，其他种类至少鉴定到微型浮游植物。

2. 丰度分析

1L 水样中的浮游植物个数可用下列公式计算：

$$N = \frac{A}{Ac} \times \frac{n}{V} \times \frac{V1}{V0} \times 1000$$

式中：

N —— 1L 水样中浮游植物细胞密度，cells/L；

A ——计数框面积，mm^2；

Ac ——计数面积：计数方式为对角线、行格和全片时，计数面积分别为 A/10、3A/10 和 A；计数方式为随机视野时，为计数的总视野面积，mm^2；

n ——浮游植物细胞显微镜计数量，cells；

V ——计数框容积，mL；

$V0$ ——稀释或浓缩前的取样体积，mL；

$V1$ ——稀释或浓缩后的体积，mL；

1000——体积换算系数，ml/L。

3. 生物量分析

浮游植物生物量分析采用体积测量法，然后换算成生物量。具体分析方法按照 SL 733 6.5 执行。

（二）浮游动物

1. 种类鉴定

枝角类和桡足类优势种鉴定到种，其他鉴定到属，轮虫鉴定到属。

2. 丰度分析

水样中浮游动物的密度按照下列公式计算：

$$N = \frac{n}{V1} \times \frac{V2}{V3}$$

式中：

N ——浮游动物密度，ind./L；

n ——计数所得个体数，ind.；

$V1$ ——计数体积，mL；

$V2$ ——浓缩样体积，mL；

$V3$ ——采样量，L。

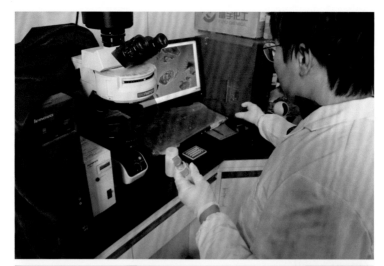

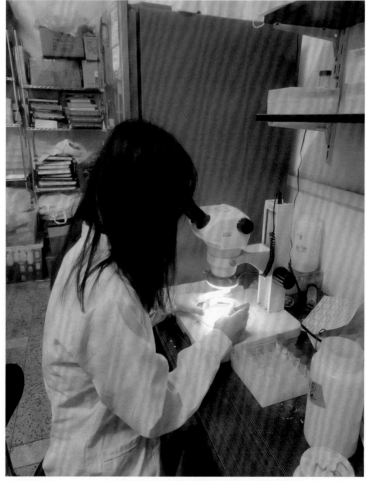

图 8-3　室内样品鉴定

3. 生物量分析

轮虫按照体积法计算生物量，即相对密度取1，再根据体积换算公式计算生物量。轮虫重量按照淡水常见轮虫近似求积公式计算。

（三）底栖生物

1. 种类鉴定

物种的鉴定要求分类到属，区分到种。

2. 丰度分析

底栖动物的密度计算：

$$Bi = \frac{bi}{AcA}$$

式中：

Bi ——分类单元 i 的密度，g/m^2；

bi ——样品称重所得分类单元 i 的重量，g；

Ac ——样品的挑拣比例；

A ——现场样品采集面积或体积，m^2。

3. 生物量分析

生物量测定对每个样本进行分类称重。吸干软体动物等外套腔内的水分，并带壳称重。

（四）淡水鱼类

将渔获物及时冰鲜或速冻，对比志书进行常规分类鉴定。

（五）着生藻类

1. 种类鉴定

鉴定分析至属或种，其中优势种应尽量鉴定到种。

2. 丰度分析

着生藻类相对密度计算：

$$Di = \frac{di}{dT}$$

式中：

  Di —— i 种相对密度；

  di —— i 种计数个体数，cells；

  dT ——总计数个体数，cells。

（六）挺水植物

样本需及时拍照鉴定，样本要鉴定到种。

第二节　水质评价

一、水环境因子调查结果

本调查于 2022 年夏、秋、冬及 2023 春、夏季对调查区域水质理化因子进行监测，监测结果详见表 8-3 至表 8-6。

（一）水温

调查区域内水温季节变化明显，夏季水温明显高于其他季节，最高值出现在夏季，温度为 30.4℃，冬季水温最低，温度为 1.8℃。同一时期内，各点位温度变化不明显。

（二）透明度

调查区域内，冬、春两季的透明度高于夏、秋两季，原因可能是夏季浮游生物丰度大，雨量充沛，周围的地表水及雨水会带来大量泥沙、污渍，从而影响调查水域透明度。书院水库透明度明显高于其他点位。

（三）pH 值

调查区域全年 pH 值均在 8.0 左右，属于偏碱性水体。4 个采样季度 pH 值在 7.02~9.24 之间，水平分布变化不大，各采样点之间无显著变化差异。

（四）溶解氧

调查区域内全年溶解氧含量变化在 4.00~13.23 mg/L，均值为 8.63 mg/L。4 个采样季度中，夏季水体中溶解氧含量达到峰值，最低值出现在秋季。溶解氧含量有一定波动性，夏季溶解氧含量略高于其他季节。

表 8-3　调查区域内各样点水质理化指标（春季）

点位		监测项目				
		水温 /℃	透明度 /cm	pH 值	溶解氧 /（mg·L⁻¹）	水深 /m
崂山水库	入口	13.6	160	8.27	8.29	9
	筑坝区	14.0	165	8.34	8.69	18
	中心 1	14.1	160	8.26	8.71	16
	中心 2	14.8	160	8.26	8.86	19
	中心 3	15.2	160	8.29	8.90	17
	出口	14.7	155	8.25	8.71	10
白沙河	潮音瀑	9.6	170（见底）	8.75	10.03	＜1.70（见底）
	乌衣巷	13.9	＜40（见底）	8.44	7.71	＜0.40（见底）
	水库下游段	15.3	见底	8.14	8.25	＜0.50（见底）
大石村水库	入口	15.8	50	8.47	7.79	17
	中心	16.3	65	8.41	7.81	25
	出口	16.5	60	8.53	7.72	21
书院水库	入口	14.3	200	8.67	8.43	9
	中心	14.7	185	8.86	8.38	24
	出口	15	200	8.68	8.43	26
晓望水库	入口	16	95	8.13	6.82	9
	中心	16.5	90	8.09	6.91	14
	出口	16.9	80	8.15	6.8	27

（续）

点位		监测项目				
		水温 /℃	透明度 /cm	pH 值	溶解氧 / (mg·L⁻¹)	水深 /m
大河东水库	入口	17.5	50	8.84	7.83	8
	中心	17.5	60	8.79	7.91	21
	出口	17.8	60	8.77	7.87	31

表 8-4 调查区域内各样点水质理化指标（夏季）

点位		监测项目				
		水温 /℃	透明度 /cm	pH 值	溶解氧 / (mg·L⁻¹)	水深 /m
崂山水库	入口	28.5	87	7.25	9.2	9
	筑坝区	25.5	85	8.84	11.27	11
	中心 1	24.4	90	8.55	11.63	16
	中心 2	24.2	88	8.72	10.81	19
	中心 3	24.4	100	8.74	10.78	22
	出口	25.7	70	8.91	9.12	11
白沙河	潮音瀑	24	100（见底）	7.35	10.65	<2.00（见底）
	乌衣巷	24.5	<40（见底）	7.22	7.98	<0.40（见底）
	水库下游段	30.4	40	7.02	8.12	1.20
大石村水库	入口	24.1	90	7.67	13.23	90
	中心	23.7	100	8.11	12.29	23
	出口	25.7	40	7.72	13.2	26
书院水库	入口	27.3	310	8.7	11.22	15
	中心	26.3	210	8.27	11.23	19
	出口	27.2	232	8.01	11.67	24

（续）

点位		监测项目				
		水温 /℃	透明度 /cm	pH 值	溶解氧 /（mg·L⁻¹）	水深 /m
晓望水库	入口	24.5	198	8.46	5.58	12
	中心	24.6	203	8.32	5.73	16
	出口	24.5	197	8.60	5.65	22
大河东水库	入口	28.1	90	8.40	4.00	10
	中心	28.4	103	8.25	4.41	19
	出口	28.5	100	8.13	4.65	22

表 8-5　调查区域内各样点水质理化指标（秋季）

点位		监测项目				
		水温 /℃	透明度 /cm	pH 值	溶解氧 /（mg·L⁻¹）	水深 /m
崂山水库	入口	16.6	155	7.34	6.86	13
	筑坝区	17.3	160	8.11	6.75	18
	中心 1	16.5	130	8.18	6.58	13
	中心 2	15.7	163	8.28	6.74	16
	中心 3	16.0	140	8.29	7.98	18
	出口	17.0	140	8.16	6.38	13
白沙河	潮音瀑	11.7	170（见底）	8.66	8.12	＜1.70（见底）
	乌衣巷	17.6	＜40（见底）	8.97	8.37	＜0.40（见底）
	水库下游段	11.6	见底	7.96	10.25	＜0.50（见底）
大石村水库	入口	16.6	80	7.58	6.59	14
	中心	16.6	83	7.55	6.99	22
	出口	16.9	72	7.63	6.56	22

（续）

点位		监测项目				
		水温 /℃	透明度 /cm	pH 值	溶解氧 /（mg·L⁻¹）	水深 /m
书院水库	入口	17.2	258	7.84	6.24	16
	中心	17.0	278	7.87	6.41	23
	出口	17.4	278	7.90	6.54	19
晓望水库	入口	15.2	215	7.60	7.77	9
	中心	15.2	220	8.40	7.40	13
	出口	15.1	206	7.88	6.01	25
大河东水库	入口	16.2	100	7.89	6.32	8
	中心	16	100	7.55	7.31	25
	出口	16	96	7.62	6.50	28

表 8-6 调查区域内各样点水质理化指标（冬季）

点位		监测项目				
		水温 /℃	透明度 /cm	pH 值	溶解氧 /（mg·L⁻¹）	水深 /m
崂山水库	入口	4.5	150	8.27	8.27	11
	筑坝区	4.4	160	8.5	7.78	18
	中心 1	4.1	160	8.52	8.21	12
	中心 2	4.8	155	8.28	8.26	16
	中心 3	4.1	145	8.29	7.98	17
	出口	4.7	140	8.51	8.31	11
白沙河	潮音瀑	1.8	170（见底）	9.06	8.12	< 1.70（见底）
	乌衣巷	6.8	<40（见底）	8.74	8.28	< 0.40（见底）
	水库下游段	4.5	见底	7.99	9.76	< 0.50（见底）

（续）

点位		监测项目				
		水温 /℃	透明度 /cm	pH 值	溶解氧 /（mg·L⁻¹）	水深 /m
大石村水库	入口	4.4	70	8.16	7.59	17
	中心	4.6	75	8.12	7.41	21
	出口	4.8	75	8.17	7.70	22
书院水库	入口	5.6	260	8.87	8.21	14
	中心	5.7	270	8.86	8.16	24
	出口	5.7	270	8.38	8.07	19
晓望水库	入口	5.7	140	9.22	8.84	7
	中心	5.8	150	9.24	8.81	11
	出口	5.7	145	9.20	8.80	23
大河东水库	入口	5.1	150	8.84	8.98	8
	中心	5.1	100	8.71	8.76	24
	出口	5.0	120	8.79	8.96	25

二、一般监测项目及叶绿素 a 的季节变化

（一）总氮含量的季节变化

调查区域内不同季节总氮含量变化如图 8-4 所示。夏季总氮含量平均值为 0.27 mg/L，最高值出现在大石村水库，为 0.70 mg/L，最低值出现在晓望水库，为 0.24 mg/L。秋季各调查位点总氮含量平均值显著高于其他季节，平均值为 0.96 mg/L，最高值出现在崂山水库，为 1.3 mg/L，最低值出现在大河东水库，为 0.59 mg/L。冬季各位点总氮含量低于其他季节，平均值为 0.49 mg/L，最高值出现在白沙河，为 0.75 mg/L，最低值出现在书院水库，为 0.34 mg/L。春季总氮含量平均值为 0.78 mg/L，最高值出现在白沙河，为 0.78 mg/L，最低值出现在晓望水库，为 0.28 mg/L。

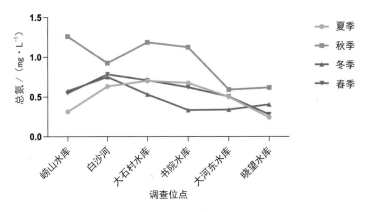

图 8-4 调查区域内不同季节总氮含量变化

（二）总磷含量的季节变化

调查区域内不同季节总磷含量变化如图 8-5 所示。各调查区域总磷含量随季节变化没有明显规律。夏季总磷含量平均值为 0.079 mg/L，最高值出现在大河东水库，为 0.127 mg/L，最低值出现在书院水库，为 0.03 mg/L。秋季总磷含量平均值为 0.045 mg/L，最高值出现在白沙河，为 0.076 mg/L，最低值出现在大石村水库，为 0.031 mg/L。冬季除大石村水库外，其他各位点总磷含量均低于其他季节，平均值为 0.029 mg/L，最高值出现在大石村水库，为 0.091 mg/L，最低值出现在大河东水库，为 0.005 mg/L。春季总磷含量平均值为 0.062 mg/L，最高值出现在大河东水库，为 0.127 mg/L，最低值出现在书院水库，为 0.034 mg/L。

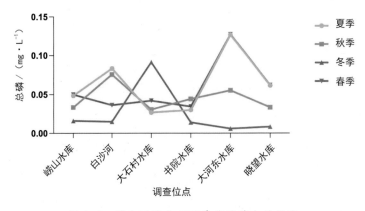

图 8-5 调查区域内不同季节总磷含量变化

（三）高锰酸盐含量的季节变化

调查区域内不同季节高锰酸盐含量变化如图 8-6 所示。夏季高锰酸盐含量平均值为
3.99 mg/L，最高值出现在大河东水库，为 4.62 mg/L，最低值出现在白沙河，为 2.37 mg/L。
秋季高锰酸盐含量在 4 个季节中最高，平均值为 4.09 mg/L，最高值出现在书院水库，为
5.83 mg/L，最低值出现在晓望水库，为 2.77 mg/L。冬季平均值与春季接近为 3.34 mg/L，
最高值出现在书院水库，为 4.33 mg/L，最低值出现在晓望水库，为 2.61 mg/L。春季高锰
酸盐含量平均值为 3.46 mg/L，最高值出现在大河东水库，为 4.67 mg/L，最低值出现在白
沙河和大石村水库，为 2.52 mg/L。

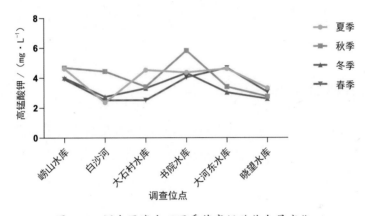

图 8-6　调查区域内不同季节高锰酸盐含量变化

（四）叶绿素 a 含量的季节变化

调查区域内不同季节叶绿素 a 含量变化如图 8-7 所示。夏季叶绿素 a 含量显著高于
其他季节，平均值达到 36.49 μg/L，最高值出现在崂山水库，为 70.71 μg/L，最低值出现
在大河东水库，为 2.26 μg/L，原因可能是夏季浮游植物的丰度较高，导致的叶绿素 a 含量
处于较高水平。此外，不同水库之间叶绿素 a 含量差异显著，其中崂山水库、白沙河水库
和书院水库的叶绿素 a 含量显著高于大河东和晓望水库，原因可能是由于大河东水库由于
在调查当年修建完毕，而晓望水库受到断流影响，于调查前一年一直处于干涸状态，两个
水库均还未形成稳定的生物群落。秋季叶绿素 a 含量平均值为 8.07 μg/L，其中，崂山水库
和白沙河中，叶绿素 a 含量均显著高于其他调查区域，分别为 16.85 μg/L 和 18.21 μg/L。
最低值出现在晓望水库，为 1.84 μg/L。冬季与春季叶绿素 a 含量相接近，平均值分别为
5.10 μg/L 和 4.88 μg/L，最高值均出现在崂山水库，分别为 6.49 μg/L 和 7.81 μg/L，冬季最

低值出现在大河东水库，为 2.91 μg/L。春季最低值出现在晓望水库，为 2.31 μg/L。

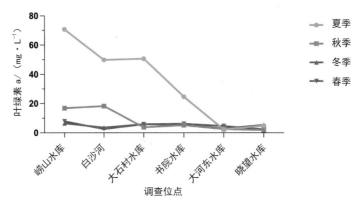

图 8-7　调查区域内不同季节叶绿素 a 含量变化

三、基于理化指标的水质评价

根据《地表水环境质量标准》（GB3838—2002）测定调查区域内水质理化因子，发现夏、秋季节水温、溶解氧、叶绿素理化因子指标较冬、春季节较高。从空间分布来看，不同采样点间各理化指标存在一定差异，具有一定的波动性。各采样点的水质呈偏碱性；溶解氧在 4.00~13.23 mg/L 之间；高锰酸盐指数在 2.39~5.83 mg/L 之间；总磷浓度在 0.005~0.127 mg/L 之间波动；叶绿素 a 含量在 1.84~70.71 μg/L 之间。在此次调查区域中发现，崂山水库、书院水库、大石村水库、大河东水库、晓望水库以及白沙河的潮音瀑河段生态环境保护较好，水质样品检测的各项因子基本处于地表水 I-II 类范围，乌衣巷及崂山水库下游段断面点位受周围居民活动及城市环境影响，对河流水质造成污染，再加上受季节性降水影响，河流径流量较小，水质样品检测的各项因子基本处于地表水 II-III 类范围。

第三节 水生生物多样性

一、流域概况

崂山水库坐落于崂山西麓，四面环山，中为盆地，具有天然水库的良好条件。水库始建于 1958 年 9 月，在小风口山和张普山之间筑坝，腰截白沙河，水库狭长，东西长约 5 km，平均宽度约 1 km，汇水面积为 5 km²，流域面积 99.6 km²。总库容 6044 万 m³，最大水深 24.5 m。水库充分利用了自然条件优势，少有人工雕琢的痕迹，水库南侧沿岸为山体，水库北侧沿岸常见植被生长茂盛，形成了浅水冲击带。崂山水库出口有大坝拦截，且在距出口约 100 m 处修有长坝，使得出口区域形成静水区域。崂山水库每年向青岛市供水约 3000 万 m³，约占市区总供水量的 16%，是青岛市主要补充水源地之一。

崂山保护区内另有 4 座重要水库：书院水库、大河东水库、大石村水库和晓望水库。书院水库位于墨水河上游的支流葛家河上，四面环山，南北狭长，长 2 km，宽 0.5 km，流域面积 11 km²，属于中小型水库；大河东水库位于崂山区大河东村，由大河东河水汇集而成的水库，水库总体呈圆形，直径约 0.5 km，蓄水量约 440 万 m³，属于静水型小型水库，控制流域面积 13.01 km²，流域内多年平均降雨 841.3 mm，多年平均径流深 592.1 mm；晓望水库位于青岛市崂山区王哥庄晓望村附近，坐落于晓望河中游，控制流域面积 7.97 km²，总库容 155.90 万 m³，属于静水型小型水库，控制流域面积 8 km²，流域内多年平均降雨 841.3 mm，多年平均径流深 592.1 mm，为工业生产和城镇生活年均供水量 107 万 m³；大石村水库位于崂山区沙子口街道中的自然村，四面环山，发源于崂山西南麓的南九水河，控制流域面积 9.4 km²，流域内多年平均降雨 841.3 mm，多年平均径流深 484.1 mm，总库容 349.3 万 m³，供水区域包括高科园及中韩街道等，平均每年供水 264 m³。

白沙河发源于崂山主峰巨峰北麓，是青岛地区水位最高的河流，属于季节性河流。除汛期外，平时部分河段干枯断流，其特点是短小、坡陡、流急、直流入海。河床宽度上游 50~100 m，中游 200 m 左右，下游 300 m 左右。白沙河从崂山之巅，越过崇山峻岭汇入崂山水库后，由于地势平坦，河床变得宽阔，最后流入胶州湾，全长 32 km，流域面积

209 km²。白沙河上游位于崂山自然保护区内，流经崂山水库，形成了完整的淡水生态系统，水生生物资源丰富。

二、物种组成

崂山优先区域内共鉴定出水生生物 476 种，其中浮游植物 211 种，浮游动物 93 种，底栖动物 84 种，鱼虾类 30 种，着生藻类 48 种，挺水植物 10 种。

（一）浮游植物

崂山优先区域四季共鉴定出浮游植物 211 种，隶属 8 门 11 纲 45 科 94 属，其中金藻门 2 属 2 种、隐藻门 2 属 5 种、蓝藻门 17 属 26 种、绿藻门 41 属 80 种、硅藻门 25 属 77 种、裸藻门 3 属 13 种、甲藻门 3 属 7 种、黄藻门 1 属 1 种。其中，绿藻门、硅藻门和蓝藻门的浮游植物种数分别占总种数的 37.9%、36.5% 和 12.3%，其余门类占 13.4%。

白沙河鉴定出的浮游植物种类数最多为 8 门 130 种，其次为崂山水库 8 门 110 种，大河东水库种类数最少为 7 门 43 种。其余大石村水库 7 门 68 种，晓望水库 7 门 52 种，书院水库 6 门 88 种，不同水库种类数具有一定的差别（表 8-7）。

表 8-7　崂山优先区域四季各水库浮游植物种类数

季节	种类	各水库种数					
		大石村水库	崂山水库	晓望水库	书院水库	大河东水库	白沙河
春季	金藻门		1	1			
	隐藻门			2	1		1
	蓝藻门	1	5	2	3	3	5
	绿藻门	3	11	3	9	5	12
	硅藻门	9	14	9	23	5	32
	裸藻门	1	1				
	甲藻门			1			
	黄藻门						

（续）

季节	种类	各水库种数					
		大石村水库	崂山水库	晓望水库	书院水库	大河东水库	白沙河
夏季	金藻门	2		1			
	隐藻门	3	3		3		3
	蓝藻门	1	5		3		8
	绿藻门	11	23		10		20
	硅藻门	6	9	5	9	7	34
	裸藻门		3				1
	甲藻门	1	2		5		3
	黄藻门						
秋季	金藻门	1	1	1		1	2
	隐藻门	3	3	3	2	3	3
	蓝藻门	3	12	4	5	2	5
	绿藻门	11	28	11	20	6	26
	硅藻门	11	17	10	13	12	32
	裸藻门	1	4			1	1
	甲藻门	1	3		1		5
	黄藻门		1				1
冬季	金藻门	2					1
	隐藻门	3	1	2	3	4	2
	蓝藻门	5	5		3	2	7
	绿藻门	4	9	8	9	2	10
	硅藻门	22	15	8	10	3	21
	裸藻门	5		1	1		2
	甲藻门			1		1	
	黄藻门						

物种数量的季节变化见图 8-8。调查区域内秋季出现的物种数量最高，为 131 种，其次为夏季、冬季，分别为 109 种、97 种。春季出现的物种数量最低，为 75 种。除大石村水库外，其他水库的物种数量均为秋季最高。

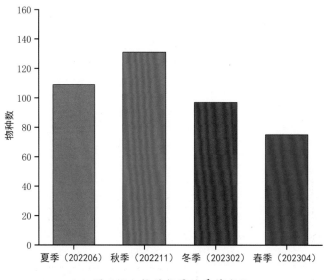

图 8-8　物种数量的季节变化

各季节不同水库河流浮游植物种类数量见图 8-9。大石村水库、大河东水库以及白沙河在所鉴定门类中均为硅藻门种类数最多，分别为 31 种、20 种、57 种，所占比例分别为 45.5%、46.5%、43.8%，接近各水库所鉴定出种类数的一半。

在晓望水库和书院水库中，硅藻门与绿藻门的种类数相当，晓望水库绿藻门占 38.5%，硅藻门占 34.6%，书院水库硅藻门占 37.1%，绿藻门占 38.2%。崂山水库所发现绿藻门种类数最多为 46 种，占 46.8%。总体来说，绿藻门和硅藻门物种数量在 4 个季节的所有区域都占有绝对优势，黄藻门、金藻门、隐藻门和甲藻门出现的物种数量较少，其中黄藻门物种只出现在秋季。

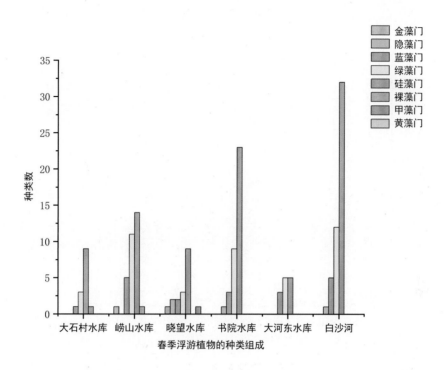

春季浮游植物的种类组成

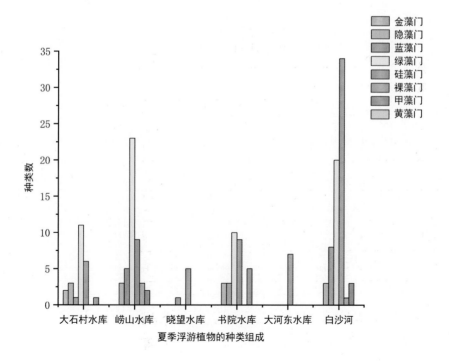

夏季浮游植物的种类组成

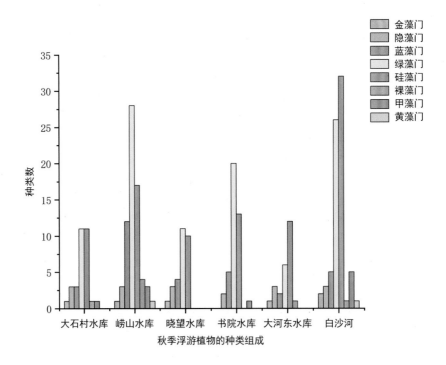

秋季浮游植物的种类组成

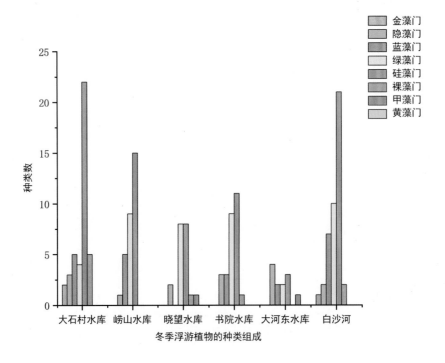

冬季浮游植物的种类组成

图 8-9　各季节不同水库、河流浮游植物种类数

（二）浮游动物

崂山优先区域四季共鉴定出浮游动物 50 属 93 种，分属于原生动物、轮虫、枝角类、桡足类四大类。种类组成以轮虫种类最多，为 20 属 46 种，占总种类数的 49.5%；其次是原生动物，为 15 属 26 种，占总种类数的 28%；枝角类和桡足类较少，分别为 6 属 9 种和 9 属 12 种，分别占总种类数的 9.7% 和 13%。不同季节不同区域浮游动物种类数差异较大，其中春季变化幅度为 7~19 种，夏季变化幅度为 8~29 种；秋季变化幅度为 11~36 种，冬季变化幅度为 6~29 种。大河东水库四季平均种类数最少，白沙河区域四季平均种类数最多（表 8-8）。

表 8-8　崂山优先区域四季各水库浮游动物种类数

季节	种类	各水库种数					
		大石村水库	崂山水库	晓望水库	书院水库	大河东水库	白沙河
春季	原生动物	3	4	5	2	0	6
	轮虫	3	5	7	3	2	6
	枝角类	1	2	2	2	2	1
	桡足类	2	3	1	6	3	5
夏季	原生动物	6	5	1	4	1	5
	轮虫	14	12	5	10	6	9
	枝角类	4	4	1	2	0	2
	桡足类	4	6	0	4	0	4
秋季	原生动物	3	6	1	2	1	8
	轮虫	9	11	5	7	6	21
	枝角类	3	2	1	3	1	2
	桡足类	4	3	3	4	3	4
冬季	原生动物	6	6	3	3	2	6
	轮虫	2	4	2	3	0	14
	枝角类	1	2	1	2	1	3
	桡足类	2	4	2	2	3	5

调查区域内物种数量夏季＞秋季＞冬季＞春季。夏季出现的物种数量最高，为54种，其次为秋季、冬季，分别为48种、37种，春季出现的物种数量最低，为35种（图8-10）。

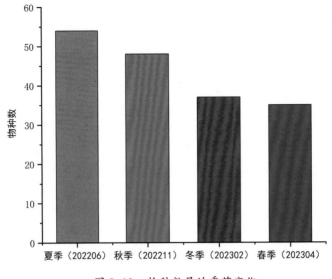

图8-10　物种数量的季节变化

各季节不同水库河流浮游动物种类数量见图8-11。可以看出轮虫物种数量在夏、秋两个季节的所有区域都占有绝对优势，桡足类、原生动物在调查区域广泛存在，枝角类种类在调查区域内数量较少。

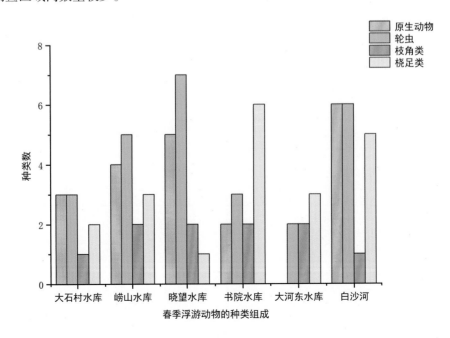

春季浮游动物的种类组成

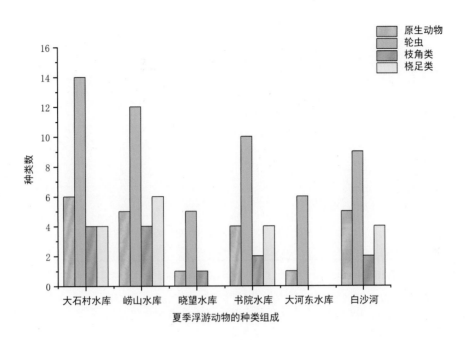

夏季浮游动物的种类组成

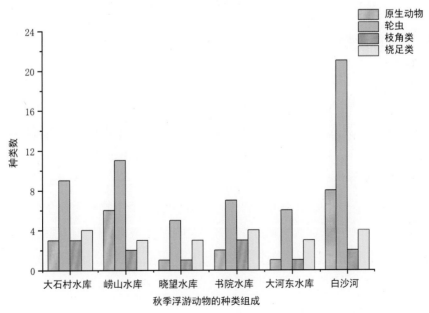

秋季浮游动物的种类组成

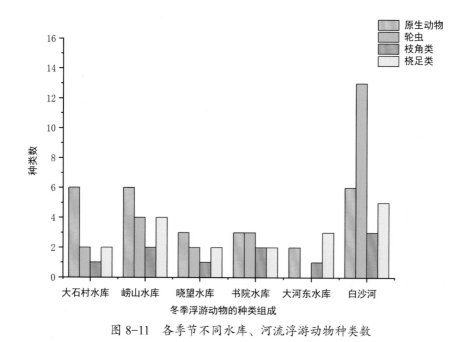

图 8-11　各季节不同水库、河流浮游动物种类数

（三）底栖生物

崂山优先区域四季共鉴定出底栖生物 84 种，分属于寡毛类和水生昆虫两大类，种类组成以水生昆虫种类最多，为 55 属 76 种，占总种类数的 90.5%；其次是寡毛类种类较少，为 5 属 8 种，占总种类数的 9.5%。不同季节不同区域底栖生物种类数差异较大，其中春季变化幅度为 7~26 种，夏季变化幅度为 5~12 种，秋季变化幅度为 3~22 种，冬季变化幅度为 7~33 种（表 8-9）。

物种数量的季节变化见图 8-12。从季节变化来看底栖生物种类数量变化，可以看出春季 > 冬季 > 夏季 > 秋季，调查区域春季出现的物种数量最高，秋季出现的物种数量最低。

各季节不同水库河流底栖生物类数量见图 8-13。可以看出水生昆虫物种数量在四个季节都占有绝对优势，寡毛类在调查区域广泛存在。

表 8-9　崂山优先区域四季各水库底栖生物种类数

季节	种类	各水库种数					
		大石村水库	崂山水库	晓望水库	书院水库	大河东水库	白沙河
春季	寡毛类	5	5	4	5	4	4
	水生昆虫类	2	10	6	12	9	22
夏季	寡毛类	3	3	5	3	3	2
	水生昆虫类	4	3	7	3	7	3
秋季	寡毛类	3	2	3	3	3	1
	水生昆虫类	0	3	4	0	5	21
冬季	寡毛类	4	5	5	5	5	5
	水生昆虫类	3	11	5	2	2	28

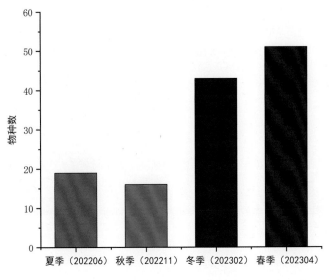

图 8-12　物种数量的季节变化

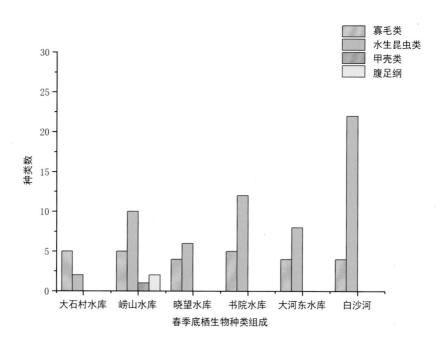

春季底栖生物种类组成

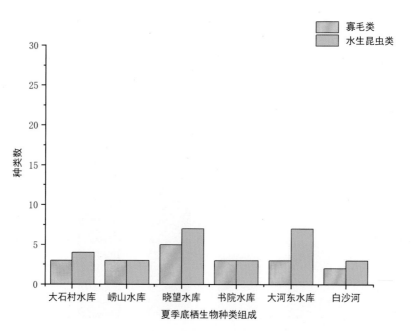

夏季底栖生物种类组成

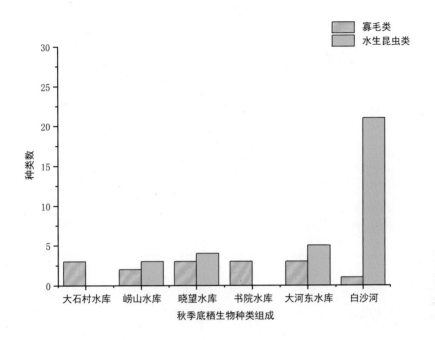

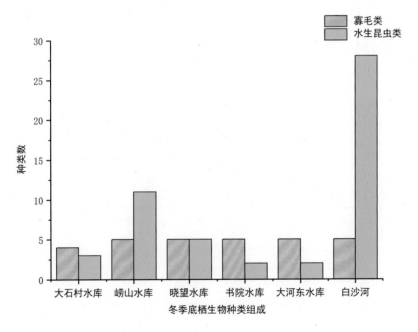

图 8-13　各季节不同水库、河流底栖生物种类数

（四）着生藻类

崂山优先区域四季共鉴定出着生藻类 48 种，隶属 3 门 5 纲 18 科 27 属。其中蓝藻门 4 属 5 种、绿藻门 9 属 17 种、硅藻门 14 属 26 种（表 8-10）。其中，蓝藻门、绿藻门和硅藻门的着生藻类种数分别占总种数的 10.42%、35.41% 和 54.17%。

表 8-10　崂山优先区域四季着生藻类种类数

区域	种类	春季	夏季	秋季	冬季
白沙河	蓝藻门	1	3	1	3
	绿藻门	3	13	9	2
	硅藻门	15	16	11	17

物种数量的季节变化见图 8-14。可以看出调查区域夏季出现的物种数量最高，为 32 种，其余季节种类数量较为平均，无明显差异，分别为秋季 21 种，冬季 22 种，春季 19 种。

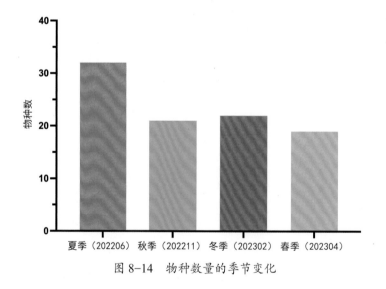

图 8-14　物种数量的季节变化

各季节白沙河着生藻类种类数量见图 8-15。在白沙河 4 个季节中所鉴定门类中均为硅藻门种类数占有绝对优势，达到总种类数的 54% 左右；绿藻门在夏季和秋季种类数较多仅次于硅藻门，分别达到总种类数的 40.6% 和 42.9%；蓝藻门在 4 个季节种类数均保持较低水平。

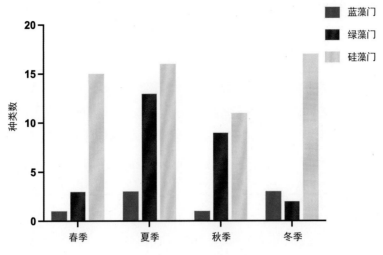

图 8-15　各季节白沙河着生藻类种类数

（五）鱼虾类

本次生物多样性调查关于鱼虾类的调查中，共发现鱼类 24 种，虾 6 种，隶属 6 目 12 科 24 属，其中鲤形目鲤科鉴定出的鱼种类最多，占鱼类总种类的 54%。根据现场捕捞状况，鳘属的鳘和麦穗鱼属的麦穗鱼捕捞量最大。

各点位中，崂山水库点位物种最为丰富，共发现鱼类 15 种，虾 2 种，隶属 4 目 5 科 13 属，其中，鲤科占据鱼类总种数的 80%，其余鳅科、鰕虎鱼科与鳕科各占 6.7%。崂山水库为深水型水库，砂石底质，周边环境优美水质良好，适宜水生生物生长，为鱼类提供了多样且优质的栖息生境，因此物种最为丰富。

白沙河崂山水库下游断面点位为物种次丰富的地区，共发现鱼类 10 种，虾 4 种，隶属 5 目 9 科 11 属，鲤科占据鱼类总种类数 33%。相较于崂山水库，不同科的分布较为均匀，并无哪一科的鱼类在种类数目上占据绝对优势。该河段虽为人工修缮过的河道，但河流中的植物异常繁茂，除分布着大量的挺水植物如芦苇、菖蒲之外，菹草、水棉等沉水植物也在河流中异常茂盛，为河道中栖息的生物提供了错综复杂的栖息空间与丰富的食物，为小型鱼类（如青鳉、鳑鲏）和底栖鱼类（如吻鰕虎）以及齿米虾等提供了优质的栖息生境。

大石村水库共发现鱼类 8 种，隶属 2 目 2 科 7 属，鲤科占鱼类总种类数 87.5%，于水体中上层活动的鱼类居多，底栖鱼类种类较少。书院水库共发现鱼 9 种，虾 2 种，隶属 4 目 4 科 10 属，鲤科在种类上占据优势为 78%。值得注意的是，在书院水库中，捕获到大量的梭鲈与马口鱼，两种皆为肉食鱼，梭鲈为外来引入种，大量的肉食鱼可能会对该水库的鱼类生存环境产生一定的影响。大河东水库共发现鱼类 5 种，隶属 1 目 1 科 5 属，全部为鲤科。晓望水库共发现鱼类 5 种，虾 1 种，隶属 2 目 2 科 5 属，鱼类全部为鲤科。

采用 eDNA 法测序后，夏季崂山水库（LSSK）和大石村（DSCSK）水库两个样本得以成功测序，调查从大石村水库测序样本中获得 183716 条不同的 OUT（图 8-16），从崂山水库测序样本中获得 177791 条不同的 OTU，共鉴定出 31 种鱼类，隶属 6 目 11 科 27 属（图 8-17）。崂山水库共 6 目 9 科 23 属 26 种，其中鲤形目 16 种，占总种数 61.5%；鲇形目、慈鲷目和鲱形目各 2 种，合计占 23.1%；虾虎鱼目 3 种，占 11.5%；胡瓜鱼目

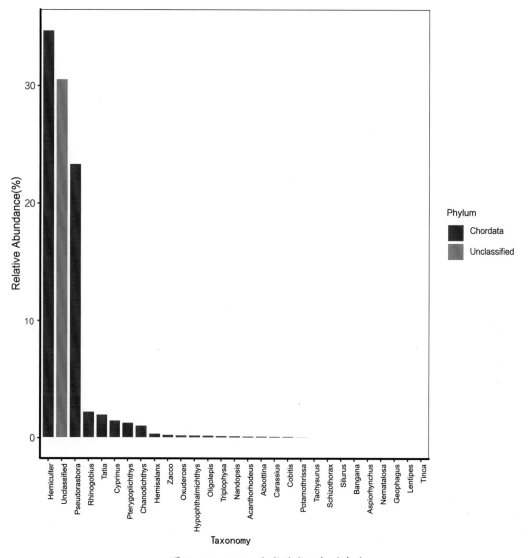

图 8-16　eDNA 鱼类种类及相对丰度

1 种，占 3.8%。大石村水库共 4 目 6 科 16 属 17 种，其中鲤形目 9 种，占总种数 52.9%；虾虎鱼目 4 种，占 23.5%；胡瓜鱼目 1 种，占 5.8%；鲇形目 3 种，占 17.6%。本研究通过 eDNA 法检测出大石村水库样本中含有入侵物种豹纹翼甲鲶（即清道夫），推测大石村水库可能出现入侵种。

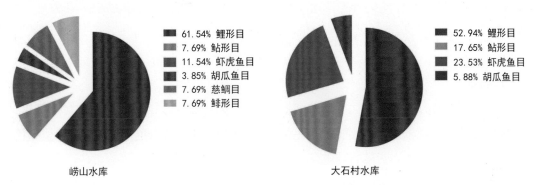

图 8-17　夏季崂山水库、大石村水库鱼类种类数

在此次调查中，发现属于《世界自然保护联盟（IUCN）濒危物种红色名录》中近危物种（NT）1 种：鲤科，鲢属，鲢（*Hypophthalmichthys molitrix*）；易危物种（VU）1 种：鲤科，鲤属，鲤（*Cyprinus carpio*）。于白沙河北九水位点发现香鱼种群，该鱼在《中国生物多样性红色名录评估等级》中被列为濒危（EN）。白沙河对照点位捕获圆尾斗鱼一尾，该鱼在《中国生物多样性红色名录评估等级》中被列为近危（NT）。

（六）挺水植物

在白沙河上游、北九水景区内、白沙河下游断面点位和崂山水库区域检出挺水植物 10 种，分别为芦苇属芦苇（*Phragmites australis*）、香蒲属狭叶香蒲（*Typha angustifolia*）、鸭跖草属鸭跖草（*Commelina communis*）、蓼属酸模叶蓼（*Persicaria lapathifolia*）、酸模属刺酸模（*Rumex maritimus*）、莲子草属喜旱莲子草（*Alternanthera philoxeroides*）、柳属柳树（*Salix babylonica*）、披碱草属鹅观草（*Elymus kamoji*）、大豆属野大豆（*Glycine soja*）、蔊菜属沼生蔊菜（*Rorippa palustris*）。

三、珍稀濒危物种（特征、分布、保护或致危因子）

浮游生物、底栖动物、鱼类、着生藻类及挺水植物均未发现符合国家"三有"名录以及国家保护动物名录中的生物。

根据《世界自然保护联盟（IUCN）濒危物种红色名录》，发现近危物种（NT）1种：鲤科，鲢属，鲢（*Hypophthalmichthys molitrix*）；易危物种（VU）1种：鲤科，鲤属，鲤（*Cyprinus carpio*）。根据《中国生物多样性红色名录评估等级》，发现近危物种（NT）2种：斗鱼科，斗鱼属，圆尾斗鱼（*Macropodus chinensis*）；颌针鱼科，青鳉属，青鳉（*Oryzias sinensis*）；濒危物种（EN）1种：胡瓜鱼科，香鱼属，香鱼（*Plecoglossus altivelis*）。

（一）鲢（*Hypophthalmichthys molitrix*）

1. 特征

体稍高而侧扁，腹部较窄。吻短，钝而圆。口阔，端位，稍向上斜。背绪基部短，第3根不分枝条为软条，尾分叉很深。生活时体色银白；偶呈灰白色，背尾的边缘呈黑色。成熟雄鱼在胸罐第1条有明显的骨质齿，雌鱼则较光滑（图8-18）。

2. 发现区域

大石村水库、崂山水库、书院水库。

图 8-18　鲢（*Hypophthalmichthys molitrix*）

（二）鲤（*Cyprinus carpio*）

1. 特征

体长而侧扁，头后背部隆起。口亚下位，呈马蹄形。须2对，发达，口角须长于吻须。背长，背外缘凹入，末根不分枝条为后缘带锯齿的粗壮硬刺；臀短；末根不分枝条为后缘带锯齿的硬刺；尾叉形；体背部灰黑色，侧线下方近金黄色，腹部灰白色；背鳞、臀基部储呈浅黑色，雄性尾储和臀储呈橙红色（图8-19）。

2. 发现区域

崂山水库、大河东水库、大石村水库、晓望水库、书院水库。

图 8-19　鲤（*Cyprinus carpio*）

（三）圆尾斗鱼（*Macropodus chinensis*）

1. 特征

体侧扁，呈长椭圆形，背腹凸出，略呈浅弧形。头侧扁。吻短突。眼大而圆，侧上位。眶前骨下缘前部游离，具弱锯齿，后部盖于皮下。眼间隔宽，微凸出。前鼻孔近上唇边缘，后鼻孔在眼近前缘。口小，上位，口裂斜，下颌略突出。上下颌牙细弱，犁骨与腭骨无牙，。前鳃盖骨和下鳃盖骨下缘具有弱锯齿。鳃孔重大。鳃上腔宽阔，内有迷路状鳃上器官，有辅助呼吸作用。鳃耙退化，仅为短突起状。鳃盖膜左右相连，与峡部分离。具圆鳞，眼间、头顶及体侧皆被鳞，背鳍及臀鳍基部有鳞鞘，尾基部亦被鳞。侧线退化，不明显。背鳍一个，起于胸鳍基后上方，基底甚长，棘部与鳍条部连续，后部鳍条较延长。臀鳍与背鳍同形，略长于背鳍，起点在背鳍第三鳍棘之下。胸鳍圆形，较短小。腹鳍胸位，起点略前于胸鳍起点，外侧第一鳍条延长成丝状。尾鳍圆形。体侧暗褐色，有的暗灰色，有不明显黑色横带数条。鳃盖骨后缘具一蓝色眼状斑块，小于眼径。在眼后下方与鳃盖间有两条暗色斜带。体侧各鳞片后部有黑色边缘。背鳍、臀鳍及腹鳍暗灰色，胸鳍浅灰色。雄鱼常比雌鱼体色鲜艳，背鳍和臀鳍后部鳍条更为延长（图 8-20）。

2. 分布

白沙河崂山水库下游河段。

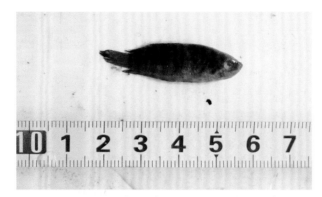

图 8-20　圆尾斗鱼（*Macropodus chinensis*）

（四）青鳉（*Oryzias sinensis*）

1. 特征

体小，头较宽，前部平扁。吻宽短。眼较大，上侧位。口小，上位口裂平直。无侧线。尾截形。各鳍灰黑色透明，繁殖期发情雄鱼腹储及臀储变为煤污黑色（图 8-21）。

2. 分布

白沙河崂山水库下游河段。

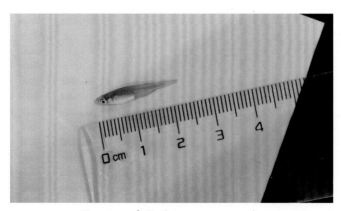

图 8-21　青鳉（*Oryzias sinensis*）

（五）香鱼（*Plecoglossus altivelis*）

1. 特征

鱼体细长侧扁，头小吻尖，吻前端向下弯成钩状，下颌前端有二突起，与吻钩嵌合。眼中等大，侧上位。身体上部绿色，背缘黑色，两侧及腹部白色，除头部外，全身布满小圆鳞。鳍无硬刺，背鳍后有一小脂鳍，鲜活时各鳍呈淡黄色，脂鳍周围微红，腹鳍上方有一黄色斑点。香鱼是一种溯河产卵的洄游性鱼类，每年秋季在江河中产卵，当年孵出的幼鱼入海越冬。冬天在平静的沿岸越冬。翌年春季，体长大约为 46 mm 的香鱼自海里上溯至河流饵料丰富地带育肥（图 8-22）。

2. 分布

白沙河上游北九水景区。

3. 致危因子

由于受外界环境的影响而造成资源量急剧减少，尤其是在香鱼产卵育肥河段的上游，大量森林被砍伐，土地被开垦，造成严重的水土流失，破坏了香鱼的繁衍生存的环境。此外，几乎所有河流均拦河筑坝建水库，阻断了其洄游通道，改变了溪川的水文条件；工业污水大量排入溪川，水质污染严重，破坏了原有生态环境。更严重的是，产地普遍存在大量杀灭幼、成香鱼的现象，加之电、密网和鸬鹚等不良捕法，致使香鱼遭受毁灭性打击。

图 8-22　香鱼（*Plecoglossus altivelis*）

四、物种丰度、生物量及其水平分布和季节变化

（一）浮游植物细胞丰度、生物量分布及季节变化

崂山优先区域四季浮游植物的平均细胞丰度为 2.97×10^6 cells/L。从季节变化来看，秋季浮游植物平均细胞丰度最高，为 7.82×10^6 cells/L，其次为夏季和春季，平均细胞

丰度为 3.60×10^6 cells /L 和 2.54×10^5 cells /L，冬季浮游植物平均细胞丰度最低为 2.05×10^5 cells /L。

各水库各季节浮游植物的平均细胞丰度如表 8-11 所示。其中，大石村水库四季浮游植物的平均细胞丰度为 1.34×10^6 cells /L，崂山水库四季浮游植物的平均细胞丰度为 1.14×10^7 cells /L，晓望水库四季浮游植物的平均细胞丰度为 2.93×10^5 cells /L，书院水库四季浮游植物的平均细胞丰度为 1.91×10^6 cells /L，大河东水库四季浮游植物的平均细胞丰度为 1.20×10^5 cells /L，白沙河四季浮游植物的平均细胞丰度为 2.77×10^6 cells /L。

表 8-11 崂山优先区域各水库四季浮游植物丰度

单位：cells/L

区域	春季	夏季	秋季	冬季
大石村水库	4.83×10^4	3.82×10^6	1.33×10^6	1.60×10^5
崂山水库	6.43×10^5	1.62×10^7	2.82×10^7	5.28×10^5
晓望水库	1.06×10^5	1.78×10^5	8.27×10^5	6.20×10^4
书院水库	2.08×10^5	1.20×10^6	6.06×10^6	1.77×10^5
大河东水库	7.20×10^4	4.37×10^4	2.72×10^5	9.10×10^4
白沙河	4.47×10^5	1.62×10^5	1.03×10^7	2.15×10^5

各季节不同水库、河流浮游植物丰度统计见图 8-23。硅藻门、绿藻门、蓝藻门丰度在四季都占据优势。崂山水库浮游植物丰度在四季均为最高。

崂山优先区域四季浮游植物的平均生物量为 9.319 mg/L，变化范围在 3.021~22.085 mg/L。从季节变化来看，冬季浮游植物的生物量最低，秋季浮游植物的生物量最高。

各水库四季浮游植物的生物量如表 8-12 所示。大石村水库四季浮游植物的平均生物量为 1.055 mg/L，崂山水库四季浮游植物的平均生物量为 4.841 mg/L，晓望水库四季浮游植物的平均生物量为 0.172 mg/L，书院水库四季浮游植物的平均生物量为 1.130 mg/L，大河东水库四季浮游植物的平均生物量为 0.952 mg/L，白沙河四季浮游植物的平均生物量为 1.170 mg/L。其中，除大石村水库外，其余水库的浮游植物生物量均在秋季最高。大石村水库、崂山水库以及书院水库在冬季时浮游植物生物量最低，晓望水库和白沙河在夏季时最低。

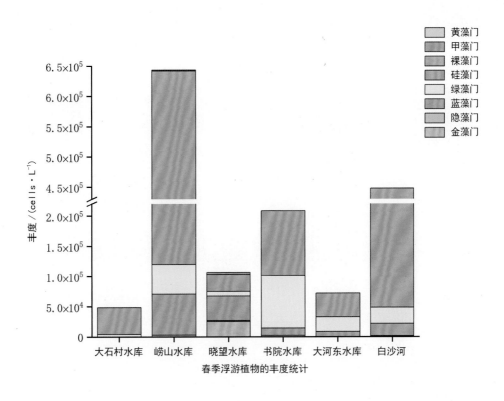

春季浮游植物的丰度统计

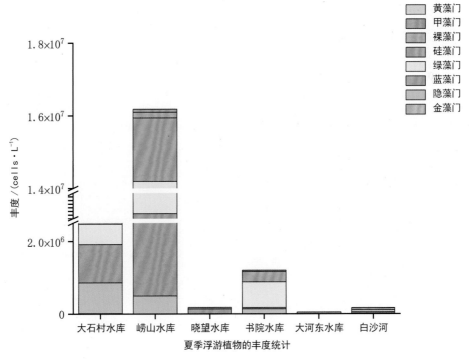

夏季浮游植物的丰度统计

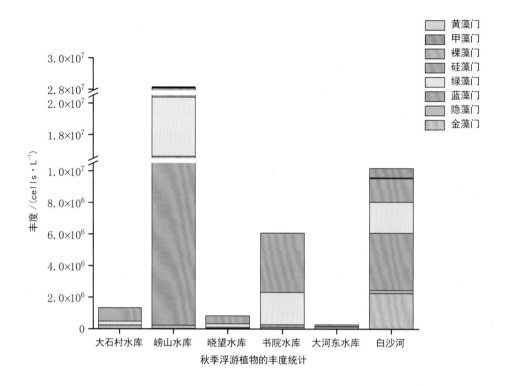

秋季浮游植物的丰度统计

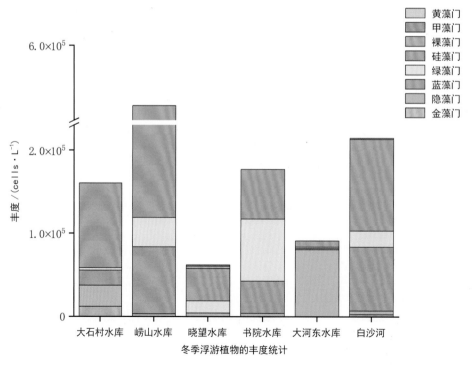

冬季浮游植物的丰度统计

图 8-23　各季节不同水库、河流浮游植物丰度统计

表 8-12　崂山优先区域四季各水库浮游植物生物量

单位：mg/L

区域	春季	夏季	秋季	冬季
大石村水库	0.392	2.802	0.799	0.226
崂山水库	3.113	3.128	11.777	1.345
晓望水库	0.133	0.040	0.355	0.161
书院水库	1.014	0.884	2.077	0.545
大河东水库	0.086	0.263	2.947	0.510
白沙河	0.206	0.109	4.130	0.235

各季节不同水库河流浮游植物的生物量统计见图 8-24。硅藻门在四季生物量较高，隐藻门在夏季大石村水库、崂山水库以及秋季大河东水库中占有优势，蓝藻门在冬季各水库中占有优势。

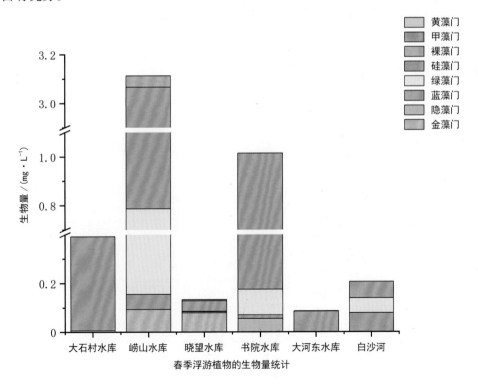

春季浮游植物的生物量统计

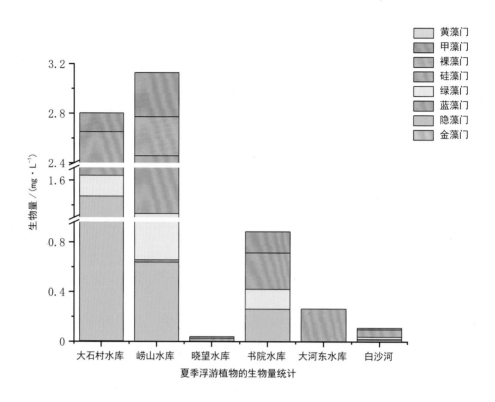

夏季浮游植物的生物量统计

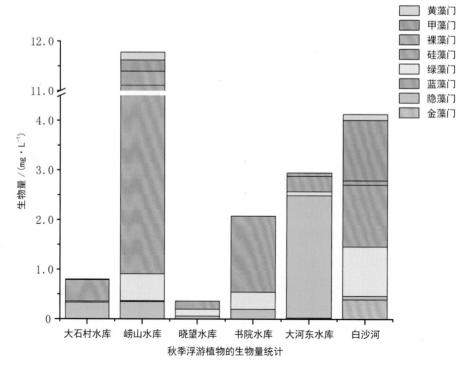

秋季浮游植物的生物量统计

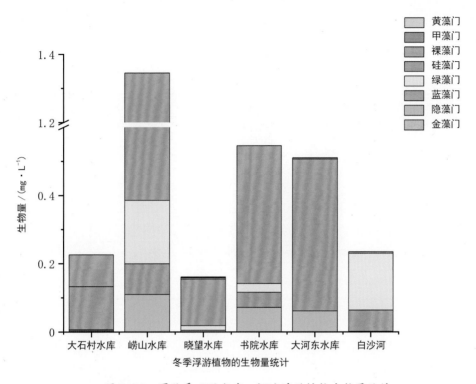

图 8-24　夏秋季不同水库、河流浮游植物生物量统计

（二）浮游动物丰度、生物量水平分布及季节变化

崂山优先区域四季浮游动物的平均丰度为 665.17 ind/L。其中原生动物、轮虫丰度占比分别为 29.5%、45.1%，其余枝角类、桡足类分别占比 10.3%、15.1%。从季节变化来看，夏季浮游动物丰度最高，为 1832.26 ind/L；冬季浮游动物丰度最低，为 194.03 ind/L。

各水库各季节浮游动物丰度见表 8-13，其中，大石村水库四季浮游动物平均丰度为 330.3 ind/L；崂山水库四季浮游动物平均丰度为 112.46 ind/L；晓望水库四季浮游动物平均丰度为 61.235 ind/L；书院水库四季浮游动物平均丰度为 59.2775 ind/L；大河东水库四季浮游动物平均丰度为 58.895 ind/L；白沙河四季浮游动物平均丰度为 43.005 ind/L。

各季节不同水库河流浮游动物丰度统计见图 8-25。轮虫丰度在四季都占据优势。夏秋季节大石村水库浮游动物丰度最高，春季晓望水库浮游动物丰度最高，冬季崂山水库浮游动物丰度最高。

表 8-13　崂山优先区域四季各水库浮游动物丰度

单位：ind/L

区域	春季	夏季	秋季	冬季
大石村水库	41.4	1095.5	147.88	36.42
崂山水库	37.11	272.68	66.1	73.95
晓望水库	100.25	119.23	4.63	20.83
书院水库	32.96	136.07	52.8	15.28
大河东水库	23.53	121.17	84.18	6.7
白沙河	20.5	87.62	23.06	40.84

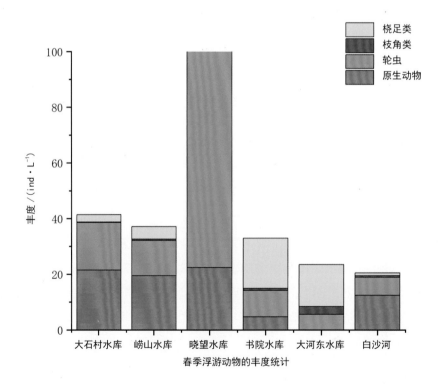

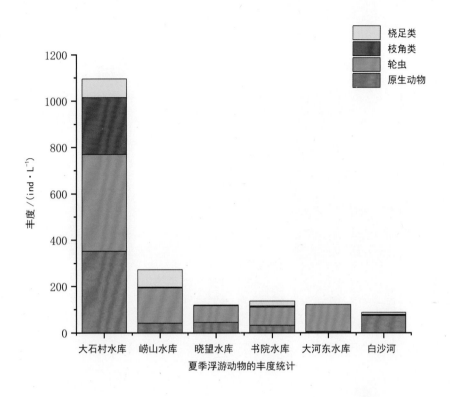

夏季浮游动物的丰度统计

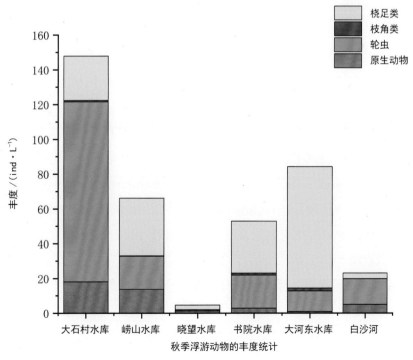

秋季浮游动物的丰度统计

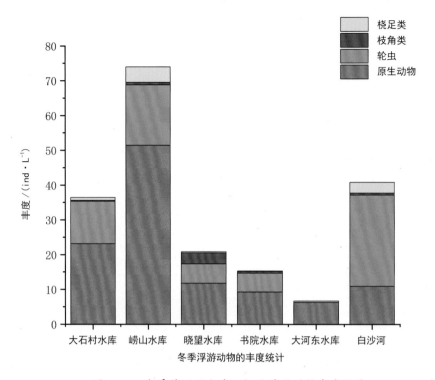

图 8-25　各季节不同水库、河流浮游动物丰度统计

崂山优先区域四季浮游动物的平均生物量为 9.61 mg/L。变化范围为 1.29~23.45 mg/L。从季节变化来看，夏季浮游动物生物量最高，为 23.45 mg/L；冬季浮游动物生物量最低，为 1.29 mg/L。

各水库各季节浮游动物生物量如表 8-14 所示，其中，大石村水库四季浮游动物平均生物量为 4.04 mg/L；崂山水库四季浮游动物平均生物量为 2.04 mg/L；晓望水库四季浮游动物平均生物量为 0.51 mg/L；书院水库四季浮游动物平均生物量为 1.20 mg/L；大河东水库四季浮游动物平均生物量为 1.45 mg/L；白沙河四季浮游动物平均生物量为 0.36 mg/L。其中大石村水库、崂山水库、晓望水库、书院水库和白沙河均是夏季生物量最高；大河东水库的秋季生物量最高。

四季不同水库河流浮游动物生物量统计见图 8-26。桡足类在四季中均占据优势。春季书院水库浮游动物的生物量最高，夏季大石村水库浮游动物生物量最高，秋季大河东水库浮游动物的生物量最高，冬季白沙河区域浮游动物生物量最高。

表 8-14　崂山优先区域四季各水库浮游动物生物量

单位：mg/L

区域	春季	夏季	秋季	冬季
大石村水库	0.32	13.24	2.42	0.18
崂山水库	0.37	5.51	1.87	0.43
晓望水库	0.85	0.92	0.15	0.14
书院水库	1.02	1.99	1.72	0.07
大河东水库	0.87	1.27	3.65	0.02
白沙河	0.13	0.53	0.33	0.45

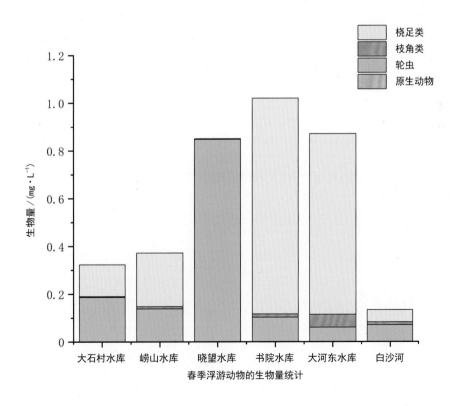

春季浮游动物的生物量统计

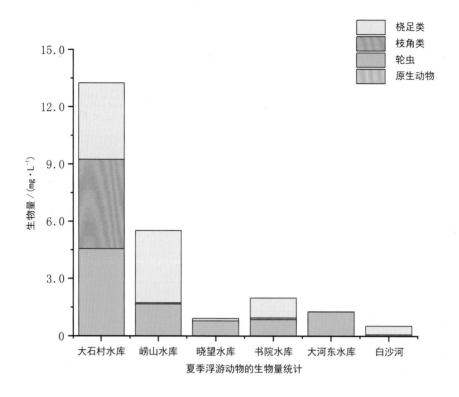

夏季浮游动物的生物量统计

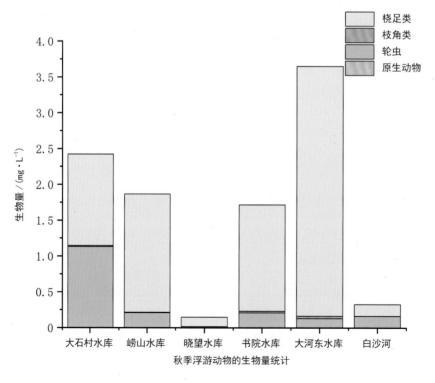

秋季浮游动物的生物量统计

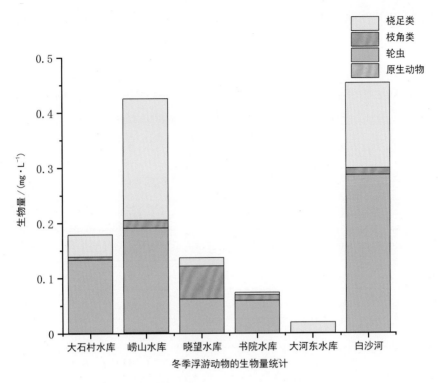

图 8-26　各季节不同水库、河流浮游动物的生物量统计

（三）底栖生物丰度的水平分布及季节变化

崂山优先区域四季底栖生物的平均丰度为 2294.33 ind/m²。其中寡毛类、水生昆虫类丰度占比分别为 68.5%、31.5%，从季节变化来看，春季底栖生物丰度最高，为 3297.33 ind/m²；秋季底栖生物丰度最低，为 1345.33 ind/m²。

各水库各季节底栖生物丰度如表 8-15 所示，其中，大石村水库四季底栖生物平均丰度为 431.67 ind/m²；崂山水库四季底栖生物平均丰度为 227.5 ind/m²；晓望水库四季底栖生物平均丰度为 342.67 ind/m²；书院水库四季底栖生物平均丰度为 361.33 ind/m²；大河东水库四季底栖生物平均丰度为 372.83 ind/m²；白沙河四季底栖生物平均丰度为 471 ind/m²。

各季节不同水库河流底栖生物丰度统计见图 8-27。寡毛类在春夏季节占据优势，水生昆虫类在秋冬季节的白沙河区域占据优势。

崂山优先区域四季底栖生物的平均生物量为 6.17 g/m²，变化范围为 3.35~8.76 g/m²。从季节变化来看，夏季底栖生物的生物量最高，为 8.76 g/m²，秋季底栖生物的生物量最低为 3.35 g/m²。

各水库四季底栖生物的生物量如表 8-16 所示。大石村水库四季底栖生物的平均生物量为 2.05 g/m²，崂山水库四季底栖生物的平均生物量为 0.60 g/m²，晓望水库四季底栖生物的平均生物量 0.39 g/m²，书院水库四季底栖生物的平均生物量为 0.64 g/m²，大河东水库四季底栖生物的平均生物量为 1.03 g/m²，白沙河四季底栖生物的平均生物量为 1.47 g/m²。其中，崂山水库、大河东水库和白沙河的底栖生物生物量在冬季最高，大石村水库、崂山水库以及书院水库的底栖生物生物量在秋季最低。

表 8-15　崂山优先区域四季各水库底栖生物丰度

单位：ind/m²

区域	春季	夏季	秋季	冬季
大石村水库	1274.67	872	121.33	314.67
崂山水库	268	269.33	93.33	240
晓望水库	144	309.33	64	432
书院水库	1034.67	360	64	333.33
大河东水库	360	306.67	184	248
白沙河	216	101.33	818.67	748

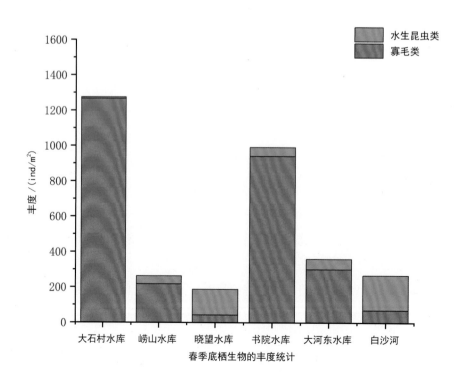

春季底栖生物的丰度统计

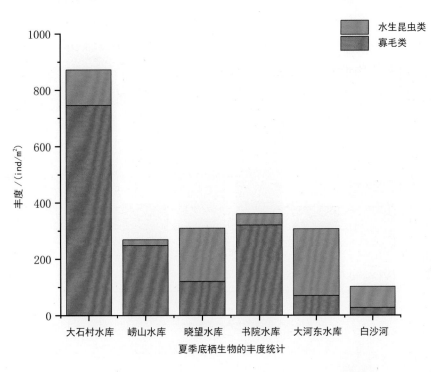

夏季底栖生物的丰度统计

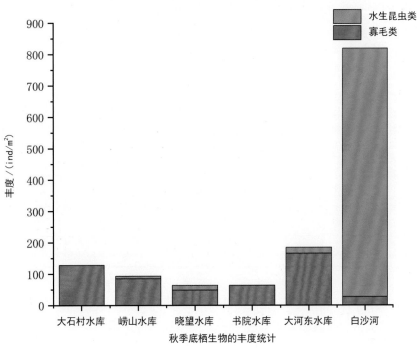

秋季底栖生物的丰度统计

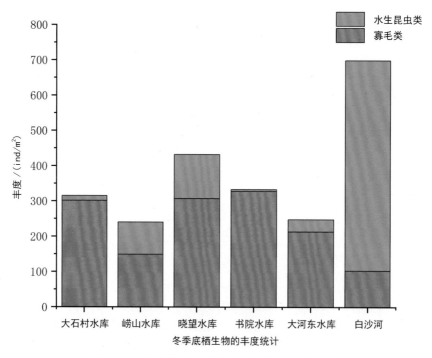

图 8-27 各季节不同水库、河流底栖生物丰度统计

表 8-16 崂山优先区域四季各水库底栖生物生物量

单位：g/m²

区域	春季	夏季	秋季	冬季
大石村水库	1.67	5.76	0.24	0.55
崂山水库	0.33	0.86	0.11	1.11
晓望水库	0.21	0.43	0.68	0.23
书院水库	0.96	0.75	0.08	0.76
大河东水库	0.61	0.20	0.29	3.00
白沙河	0.39	0.76	1.95	2.77

　　各季节不同水库河流底栖生物的生物量统计见图 8-28。水生昆虫类生物量在白沙河中四季中均高于寡毛类，在其他水库中寡毛类在四季均占有优势。

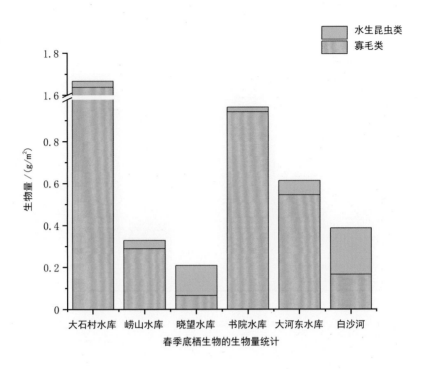

春季底栖生物的生物量统计

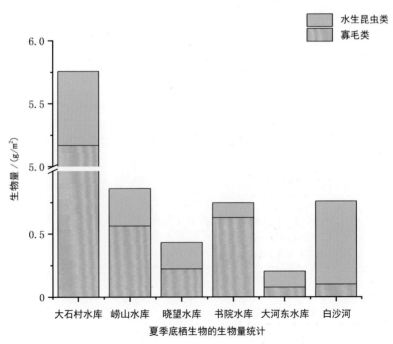

夏季底栖生物的生物量统计

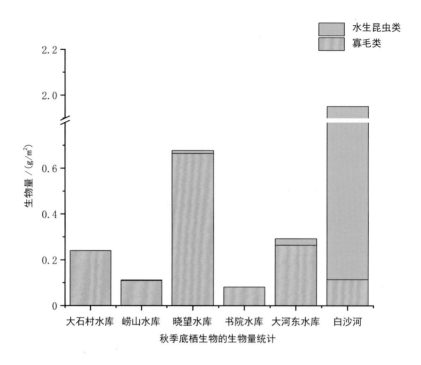

秋季底栖生物的生物量统计

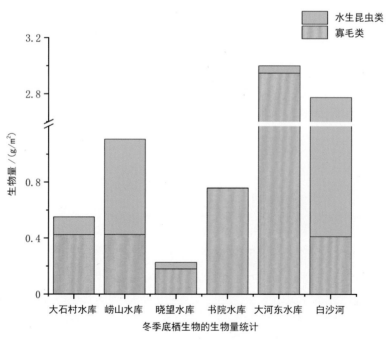

冬季底栖生物的生物量统计

图 8-28 各季节不同水库、河流底栖生物的生物量统计

（四）着生藻类细胞丰度、生物量分布及季节变化

崂山优先区域四季着生藻类的平均细胞丰度为 1.56×10^7 cells/L。从季节变化来看，春季着生藻类平均细胞丰度最高，为 2.53×10^7 cells/L，其次为冬季和秋季，平均细胞丰度为 1.28×10^7 cells/L 和 1.77×10^7 cells/L，夏季浮游植物平均细胞丰度最低为 6.49×10^6 cells/L。

各季节不同水库河流着生藻类丰度和生物量统计见表 8-17、表 8-18、图 8-29。调查区域四个季度着生藻类的丰度和生物量呈相似变化趋势，春、夏、秋季的丰度和生物量均明显高于冬季，其中硅藻门丰度和生物量在四季均占据优势。

表 8-17　崂山优先区域四季着生藻类丰度

单位：cells/L

区域	春季	夏季	秋季	冬季
白沙河	2.53×10^7	6.49×10^6	1.77×10^7	1.28×10^7

表 8-18　崂山优先区域四季着生藻类生物量

单位：mg/L

区域	春季	夏季	秋季	冬季
白沙河	11.11	5.55	11.11	8.68

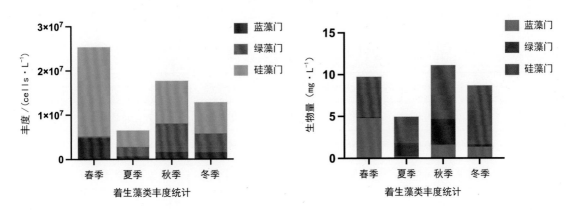

图 8-29　各季节白沙河着生藻类丰度和生物量统计

第四节　空间分布特征

一、优势种的水平分布及季节变化

（一）浮游植物

崂山优先区域春季优势种为美丽星杆藻、微小隐球藻、颗粒直链藻等，其中尖针杆藻在大石村水库、崂山水库、晓望水库以及大河东水库均作为优势种出现，矮小沟链藻在大石村水库、晓望水库、书院水库均为优势种。夏季优势种为绿色颤藻、湖泊假鱼腥藻、双对栅藻等，其中链形小环藻在大石村水库、书院水库、白沙河均作为优势种出现，湖泊假鱼腥藻在大石村水库以及崂山水库均为优势种。秋季优势种有尖尾蓝隐藻、矮小沟链藻、链形小环藻等，其中链形小环藻在各水库均为优势种，矮小沟链藻在大石村水库、晓望水库、书院水库以及大河东水库均作为优势种出现。冬季优势种有链形小环藻、尖针杆藻、美小针杆藻等，其中链形小环藻在大石村水库、晓望水库、书院水库以及大河东水库均作为优势种出现，尖针杆藻在大石村水库、崂山水库、白沙河均作为优势种出现（表8-19）。

表 8-19　崂山优先区域各水库浮游植物四季优势种

区域	春季		夏季		秋季		冬季	
	优势种	优势度	优势种	优势度	优势种	优势度	优势种	优势度
大石村水库	美丽星杆藻	0.66	湖泊假鱼腥藻	0.41	矮小沟链藻	0.47	链形小环藻	0.51
	二头脆杆藻	0.07	尖尾蓝隐藻	0.21	链形小环藻	0.22	棒胶藻属	0.1
	尖针杆藻	0.06	链形小环藻	0.21	双对栅藻	0.17	尖针杆藻	0.1
	矮小沟链藻	0.03	细小曲壳藻	0.16	卵形隐藻	0.16	具尾蓝隐藻	0.03
			卵形隐藻	0.04	细小曲壳藻	0.03		
			尖针杆藻	0.03	具尾蓝隐藻	0.03		

（续）

区域	春季		夏季		秋季		冬季	
	优势种	优势度	优势种	优势度	优势种	优势度	优势种	优势度
			四尾栅藻小型变种	0.03				
崂山水库	颗粒直链藻	0.3	湖泊假鱼腥藻	0.53	湖泊假鱼腥藻	0.35	尖针杆藻	0.41
	尖针杆藻	0.2	空星藻	0.06	链形小环藻	0.09	美小针杆藻	0.28
	颗粒沟链藻	0.08	美小针杆藻	0.05	颗粒直链藻	0.06	湖泊假鱼腥藻	0.09
	湖泊假鱼腥藻	0.07	韦斯藻	0.05	束球藻属	0.06		
	美小针杆藻	0.06	极小集胞藻	0.03	池生粘球藻	0.05		
	克罗顿脆杆藻俄勒冈变种	0.05	微芒藻	0.03	微小隐球藻	0.05		
	球孢转板藻	0.04			微小微囊藻	0.05		
	细鞘丝藻	0.03			美小针杆藻	0.05		
	中型脆杆藻	0.03			苍白微囊藻	0.04		
					尖针杆藻	0.04		
晓望水库	微小隐球藻	0.56	绿色颤藻	0.74	链形小环藻	0.36	普通等片藻	0.19
	分歧锥囊藻	0.37	尖针杆藻	0.21	矮小沟链藻	0.27	啮蚀隐藻	0.14
	尖针杆藻	0.1			并联藻	0.11	单生卵囊藻	0.13
	肘状针杆藻	0.09			肾形藻	0.08	链形小环藻	0.09
	链形小环藻	0.07			空球藻	0.05		
	裸甲藻	0.05			束球藻属	0.05		
	矮小沟链藻	0.05			湖泊假鱼腥藻	0.03		
					卵形隐藻	0.03		
书院水库	小球藻	0.16	双对栅藻	0.44	矮小沟链藻	0.48	微小隐球藻	0.24
	梅尼小环藻	0.1	并联藻	0.24	链形小环藻	0.06	矮小沟链藻	0.17
	颗粒直链藻	0.1	链形小环藻	0.11	小空星藻	0.06	卷曲纤维藻	0.16

（续）

区域	春季		夏季		秋季		冬季	
	优势种	优势度	优势种	优势度	优势种	优势度	优势种	优势度
书院水库	肘状针杆藻	0.05	尖尾蓝隐藻	0.07	小球藻	0.03	颗粒直链藻	0.09
	镰形纤维藻	0.04	小球藻	0.03	双对栅藻	0.03	针形纤维藻	0.04
	矮小沟链藻	0.04					小球藻	0.04
	中型脆杆藻	0.03					链形小环藻	0.04
	美丽星杆藻	0.03						
大河东水库	梅尼小环藻	0.24	简单舟形藻	0.45	尖尾蓝隐藻	0.64	链形小环藻	0.07
	尖针杆藻	0.2	梅尼小环藻	0.38	矮小沟链藻	0.56		
	小球藻	0.17			卵形隐藻	0.37		
	土生绿球藻	0.09			链形小环藻	0.31		
	美小针杆藻	0.07			谷皮菱形藻	0.04		
	微小隐球藻	0.07						
	水溪绿球藻	0.06						
		0.04						
白沙河	膨胀桥弯藻	0.05	链形小环藻	0.14	湖泊假鱼腥藻	0.15	梅尼小环藻	0.08
	著名羽纹藻	0.03	并联藻	0.04			尖针杆藻	0.07
	极小桥弯藻	0.03					颗粒直链藻	0.04
							湖泊假鱼腥藻	0.03

（二）浮游动物

崂山优先区域中，浮游动物春季优势种有：球砂壳虫、卜氏晶囊轮虫、长圆疣毛轮虫。其中球砂壳虫在大石村水库、崂山水库、晓望水库、书院水库、白沙河区域均作为优势种出现；卜氏晶囊轮虫在崂山水库、晓望水库、书院水库、白沙河区域均作为优势种出现；长圆疣毛轮虫在崂山水库、晓望水库、大河东水库均作为优势种出现。夏季优势种有：球砂壳虫、累枝虫属、裂足臂尾轮虫、简弧象鼻溞、桡足类无节幼体。其中球砂壳虫在书院水库、白沙河区域均作为优势种出现；累枝虫属在大石村水库、崂山水库均作为优势种出现；裂足臂尾轮虫在大石村水库、书院水库均作为优势种出现；简弧象鼻溞仅在大石村水库作为优势种出现；桡足类无节幼体在大石村水库、崂山水库、白沙河区域均作为优势种出现。秋季优势种有：累枝虫属、螺形龟甲轮虫、长圆疣毛轮虫、桡足类幼体。其中累枝虫属在大石村水库、崂山水库、书院水库均作为优势种出现；螺形龟甲轮虫仅在崂山水库作为优势种出现；长圆疣毛轮虫在大石村水库、崂山水库、书院水库、大河东水库均作为优势种出现；桡足类幼体崂山水库、晓望水库、大河东水库、白沙河区域均作为优势种出现。冬季优势种有：球砂壳虫、淡水薄铃虫、卜氏晶囊轮虫、针簇多肢轮虫、桡足类无节幼体。其中球砂壳虫在大石村水库、崂山水库、晓望水库、书院水库、白沙河区域均作为优势种出现；淡水薄铃虫在大石村水库、崂山水库均作为优势种出现；卜氏晶囊轮虫在大石村水库、崂山水库、晓望水库、书院水库、白沙河区域均作为优势种出现；针簇多肢轮虫在崂山水库、晓望水库均作为优势种出现；桡足类无节幼体在崂山水库、大河东水库、白沙河区域均作为优势种出现（表8-20）。

表8-20　崂山优先区域各水库浮游动物四季优势种

区域	春季		夏季		秋季		冬季	
	优势种	优势度	优势种	优势度	优势种	优势度	优势种	优势度
大石村水库	球砂壳虫	0.25	针棘刺胞虫	0.03	累枝虫属	0.1	大口表壳虫	0.12
	太阳晶盘虫	0.19	月形刺胞虫	0.05	卜氏晶囊轮虫	0.07	球砂壳虫	0.36
	淡水薄铃虫	0.05	累枝虫属	0.24	真翅多肢轮虫	0.02	小茄壳虫	0.03
	盖氏晶囊轮虫	0.37	独角聚花轮虫	0.1	长圆疣毛轮虫	0.57	钟虫属	0.03
	汤匙华哲水蚤	0.03	裂足臂尾轮虫	0.12	桡足类无节幼体	0.13	淡水薄铃虫	0.03
			梳状疣毛轮虫	0.03			卜氏晶囊轮虫	0.3
			疣毛轮属	0.12			螺形龟甲轮虫	0.03
			简弧象鼻溞	0.17				
			颈沟基合溞	0.05				
			桡足类无节幼体	0.06				

（续）

区域	春季		夏季		秋季		冬季	
	优势种	优势度	优势种	优势度	优势种	优势度	优势种	优势度
崂山水库	砂表壳虫	0.07	累枝虫属	0.14	累枝虫属	0.17	砂表壳虫	0.27
	球砂壳虫	0.36	多态胶鞘轮虫	0.19	螺形龟甲轮虫	0.13	球砂壳虫	0.21
	雷殿拟铃壳虫	0.04	卜氏晶囊轮虫	0.04	长圆疣毛轮虫	0.08	绿急游虫	0.04
	卜氏晶囊轮虫	0.03	暗小异尾轮虫	0.03	郝氏皱甲轮虫	0.04	王氏拟铃壳虫	0.02
	螺形龟甲轮虫	0.03	圆筒异尾轮虫	0.26	四刺窄腹剑水蚤	0.06	淡水薄铃虫	0.13
	长圆疣毛轮虫	0.04	四刺窄腹剑水蚤	0.09	桡足类无节幼体	0.29	卜氏晶囊轮虫	0.03
	椎尾水轮虫	0.12	桡足类无节幼体	0.13	桡足类幼体	0.09	萼花臂尾轮虫	0.02
	等刺温剑水蚤	0.02					壶状臂尾轮虫	0.08
	桡足类无节幼体	0.07					针簇多肢轮虫	0.1
							桡足类无节幼体	0.05
晓望水库	砂表壳虫	0.03	钟虫属	0.19	针棘刺胞虫	0.27	砂表壳虫	0.14
	普通表壳虫	0.05	急游虫	0.06	简弧象鼻溞	0.17	球砂壳虫	0.14
	球砂壳虫	0.03	侠盗虫	0.12	桡足类无节幼体	0.24	王氏拟铃壳虫	0.14
	卵圆前管虫	0.09	螺形龟甲轮虫	0.19	桡足类幼体	0.27	锥形拟铃壳虫	0.14
	绿急游虫	0.03	针簇多肢轮虫	0.1			卜氏晶囊轮虫	0.13
	独角聚花轮虫	0.23	广布多肢轮虫	0.13			针簇多肢轮虫	0.14
	卜氏晶囊轮虫	0.56	暗小异尾轮虫	0.18			长额象鼻溞	0.15
	螺形龟甲轮虫	0.2						
	针簇多肢轮虫	0.08						
	长圆疣毛轮虫	0.12						
	卵形彩胃轮虫	0.08						
	砂表壳虫	0.04	球砂壳虫	0.13	累枝虫属	0.04	砂表壳虫	0.13
	球砂壳虫	0.09	针棘刺胞虫	0.04	针簇多肢轮虫	0.03	球砂壳虫	0.34

（续）

区域	春季		夏季		秋季		冬季	
	优势种	优势度	优势种	优势度	优势种	优势度	优势种	优势度
书院水库	卜氏晶囊轮虫	0.04	短刺刺胞虫	0.03	长圆疣毛轮虫	0.3	绿急游虫	0.04
	矩形龟甲轮虫	0.04	裂足臂尾轮虫	0.11	广布中剑水蚤	0.14	卜氏晶囊轮虫	0.12
	梳状疣毛轮虫	0.16	疣毛轮属	0.08	四刺窄腹剑水蚤	0.33	裂痕龟纹轮虫	0.1
	右突新镖水蚤	0.04	圆盖柱头轮虫	0.3	桡足类无节幼体	0.05	细异尾轮虫	0.04
	英勇剑水蚤	0.05	英勇剑水蚤	0.04			短尾秀体溞	0.03
	透明温剑水蚤	0.06	四刺窄腹剑水蚤	0.07				
	四刺窄腹剑水蚤	0.28						
大河东水库	独角聚花轮虫	0.12	急游虫	0.04	针簇多肢轮虫	0.08	砂表壳虫	0.46
	长圆疣毛轮虫	0.12	独角聚花轮虫	0.04	长圆疣毛轮虫	0.05	普通表壳虫	0.48
	长额象鼻溞	0.11	螺形龟甲轮虫	0.04	简弧象鼻溞	0.02	桡足类无节幼体	0.05
	汤匙华哲水蚤	0.56	针簇多肢轮虫	0.45	右突新镖水蚤	0.05		
			广布多肢轮虫	0.3	近邻剑水蚤	0.02		
			韦氏同尾轮虫	0.04	桡足类无节幼体	0.41		
			圆盖柱头轮虫	0.09	桡足类幼体	0.35		
白沙河	球砂壳虫	0.26	球砂壳虫	0.63	球砂壳虫	0.02	盘状表壳虫	0.03
	卜氏晶囊轮虫	0.04	桡足类无节幼体	0.02	针棘匣壳虫	0.06	球砂壳虫	0.04
	长额象鼻溞	0.03			疣毛轮属	0.22	卜氏晶囊轮虫	0.04
	桡足类无节幼体	0.03			桡足类无节幼体	0.03	镰状臂尾轮虫	0.02
					桡足类幼体	0.02	梳状疣毛轮虫	0.02
							桡足类无节幼体	0.03

（三）底栖生物

崂山优先区域中，底栖生物春季优势种有霍普水丝蚓、奥特开水丝蚓、淡水单孔蚓、中华颤蚓。其中霍普水丝蚓在大石村水库、崂山水库、书院水库、白沙河区域均作为优势种出现；奥特开水丝蚓在大石村水库、崂山水库、书院水库均作为优势种出现；淡水单孔蚓在大石村水库、崂山水库、晓望水库、书院水库、大河东水库、白沙河区域均作为优势种出现；中华颤蚓在大石村水库、书院水库、大河东水库均作为优势种出现。夏季优势种有淡水单孔蚓、中华颤蚓、克拉伯水丝蚓、云集多足摇蚊、柔嫩雕翅摇蚊。其中淡水单孔蚓在大石村水库、崂山水库、晓望水库、书院水库、大河东水库均作为优势种出现；中华颤蚓在大石村水库、崂山水库、书院水库、白沙河区域均作为优势种出现；克拉伯水丝蚓大石村水库、崂山水库、书院水库、白沙河区域均作为优势种出现；云集多足摇蚊在大石村水库、书院水库均作为优势种出现；柔嫩雕翅摇蚊在大石村水库、白沙河区域均作为优势种出现。秋季优势种仅有霍普水丝蚓，在大石村水库、崂山水库、晓望水库、大河东水库、白沙河区域均作为优势种出现。冬季优势种有淡水单孔蚓、中华颤蚓、颤蚓。其中淡水单孔蚓在大石村水库、崂山水库、晓望水库、书院水库、大河东水库均作为优势种出现；中华颤蚓大石村水库、晓望水库、书院水库、大河东水库均作为优势种出现；颤蚓在大石村水库、崂山水库、晓望水库、白沙河区域均作为优势种出现（表8-21）。

表8-21 崂山优先区域各水库底栖生物四季优势种

区域	春季		夏季		秋季		冬季	
	优势种	优势度	优势种	优势度	优势种	优势度	优势种	优势度
大石村水库	霍普水丝蚓	0.03	淡水单孔蚓	0.03	霍普水丝蚓	0.85	淡水单孔蚓	0.53
	奥特开水丝蚓	0.02	中华颤蚓	0.17	奥特开水丝蚓	0.04	中华颤蚓	0.06
	淡水单孔蚓	0.88	克拉伯水丝蚓	0.37			颤蚓	0.03
	中华颤蚓	0.05	云集多足摇蚊	0.07				
			柔嫩雕翅摇蚊	0.03				
崂山水库	霍普水丝蚓	0.19	淡水单孔蚓	0.05	霍普水丝蚓	0.75	淡水单孔蚓	0.38
	奥特开水丝蚓	0.04	中华颤蚓	0.08			颤蚓	0.03
	淡水单孔蚓	1.3	克拉伯水丝蚓	0.73			多齿齿斑摇蚊	0.03
	前突摇蚊属B种	0.02						
	台湾长跗摇蚊	0.09						

（续）

区域	春季 优势种	优势度	夏季 优势种	优势度	秋季 优势种	优势度	冬季 优势种	优势度
晓望水库	淡水单孔蚓	0.14	淡水单孔蚓	0.27	霍普水丝蚓	0.31	霍普水丝蚓	0.03
	多齿齿斑摇蚊	0.13	颤蚓	0.03	奥特开水丝蚓	0.03	淡水单孔蚓	0.39
	前突摇蚊 C 种	0.15	苏氏尾鳃蚓	0.04	中华颤蚓	0.07	中华颤蚓	0.11
			前突摇蚊 C 种	0.07	前突摇蚊 C 种	0.03	颤蚓	0.02
			长跗摇蚊属	0.07	羽翼刺翅蜉	0.03	多齿齿斑摇蚊	0.04
			渐变长跗摇蚊	0.08			红前突摇蚊	0.13
书院水库	霍普水丝蚓	0.13	淡水单孔蚓	0.1	奥特开水丝蚓	0.92	淡水单孔蚓	0.65
	奥特开水丝蚓	0.05	中华颤蚓	0.07			中华颤蚓	0.26
	淡水单孔蚓	0.63	克拉伯水丝蚓	0.42				
	中华颤蚓	0.67	云集多足摇蚊	0.05				
大河东水库	淡水单孔蚓	0.68	淡水单孔蚓	0.19	霍普水丝蚓	0.8	水丝蚓属	0.05
	中华颤蚓	0.06	小云多足摇蚊	0.1	中华颤蚓	0.04	淡水单孔蚓	0.38
	前突摇蚊 C 种	0.03	长跗摇蚊属	0.37			中华颤蚓	0.04
	长跗摇蚊属	0.03					红前突摇蚊	0.04
白沙河	霍普水丝蚓	0.03	中华颤蚓	0.12	霍普水丝蚓	0.02	颤蚓	0.05
	淡水单孔蚓	0.03	克拉伯水丝蚓	0.05	壳粗腹属	0.04	斑点流粗腹摇蚊	0.05
	长跗摇蚊属	0.08	柔嫩雕翅摇蚊	0.42	反转似突摇蚊	0.13	俊才齿斑摇蚊	0.15
	渐变长跗摇蚊	0.02			墨黑摇蚊	0.02	四节蜉属	0.03
	斑点纳塔摇蚊	0.09			日假爱菲泥甲	0.02		

（四）着生藻类

崂山优先区域白沙河着生藻类在不同季节中，优势种出现变化。春季优势种为蓝藻门和硅藻门的绿色颤藻、蓖形短缝藻等，其中蓖形短缝藻在春、夏两季均作为优势种出现。

夏季优势种转变为以绿藻门为主的双对栅藻、二形栅藻等。秋、冬季节优势种变为以硅藻门为主的两栖菱形藻、扁圆卵形藻、简单舟行藻等，同时也有蓝藻门和绿藻门藻类出现，如绿色颤藻、小空星藻，但优势度不明显（表8-22）。

表8-22　崂山优先区域着生藻类四季优势种

区域	春季		夏季		秋季		冬季	
	优势种	优势度	优势种	优势度	优势种	优势度	优势种	优势度
白沙河	绿色颤藻	0.09	双对栅藻	0.07	伪鱼腥藻	0.09	绿色颤藻	0.03
	篦形短缝藻	0.12	二形栅藻	0.02	二形栅藻	0.07	伪鱼腥藻	0.04
	简单舟形藻	0.39	异形水绵藻	0.05	小空星藻	0.06	尖针杆藻	0.03
	两栖菱形藻	0.04	梅尼小环藻	0.04	钝脆杆藻	0.04	简单舟形藻	0.05
			颗粒直链藻	0.04	扁圆卵形藻	0.11	细小桥弯藻	0.02
			肘状针杆藻	0.02	两栖菱形藻	0.18	缢缩异极藻头状变种	0.02
			篦形短缝藻	0.03			两栖菱形藻	0.07

二、生物多样性评价

（一）浮游植物

崂山优先区域四个季节浮游植物群落的香农－维纳多样性指数（H'）、均匀度指数（J）和生物多样性阈值（D_v）如表8-23所示。

春季各水库浮游植物香农－维纳多样性指数平均值为2.24，变化范围在1.28~3.21；夏季各水库浮游植物香农－维纳多样性指数平均值为1.92，变化范围在0.76~3.26；秋季各水库浮游植物香农－维纳多样性指数平均值为2.23，变化范围在1.70~3.13；冬季各水库浮游植物香农－维纳多样性指数平均值为2.03，变化范围在1.38~2.75。白沙河浮游植物香农－维纳多样性指数在四季中均为最高，春季时最小值出现在大石村水库，夏季时最小值出现在晓望水库，秋季和冬季均为大河东水库平均值最低。

春季各水库浮游植物均匀度指数平均值为 0.71，变化范围在 0.56~0.83；夏季各水库浮游植物均匀度平均值为 0.63，变化范围在 0.43~0.80；秋季各水库浮游植物均匀度平均值 0.63，变化范围在 0.55~0.68；冬季浮游植物均匀度平均值为 0.69，变化范围在 0.57~0.79。白沙河浮游植物均匀度在春季、夏季以及秋季中均为最高，晓望水库在冬季时最高。春季时最小值出现在大石村水库，夏季时最小值出现在晓望水库，秋季最小值出现在大河东水库，冬季最小值出现在崂山水库。

春季各水库浮游植物生物多样性阈值平均值为 1.66，变化范围为 0.72~2.68。夏季各水库浮游植物生物多样性阈值平均值为 1.28，变化范围为 0.33~2.61。秋季各水库浮游植物生物多样性阈值平均值为 1.42，变化范围为 0.94~2.13。冬季各水库浮游植物生物多样性阈值平均值为 1.43，变化范围为 0.87~2.12。其中，大石村水库四季多样性均为一般。崂山水库多样性会在秋季达到较好状态，其余季节一般。晓望水库夏季多样性较差，冬季较好。书院水库以及大河东水库均在春季多样性较好，白沙河生物多样性均在较好程度以上。

表 8-23　崂山优先区域各水库浮游植物四季多样性指数

区域	春季			夏季			秋季			冬季		
	H'	J	D_y	H'	J	D_y	H'	J	D_y	H'	J	D_y
大石村水库	1.28	0.56	0.72	2.06	0.68	1.40	1.84	0.59	1.09	1.87	0.64	1.19
崂山水库	2.15	0.63	1.36	2.22	0.61	1.36	2.61	0.66	1.72	1.79	0.57	1.02
晓望水库	1.78	0.63	1.12	0.76	0.43	0.33	1.91	0.65	1.24	2.15	0.79	1.71
书院水库	2.89	0.82	2.37	1.97	0.61	1.20	2.19	0.64	1.40	2.25	0.74	1.66
大河东水库	2.10	0.82	1.72	1.26	0.65	0.81	1.70	0.55	0.94	1.38	0.63	0.87
白沙河	3.21	0.83	2.68	3.26	0.80	2.61	3.13	0.68	2.13	2.75	0.77	2.12

（二）浮游动物

青岛市崂山生物多样性保护优先区域四个季节浮游动物的香农 – 维纳多样性指数（H'）、均匀度指数（J）和生物多样性阈值（D_y）如表 8-24 所示。

春季各水库浮游动物香农 – 维纳多样性指数平均值为 1.95，变化范围在 1.37~2.22；夏季各水库浮游动物香农 – 维纳多样性指数平均值为 1.82，变化范围在 0.74~2.37；秋季各水库浮游动物香农 – 维纳多样性指数平均值为 1.88，变化范围在 1.51~2.75；冬季各水库浮游动物香农－维纳多样性指数平均值为1.87，变化范围在0.91~2.66。春季浮游动物香农－维纳多样性指数最大值出现在晓望水库；夏季最大值出现在书院水库；秋季和冬季最大值均出现在白沙河区域。春季时最小值出现在大河东水库，夏季时最小值出现在白沙河区域，秋季和冬季均为大河东水库平均值最低。

春季各水库浮游动物均匀度平均值为0.78，变化范围在0.70~0.86；夏季各水库浮游动物均匀度平均值为0.66，变化范围在0.66~0.86；秋季各水库浮游动物均匀度平均值0.71，变化范围在0.55~0.86；冬季浮游动物均匀度平均值为0.74，变化范围在0.51~0.91。春季浮游动物均匀度最大值出现在书院水库；夏季、秋季和冬季最大值出现在晓望水库。春季和冬季最小值出现在大河东水库，夏季时最小值出现在白沙河区域，秋季最小值出现在大石村水库。

根据生物多样性阈值分级评价标准，春季各水库浮游动物生物多样性阈值平均值为1.52，变化范围为0.96~1.88。夏季各水库浮游动物生物多样性阈值平均值为1.29，变化范围为0.18~1.88。秋季各水库浮游动物生物多样性阈值平均值为1.34，变化范围为0.85~2.21。冬季各水库浮游动物生物多样性阈值平均值为1.44，变化范围为0.47~2.16。其中，大石村水库四季多样性评价等级为II，等级描述均为一般。崂山水库多样性会在春季达到较好状态，评价等级为III，其余季节一般。晓望水库秋季多样性一般，其余季节较好，评价等级达到III以上。书院水库在秋季和冬季多样性一般，春季夏季多样性较好。大河东水库冬季多样性较差，评价等级仅为I，其余季节多样性一般。白沙河夏季多样性较差，春季一般，秋冬季节多样性较好，评价等级达到III。

表8-24　崂山优先区域各水库浮游动物四季多样性指数

区域	春季			夏季			秋季			冬季		
	H'	J	D_y	H'	J	D_y	H'	J	D_y	H'	J	D_y
大石村水库	1.60	0.77	1.23	2.25	0.66	1.49	1.56	0.55	0.85	1.79	0.70	1.25
崂山水库	2.15	0.80	1.71	2.12	0.68	1.44	2.15	0.70	1.49	2.07	0.76	1.58
晓望水库	2.22	0.80	1.78	1.99	0.86	1.71	1.54	0.86	1.33	2.00	0.91	1.82
书院水库	2.20	0.86	1.88	2.37	0.79	1.88	1.76	0.71	1.25	1.76	0.76	1.34
大河东水库	1.37	0.70	0.96	1.46	0.70	1.02	1.51	0.61	0.92	0.91	0.51	0.47
白沙河	2.16	0.72	1.56	0.74	0.25	0.18	2.75	0.80	2.21	2.66	0.81	2.16

（三）底栖生物

崂山优先区域四个季节底栖生物的香农 – 维纳多样性指数（H'）、均匀度指数（J）和生物多样性阈值（D_y）如表 8-25 所示。

春季各水库底栖生物香农 – 维纳多样性指数平均值为 1.48，变化范围在 0.54~2.65；夏季各水库底栖生物香农 – 维纳多样性指数平均值为 1.29，变化范围在 0.95~1.94；秋季各水库底栖生物香农 – 维纳多样性指数平均值为 0.97，变化范围在 0.34~2.12；冬季各水库底栖生物香农 – 维纳多样性指数平均值为 1.50，变化范围在 0.83~2.30。春季底栖生物香农 – 维纳多样性指数最大值出现在白沙河区域；夏季最大值出现在晓望水库；秋季和冬季最大值均出现在白沙河区域。春季和冬季时最小值出现在大石村水库，夏季时最小值出现在崂山水库，秋季最小值出现在书院水库。

春季各水库底栖生物均匀度平均值为 0.55，变化范围在 0.28~0.83；夏季各水库底栖生物均匀度平均值为 0.65，变化范围在 0.53~0.77；秋季各水库底栖生物均匀度平均值 0.49，变化范围在 0.27~0.81；冬季底栖生物均匀度平均值为 0.61，变化范围在 0.43~0.74。春季和夏季底栖生物均匀度最大值出现在白沙河区域；秋季和冬季最大值出现在晓望水库。春季和冬季最小值出现在大石村水库，夏季和秋季最小值出现在崂山水库。

根据生物多样性阈值分级评价标准，春季各水库底栖生物生物多样性阈值平均值为 0.93，变化范围为 0.15~2.21。夏季各水库底栖生物生物多样性阈值平均值为 0.86，变化范围为 0.50~1.47。秋季各水库底栖生物生物多样性阈值平均值为 0.59，变化范围为 0.11~1.45。冬季各水库底栖生物生物多样性阈值平均值为 0.95，变化范围为 0.35~1.50。其中，调查的五个水库夏季多样性均为一般，多样性评价等级为 II，大石村水库和书院水库其余季节多样性较差，多样性评价等级仅为 I。崂山水库秋季多样性较差，春季冬季多样性一般。晓望水库四季多样性一般。大河东水库秋季多样性较差，其余季节多样性一般。白沙河春季多样性较好，多样性评价等级为 III，其余季节多样性一般。

表 8-25　崂山优先区域各水库底栖生物四季多样性指数

区域	春季			夏季			秋季			冬季		
	H'	J	D_y	H'	J	D_y	H'	J	D_y	H'	J	D_y
大石村水库	0.54	0.28	0.15	1.27	0.65	0.83	0.48	0.43	0.21	0.83	0.43	0.35
崂山水库	1.30	0.49	0.64	0.95	0.53	0.50	0.44	0.27	0.12	1.78	0.64	1.14

（续）

区域	春季			夏季			秋季			冬季		
	H'	J	D_y	H'	J	D_y	H'	J	D_y	H'	J	D_y
晓望水库	1.82	0.76	1.37	1.94	0.76	1.47	1.57	0.81	1.27	1.78	0.74	1.32
书院水库	1.23	0.43	0.54	1.14	0.64	0.73	0.34	0.31	0.11	0.97	0.50	0.48
大河东水库	1.33	0.50	0.67	1.37	0.57	0.79	0.87	0.42	0.37	1.31	0.67	0.89
白沙河	2.65	0.83	2.21	1.07	0.77	0.82	2.12	0.69	1.45	2.30	0.65	1.50

（四）着生藻类

崂山优先区域四个季节着生藻类群落的香农－维纳多样性指数（H'）、均匀度指数（J）和生物多样性阈值（D_y）如表 8-26 所示。

春季白沙河着生藻类香农－维纳多样性指数为 1.81；夏季着生藻类香农－维纳多样性指数 2.91；秋季着生藻类香农－维纳多样性指数为 2.42；冬季着生藻类香农－维纳多样性指数为 2.10。夏季着生藻类香农－维纳多样性指数在四季中均为最高，春季值最低。着生藻类均匀度随季节的变化趋势与多样性指数相似，也表现出夏季均匀度最高为 0.84，春季最低为 0.61。

根据生物多样性阈值分级评价标准，春季和冬季白沙河着生藻类多样性相对较低，阈值分别为 1.10 和 1.43，多样性评价等级均为 II，等级描述均为一般。夏季和秋季白沙河着生藻类多样性较高，阈值分别为 2.44 和 1.91，多样性评价等级均为 III，等级描述均为较好。

表 8-26　崂山优先区域着生藻类四季多样性指数

区域	春季			夏季			秋季			冬季		
	H'	J	D_y	H'	J	D_y	H'	J	D_y	H'	J	D_y
白沙河	1.81	0.61	1.10	2.91	0.84	2.44	2.42	0.79	1.91	2.10	0.68	1.43

第九章
大型真菌多样性调查与评估

第一节　野外调查

一、调查原则

（一）生态优先原则

牢固树立尊重自然、顺应自然、保护自然的生态文明理念，坚持保护优先、自然恢复为主，遵循自然生态系统演替和地带性分布规律，充分发挥生态系统自身能力，维持和提高生物多样性，有效保护重要生态系统、生物物种和生物遗传资源。

（二）科学性和规范性原则

生物多样性调查坚持严谨的科学态度，根据崂山生物多样性保护优先区域生物多样性的实际和项目调查情况，合理布设调查点，保持调查的连续性和科学性。严格按照已经颁布的通用标准、统一的技术方法，进行科学、规范的分析和评估。

（三）全面性和可行性原则

调查区域为崂山生物多样性保护优先区域，包括崂山、华楼山、三标山范围内的各种生境类型，以及不同的海拔段、坡位、坡向，尽量全面涵盖调查区域的重点区域，保证调查结果能够全面反映生物群落分布状况和生物多样性特点。在调查数据分析的基础上，全面系统地对生物多样性现状进行评估；同时要根据数据的可获取情况，评估要遵循可操作性和技术可行性。

二、调查方法

（一）大型真菌物种调查

大型真菌调查采用踏查法、样线法和访谈（问）法，注重前期文献资料收集，点面结合。依据生境类型选择调查路线，尤其在雨季大型真菌产生子实体的季节，鉴定和记录所发现的各种大型真菌及相关信息，包括种类、生境、基物、GPS点、分布地点和干扰因素等（图9-1）。

对于不能现场鉴定的物种需采集标本，采取形态鉴定和分子鉴定相结合的方法进行大型真菌的鉴定。形态鉴定：结合拍摄的典型照片，根据野外观察和记录的子实体生境、生态习性采集标本的宏观形态特征（菌盖、菌褶、菌柄大小、形态和色泽，有无菌环、菌托、菌盖附属物及着生方式等），对采集到的子实体进行物种鉴定；分子鉴定：采用 ITS 序列分析（主要针对仅依据形态特征无法鉴定的大型真菌）。

1. 踏查法

根据大型真菌的分布规律和工作强度决定踏查面积。调查时间尽量贯穿该区域整个大型真菌子实体生长季节。每年踏查 3 次，分别在春（4~5 月）、夏（7~8 月）、秋季（10~11 月）开展，在代表性生态系统及植被类型中对大型真菌进行影像采集，录入关键数据信息，采集标本，尽量避免遗漏，鉴定和记录所发现的各种大型真菌及相关信息。

2. 样线法

每年调查 3 次，分别在春（4~5 月）、夏（7~8 月）、秋季（10~11 月）开展，重点关注雨季（6~9 月）大型真菌调查。样线覆盖 4 个海拔梯度。每 200 m 的高差带内做一次样线调查，高差不足 200 m 可平移。

（二）大型真菌物种补充调查与鉴定

根据调查区域实地，结合项目调查样线分布及调查结果，大型真菌调查采用踏查法和样线法点面结合。依据生境类型选择调查路线，尤其在大型真菌子实体生长的季节（6~9 月），观测调查区域内大型真菌并记录相关信息，包括种类、生境、基物、GPS 点、分布地点和干扰因素等。

（三）大型真菌物种多样性评估

对现场调查所得到的结果进行分析，分析崂山大型真菌物种多样性及评估技术。

1. 物种总数

统计调查区域内大型真菌物种总数。

2. 食用菌、药用菌的种类和数量

查明调查区域内食用菌、药用菌的物种，并分别统计种数。

3. 受威胁与需关注的物种种类和数量

按照《中国生物多样性红色名录—大型真菌卷》中的受威胁程度对调查所得大型真菌分类，并统计种数，包括极危物种（Critically Endangered, CR）、濒危物种（Endangered species, EN）、易危物种（Vulnerable species，VU）物种、疑似灭绝物种（Suspectedly Extinct, SE）、受威胁物种、近危物种（Near Threatened，NT）和数据不足物种（Data Deficient，DD）。

4. 各类威胁因子的影响

基于野外调查与资料数据分析，识别影响调查区域大型真菌物种多样性的主要威胁，包括过度采集、森林砍伐、旅游开发、土壤污染、干旱、洪涝及其他，分析其对调查区域大型真菌物种多样性的影响及其影响程度。

5. 亟待重点保护的物种

从物种分布、种群数量、种群更新能力、适宜生境的质量与范围、已有保护措施等方面，根据调查结果进行综合评估，识别种群规模小、种群更新能力弱、个体数量少、发生频率低、受威胁程度严重、需要重点保护的物种。

图 9-1　大型真菌野外采样

图 9-2　大型真菌补充采样

三、标本鉴定

大型真菌采取形态鉴定和分子鉴定相结合的方法进行鉴定（图 9-3）。

形态鉴定：结合拍摄的典型照片，根据野外观察和记录的子实体的生境、生态习性，采集标本的宏观形态特征（菌盖、菌褶、菌柄大小、形态和色泽，有无菌环、菌托、菌盖附属物及着生方式等），参照可靠的大型真菌鉴定手册和权威文献描述，对采集到的子实体进行物种鉴定。

图 9-3　大型真菌鉴定

第二节　大型真菌多样性

一、调查概况

　　真菌是通过从基质物摄取营养物而生长的，既不同于动物也不同于植物的一大类群生物体。崂山地区真菌较丰富，本次在崂山生物多样性优先区域共调查到大型真菌 3 纲 15 目 52 科 104 属 246 种。其中，有 202 种为调查区域分布新记录。

二、珍稀濒危物种

　　结合生态学报《山东省大型真菌物种濒危程度与优先保育评价》一文，以及《中国生物多样性红色名录（2020）》，评估得到 32 种珍稀或濒危种。其中有 1 种一级保护真菌，6 种二级保护真菌，2 种三级保护真菌。

（一）药用真菌

1. 灵芝（*Ganoderma lucidum*）（图 9-4）

　　灵芝俗名仙草，属担子菌门伞菌纲多孔菌目灵芝科，夏秋生于栲树、枫树等阔叶的树桩、埋木上。灵芝是名贵的药用真菌，其含灵芝多糖、灵芝三萜类化合物、有机锗等生理活性成分。除对癌症、心脑血管疾病有疗效外，对胃肠、肝脏、肾脏炎症，白血病、神经衰弱、慢性支气管炎、哮喘、过敏等疾病也有显著的疗效。此外，灵芝还有强精、消炎、镇痛、抗菌、解毒、利尿、净血等多种作用和功效，是一种历史悠久的保健食品和天然的免疫调节剂。按中医"润补强壮，扶正固本"原理来讲，能起到"延年益寿"作用。崂山野生灵芝在国内外享有盛誉，是十分珍贵的药用资源。

2. 蛹虫草（*Cordyceps militaris*）（图 9-5）

　　蛹虫草别名北冬虫夏草、北虫草，属子囊菌门粪壳菌纲肉座菌目虫草科，春夏生长于阔叶林或混交林地上、树皮缝内和鳞翅目昆虫的蛹上。我国以虫草作药历史悠久，其含虫草素，常做滋补、镇静、强壮类药物使用。崂山虫草资源有限，故十分珍贵。

图 9-4　灵芝（*Ganoderma lucidum*）

图 9-5　蛹虫草（*Cordyceps militaris*）

（二）食用真菌

崂山食用真菌丰富，常见的有红汁乳菇、黏盖乳牛肝菌、厚环乳牛肝菌、糙皮侧耳等。

1. 糙皮侧耳（*Lactarius hatsudake*）（图 9-6）

糙皮侧耳一般指平菇（*Pleurotus ostreatus*）是侧耳科侧耳属真菌。子实体丛生或叠生，菌盖呈覆瓦状丛生，为扇状、贝壳状、不规则的漏斗状。菌盖肉质肥厚柔软。菌盖表面颜色受光线的影响而变化，光强色深，光弱色浅。菌褶白色，长短不一，长的由菌盖边缘一直延伸到菌柄，短的仅在菌盖边缘有一小段，形如扇骨。菌柄侧生或偏生，白色，中实；菌丝体白色，粗壮有力，菌肉白色、稍厚、柔软。

图 9-6　糙皮侧耳（*Lactarius hatsudake*）

2. 黏盖乳牛肝菌（*Suillus bovinus*）（图 9-7）

黏盖乳牛肝菌是牛肝菌科黏盖牛肝菌属真菌。菌盖直径 3~10 cm，半球形，后平展，边缘薄，初内卷，后波状，土黄色，淡黄褐色，干后呈肉桂色，表面光滑，湿时很黏，干时有光泽。菌肉淡黄色。菌管延生，不易与菌肉分离，淡黄褐色。柄长 2.5~7.0 cm，粗 0.5~1.2 cm，近圆柱形，有时基部稍细，光滑，无腺点，通常上部比菌盖色浅，下部呈黄褐色。黏盖牛肝菌可食用，不少地区收集并销售。该菌试验抗癌，对小白鼠肉瘤 180 的抑制率为90%，对艾氏癌的抑制率为 100%。此外，该菌具有较强的抗氧化能力。

　　崂山经济真菌资源丰富，开发利用前景极为广阔。利用各种传统的栽培技术和现代生物学的高新技术开发各种食用菌、药用菌及其他菇菌，将会取得很大的社会效益、经济效益和生态效益。

图 9-7　黏盖乳牛肝菌（*Suillus bovinus*）

（三）珍稀濒危大型真菌

　　本次调查共发现 32 种珍稀濒危大型真菌（表 9-1），包括灰树花孔菌（*Grifola frondosa*）、黑木耳（*Auricularia auricula*）、黏盖乳牛肝菌（*Suillus bovinus*）、花盖红菇（*Russula cyanoxantha*）、密褶红菇（*Russula densifolia*）、血红密孔菌（*Pycnoporus sanguineus*）、毛头鬼伞（*Coprinus comatus*）、点柄臭黄菇（*Russula senecis*）、灰鹅膏（*Amanita vaginata*）、肉褐环柄菇（*Lepiota brunneoincarnata*）等。

表 9-1　珍稀濒危大型真菌名录

序号	中文名	拉丁名
1	灰树花孔菌	*Grifola frondosa*
2	黑木耳	*Auricularia auricula*
3	黏盖乳牛肝菌	*Suillus bovinus*
4	花盖红菇	*Russula cyanoxantha*
5	密褶红菇	*Russula densifolia*
6	血红密孔菌	*Pycnoporus sanguineus*
7	毛头鬼伞	*Coprinus comatus*
8	点柄臭黄菇	*Russula senecis*
9	灰鹅膏	*Amanita vaginata*
10	肉褐环柄菇	*Lepiota brunneoincarnata*
11	鳞皮扇菇	*Panellus stipticus*
12	糙皮侧耳	*Pleurotus ostreatus*
13	黄光柄菇	*Pluteus leoninus*
14	田头菇	*Agrocybe praecox*
15	紫丁香蘑	*Lepista nuda*
16	树舌灵芝	*Ganoderma applanatum*
17	松乳菇	*Lactarius deliciosus*
18	毛木耳	*Auricularia polytricha*
19	头状秃马勃	*Calvatia craniiformis*
20	栗色环柄菇	*Lepiota castanea*
21	高大环柄菇	*Macrolepiota procera*
22	冬菇	*Flammulina velutipes*
23	丛生韧黑伞	*Naematoloma fasciculare*

（续）

序号	中文名	拉丁名
24	多脂鳞伞	*Pholiota adiposa*
25	玫瑰色钉菇	*Chroogomphus rutilus*
26	美味红菇	*Russula delica*
27	小鸡油菌	*Cantharellus minor*
28	干巴菌	*Thelephora ganbajun*
29	砖红垂幕菇	*Hypholoma lateritium*
30	白薄孔菌	*Antrodia albida*
31	玫瑰红菇	*Russula rosacea*
32	蛹虫草	*Cordyceps militaris*

（四）新分布大型真菌

本次调查共发现202种新分布的大型真菌（表9-2），包括多形炭角菌（*Xylaria polymorpha*）、桂花耳（*Guepinia spathularia*）、黑木耳（*Auricularia auricula*）、毛木耳（*Auricularia polytricha*）、双孢蘑菇（*Agaricus bisporus*）、蘑菇（*Agaricus campestris*）、假根蘑菇（*Agaricus radicatus*）、赭鳞蘑菇（*Agaricus subrufescens*）、白林地蘑菇（*Agaricus sylvicola*）、麻脸蘑菇（*Agaricus villaticus*）等。

表9-2 新分布大型真菌名录

序号	中文名	拉丁名
1	多形炭角菌	*Xylaria polymorpha*
2	桂花耳	*Guepinia spathularia*
3	黑木耳	*Auricularia auricula*
4	毛木耳	*Auricularia polytricha*
5	双孢蘑菇	*Agaricus bisporus*
6	蘑菇	*Agaricus campestris*
7	假根蘑菇	*Agaricus radicatus*

（续）

序号	中文名	拉丁名
8	赭鳞蘑菇	*Agaricus subrufescens*
9	白林地蘑菇	*Agaricus sylvicola*
10	麻脸蘑菇	*Agaricus villaticus*
11	龟裂马勃	*Calvatia caelata*
12	头状秃马勃	*Calvatia craniiformis*
13	毛头鬼伞	*Coprinus comatus*
14	晶粒鬼伞	*Coprinus micaceus*
15	辐毛小鬼伞	*Coprinus radians*
16	肉褐鳞环柄菇	*Lepiota brunneoincarnata*
17	栗色环柄菇	*Lepiota castanea*
18	纯黄白鬼伞	*Leucocoprinus birnbaumii*
19	易碎白鬼伞	*Leucocoprinus fragilissimus*
20	长刺马勃	*Lycoperdon echinatum*
21	网纹马勃	*Lycoperdon perlatum*
22	草地马勃	*Lycoperdon pratense*
23	脱皮大环柄菇	*Macrolepiota detersa*
24	高大环柄菇	*Macrolepiota procera*
25	红孢暗褶伞	*Melanophyllum haematospermum*
26	雀斑鳞鹅膏	*Amanita avellaneosquamosa*
27	拟橙盖鹅膏菌	*Amanita caesareoides*
28	致命鹅膏	*Amanita exitialis*
29	格纹鹅膏菌	*Amanita fritillaria*
30	灰花纹鹅膏菌	*Amanita fuliginea*
31	红黄鹅膏	*Amanita hemibapha*
32	亚球基鹅膏	*Amanita ibotengutake*

（续）

序号	中文名	拉丁名
33	草鸡枞	*Amanita manginiana*
34	豹斑鹅膏菌	*Amanita pantherina*
35	赭盖鹅膏	*Amanita rubescens*
36	中华鹅膏	*Amanita sinensis*
37	角鳞灰鹅膏	*Amanita spissacea*
38	松生鹅膏	*Amanita strobiliformis*
39	黄盖鹅膏	*Amanita subjunquillea*
40	黄盖鹅膏白色变种	*Amanita subjunquillea* var. *alba*
41	杵柄鹅膏	*Amanita sinocitrina*
42	红褐鹅膏菌	*Amanita orsonii*
43	湖南鹅膏菌	*Amanita hunanensis*
44	灰鹅膏	*Amanita vaginata*
45	假褐云斑鹅膏	*Amanita pseudoporphyria*
46	拟卵盖鹅膏菌	*Amanita neoovoidea*
47	松果鹅膏菌	*Amanita stribiliformis*
48	显鳞鹅膏菌	*Amanita clarisquamos*
49	小豹斑鹅膏	*Amanita parvipantherina*
50	锥鳞白鹅膏	*Amanita virgineoides*
51	土红鹅膏	*Amanita rufoferruginea*
52	烟灰褐丝膜菌	*Cortinarius anomalus*
53	双环丝膜菌	*Cortinarius bivelus*
54	皱盖丝膜菌	*Cortinarius caperatus*
55	铬黄丝膜菌	*Cortinarius croceicolor*
56	柯夫丝膜菌	*Cortinarius korfii*
57	血红丝膜菌	*Cortinarius sanguineus*

（续）

序号	中文名	拉丁名
58	白蜡蘑	*Laccaria alba*
59	红蜡蘑	*Laccaria laccata*
60	俄亥俄蜡蘑	*Laccaria ohiensis*
61	条柄蜡蘑	*Laccaria proxima*
62	酒红蜡蘑	*Laccaria vinaceoavellanea*
63	紫晶蜡蘑	*Laccaria amethystina*
64	红蜡伞	*Hygrophorus puniceus*
65	秋生盔孢伞	*Galerina autumnalis*
66	黄褐盔孢伞	*Galerina helvoliceps*
67	喜粪裸盖菇	*Psilocybe coprophila*
68	暗毛丝盖伞	*Inocybe lacera*
69	光帽丝盖伞	*Inocybe nitidiuscula*
70	星孢寄生菇	*Nyctalis asterophora*
71	黑顶小皮伞	*Marasmius nigrodiscus*
72	硬柄小皮伞	*Marasmius oreades*
73	紫条沟小皮伞	*Marasmius purpureostriatus*
74	轮小皮伞	*Marasmius rotalis*
75	干小皮伞	*Marasmius siccus*
76	拟聚生小皮伞	Marasmius subabundans
77	沟柄小菇	*Mycena polygramma*
78	洁小菇	*Mycena pura*
79	鳞皮扇菇	*Panellus stipticus*
80	泪滴状黏柄小菇	*Roridomyces roridus*
81	栎裸脚伞	*Gymnopilus dryophilus*
82	白微皮伞	*Marasmiellus candidus*

（续）

序号	中文名	拉丁名
83	黑柄微皮伞	*Marasmiellus nigripes*
84	奥氏蜜环菌	*Armillaria ostoyae*
85	蜜环菌	*Armillaria mellea*
86	冬菇	*Flammulina velutipes*
87	亚侧耳	*Hohenbuehelia serotina*
88	糙皮侧耳	*Pleurotus ostreatus*
89	肺形侧耳	*Pleurotus pulmonarius*
90	鼠灰光柄菇	*Pluteus murinus*
91	狮黄光柄菇	*Pluteus leoninus*
92	白小鬼伞	*Coprinellus disseminatus*
93	墨汁拟鬼伞	*Coprinopsis atramentaria*
94	白绒拟鬼伞	*Coprinopsis lagopus*
95	晶粒小鬼伞	*Coprinellus micaceus*
96	黄盖小脆柄菇	*Psathyrella candolleana*
97	白黄小脆柄菇	*Psathyrella candolleana f. incerta*
98	小脆柄菇	*Psathyrella disseminatus*
99	灰褐小脆柄菇	*Psathyrella spadiceogrisea*
100	田头菇	*Agrocybe praecox*
101	平田头菇	*Naucoria pediades*
102	丛生垂幕菇	*Hypholoma fasciculare*
103	砖红垂幕菇	*Hypholoma lateritium*
104	丛生韧黑伞	*Naematoloma fasciculare*
105	多脂鳞伞	*Pholiota adiposa*
106	小孢鳞伞	*Pholiota microspora*
107	白香蘑	*Lepista caespitosa*

（续）

序号	中文名	拉丁名
108	紫丁香蘑	*Lepista nuda*
109	大白桩菇	*Leucopaxillus giganteus*
110	假蜜环菌	*Armillariella tabescens*
111	黄环鳞伞	Descolea flavoannulata
112	假红足薄瓢牛肝菌	Baorangia pseudocalopus
113	双色牛肝菌	Boletus bicolor
114	美味牛肝菌	*Boletus edulis*
115	栗色圆孔牛肝菌	*Boletus umbriniporus*
116	白牛肝菌	*Boletus albus*
117	考夫曼网柄牛肝菌	*Boletus ornatipes*
118	铅紫异色牛肝菌	*Sutorius eximius*
119	华粉蓝牛肝菌	*Cyanoboletus sinopulverulentus*
120	厚瓢牛肝菌	*Hourangia cheoi*
121	美丽褶孔牛肝菌	*Phylloporus bellus*
122	日本网孢牛肝菌	*Heimioporus japonicus*
123	灰褐网柄牛肝菌	*Retiboletus griseus*
124	黑网柄牛肝菌	*Retiboletus nigerrimus*
125	张飞网柄牛肝菌	*Retiboletus zhangfeii*
126	皱盖牛肝菌	Rugiboletus extremiorientalis
127	黑盖粉孢牛肝菌	*Tylopilus alboater*
128	新苦粉孢牛肝菌	*Tylopilus neofelleus*
129	类铅紫粉孢牛肝菌	*Tylopilus plumbeoviolaceoides*
130	黄脚粉孢牛肝菌	*Harrya chromapes*
131	暗褐网柄牛肝菌	*Phlebopus portentosus*
132	拟绒盖色钉菇	*Chroogomphus pseudotomentosus*

（续）

序号	中文名	拉丁名
133	色钉菇	*Chroogomphus rutilus*
134	黏盖乳牛肝菌	*Suillus bovinus*
135	点柄乳牛肝菌	*Suillus granulatus*
136	厚环乳牛肝菌	*Suillus grevillei*
137	灰环乳牛肝菌	*Suillus laricinus*
138	马勃状硬皮马勃	*Scleroderma areolatum*
139	橙黄硬皮马勃	*Scleroderma citrinum*
140	多疣硬皮马勃	*Scleroderma verrucosum*
141	毛柄小塔氏菌	*Tapinella atrotomentosa*
142	尖顶地星	*Geastrum triplex*
143	阿切氏笼头菌	*Clathrus archeri*
144	蟹爪菌	*Linderiella bicolumnata*
145	白鬼笔	*Phallus impudicus*
146	红鬼笔	*Phallus rubicundus*
147	纺锤爪鬼笔	*Pseudocolus fusiformis*
148	丝光铆孔菌	*Coitricia cinnamonea*
149	白薄孔菌	*Antrodia albida*
150	茯苓	*Wolfiporia extensa*
151	白膏小薄孔菌	*Antrodiella incrustans*
152	环带小薄孔菌	*Antrodiella zonata*
153	树舌灵芝	*Ganoderma applanatum*
154	中华灵芝	*Ganoderma sinense*
155	灰树花孔菌	*Grifola frondosa*
156	杨锐孔菌	*Oxyporus populinus*
157	一色齿毛菌	*Cerrena unicolor*

（续）

序号	中文名	拉丁名
158	毛革盖菌	*Coriolus hirsutus*
159	粗糙拟迷孔菌	*Daedaleopsis confragosa*
160	三色拟迷孔菌	*Daedaleopsis tricolor*
161	木蹄层孔菌	*Fomes fomentarius*
162	香味全缘孔菌	*Haploporus odorus*
163	冷杉囊孔菌	*Hirschioporus abietinus*
164	漏斗大孔菌	*Favolus arcularius*
165	白蜡多年卧孔菌	*Perenniporia fraxinophila*
166	鲜红密孔菌	*Pycnoporus cinnabarinus*
167	血红密孔菌	*Pycnoporus sanguineus*
168	刺槐多年卧孔菌	*Trametes robiniophila*
169	脆波斯特孔菌	*Postia fragilis*
170	奶油波斯特孔菌	*Postia lactea*
171	日本糙饱革菌	*Thelephora japonica*
172	莲座糙孢革菌	*Thelephora vialis*
173	干巴菌	*Thelephora ganbajun*
174	贝壳状小香菇	*Lentinellus cochleatus*
175	辛辣乳菇	*Lactarius acerrimus*
176	松乳菇	*Lactarius deliciosus*
177	细弱乳菇	*Lactarius gracilis*
178	红汁乳菇	*Lactarius hatsudake*
179	砖红乳菇	*Lactarius lateritioroseus*
180	多汁乳菇	*Lactarius volemus*
181	达瓦里多汁乳菇	*Lactifluus dwaliensis*
182	花盖红菇	*Russula cyanoxantha*

（续）

序号	中文名	拉丁名
183	美味红菇	*Russula delica*
184	密褶红菇	*Russula densifolia*
185	毒红菇	*Russula emetica*
186	玫瑰红菇	*Russula rosacea*
187	血红菇	*Russula sanguinea*
188	变绿红菇	*Russula virescens*
189	稀褶黑菇	*Russula nigricans*
190	点柄臭黄菇	*Russula senecis* Imai
191	臭黄菇	*Russula fotens*
192	金红菇	*Russula aurata*
193	污黄红菇	*Russula metachroa*
194	韧革菌	*Stereum princeps*
195	鸡油菌	*Cantharellus cibarius*
196	小鸡油菌	*Cantharellus minor*
197	疣孢鸡油菌	*Cantharellus tuberculosporus*
198	桃红胶鸡油菌	*Cantharellus cinnabarinus*
199	毛钉菇	*Gomphus floccosus*
200	浅黄枝瑚菌	*Ramaria flavescens*
201	绯红肉杯菌	*Sarcoscypha coccinea*
202	柯夫肉杯菌	*Sarcoscypha korfiana*

三、现状分析及对策建议

由于真菌是通过菌丝细胞表面的渗透作用，从基质中分解、吸收可溶性物质来满足生活所需的营养物质，因而对环境条件有明显的依赖性。按其营养方式的不同可分为腐生

（续）

类型（包括木生类型、土生类型和粪生类型）、共生类型及寄生类型3种生态类型，并且大多为腐生菌。在崂山地区大多数真菌都生长在林中富含有机质的枯枝落叶层、木桩、土壤上，少部分生长在空旷的山、草地、湿地边缘及草甸地带。近年来由于崂山保护政策的实施，大型真菌数量呈现上升趋势，新分布的大型真菌数量达202种，现如今崂山大型真菌共3纲15目52科104属246种，其中结合生态学报《山东省大型真菌物种濒危程度与优先保育评价》一文，以及《中国生物多样性红色名录（2020）》，评估得到32种珍稀或濒危种，其中有1种一级保护真菌，6种二级保护真菌，2种三级保护真菌，崂山大型真菌的保护初见成效。

为了进一步保护崂山大型真菌，提出以下几点建议：

（1）健全法律法规和政策体系。根据本次调查的真菌名录结合《中国生物多样性红色名录——大型真菌卷》等官方资料，确定崂山大型真菌保护优先顺序，重点关注受威胁的虫草类、块菌等食药用菌。

（2）合理布局以就地保护为主的大型真菌保护体系，提升迁地保护能力，对于大型真菌尤其是珍稀濒危种大型真菌的分布区域实行严格的保护制度，建立隔离带。

（3）根据本次调查的真菌名录，后续建立布局合理、功能完善的监测网络体系，掌握大型真菌多样性动态变化趋势。

（4）基于本次调查的大型真菌名录，加强科普教育，提高公众保护意识。加强大型真菌分类学和菌种分离保藏技术研究，构建完善迁地保藏菌种评价技术方法体系，推动科技创新，促进绿色发展。

第十章
生物多样性概要及面临的主要威胁与保护对策建议

第一节 崂山生物多样性现状总结

一、区位重要性

崂山优先区域的主体为山东半岛东南的崂山山脉，濒临黄海，主峰巨峰海拔 1132.7 m，是山东半岛的最高峰，也是我国大陆海岸线上第一高峰，享有"海上名山第一"的美誉。崂山东、南两面临海，西、北面与陆地接壤，山海相连，海天一色，成为崂山独特的自然特征。

崂山南坡临海，而北坡受主峰巨峰的阻挡，呈现出不同的小气候环境。南坡太清宫三面环山，一面临海，北面的山峰既阻挡了冬季寒风的入侵，也拦截了夏季从南面海上吹来湿润气流，小气候温暖湿润，被誉为"小江南"；巨峰北侧的北九水一带因海拔高且面北，冬季较寒冷，夏季较凉爽，有"小关东"之称。海陆交汇的独特地理区位，带来了多变的地形地貌和气候条件，使得崂山成为中国南北方不同生物区系的交汇处，同时也是中国植被分区中的暖温带落叶阔叶林地带暖温带南部落叶栎林亚地带的典型代表，生物多样性丰富，保护价值极高。

2022 年，山东省生态环境厅决定启动生态优先区域生物多样性调查试点，包括崂山、泰山和徂徕山、黄河三角洲 3 个优先区域，实施周期二年，崂山优先区域包括崂山、华楼山、三标山等山脉，面积约为 4.67 万 hm²。调查对象涵盖了生态系统、高等植物、陆生脊椎动物、陆生昆虫、大型真菌、水生生物，以及生物多样性相关传统知识等多个方面，是对崂山生物多样性的一次系统、全面、深入的摸底调查。

二、物种多样性

1. 陆生高等植物

崂山优先区域共调查到陆生高等植物 7 纲 52 目 167 科 759 属 1671 种，包括野生或半野生种 1251 种，栽培种 420 种。其中，蕨类植物有 16 科 28 属 52 种；裸子植物有 8 科 25 属 62 种；被子植物有 143 科 706 属 1557 种。陆生野生或半野生高等植物中，国家一级重点保护植物 2 种，为银杏与水杉，长势良好；二级重点保护植物 14 种，包括中华结缕草、青岛百合、紫点杓兰、白及、鹅掌楸、玫瑰、野大豆、黄檗、紫椴、软枣猕猴桃、中华猕猴桃、人参、山茴香和珊瑚菜。陆生野生或半野生高等植物中，IUCN 红色名录极危（CR）物种 4 种，包括银杏、水杉、人参和珊瑚菜；濒危（EN）物种 3 种，包括紫点杓兰、白及、玫瑰；易危（VU）物种 8 种，包括青岛百合、山东银莲花、华北散血丹等；近危（NT）物种 6 种，包括山东茜草、骨碎补、长苞头蕊兰、角盘兰、黄檀、泰山前胡。本次调查发现崂山优先区域分布新记录植物 28 种，也表明了崂山植物多样性的丰富。

2. 陆生脊椎动物

崂山优先区域共调查到陆生脊椎动物 4 纲 28 目 72 科 257 种，其中鸟类 19 目 54 科 221 种，兽类 6 目 10 科 16 种，两栖类 1 目 3 科 5 种，爬行类 2 目 5 科 15 种；国家一级重点保护野生动物 3 种，分别是黑鹳、东方白鹳、乌雕；二级重点保护野生动物 37 种，包括鸳鸯、黑颈鸊鷉、白额雁、鹗、黑翅鸢、凤头鹰、赤腹鹰、苍鹰、雀鹰、普通鵟、北领角鸮、红角鸮、红隼、游隼、貉、豹猫、团花锦蛇等。此外，3 种兽类为引入归化物种，分别为北松鼠、岩松鼠和猕猴；1 种外来入侵种，为牛蛙；1 种兽类未知种。IUCN 红色名录濒危（EN）物种 1 种，为东方白鹳；近危（NT）物种 5 种，包括罗纹鸭、白眼潜鸭、鹌鹑、黑尾塍鹬、震旦鸦雀；易危（VU）物种 4 种，包括红头潜鸭、乌雕、田鹀和团花锦蛇，这些都表明了崂山动物多样性的丰富和重要性。

3. 昆虫

崂山优先区域共调查到昆虫 18 目 135 科 362 属 431 种（含亚种），其中，鳞翅目 27 科 93 属 113 种，鞘翅目 21 科 71 属 81 种，膜翅目 20 科 58 属 77 种，半翅目 21 科 58 属 61 种，双翅目 18 科 40 属 51 种，直翅目 9 科 15 属 16 种，蜻蜓目 4 科 6 属 6 种，蜚蠊目 2 科 3 属 4 种，脉翅目 2 科 3 属 3 种，革翅目 2 科 2 属 2 种，襀翅目 2 科 2 属 2 种，螳螂目 1 科 3 属 3 种，广翅目 1 科 2 属 4 种，以及毛翅目、蜉蝣目、竹节虫目、衣鱼目和石蛃目各 1 科 1 属 1 种。本次调查共发现昆虫新物种 1 种，即山东褶大蚊；山东省昆虫新记录种 27 种，列入《有重要生态、科学、社会价值的陆生野生动物名录》的物种 4 种，分别是中华蜜蜂、大黄长角蛾、绿步甲和木棉梳角叩甲；列入《中国外来入侵物种名单》的物种 3 种，分别是美国白蛾、悬铃木方翅网蝽和德国小蠊。

4. 水生生物

崂山优先区域共调查到水生生物 476 种。其中，浮游植物 45 科 94 属 211 种，浮游动物 36 科 50 属 93 种，底栖生物 15 科 60 属 84 种，着生藻类 18 科 27 属 48 种，鱼虾类 12 科 24 属 30 种，挺水植物 9 科 10 属 10 种。

5. 大型真菌

崂山优先区域共调查到大型真菌 3 纲 15 目 52 科 104 属 246 种，其中，有 202 种为调查区域内新发现物种。其中，《中国生物多样性红色名录（2020）》易危物种 1 种，为干巴菌；近危物种 5 种，分别为砖红垂幕菇、白薄孔菌、花盖红菇、玫瑰红菇和蛹虫草。

三、生态系统多样性

崂山优先区域生态系统类型共分为 7 个 I 级类和 14 个 II 级类。按 I 级分类来看，森林生态系统是该区域最重要的生态系统类型，约占总面积的 63.4%；其次是灌丛生态系统，占总面积的 17.62%；再次是草地生态系统，约占总面积的 12%。按 II 级分类来看，针叶林生态系统面积最大，约占总面积的 26.7%；其次依次是针阔混交林、阔叶林和阔叶灌丛生态系统。整体来看，虽然该区域受到开发建设、火灾以及病虫害等多种因素的影响，但由于属于省级自然保护地，生态系统聚集度较高，完整性和连通性较好，破碎化程度较低。

四、创新与特色

本书总结了 2022—2024 年崂山生物多样性优先保护区域生物多样性调查的主要成果，并结合历史资料和文献数据，是对崂山及周边区域第一次全面、系统、深入、规范的生物多样性科学调查与评估。

与以往历史资料相比较，除了生物多样性数据的系统性和全面性，本书还有以下主要新发现。

1. 植物多样性高，珍稀濒危植物丰富

崂山优先区域调查记录到高等植物 7 纲 52 目 167 科 759 属 1671 种，其中蕨类植物有 16 科 28 属 52 种；裸子植物有 8 科 25 属 62 种；被子植物有 143 科 706 属 1557 种。其中，野生、半野生物种 1251 种，栽培种 420 种。崂山优先区域植物种类最多的科是菊科，共有 134 种；第二大科是禾本科，共有 120 种；第三位的是蔷薇科，共有 118 种。此外，崂山也是兰科植物在山东的集中分布区之一，共有 13 属 20 种。

根据本次系统全面的调查结果，对照已有的《山东植物志》《崂山植物志》等权威资料，崂山优先区域发现 28 种植物是调查区域新分布记录物种，主要包括华北剪股颖、多枝乱子草、菊竹、褐穗莎草、毛缘宽叶薹草、异穗薹草、矮韭、天蒜、长苞头蕊兰、蝎子草、高帽乌头、胶州延胡索、粗毛碎米荠、苦豆子、锐角槭、茜堇菜、细距堇菜、胡颓子、深

山露珠草、人参、辽藁本、柳叶马鞭草、麻叶风轮菜、毛叶香茶菜、卵叶茜草、马爬儿、粗毛牛膝菊、毛脉翅果菊。

植物外来入侵物种分析发现，崂山优先区域外来入侵植物共计71种，包括常见的豚草、刺苋、土荆芥、加拿大一枝黄花、反枝苋、圆叶牵牛、钻叶紫菀、一年蓬、小蓬草、垂序商陆、火炬树等，并对其主要分布区域及现状进行了分析。如何加强防范和治理外来入侵植物的危害，是未来自然保护地建设的重要任务。

根据《国家重点保护野生植物名录》及相关文献资料，结合崂山优先区域实际情况，共记录和认定了111种珍稀濒危野生植物。其中国家重点保护野生植物16种。国家一级重点保护植物为银杏（半野生）和水杉（半野生）2种，国家二级重点保护植物包括中华结缕草、青岛百合、紫点杓兰、白及、鹅掌楸（半野生）、玫瑰、野大豆、黄檗、紫椴、软枣猕猴桃、中华猕猴桃、人参（半野生）、山茴香、珊瑚菜14种。这也表明了崂山在山东乃至华北地区植物多样性的较高地位和重要性。此外，崂山的古树名木种类多、栽培历史悠久，也是价值极高的生物多样性资源。

2. 鸟类和其他动物资源丰富，发现多种新繁殖记录

调查发现，崂山优先区域有国家一级重点保护野生鸟类3种，分别是黑鹳、东方白鹳、乌雕；国家二级重点保护野生鸟类有斑头秋沙鸭、凤头鹰、赤腹鹰、白尾鹞、云雀等30种；以及其他哺乳、爬行类国家二级重点保护野生动物貉、豹猫、猕猴（引入归化）、团花锦蛇等。

此外，本书对崂山鸟类繁殖情况进行了系统调查和分析。在33种国家一级和二级重点保护动物中，赤腹鹰、雀鹰、北领角鸮、红角鸮、雕鸮、纵纹腹小鸮、红隼、燕隼、游隼、画眉在调查过程中确认在崂山优先区域内有繁殖。截至目前，共发现山东省新繁殖记录6种，分别为白腹蓝鹟、绿背姬鹟、北灰鹟、蓝歌鸲、灰背鸫、白腹鸫；青岛市新繁殖记录5种，雀鹰、黄喉鹀、云南柳莺、小灰山椒鸟、虎斑地鸫（怀氏虎鸫），其中云南柳莺和小灰山椒是已知的繁殖东界。

3. 发现昆虫新物种，多种新分布记录

调查团队于崂山北九水发现了褶大蚊属昆虫标本，经过解剖学及形态学研究，最终确定这种褶大蚊不同于以往发现的任何一种褶大蚊，是一个世界首次报道的新物种，结合分布区域分析，推断该新物种为山东省特有种，故命名为"山东褶大蚊"。相关成果已在国际学术期刊 Insects（《昆虫》）发表，标志着此新物种的正式确认。

根据国家林业和草原局公布的《有重要生态、科学、社会价值的陆生野生动物名录》，调查区域内共发现"三有动物"昆虫4种，分别为中华蜜蜂、大黄长角蛾、绿步甲、木棉

梳角叩甲。

此外，通过与以外权威资料对比，本次调查发现山东省新记录种24种，涉及22科24属，分别为黄赭弄蝶、椴六点天蛾、绕环夜蛾、蝶青尺蛾、大黄长角蛾、蓝宝灿斑蛾、黄足瘦腹水虻、红腹毛蚊、毛跗球附器摇蚊、岱蝽、曲胫侎缘蝽、细齿同蝽、环足健猎蝽、白边大叶蝉、变侧异腹胡蜂、暗色气步甲、肩步甲、罕丽步甲、四斑露尾甲、沙氏亮嗡蜣螂、四点象天牛、双瘤槽缝叩甲、胡枝子克萤叶甲、黄基赤蜻。

4. 水生生物资源丰富，珍稀濒危物种多为鱼虾类

崂山优先区域内共发现水生生物 476 种，其中浮游植物 211 种，浮游动物 93 种，底栖动物 84 种，鱼虾类 30 种，着生藻类 48 种，挺水植物 10 种。

根据《世界自然保护联盟（IUCN）濒危物种红色名录》，发现近危物种（NT）1 种：鲤科，鲢属，鲢；易危物种（VU）1 种：鲤科，鲤属，鲤。根据《中国生物多样性红色名录评估等级》，发现近危物种（NT）2 种：斗鱼科，斗鱼属，圆尾斗鱼；颌针鱼科，青鳉属，青鳉；濒危物种（EN）1 种：胡瓜鱼科，香鱼属，香鱼。

5. 大型真菌多样性高，多数物种为调查区域新分布记录

崂山优先区域内共调查到大型真菌 246 种，其中 202 种为调查区域内新分布记录，占已知物种数的 82.11%，且有多种属于珍稀濒危物种。这也表明崂山大型真菌的潜在种数较大，有待继续调查和发现，有待进一步加强保护和研究。

此外，本次在崂山生物多样性保护优先区域还创新性的首次进行了生物多样性相关传统知识调查，共计调查到与生物多样性相关的传统知识“王哥庄大馒头”“崂山茶”“崂山绛雪”等词条共 5 类 9 项 24 条，其中传统选育农业遗传资源的相关知识包括等 4 条，传统医药相关知识 1 条，与生物资源可持续利用相关的传统技术及生产生活方式 8 条，与生物多样性相关的传统文化 6 条，传统生物地理标志产品相关知识 5 条。相关详细内容将单独发布。

第二节　面临的主要威胁

崂山优先区域自然条件优越，是中国海岸线第一高峰，有着"海上名山第一"之称，是国务院首批审定公布的国家重点风景名胜区之一，也是中国重要的海岸山岳风景胜地，国家5A级旅游景区。近年来随着城乡社会经济发展，区域内道路建设、旅游开发、水库扩容、河道整治等建设活动时有发生，这些活动会直接改变自然生态系统属性，占用自然生境空间，并对原生植被、栖息于这些区域的野生动物，包括昆虫等产生或短期或长期的影响。目前崂山优先区域面临的主要威胁有以下几方面。

一、开发建设

在崂山优先区域生物多样性调查项目实施期间发现，调查区域内建设活动主要包括：泉心河水库扩容、旅游道路建设、景区修缮，以及大河东水库和大河东河道清淤等水利工程等。

其中，泉心河水库扩容、旅游道路建设以及景区修缮都直接损毁了部分山体植被，从而对原栖息于这些区域的昆虫、脊椎动物等也产生了一定的不利影响；同时，相关建设活动实施期间的人类活动，包括山体爆破、挖掘、运输等也会对施工区域附近栖息和停歇的野生动物产生一定的不利影响，而施工产生的扬尘等大气污染、噪声污染等也会干扰附近区域栖息的野生动物行为。

大河东水库和大河东河道清淤等水利工程直接改变了原有生境状况以及生态系统的物质、能量循环，在短期内可对栖息于水库、河道水体的水生生物以及陆生野生动物产生直接的影响。

从长远来看，城市建设、道路建设、乡村居民点配套设施建设、景区建设及修缮、水库扩容等开发建设活动都不可避免，自然生境斑块破碎化有增加的趋势。生境破碎化是指大块连续分布的自然生境被其他非适宜生境分隔成许多面积较小生境斑块的过程，可导致生态系统严重退化，进而改变斑块生境中的生物多样性、种间关系、群落结构和生态系统。开发建设活动导致的生境破碎化将对植被、蝶类、两爬类、兽类等野生动物产生重要的直接或间接影响，如调查过程中多次发现蛇、蜥蜴等野生动物死于车辆路杀，这也将是崂山优先区域生物多样性未来一段时间仍要面临的主要威胁之一。

二、农林业生产

崂山优先区域内林场权属除了国有还有部分集体所有，部分地块的原生植被改造成类型单一、生物多样性贫乏的人工经济林。如在开展调查期间，青山村附近部分集体林场砍伐后改为茶园，直接减少了部分野生植物和大型真菌的种群数量，同时也直接改变了栖息于该地的野生动物生存生境，如山东省昆虫新记录之一的大黄长角蛾（本次调查中大黄长角蛾模式标本即取自该林区样线）。研究表明，物种的多样性与环境的多样性呈正相关，即环境类型越复杂多样，物种多样性指数也越高。植物群落结构单一、环境质量相对较差的地区，昆虫等野生动物的多样性指数、物种丰富度和均匀度指数均为最低。

三、外来物种入侵

外来物种入侵指外来物种在入侵地繁衍建立种群，并导致严重生态灾难、经济损失和对人类健康的威胁。入侵物种具有三个方面的特性，一是外来性，二是环境适应性，三是生态破坏性。外来生物包括外来植物、动物和微生物。其中外来动植物入侵是最常见的，也被称为外来物种入侵。入侵种对本地种具有快速而显著的影响，如入侵种会侵占本地种生态位，直接影响本地种的生存空间；入侵种和本地种之间可以通过直接的基因交流——对本地种的遗传特征产生影响；通过侵占生态位影响本地种种群的分布、结构以及增长率等，进而影响群落的组成与结构，从而对生态系统的结构、功能和能量、物质循环过程产生不利影响。

崂山优先区域内已知外来入侵物种 77 种，其中，13 种列入生态环境部发布的《中国外来入侵物种名单》。此外，还有 3 种昆虫和 1 种两栖类列入《中国外来入侵物种名单》。根据调查，垂序商陆、小蓬草、鬼针草等在林区、林缘地带普遍存在，松材线虫病害严重，呈扩散趋势且无根本解决方法。外来入侵物种不仅挤占生态位，侵占了本土物种的生存空间，与原生植被、大型真菌、昆虫及其他动物竞争光、水和养分等生长所必需的各种元素，对原生物种的生存和繁衍产生不利影响，导致原生物种死亡和濒危，还造成了重大的经济损失，如松材线虫防治每年都要投入大量的人力、物力。此外，外来入侵物种可能会打破原有的生态系统平衡，影响优先区域内森林、灌丛、草地等生态系统的稳定性和恢复力，造成永久性的破坏。根据调查，崂山优先区域内各类外来入侵物种呈扩散、蔓延趋势，从长期来看，外来物种入侵也是崂山优先区域生物多样性面临的重要威胁。

除了已经扩散并对本土生态系统产生重要危害的外来入侵动植物物种，崂山优先区域还有大量流浪猫等非原生物种。家猫不是本土野生动物，但却是本地生态系统的顶级掠食者，即便食物充足，捕猎天性也会促使它们捕食一些小型动物，如鸟类、两栖类、爬行类等，不仅会惊扰野生动物产生亚致死效应，也会导致野生动物死亡，从而直接威胁野生动物的生存和繁衍。此外，家猫还会携带并传播病毒和寄生虫，对其他动物或者人类造成危害，与本土猫科动物杂交造成基因污染等。本次调查在崂山优先区域各处布设的红外相机均拍到大量流浪猫在人迹罕至的地带出没。除流浪猫外，流浪狗或者附近村民、护林员散养的犬只也可对狗獾等野生动物产生致命威胁。由于目前尚没有针对流浪猫、狗的科学管理措施，流浪猫等的数量呈增长趋势，在未来一段时间内将会继续对崂山优先区域内的野生动物产生威胁。

四、病虫害

森林病害是指生物或非生物因素使林木在生理、组织和形态上发生的病理变化；森林害虫是指危害森林及林产品的昆虫。二者常合称为森林病虫害，可导致林木生长不良、产量和质量下降，甚至引起林木或整个林分的枯死和生态环境的恶化。森林病虫害种类繁多，某些种类在一定条件下危害严重。病害和害虫在一定条件下互相联系，如枝干害虫松褐天牛是传播松材线虫病害的媒介昆虫。

根据调查，崂山优先区域内林木病虫害种类繁多，其中主要有松褐天牛（松材线虫传播媒介）、松毛虫、松干介壳虫、金龟子、午毒蛾、蝙蝠蛾、花布灯蛾、刺蛾、栗瘿蜂、栗大蚜、球蚜等。林木病虫害不仅直接损害了森林生态系统的健康，对植被生长状况产生不利影响，而且由于目前病虫害防治主要采取飞机施药等手段来控制，导致在消灭害虫的同时对蜜蜂、蝴蝶、食蚜蝇、蜻蜓、蝗虫等昆虫的生长发育也产生一定的不利影响，进而影响了以昆虫为主要食物来源的鸟类、两爬类生物物种丰度、分布和群落大小等生物多样性要素。由于外来林业有害生物以及常发性林业有害生物尚无根本解决方法，在未来一段时间内，崂山优先区域植物、动物、昆虫等生物多样性仍将面临病虫害及施药等防控手段的威胁。

五、非法采挖和偷猎

根据调查，崂山优先区域拥有多种兼具观赏、药用等价值的珍稀濒危野生植物，可食用、药用的大型真菌，以及具有重要生态、科学、社会价值的可食用、观赏或药用的野生动物。在经济利益或者猎奇心理等因素的驱动下，非法采挖珍稀濒危野生植物、捕猎野生动物、捕捉稀有昆虫、网鸟等非法行为时有发生。虽然近年来相关部门加大了对盗采、盗挖、盗猎等非法行为的查处力度，但受多种因素的影响，相关非法行为在短期内不会绝迹，因此，对野生生物的生存和繁衍也将产生一定的威胁。

六、气候变化

气候变化对生物多样性的影响是全方位的，涵盖基因多样性、物种多样性和生态系统多样性三个基本层次。气候变化破坏和改变了不少生物的生存环境，威胁它们种群的生存和发展，对地球生物多样性造成巨大威胁。

对植物来说，气候变化可通过影响光合作用、呼吸作用等一系列植物生理、生态过程来影响其种类的丰富度、分布格局、种间关系以及物候等，也可增加外来物种入侵并导致本地物种灭绝的风险。

对动物而言，气温、降水等气候特征的变化会通过影响野生动物的繁殖、哺育等行为特征来影响其种群的结构、大小、分布范围及其种间关系，并进一步影响野生动物群落的组成和结构，最终对生物多样性产生影响。例如，气候变化背景下，寒冷季节的极端低温等天气频发，迁徙候鸟生物钟被打乱，导致迁徙延迟，而突然降临的寒潮、降温、大风、降雪等极端天气将原本早应迁徙的候鸟困在繁殖地；气候变化导致的海平面上升也使得候鸟迁徙途中的湿地被淹没，不能中途休整觅食，从而影响鸟类的生存和繁衍。再例如，蝴蝶属于变温动物，全球气候变化尤其是全球气候变暖将直接导致蝴蝶种群被动迁移而难以适应新环境，导致蝴蝶类群的物候期、与寄主和蜜源植物协同关系以及飞行行为的变化，甚至将引起成虫形态特征的变化。

从基因多样性层面，气候变化会将对动物习性的影响进一步反映到遗传基因上，进而改变他们的进化方向，例如气候变化导致候鸟体型和翼展变化。在气候变暖趋势下，一些物种虽未消失，但其适应寒冷或特定环境的特征种群可能会遭受生存危机，使部分遗传基因无法延续，最终导致物种遗传多样性丧失。

生态系统是由生物群落及其生存环境共同组成的动态平衡系统。在漫长的进化过程中，生物物种与其他物种及其生存之间建立起了复杂的动态平衡关系。一旦气候变化对其中一个物种造成影响，就可能使原本稳定的物种关系走向破裂。例如，气候变暖会导致一些植物提前开花，生长期变长或生长加速使得它们与传粉昆虫物候脱钩，打乱和破坏彼此之间的物种关系，使得种群面临繁殖和生存危机。

此外，气候变化增加了极端气候事件的发生概率，导致暴发山洪、火灾的风险也在增加，不仅可能直接造成野生动植物物种死亡、种群数量减少等，还能改变生态系统的结构和服务功能，导致水土流失并在河道引发更多问题，并直接影响人体健康。

在开展崂山优先区域生物多样性调查期间，发现了多种省内新繁殖记录、青岛市新鸟种记录，一方面说明了崂山优先区域栖息地条件相对较好，另一方面可能也说明气候变化引发气候带北移，导致物种分布地发生变化，是气候变化对物种多样性影响的证据。虽然气候变化在一定程度上可能会利于某些物种的生存发展，但长期来看，改变了原有生态系统的动态平衡，可能会导致本地珍稀濒危物种种群数量减少，甚至面临基因丧失以及灭绝的风险。

七、其他人类活动威胁

其他人类活动威胁包括人为因素引发的山火、生态系统隔离等。如 2022 年 4 月，三标山区域附近村民引发山火，过火面积 130 余 hm^2，不仅直接破坏了地表植被，造成野生动植物死亡，还改变了森林生态系统的结构和功能，而且由于该区域土层较薄，土壤相对贫瘠，生态系统自然更新较慢，在一定时间内影响了区域生物多样性。近年来由于干旱少雨和人为活动造成的火灾有上升趋势，值得高度重视。

此外，为了防止人员进入，崂山优先区域修建了大量牢固的铁栅栏，导致生境进一步破碎化，阻隔了野生动物的迁移和基因交流，成为伤害野生动物的无形陷阱，同时对于依托野生动物迁移进行繁殖扩散的植物也产生了一定的影响。

第三节　保护对策建议

针对崂山优先区域生物多样性保护现存问题以及面临的主要威胁，结合青岛市目前实际情况，提出以下几个方面的意见建议。

一、顶层设计，科学规划并规范管理开发建设活动

在编制城市总体规划、城市更新和城市建设计划方案、水库扩容及河道治理等水利工程规划方案、崂山风景名胜区总体规划以及生态保护修复方案等规划方案时，应坚持生态优先、绿色发展的理念，尽量减少人为改造工程对自然生态系统以及原生物种的破坏，从过度利用、过度干预向节约优先、自然恢复、休养生息转变。对不得不进行的开发建设活动，要充分论证人为改造工程对生态环境的影响，结合自然地理条件，采用自然适宜的物质材料，尽可能减少人为改造工程的强度，如在开展河道治理时避免统一的河床硬化，允许出现冲刷淤积和自然侵蚀现象；减少硬质护岸，避免截弯取直，营造丰富的多样性空间，同时尽可能保留河道及两岸的自然植被景观，优化观景及亲水平台周边的人工植被结构。

二、加强调查监测等基础研究工作

在现有调查基础上，定期开展补充调查、加强长期的定位监测，不断完善陆生高等植物、陆生脊椎动物、昆虫、大型真菌及水生生物物种名录。针对重点保护、珍稀濒危、本土特有物种、具有生态环境指示意义的其他重点物种及其集中分布区域，持续开展定期监测，进一步明确重点保护、珍稀濒危以及特有物种等具有重要生态及科学价值的生物物种种群大小、分布特征、种群动态变化及其栖息生境动态变化，如青岛百合、软枣猕猴桃等重点保护植物，蝴蝶、蜜蜂、天敌昆虫等昆虫资源，苍鹰、游隼、赤腹鹰、貉及豹猫等重点保护野生动物以及新发现繁殖鸟集中分布区等。此外，古树名木也是崂山优先区域内具有特色和重要价值的生物多样性资源，也需要长期的调查、监测和研究。

借助山东青岛森林生态系统国家定位观测研究站、青岛百合养护观测站、崂山林木种质资源库等现有平台，全面推动陆生高等植物、脊椎动物及昆虫等生物物种种群特征、空间分布、种间关系及其与生境的适应关系，生态系统结构和功能，生物多样性对气候变

化的响应与适应，生态修复等基础研究与技术示范工作，为进一步提高崂山优先区域生物多样性水平提供科学支撑。

三、进一步加强外来生物及病虫害防控

结合本次初步调查结果，以林草外来有害生物等主要外来入侵种为重点，组织开展定期监测，摸清外来入侵种在崂山优先区域的种类数量、分布范围、对现有生物多样性的危害程度及其变化趋势，分析研究外来物种入侵扩散趋势。坚持源头预防、监测预警、控制清除，探索建立优先区域外来入侵种防控长效机制，依法严格外来物种引入审批，强化引入后使用管控，任何单位和个人未经批准不得擅自引进、释放或者丢弃外来物种。加强野外放生监管，规范野外放生行为，避免将非原生物种引入现有自然生态系统，造成外来生物入侵。针对松材线虫、美国白蛾等重大林草外来入侵物种，完善风险预警和应急处理机制，结合国内外先进经验，科学制定外来入侵种防控和治理方案，实施区域内松材线虫病防控等重点治理工程。

多方联动，多元共治，自上而下，借鉴国际主流的流浪猫治理方法，采取抓捕、绝育、放归等方法，在尊重生命理念的前提下，实现流浪猫的科学管理，避免流浪猫对野生鸟类等动物的伤害、基因污染等生物多样性的影响，同时避免共患病的传染扩散。结合崂山优先区域实际情况，通过培育扶持社区社会组织，制定社区公约，坚决抵制散养、遗弃家猫和家犬等可能对野生动物产生威胁的行为。

四、进一步加强执法监管

健全联合执法机制，持续深入实施"绿盾"自然保护地强化监督、"昆仑行动"等自然保护地保护管理、野生动植物资源保护执法行动，持续严厉打击非法猎捕、采集、运输、交易野生动植物及其制品等违法行为，形成严打严防严管严控的高压态势，坚决制止和惩处破坏生态系统、物种和生物资源的行为。健全行政执法与刑事司法联动机制，建立健全案件分级管理、应急处置、挂牌督办等机制，对严重破坏重要生物物种、生物遗传资源等构成犯罪的依法追究刑事责任。

五、协同推动生物多样性保护和气候变化应对

基于自然的解决方案或者基于生态系统的解决方案，通过开展退化、受干扰生态系

统保护与修复，提高生态系统多样性、完整性、稳定性和恢复力，提升自然生态系统固碳能力，探索具有生态修复与碳汇收益协同增效的经营模式。2022 年三标山区域发生的山火，不仅造成了直接的碳排放和经济损失，也改变了森林生态系统的结构和功能。受地质条件等因素影响，该区域土层较薄，土壤相对贫瘠，且该区域位于崂山优先区域北部，雨水较少，森林生态系统的自然更新较慢，可通过采用自然更新和人工更新相结合的方法，因地制宜，基于自然的解决方案，制定生态修复方案，引入乡土树种，优化林分结构促进形成混交林，同时采取生境改造和利用等人工干预措施，进行植被恢复。此外，充分利用天然更新能力对侵入树种及造林地原有乔木树种加强抚育，使其形成复层混交林，提升植被多样性，恢复生态系统结构和功能。

六、替代生计与社区发展

自上而下，统筹谋划，鼓励原住民参与特许经营活动，推进生态与田园、康养、文化、旅游、教育等产业深度融合，协助社区打造多元化的生态旅游产品，构建高品质、多样化生态产品体系。推动社区打造以生态体验、自然教育、生物多样性传统知识文化、户外运动为主题的旅游新产品，引导社区发挥自然景观、生物多样性等资源优势，推动社区森林生态旅游和康养产业发展。崂山优先区域食药用植物和蕈菌资源丰富多样，推动社区在开展森林抚育和可持续经营管理的过程中，积极发展林菌、林药等林下种植，如灵芝、白芷、车前子、栝楼等林药，以及糙皮侧耳、松蘑、牛肝菌等林菌，推动引进或培育龙头企业，规范林下产品采集和加工，扩宽社区居民增收致富渠道，改善社区生计，减少对生物多样性的威胁，推动社区包容性发展和乡村振兴。

第四节　保障措施

一、加强组织领导

以崂山风景名胜区管理局为核心，统筹公安、园林和林业、生态环境、自然资源、农业农村、水利发展、住房建设等相关政府部门及机构，联合非政府组织，建立崂山优先区域生物多样性保护协调机制，统筹推进优先区域生物多样性保护，明确各单位保护、管理和监督职责，加强信息共享、部门联动、监督检查、预警预报、应急处置，加强相关组织建设、队伍建设和制度建设，系统推动生物多样性保护工作。

二、加大资金保障

加大对崂山优先区域生物多样性保护能力建设、基础科学研究和生态补偿的支持力度。积极争取国家及山东省有关政策和资金支持，加大资源调动力度。拓宽资金来源渠道，实现政府投入、企业捐助、社会各界支持的多元化投融资机制，切实发挥政府资金带动效应和引导作用，整合生物多样性保护现有分散资金，提高资金使用效率。充分发挥价格、税收、信贷等经济杠杆作用，引导社会力量参与生物多样性保护。

三、强化科技与人才支撑

加强生物多样性大样地、养护观测站、森林生态系统定位研究站等科研基础设施建设，搭建生物多样性保护科研监测平台，进一步提高生物多样性调查、评估和监测预警能力建设。充分发挥驻青高等院校、科研院所的科研教学和人力资源优势，加强生物多样性人才培养和学术交流，加大对生物多样性调查监测、生态修复等领域科技成果、关键技术的推广应用力度。强化技术培训，围绕珍稀濒危、重点保护以及外来入侵种的正确识别、监测和防控等环节，对基层管理及巡护人员进行技术培训，做到准确识别，正确处理。

四、加大宣传教育力度

开展生物多样性保护宣传、培训及专题活动，提升地方政府决策人员、基础管理人员、社区居民及游客的生物多样性保护意识，促进社区居民等利益相关者更广泛地参与到生物多样性保护、生态系统保护修复中。充分发挥主流媒体宣传作用，广泛宣传、普及生物多样性保护相关法律法规和科学知识，及时通报相关违法犯罪行为，提升社区民众、游客及基层管理人员等全社会的生物多样性保护意识和能力。鼓励社区居民及游客践行有利于生物多样性保护的绿色生活方式，畅通生物多样性保护公众监督和举报渠道，引导公众对违法行为进行监督。开展生态产品、生态旅游、野生动植物知识普及讲座、生物多样性保护知识、森林可持续经营管理方法及实践、果园及茶园可持续经营管理、林木培育和病虫害防治实用技术培训等专题培训，推动生物多样性友好做法的应用。编写出版崂山优先区域生物多样性科普宣传资料，提升区域内外公众的生物多样性保护意识，使其积极主动参与生物多样性保护。

五、加强国内外合作交流

从政府层面推动国内外合作交流，共享信息和经验，充分借鉴先进地区在生物多样性调查监测与基础研究、外来入侵种及病虫害防治、生物多样性保护社区参与、生物多样性保护与气候变化协同应对等方面的经验，科学制定规划、方案及保护管理策略，推动崂山优先区域人与自然和谐发展。

第五节　主要结论

综合本次调查数据及历史文献资料分析，《报告》的主要结论有以下几点。

第一，崂山优先区域生物多样性丰富，具有重要的生态和科研价值。崂山优先区域的生态系统典型性、生物多样性、物种稀有性以及生态系统自然性、完整性等特点非常明显，不仅在山东地区，在我国华北地区，甚至世界上都有重要地位和影响，加强和提升保护力度刻不容缓。

第二，崂山优先区域的主要保护对象是森林生态系统及其相关的多样性。包括森林生态系统、植物多样性、鸟类和哺育动物多样性、昆虫多样性、水生生物多样性和大型真菌多样等。尽快完成相关著作出版和成果发布极为重要。

第三，崂山优先区域的物种多样性丰富，需要持续开展长期调查和定位监测与评估。本次调查有很多新的发现和新纪录，这都表明崂山生物多样性的潜在种数较大，有待继续调查和发现，建立和不断完善崂山优先区域生物多样性数据库也非常迫切。

第四，崂山优先区生物多样性总体状况良好。青岛市生态环境管理部门以及周边社区长期以来对崂山优先区域的生物多样性采取了有力的保护措施，目前生物多样性总体状况良好。继续加强调查、监测、监督、保护的责任重大。

第五，崂山优先区域生物多样性目前也存在着各种威胁。崂山优先区域面临着全球气化变化、虫灾、火灾、旅游等压力，对生物多样性和生态健康带来了威胁。加强监测、研究，制定对应措施以应对各种自然和人为因素对生物多样性造成的威胁和破坏。

第六，加强崂山优先区生物多样性保障措施。通过加强组织领导、科技支撑、资金支持、政策保障、法制建设、科普教育等途径和手段，确保崂山优先区生物多样性的保护和可持续利用，为中国式现代化建设提供优良的物质基础，以实际行动践行"两山论"。

主要参考文献

樊守金, 胡泽绪. 崂山植物志. 北京: 科学出版社. 2003.

陈汉斌, 郑亦津, 李法曾, 等. 山东植物志. 青岛: 青岛出版社, 1990.

王蕙, 郑培明, 张淑萍, 等. 山东稀有濒危保护植物. 济南: 山东科学技术出版社, 2023.

王仁卿, 郑培明, 王蕙, 等. 山东植被志. 福州: 福建科学技术出版社, 2023.

王仁卿, 周光裕. 山东植被. 济南: 山东科学技术出版社, 2000.

王仁卿. 山东稀有保护植物. 济南: 山东大学出版社. 1993.

王仁卿. 山东珍稀濒危植物初探. 山东大学学报. 1989, 24(2).

周光裕, 等. 中国海岸带植被. 北京: 海洋出版社. 1996.

刘学永, 李红伟. 崂山木本植物. 青岛: 青岛出版社. 2016.

李文清, 臧德奎, 解孝满. 山东珍稀濒危保护树种. 北京: 科学出版社. 2016.

李广海, 冯宜冰, 张明, 等. 崂山植物区系分析. 山东林业科技, 2007, (2): 54-56.

任莹. 崂山野生木本植物资源调查与评价. 山东农业大学, 2015.

王士泉, 贾泽峰, 李法曾. 山东崂山植物区系研究. 植物科学学报, 2001, 19(6): 467-474.

田家怡, 潘怀剑, 张宽. 青岛崂山植物多样性与保护利用的研究. 山东环境, 2000(5): 15-16.

王洪成, 王彤, 杨龙, 等. 旅游活动对崂山风景区植物群落干扰的影响. 山东农业大学学报
(自然科学版), 2015(2): 280-283.

图力古尔, 王建瑞, 鲁铁, 等. 山东蕈菌生物多样性保育与利用. 北京: 科学出版社, 2014.

图力古尔. 蕈菌分类学. 北京: 科学出版社, 2018.

李玉, 李泰辉, 杨祝良, 等. 中国大型菌物资源图鉴. 郑州: 中原农民出版社, 2015.

图力古尔, 娜琴, 刘丽娜. 中国小菇科真菌图志. 北京: 科学出版社, 2021.

戴玉成, 崔宝凯, 袁海生, 等. 中国濒危的多孔菌. 菌物学报, 2010, 29(2): 164-171.

戴玉成, 周丽伟, 杨祝良, 等. 中国食用菌名录. 菌物学报, 2010, 29(1): 1-21.

马启明, 徐从东. 山东省大型野生经济真菌资源调查. 山东科学, 1990, 3(2): 18-23.

赛道建, 孙玉刚. 山东鸟类分布名录. 北京: 科学出版社, 2013: 1-366.

纪加义, 于新建, 姜广源. 山东省鸟类调查名录. 山东林业科技, 1987(1): 32.

纪加义, 于新建, 张树舜. 山东省珍稀野生动物调查研究. 山东林业科技, 1987(1): 22-31.

王希明. 青岛地区野生爬行动物资源概况与保护. 生态环境, 1999, 31–35.

中国野生动物保护协会. 中国鸟类图鉴. 郑州: 河南科学技术出版社, 1995.

中国野生动物保护协会.中国两栖动物图鉴.郑州:河南科学技术出版社,1999.

杜恒勤,杜鸣,闫理钦.山东泰山哺乳动物调查.四川动物,1999,18（2）:87.

时良,姜斌,吴晓明,等.山东昆嵛山国家级自然保护区鸟兽资源初步调查.野生动物学报,
　2021,42 (4): 1039-1046.

肖治术,李欣海,姜广顺.红外相机技术在我国野生动物监测研究中的应用.生物多样性,
　2014,22(6): 683-684.

国家林业和草原局,农业农村部.国家重点保护野生动物名录(2021 年2月1 日修订).野
　生动物学报,2021,42(2):605-640.

郑光美.中国鸟类分类与分布名录.3 版.北京:科学出版社,2017.

汪松,解炎.中国物种红色名录第2 卷:脊椎动物:下册.北京:高等教育出版社,2009.

卢浩泉.山东省哺乳动物区系初步研究.兽类学报,1984,4（2）:155-158.

陈彬,刘春,戴鑫.山东泰山两栖爬行动物物种多样性.四川动物,2004,24（3）:393-395.

陆宇燕,王晓安,李丕鹏.山东省两栖爬行动物多样性.四川动物,1998,18（3）:128-129.

张荣祖.中国动物地理.北京:科学出版社,1999.

蒋志刚,马勇,吴毅,等.中国哺乳动物多样性.生物多样性,2015,23（3）:351-364.

白世红,朱承美,徐元春,等.山东林木药用昆虫概述.山东林业科技,2000,S1:41-44.

彩万志,李虎.中国昆虫图鉴.太原:山西科学技术出版社.2015:320.

陈素伟,潘涛,陈浙青,等.青岛市崂山区尺蛾科昆虫调查.山东林业科技,2019,49(05):
　42-46,41.

谷昭威,曹鹏云,郝广洲.山东观赏昆虫概述.山东林业科技,2004,2:46-48.

江尧桦,徐延强,王波.山东蜻蜓目昆虫种类概述.山东林业科技,1996,6: 30-31.

康乐,骆有庆.中国植物保护百科全书·昆虫卷.北京:中国林业出版社,2022:1521.

吕卷章,孙丽娟.山东黄河三角洲国家级自然保护区昆虫.北京:中国农业科学技术出版
　社,2019: 393.

滕兆乾.山东省直翅目（Orthoptera）昆虫多样性研究.山东师范大学,2002.

田家怡,潘怀剑,张宽.青岛崂山动物多样性及其保护建议.山东环境,2000,5: 17-18.

张培,李凯月,王俊平.青岛市崂山区枫杨害虫种类调查与分析.山东农业科学,2018,
　50(09): 123-125.

张巍巍,李元胜.中国昆虫生态大图鉴.重庆:重庆大学出版社,2011: 692.

张巍巍.昆虫家谱.重庆:重庆大学出版社,2014: 345.

章宗涉, 黄祥飞. 淡水浮游生物研究方法. 北京: 科学出版社, 1991.

胡鸿钧, 李尧英, 魏印心, 等. 中国淡水藻类. 上海: 上海科学技术出版社, 1979.

韩茂森, 孙明霞, 胡维兴, 等. 淡水浮游生物图. 北京: 中国农业出版社, 1978.

王艳玲, 张晓红, 汪进生. 崂山水库的浮游植物群落特征及变化研究. 环境科学与管理, 2014, 39(11): 142-144.

王家楫. 中国淡水轮虫志. 北京: 科学出版社, 1961.

蒋燮治. 中国动物志. 北京: 科学出版社, 2016.

候成喜, 张军燕, 余斌, 等. 黄河河南段夏季浮游生物群落结构特征. 河北渔业, 2021, (06): 18-24.

朱晨曦, 莫康乐, 唐磊, 等. 漓江大型底栖动物功能摄食类群时空分布及生态效应. 生态学报, 2020, 40(01): 60-69.

王备新. 大型底栖无脊椎动物水质生物评价研究. 南京农业大学, 2003.

中国鱼类学会. 鱼类学论文集. 第一辑. 北京: 科学出版社, 1981.

孟庆闻. 鱼类分类学. 北京: 中国农业出版社, 1996.

附录 1 崂山生物多样性保护优先区域高等植物名录

科		属		种	
中文名	拉丁名	中文名	拉丁名	中文名	拉丁名
紫萁科	Osmundaceae	紫萁属	*Osmunda*	紫萁	*Osmunda japonica*
里白科	Gleicheniacea	芒萁属	*Dicranopteris*	芒萁	*Dicranopteris pedata*
碗蕨科	Dennstaedtiaceae	碗蕨属	*Dennstaedtia*	细毛碗蕨	*Dennstaedtia hirsuta*
骨碎补科	Davalliaceae	骨碎补属	*Davallia*	骨碎补	*Davallia trichomanoides*
肾蕨科	Nephrolepidaceae	肾蕨属	*Nephrolepis*	肾蕨	*Nephrolepis cordifolia*
蕨科	Pteridiaceae	蕨属	*Pteridium*	蕨	*Pteridium aquilinum* var. *latiusculum*
凤尾蕨科	Pteridaceae	凤尾蕨属	*Pteris*	刺齿半边旗	*Pteris dispar*
凤尾蕨科	Pteridaceae	凤尾蕨属	*Pteris*	井栏边草	*Pteris multifida*
凤尾蕨科	Pteridaceae	铁线蕨属	*Adiantum*	普通铁线蕨	*Adiantum edgewothii*
中国蕨科	Sinopteridaceae	粉背蕨属	*Aleuritopteris*	陕西粉背蕨	*Aleuritopteris argentea* var. *obscura*
中国蕨科	Sinopteridaceae	粉背蕨属	*Aleuritopteris*	银粉背蕨	*Aleuritopteris argentea*
蹄盖蕨科	Athyriaceae	蹄盖蕨属	*Athyrium*	日本安蕨	*Athyrium niponicum*
蹄盖蕨科	Athyriaceae	蹄盖蕨属	*Athyrium*	禾秆蹄盖蕨	*Athyrium yokoscense*
蹄盖蕨科	Athyriaceae	假蹄盖蕨属	*Deparia*	钝羽假蹄盖蕨	*Athyriopsis conilii*
蹄盖蕨科	Athyriaceae	假蹄盖蕨属	*Deparia*	山东假蹄盖蕨	*Deparia shandongensis*
金星蕨科	Thelypteridaceae	金星蕨属	*Parathelypteris*	金星蕨	*Parathelypteris glanduligera*
金星蕨科	Thelypteridaceae	卵果蕨属	*Phegopteris*	延羽卵果蕨	*Phegopteris decursive*
铁角蕨科	Aspleniaceae	铁角蕨属	*Asplenium*	东海铁角蕨	*Asplenium castaneoviride*
铁角蕨科	Aspleniaceae	铁角蕨属	*Asplenium*	虎尾铁角蕨	*Asplenium incisum*
铁角蕨科	Aspleniacea	铁角蕨属	*Asplenium*	北京铁角蕨	*Asplenium pekinense*
铁角蕨科	Aspleniaceae	巢蕨属	*Neottopteris*	巢蕨	*Asplenium nidus*
铁角蕨科	Aspleniacea	过山蕨属	*Camptosorus*	过山蕨	*Asplenium ruprechtii*
岩蕨科	Woodsiaceae	岩蕨属	*Woodsia*	东亚岩蕨	*Woodsia intermedia*
岩蕨科	Woodsiaceae	岩蕨属	*Woodsia*	妙峰岩蕨	*Woodsia oblonga*
岩蕨科	Woodsiaceae	岩蕨属	*Woodsia*	耳羽岩蕨	*Woodsia polystichoides*
岩蕨科	Woodsiaceae	二羽岩蕨属	*Physematium*	膀胱蕨	*Physematium manchuriense*
鳞毛蕨科	Dryopteridaceae	复叶耳蕨属	*Arachniodes*	刺头复叶耳蕨	*Arachniodes exilis*
鳞毛蕨科	Dryopteridaceae	鳞毛蕨属	*Dryopteris*	阔鳞鳞毛蕨	*Dryopteris championii*
鳞毛蕨科	Dryopteridaceae	鳞毛蕨属	*Dryopteris*	中华鳞毛蕨	*Dryopteris chinensis*
鳞毛蕨科	Dryopteridaceae	鳞毛蕨属	*Dryopteris*	德化鳞毛蕨	*Dryopteris dehuaensis*

（续）

科		属		种	
中文名	拉丁名	中文名	拉丁名	中文名	拉丁名
鳞毛蕨科	Dryopteridaceae	鳞毛蕨属	*Dryopteris*	裸叶鳞毛蕨	*Dryopteris gymnophylla*
鳞毛蕨科	Dryopteridaceae	鳞毛蕨属	*Dryopteris*	假异鳞毛蕨	*Dryopteris immixta*
鳞毛蕨科	Dryopteridaceae	鳞毛蕨属	*Dryopteris*	半岛鳞毛蕨	*Dryopteris peninsulae*
鳞毛蕨科	Dryopteridaceae	鳞毛蕨属	*Dryopteris*	棕边鳞毛蕨	*Dryopteris sacrosancta*
鳞毛蕨科	Dryopteridaceae	鳞毛蕨属	*Dryopteris*	两色鳞毛蕨	*Dryopteris setosa*
鳞毛蕨科	Dryopteridaceae	耳蕨属	*Polystichum*	镰羽耳蕨	*Polystichum balansae*
鳞毛蕨科	Dryopteridaceae	耳蕨属	*Polystichum*	鞭叶耳蕨	*Polystichum craspedosorum*
鳞毛蕨科	Dryopteridaceae	贯众属	*Cyrtomium*	全缘贯众	*Cyrtomium falcatum*
水龙骨科	Polypodiaceae	瓦韦属	*Lepisorus*	江南星蕨	*Lepisorus fortunei*
水龙骨科	Polypodiaceae	瓦韦属	*Lepisorus*	有边瓦韦	*Lepisorus marginatus*
水龙骨科	Polypodiaceae	瓦韦属	*Lepisorus*	乌苏里瓦韦	*Lepisorus ussuriensis*
水龙骨科	Polypodiaceae	石韦属	*Pyrrosia*	有柄石韦	*Pyrrosia petiolosa*
水龙骨科	Polypodiaceae	修蕨属	*Selliguea*	金鸡脚假瘤蕨	*Selliguea hastata*
水龙骨科	Polypodiaceae	鹿角蕨属	*Platycerium*	二歧鹿角蕨	*Platycerium bifurcatum*
卷柏科	Selaginellaceae	卷柏属	*Selaginella*	小卷柏	*Selaginella helvetica*
卷柏科	Selaginellaceae	卷柏属	*Selaginella*	鹿角卷柏	*Selaginella rossii*
卷柏科	Selaginellaceae	卷柏属	*Selaginella*	中华卷柏	*Selaginella sinensis*
卷柏科	Selaginellaceae	卷柏属	*Selaginella*	卷柏	*Selaginella tamariscina*
木贼科	Equisetaceae	木贼属	*Equisetum*	问荆	*Equisetum arvense*
木贼科	Equisetaceae	木贼属	*Equisetum*	木贼	*Equisetum hyemale*
木贼科	Equisetaceae	木贼属	*Equisetum*	节节草	*Hippochaete ramosissima*
木贼科	Equisetaceae	木贼属	*Equisetum*	林问荆	*Equisetum sylvaticum*
苏铁科	Cycadaceae	苏铁属	*Cycas*	苏铁	*Cycas revoluta*
银杏科	Ginkgoaceae	银杏属	*Ginkgo*	银杏	*Ginkgo biloba*
南洋杉科	Araucariaceae	南洋杉属	*Araucaria*	南洋杉	*Araucaria cunninghamii*
松科	Pinaceae	冷杉属	*Abies*	杉松	*Abies holophylla*
松科	Pinaceae	冷杉属	*Abies*	日本冷杉	*Abies firma*
松科	Pinaceae	云杉属	*Picea*	欧洲云杉	*Picea abies*
松科	Pinaceae	云杉属	*Picea*	白杆	*Picea meyeri*
松科	Pinaceae	云杉属	*Picea*	日本云杉	*Picea torano*
松科	Pinaceae	云杉属	*Picea*	青杆	*Picea wilsonii*

（续）

科		属		种	
中文名	拉丁名	中文名	拉丁名	中文名	拉丁名
松科	Pinaceae	落叶松属	*Larix*	黄花落叶松	*Larix olgensis*
松科	Pinaceae	落叶松属	*Larix*	日本榧	*Torreya nucifera*
松科	Pinaceae	落叶松属	*Larix*	华北落叶松	*Larix gmelinii* var. *principis-rupprechtii*
松科	Pinaceae	落叶松属	*Larix*	落叶松	*Larix gmelini*
松科	Pinaceae	金钱松属	*Pseudolarix*	日本落叶松	*Larix kaempferi*
松科	Pinaceae	雪松属	*Cedrus*	金钱松	*Pseudolarix amabilis*
松科	Pinaceae	松属	*Pinus*	红松	*Pinus koraiensis*
松科	Pinaceae	松属	*Pinus*	樟子松	*Pinus sylvestris* var. *mongolica*
松科	Pinaceae	松属	*Pinus*	北美短叶松	*Pinus banksiana*
松科	Pinaceae	松属	*Pinus*	湿地松	*Pinus elliottii*
松科	Pinaceae	松属	*Pinus*	火炬松	*Pinus taeda*
松科	Pinaceae	松属	*Pinus*	雪松	*Cedrus deodara*
松科	Pinaceae	松属	*Pinus*	华山松	*Pinus armandi*
松科	Pinaceae	松属	*Pinus*	白皮松	*Pinus bungeana*
松科	Pinaceae	松属	*Pinus*	赤松	*Pinus densiflora*
松科	Pinaceae	松属	*Pinus*	马尾松	*Pinus massoniana*
松科	Pinaceae	松属	*Pinus*	日本五针松	*Pinus parviflora*
松科	Pinaceae	松属	*Pinus*	刚松	*Pinus rigida*
松科	Pinaceae	松属	*Pinus*	油松	*Pinus tabuliformis*
金松科	Sciadopityaceae	金松属	*Sciadopitys*	金松	*Sciadopitys verticillata*
杉科	Taxodiaceae	杉木属	*Cunninghamia*	黑松	*Pinus thunbergii*
杉科	Taxodiaceae	柳杉属	*Cryptomeria*	柳杉	*Cryptomeria japonica* var. *sinensis*
杉科	Taxodiaceae	柳杉属	*Cryptomeria*	杉木	*Cunninghamia lanceolata*
杉科	Taxodiaceae	落羽杉属	*Taxodium*	落羽杉	*Taxodium distichum*
杉科	Taxodiaceae	落羽杉属	*Taxodium*	池杉	*Taxodium distichum* var. *imbricatum*
杉科	Taxodiaceae	水杉属	*Metasequoia*	日本柳杉	*Cryptomeria japonica*
柏科	Cupressaceae	罗汉柏属	*Thujopsis*	罗汉柏	*Thujopsis dolabrata*
柏科	Cupressaceae	崖柏属	*Thuja*	北美香柏	*Thuja occidentalis*
柏科	Cupressaceae	侧柏属	*Platycladus*	千头柏	*Platycladus orientalis*
柏科	Cupressaceae	侧柏属	*Platycladus*	水杉	*Metasequoia glyptostroboides*
柏科	Cupressaceae	柏木属	*Cupressus*	柏木	*Cupressus funebris*

（续）

科		属		种	
中文名	拉丁名	中文名	拉丁名	中文名	拉丁名
柏科	Cupressaceae	扁柏属	*Chamaecyparis*	绒柏	*Chamaecyparis pisifera*
柏科	Cupressaceae	扁柏属	*Chamaecyparis*	羽叶花柏	*Chamaecyparis pisifera*
柏科	Cupressaceae	扁柏属	*Chamaecyparis*	云片柏	*Chamaecyparis obtusa*
柏科	Cupressaceae	扁柏属	*Chamaecyparis*	侧柏	*Platycladus orientalis*
柏科	Cupressaceae	扁柏属	*Chamaecyparis*	日本扁柏	*Chamaecyparis obtusa*
柏科	Cupressaceae	扁柏属	*Chamaecyparis*	日本花柏	*Chamaecyparis pisifera*
柏科	Cupressaceae	福建柏属	*Fokienia*	福建柏	*Fokienia hodginsii*
柏科	Cupressaceae	圆柏属	*Sabina*	龙柏	*Juniperus chinensis*
柏科	Cupressaceae	圆柏属	*Sabina*	圆柏	*Sabina chinensis*
柏科	Cupressaceae	圆柏属	*Sabina*	铺地柏	*Sabina procumbens*
柏科	Cupressaceae	刺柏属	*Juniperus*	杜松	*Juniperus rigida*
柏科	Cupressaceae	刺柏属	*Juniperus*	粉柏	*Juniperus squamata*
柏科	Cupressaceae	刺柏属	*Juniperus*	塔柏	*Juniperus chinensis*
柏科	Cupressaceae	刺柏属	*Juniperus*	金球桧	*Juniperus chinensis*
柏科	Cupressaceae	刺柏属	*Juniperus*	欧洲刺柏	*Juniperus communis*
柏科	Cupressaceae	刺柏属	*Juniperus*	鹿角桧	*Juniperus pfitzeriana*
柏科	Cupressaceae	刺柏属	*Juniperus*	北美圆柏	*Sabina virginiana*
柏科	Cupressaceae	刺柏属	*Juniperus*	刺柏	*Juniperus formosana*
柏科	Cupressaceae	红豆杉属	*Taxus*	东北红豆杉	*Taxus cuspidata*
罗汉松科	Podocarpaceae	罗汉松属	*Podocarpus*	短叶罗汉松	*Podocarpus chinensis*
罗汉松科	Podocarpaceae	罗汉松属	*Podocarpus*	罗汉松	*Podocarpus macrophyllus*
罗汉松科	Podocarpaceae	竹柏属	*Nageia*	竹柏	*Nageia nagi*
香蒲科	Typhaceae	香蒲属	*Typha*	水烛	*Typha angustifolia*
香蒲科	Typhaceae	香蒲属	*Typha*	长苞香蒲	*Typha domingensis*
香蒲科	Typhaceae	香蒲属	*Typha*	小香蒲	*Typha minima*
香蒲科	Typhaceae	香蒲属	*Typha*	香蒲	*Typha orientalis*
水麦冬科	Juncaginaceae	水麦冬属	*Triglochin*	海韭菜	*Triglochin maritima*
眼子菜科	Potamogetonaceae	眼子菜属	*Potamogeton*	菹草	*Potamogeton crispus*
眼子菜科	Potamogetonaceae	眼子菜属	*Potamogeton*	鸡冠眼子菜	*Potamogeton cristatus*
眼子菜科	Potamogetonaceae	眼子菜属	*Potamogeton*	竹叶眼子菜	*Potamogeton wrightii*
眼子菜科	Potamogetonaceae	眼子菜属	*Potamogeton*	篦齿眼子菜	*Stuckenia pectinata*

（续）

科		属		种	
中文名	拉丁名	中文名	拉丁名	中文名	拉丁名
川蔓藻科	Ruppiaceae	川蔓藻属	*Ruppia*	川蔓藻	*Ruppia maritima*
大叶藻科	Zosteraceae	大叶藻属	*Zostera*	大叶藻	*Zostera marina*
泽泻科	Alismataceae	慈姑属	*Sagittaria*	慈姑	*Sagittaria trifolia* subsp. *leucopetala*
泽泻科	Alismataceae	慈姑属	*Sagittaria*	野慈姑	*Sagittaria trifolia*
水鳖科	Hydrocharitaceae	黑藻属	*Hydrilla*	黑藻	*Hydrilla verticillata*
禾本科	Poaceae	簕竹属	*Bambusa*	凤尾竹	*Bambusa multiplex*
禾本科	Poaceae	簕竹属	*Bambusa*	佛肚竹	*Bambusa ventricosa*
禾本科	Poaceae	刚竹属	*Phyllostachys*	刚竹	*Phyllostachys sulphurea* var. *viridis*
禾本科	Poaceae	刚竹属	*Phyllostachys*	人面竹	*Phyllostachys aurea*
禾本科	Poaceae	刚竹属	*Phyllostachys*	毛竹	*Phyllostachys edulis*
禾本科	Poaceae	刚竹属	*Phyllostachys*	淡竹	*Phyllostachys glauca*
禾本科	Poaceae	刚竹属	*Phyllostachys*	水竹	*Phyllostachys heteroclada*
禾本科	Poaceae	刚竹属	*Phyllostachys*	紫竹	*Phyllostachys nigra*
禾本科	Poaceae	箬竹属	*Indocalamus*	阔叶箬竹	*Indocalamus latifolius*
禾本科	Poaceae	假稻属	*Leersia*	假稻	*Leersia japonica*
禾本科	Poaceae	假稻属	*Leersia*	秕壳草	*Leersia sayanuka*
禾本科	Poaceae	芦竹属	*Arundo*	芦竹	*Arundo donax*
禾本科	Poaceae	芦竹属	*Arundo*	花叶芦竹	*Arundo donax*
禾本科	Poaceae	芦苇属	*Phragmites*	芦苇	*Phragmites australis*
禾本科	Poaceae	羊茅属	*Festuca*	羊茅	*Festuca ovina*
禾本科	Poaceae	羊茅属	*Festuca*	紫羊茅	*Festuca rubra*
禾本科	Poaceae	裂稃草属	*Schizachyrium*	裂稃草	*Schizachyrium brevifolium*
禾本科	Poaceae	鸭茅属	*Dactylis*	鸭茅	*Dactylis glomerata*
禾本科	Poaceae	早熟禾属	*Poa*	白顶早熟禾	*Poa acroleuca*
禾本科	Poaceae	早熟禾属	*Poa*	早熟禾	*Poa annua*
禾本科	Poaceae	早熟禾属	*Poa*	加拿大早熟禾	*Poa compressa*
禾本科	Poaceae	早熟禾属	*Poa*	法氏早熟禾	*Poa faberi*
禾本科	Poaceae	早熟禾属	*Poa*	草地早熟禾	*Poa pratensis*
禾本科	Poaceae	碱茅属	*Puccinellia*	星星草	*Puccinellia tenuiflora*
禾本科	Poaceae	黑麦草属	*Lolium*	黑麦草	*Lolium perenne*
禾本科	Poaceae	龙常草属	*Diarrhena*	龙常草	*Diarrhena mandshurica*

（续）

科		属		种	
中文名	拉丁名	中文名	拉丁名	中文名	拉丁名
禾本科	Poaceae	臭草属	*Melica*	广序臭草	*Melica onoei*
禾本科	Poaceae	臭草属	*Melica*	细叶臭草	*Melica radula*
禾本科	Poaceae	臭草属	*Melica*	臭草	*Melica scabrosa*
禾本科	Poaceae	雀麦属	*Bromus*	雀麦	*Bromus japonicus*
禾本科	Poaceae	雀麦属	*Bromus*	疏花雀麦	*Bromus remotiflorus*
禾本科	Poaceae	披碱草属	*Elymus*	东瀛鹅观草	*Elymus* × *mayebaranus*
禾本科	Poaceae	披碱草属	*Elymus*	纤毛鹅观草	*Elymus ciliaris*
禾本科	Poaceae	披碱草属	*Elymus*	鹅观草	*Elymus kamoji*
禾本科	Poaceae	小麦属	*Triticum*	小麦	*Triticum aestivum*
禾本科	Poaceae	鹅观草属	*Roegneria*	日本纤毛草	*Elymus ciliaris* var. *hackelianus*
禾本科	Poaceae	鹝草属	*Phalaris*	鹝草	*Phalaris arundinacea*
禾本科	Poaceae	黄花茅属	*Anthoxanthum*	光稃茅香	*Anthoxanthum glabrum*
禾本科	Poaceae	野青茅属	*Deyeuxia*	疏穗野青茅	*Deyeuxia effusiflora*
禾本科	Poaceae	野青茅属	*Deyeuxia*	野青茅	*Deyeuxia pyramidalis*
禾本科	Poaceae	野青茅属	*Deyeuxia*	长舌野青茅	*Deyeuxia arundinacea* var. *ligulata*
禾本科	Poaceae	剪股颖属	*Agrostis*	华北剪股颖	*Agrostis clavata*
禾本科	Poaceae	剪股颖属	*Agrostis*	西伯利亚剪股颖	*Agrostis stolonifera*
禾本科	Poaceae	棒头草属	*Polypogon*	棒头草	*Polypogon fugax*
禾本科	Poaceae	棒头草属	*Polypogon*	长芒棒头草	*Polypogon monspeliensis*
禾本科	Poaceae	菵草属	*Beckmannia*	菵草	*Beckmannia syzigachne*
禾本科	Poaceae	梯牧草属	*Phleum*	梯牧草	*Phleum pratense*
禾本科	Poaceae	看麦娘属	*Alopecurus*	看麦娘	*Alopecurus aequalis*
禾本科	Poaceae	羽茅属	*Achnatherum*	京芒草	*Achnatherum pekinense*
禾本科	Poaceae	獐毛属	*Aeluropus*	獐毛	*Aeluropus sinensis*
禾本科	Poaceae	画眉草属	*Eragrostis*	秋画眉草	*Eragrostis autumnalis*
禾本科	Poaceae	画眉草属	*Eragrostis*	大画眉草	*Eragrostis cilianensis*
禾本科	Poaceae	画眉草属	*Eragrostis*	知风草	*Eragrostis ferruginea*
禾本科	Poaceae	画眉草属	*Eragrostis*	画眉草	*Eragrostis pilosa*
禾本科	Poaceae	隐子草属	*Cleistogenes*	丛生隐子草	*Cleistogenes caespitosa*
禾本科	Poaceae	隐子草属	*Cleistogenes*	朝阳隐子草	*Cleistogenes hackelii*
禾本科	Poaceae	隐子草属	*Cleistogenes*	北京隐子草	*Cleistogenes hancei*

（续）

科		属		种	
中文名	拉丁名	中文名	拉丁名	中文名	拉丁名
禾本科	Poaceae	隐子草属	*Cleistogenes*	多叶隐子草	*Cleistogenes polyphylla*
禾本科	Poaceae	千金子属	*Leptochloa*	千金子	*Leptochloa chinensis*
禾本科	Poaceae	千金子属	*Leptochloa*	双稃草	*Leptochloa fusca*
禾本科	Poaceae	草沙蚕属	*Tripogon*	中华草沙蚕	*Tripogon chinensis*
禾本科	Poaceae	䅟属	*Eleusine*	牛筋草	*Eleusine indica*
禾本科	Poaceae	虎尾草属	*Chloris*	虎尾草	*Chloris virgata*
禾本科	Poaceae	狗牙根属	*Cynodon*	狗牙根	*Cynodon dactylon*
禾本科	Poaceae	米草属	*Spartina*	大米草	*Spartina anglica*
禾本科	Poaceae	鼠尾粟属	*Sporobolus*	鼠尾粟	*Sporobolus fertilis*
禾本科	Poaceae	乱子草属	*Muhlenbergia*	乱子草	*Muhlenbergia huegelii*
禾本科	Poaceae	乱子草属	*Muhlenbergia*	日本乱子草	*Muhlenbergia japonica*
禾本科	Poaceae	乱子草属	*Muhlenbergia*	多枝乱子草	*Muhlenbergia ramosa*
禾本科	Poaceae	结缕草属	*Zoysia*	结缕草	*Zoysia japonica*
禾本科	Poaceae	结缕草属	*Zoysia*	细叶结缕草	*Zoysia pacifica*
禾本科	Poaceae	结缕草属	*Zoysia*	中华结缕草	*Zoysia sinica*
禾本科	Poaceae	野古草属	*Arundinella*	野古草	*Arundinella hirta*
禾本科	Poaceae	柳叶箬属	*Isachne*	柳叶箬	*Isachne globosa*
禾本科	Poaceae	黍属	*Panicum*	糠稷	*Panicum bisulcatum*
禾本科	Poaceae	黍属	*Panicum*	稷	*Panicum miliaceum*
禾本科	Poaceae	黍属	*Panicum*	细柄黍	*Panicum sumatrense*
禾本科	Poaceae	囊颖草属	*Sacciolepis*	囊颖草	*Sacciolepis indica*
禾本科	Poaceae	求米草属	*Oplismenus*	求米草	*Oplismenus undulatifolius*
禾本科	Poaceae	稗属	*Echinochloa*	无芒稗	*Echinochloa crus* var. *mitis*
禾本科	Poaceae	稗属	*Echinochloa*	长芒稗	*Echinochloa caudata*
禾本科	Poaceae	稗属	*Echinochloa*	西来稗	*Echinochloa crus* var. *zelayensis*
禾本科	Poaceae	稗属	*Echinochloa*	稗	*Echinochloa crus*
禾本科	Poaceae	野黍属	*Eriochloa*	野黍	*Eriochloa villosa*
禾本科	Poaceae	雀稗属	*Paspalum*	雀稗	*Paspalum thunbergii*
禾本科	Poaceae	马唐属	*Digitaria*	升马唐	*Digitaria ciliaris*
禾本科	Poaceae	马唐属	*Digitaria*	止血马唐	*Digitaria ischaemum*
禾本科	Poaceae	马唐属	*Digitaria*	红尾翎	*Digitaria radicosa*

科		属		种	
中文名	拉丁名	中文名	拉丁名	中文名	拉丁名
禾本科	Poaceae	马唐属	*Digitaria*	马唐	*Digitaria sanguinalis*
禾本科	Poaceae	马唐属	*Digitaria*	紫马唐	*Digitaria violascens*
禾本科	Poaceae	狗尾草属	*Setaria*	大狗尾草	*Setaria faberi*
禾本科	Poaceae	狗尾草属	*Setaria*	粱	*Setaria italica*
禾本科	Poaceae	狗尾草属	*Setaria*	金色狗尾草	*Setaria pumila*
禾本科	Poaceae	狗尾草属	*Setaria*	狗尾草	*Setaria viridis*
禾本科	Poaceae	狼尾草属	*Pennisetum*	狼尾草	*Pennisetum alopecuroides*
禾本科	Poaceae	芒属	*Miscanthus*	荻	*Miscanthus sacchariflorus*
禾本科	Poaceae	芒属	*Miscanthus*	芒	*Miscanthus sinensis*
禾本科	Poaceae	白茅属	*Imperata*	白茅	*Imperata cylindrica*
禾本科	Poaceae	白茅属	*Imperata*	大白茅	*Imperata cylindrica* var. *major*
禾本科	Poaceae	大油芒属	*Spodiopogon*	油芒	*Spodiopogon cotulifer*
禾本科	Poaceae	大油芒属	*Spodiopogon*	大油芒	*Spodiopogon sibiricus*
禾本科	Poaceae	拂子茅属	*alamagrostis*	拂子茅	*Calamagrostis epigeios*
禾本科	Poaceae	拂子茅属	*alamagrostis*	假苇拂子茅	*Calamagrostis pseudophragmites*
禾本科	Poaceae	苦竹属	*Pleioblastus*	苦竹	*Pleioblastus amarus*
禾本科	Poaceae	莠竹属	*Microstegium*	莠竹	*Microstegium vimineum*
禾本科	Poaceae	黄金茅属	*Eulalia*	金茅	*Eulalia speciosa*
禾本科	Poaceae	落草属	*Koeleria*	落草	*Koeleria macrantha*
禾本科	Poaceae	三棱草属	*Bolboschoenus*	扁秆荆三棱	*Bolboschoenus planiculmis*
禾本科	Poaceae	高粱属	*Sorghum*	多脉高粱	*Sorghum bicolor*
禾本科	Poaceae	孔颖草属	*Bothriochloa*	白羊草	*Bothriochloa ischaemum*
禾本科	Poaceae	细柄草属	*Capillipedium*	细柄草	*Capillipedium parviflorum*
禾本科	Poaceae	鸭嘴草属	*Ischaemum*	毛鸭嘴草	*Ischaemum anthephoroides*
禾本科	Poaceae	鸭嘴草属	*Ischaemum*	鸭嘴草	*Ischaemum aristatum* var. *glaucum*
禾本科	Poaceae	香茅属	*Cymbopogon*	橘草	*Cymbopogon goeringii*
禾本科	Poaceae	荩草属	*Arthraxon*	荩草	*Arthraxon hispidus*
禾本科	Poaceae	菅属	*Themeda*	黄背草	*Themeda triandra*
禾本科	Poaceae	束尾草属	*Phacelurus*	束尾草	*Phacelurus latifolius*
禾本科	Poaceae	牛鞭草属	*Hemarthria*	牛鞭草	*Hemarthria sibirica*
禾本科	Poaceae	玉蜀黍属	*Zea*	玉蜀黍	*Zea mays*

（续）

科		属		种	
中文名	拉丁名	中文名	拉丁名	中文名	拉丁名
禾本科	Poaceae	薏苡属	*Coix*	薏苡	*Coix lacryma*
莎草科	Cyperaceae	藨草属	*Scirpus*	华东藨草	*Scirpus karuisawensis*
莎草科	Cyperaceae	藨草属	*Scirpus*	庐山藨草	*Scirpus lushanensis*
莎草科	Cyperaceae	芙兰草属	*Fuirena*	毛芙兰草	*Fuirena ciliaris*
莎草科	Cyperaceae	荸荠属	*Eleocharis*	羽毛荸荠	*Eleocharis wichurae*
莎草科	Cyperaceae	球柱草属	*Bulbostylis*	球柱草	*Bulbostylis barbata*
莎草科	Cyperaceae	球柱草属	*Bulbostylis*	丝叶球柱草	*Bulbostylis densa*
莎草科	Cyperaceae	飘拂草属	*Fimbristylis*	复序飘拂草	*Fimbristylis bisumbellata*
莎草科	Cyperaceae	飘拂草属	*Fimbristylis*	扁鞘飘拂草	*Fimbristylis complanata*
莎草科	Cyperaceae	飘拂草属	*Fimbristylis*	两歧飘拂草	*Fimbristylis dichotoma*
莎草科	Cyperaceae	飘拂草属	*Fimbristylis*	水虱草	*Fimbristylis littoralis*
莎草科	Cyperaceae	飘拂草属	*Fimbristylis*	锈鳞飘拂草	*Fimbristylis sieboldii*
莎草科	Cyperaceae	飘拂草属	*Fimbristylis*	双穗飘拂草	*Fimbristylis subbispicata*
莎草科	Cyperaceae	刺子莞属	*Rhynchospora*	华刺子莞	*Rhynchospora chinensis*
莎草科	Cyperaceae	刺子莞属	*Rhynchospora*	细叶刺子莞	*Rhynchospora faberi*
莎草科	Cyperaceae	莎草属	*Cyperus*	阿穆尔莎草	*Cyperus amuricus*
莎草科	Cyperaceae	莎草属	*Cyperus*	长尖莎草	*Cyperus cuspidatus*
莎草科	Cyperaceae	莎草属	*Cyperus*	异型莎草	*Cyperus difformis*
莎草科	Cyperaceae	莎草属	*Cyperus*	褐穗莎草	*Cyperus fuscus*
莎草科	Cyperaceae	莎草属	*Cyperus*	头状穗莎草	*Cyperus glomeratus*
莎草科	Cyperaceae	莎草属	*Cyperus*	山东白鳞莎草	*Cyperus hilgendorfianus*
莎草科	Cyperaceae	莎草属	*Cyperus*	风车草	*Cyperus involucratus*
莎草科	Cyperaceae	莎草属	*Cyperus*	碎米莎草	*Cyperus iria*
莎草科	Cyperaceae	莎草属	*Cyperus*	具芒碎米莎草	*Cyperus microiria*
莎草科	Cyperaceae	莎草属	*Cyperus*	白鳞莎草	*Cyperus nipponicus*
莎草科	Cyperaceae	莎草属	*Cyperus*	辐射砖子苗	*Cyperus radians*
莎草科	Cyperaceae	莎草属	*Cyperus*	香附子	*Cyperus rotundus*
莎草科	Cyperaceae	水葱属	*Schoenoplectus*	三棱水葱	*Schoenoplectus triqueter*
莎草科	Cyperaceae	扁莎属	*Pycreus*	小球穗扁莎	*Pycreus flavidus* var. *nilagiricus*
莎草科	Cyperaceae	扁莎属	*Pycreus*	球穗扁莎	*Pycreus flavidus*
莎草科	Cyperaceae	扁莎属	*Pycreus*	红鳞扁莎	*Pycreus sanguinolentus*

科		属		种	
中文名	拉丁名	中文名	拉丁名	中文名	拉丁名
莎草科	Cyperaceae	水蜈蚣属	*Kyllinga*	无刺鳞水蜈蚣	*Kyllinga brevifolia* var. *leiolepis*
莎草科	Cyperaceae	湖瓜草属	*Lipocarpha*	华湖瓜草	*Lipocarpha chinensis*
莎草科	Cyperaceae	薹草属	*Carex*	亚柄薹草	*Carex lanceolata* var. *subpediformis*
莎草科	Cyperaceae	薹草属	*Carex*	白颖薹草	*Carex duriuscula* subsp. *rigescens*
莎草科	Cyperaceae	薹草属	*Carex*	健壮薹草	*Carex wahuensis* subsp. *robusta*
莎草科	Cyperaceae	薹草属	*Carex*	青绿薹草	*Carex breviculmis*
莎草科	Cyperaceae	薹草属	*Carex*	仲氏薹草	*Carex chungii*
莎草科	Cyperaceae	薹草属	*Carex*	毛缘宽叶薹草	*Carex ciliatomarginata*
莎草科	Cyperaceae	薹草属	*Carex*	二形鳞薹草	*Carex dimorpholepis*
莎草科	Cyperaceae	薹草属	*Carex*	溪水薹草	*Carex forficula*
莎草科	Cyperaceae	薹草属	*Carex*	异穗薹草	*Carex heterostachya*
莎草科	Cyperaceae	薹草属	*Carex*	低矮薹草	*Carex humilis*
莎草科	Cyperaceae	薹草属	*Carex*	日本薹草	*Carex japonica*
莎草科	Cyperaceae	薹草属	*Carex*	江苏薹草	*Carex kiangsuensis*
莎草科	Cyperaceae	薹草属	*Carex*	筛草	*Carex kobomugi*
莎草科	Cyperaceae	薹草属	*Carex*	大披针薹草	*Carex lanceolata*
莎草科	Cyperaceae	薹草属	*Carex*	尖嘴薹草	*Carex leiorhyncha*
莎草科	Cyperaceae	薹草属	*Carex*	乳突薹草	*Carex maximowiczii*
莎草科	Cyperaceae	薹草属	*Carex*	翼果薹草	*Carex neurocarpa*
莎草科	Cyperaceae	薹草属	*Carex*	糙叶薹草	*Carex scabrifolia*
莎草科	Cyperaceae	薹草属	*Carex*	宽叶薹草	*Carex siderosticta*
莎草科	Cyperaceae	薹草属	*Carex*	唐进薹草	*Carex tangiana*
莎草科	Cyperaceae	萤蔺属	*Schoenoplectiella*	萤蔺	*Schoenoplectiella juncoides*
棕榈科	Arecaceae	棕榈属	*Trachycarpus*	棕榈	*Trachycarpus fortunei*
棕榈科	Arecaceae	棕竹属	*Phoenix*	加拿利海枣	*Phoenix canarinsis*
棕榈科	Arecaceae	棕竹属	*Phoenix*	江边刺葵	*Phoenix roebelenii*
棕榈科	Arecaceae	棕竹属	*Rhapis*	棕竹	*Rhapis excelsa*
棕榈科	Arecaceae	棕竹属	*Rhapis*	矮棕竹	*Rhapis humilis*
棕榈科	Arecaceae	蒲葵属	*Livistona*	蒲葵	*Livistona chinensis*
棕榈科	Arecaceae	鱼尾葵属	*Caryota*	鱼尾葵	*Caryota maxima*
棕榈科	Arecaceae	假槟榔属	*Archontophoenix*	假槟榔	*Archontophoenix alexandrae*

（续）

科		属		种	
中文名	拉丁名	中文名	拉丁名	中文名	拉丁名
菖蒲科	Acoraceae	菖蒲属	*Acorus*	菖蒲	*Acorus calamus*
菖蒲科	Acoraceae	菖蒲属	*Acorus*	金钱蒲	*Acorus gramineus*
天南星科	Araceae	龟背竹属	*Monstera*	龟背竹	*Monstera deliciosa*
天南星科	Araceae	广东万年青属	*Aglaonema*	广东万年青	*Aglaonema modestum*
天南星科	Araceae	芋属	*Colocasia*	芋	*Colocasia esculenta*
天南星科	Araceae	海芋属	*Alocasia*	海芋	*Alocasia odora*
天南星科	Araceae	天南星属	*Arisaema*	东北南星	*Arisaema amurense*
天南星科	Araceae	半夏属	*Pinellia*	天南星	*Pinellia pedatisecta*
天南星科	Araceae	半夏属	*Pinellia*	虎掌	*Pinellia pedatisecta*
天南星科	Araceae	半夏属	*Pinellia*	半夏	*Pinellia ternata*
天南星科	Araceae	马蹄莲属	*Zantedeschia*	马蹄莲	*Zantedeschia aethiopica*
谷精草科	Eriocaulaceae	谷精草属	*Eriocaulon*	白药谷精草	*Eriocaulon cinereum*
谷精草科	Eriocaulaceae	谷精草属	*Eriocaulon*	长苞谷精草	*Eriocaulon decemflorum*
凤梨科	Bromeliaceae	水塔花属	*Billbergia*	垂花水塔花	*Billbergia nutans*
鸭跖草科	Commelinaceae	竹叶子属	*Streptolirion*	竹叶子	*Streptolirion volubile*
鸭跖草科	Commelinaceae	紫露草属	*Tradescantia*	紫竹梅	*Tradescantia pallida*
鸭跖草科	Commelinaceae	紫露草属	*Tradescantia*	紫露草	*Tradescantia ohiensis*
鸭跖草科	Commelinaceae	水竹叶属	*Murdannia*	裸花水竹叶	*Murdannia nudiflora*
鸭跖草科	Commelinaceae	水竹叶属	*Murdannia*	水竹叶	*Murdannia triquetra*
鸭跖草科	Commelinaceae	鸭跖草属	*Commelina*	饭包草	*Commelina benghalensis*
鸭跖草科	Commelinaceae	鸭跖草属	*Commelina*	鸭跖草	*Commelina communis*
雨久花科	Pontederiaceae	雨久花属	*Monochoria*	雨久花	*Monochoria korsakowii*
灯芯草科	Juncaceae	灯芯草属	*Juncus*	小灯芯草	*Juncus bufonius*
灯芯草科	Juncaceae	灯芯草属	*Juncus*	星花灯芯草	*Juncus diastrophanthus*
灯芯草科	Juncaceae	灯芯草属	*Juncus*	灯芯草	*Juncus effusus*
灯芯草科	Juncaceae	灯芯草属	*Juncus*	扁茎灯芯草	*Juncus gracillimus*
灯芯草科	Juncaceae	灯芯草属	*Juncus*	乳头灯芯草	*Juncus papillosus*
灯芯草科	Juncaceae	灯芯草属	*Juncus*	笄石菖	*Juncus prismatocarpus*
灯芯草科	Juncaceae	灯芯草属	*Juncus*	洮南灯芯草	*Juncus taonanensis*
灯芯草科	Juncaceae	灯芯草属	*Juncus*	坚被灯芯草	*Juncus tenuis*
灯芯草科	Juncaceae	灯芯草属	*Juncus*	针灯芯草	*Juncus wallichianus*

科		属		种	
中文名	拉丁名	中文名	拉丁名	中文名	拉丁名
藜芦科	Melanthiaceae	藜芦属	*Veratrum*	毛穗藜芦	*Veratrum maackii*
藜芦科	Melanthiaceae	藜芦属	*Veratrum*	藜芦	*Veratrum nigrum*
藜芦科	Melanthiaceae	藜芦属	*Veratrum*	狭叶藜芦	*Veratrum stenophyllum*
百合科	Liliaceae	吊兰属	*Chlorophytum*	吊兰	*Chlorophytum comosum*
百合科	Liliaceae	玉簪属	*Hosta*	玉簪	*Hosta plantaginea*
百合科	Liliaceae	玉簪属	*Hosta*	紫萼	*Hosta ventricosa*
百合科	Liliaceae	萱草属	*Hemerocallis*	黄花菜	*Hemerocallis citrina*
百合科	Liliaceae	萱草属	*Hemerocallis*	萱草	*Hemerocallis fulva*
百合科	Liliaceae	萱草属	*Hemerocallis*	北黄花菜	*Hemerocallis lilioasphodelus*
百合科	Liliaceae	萱草属	*Hemerocallis*	小黄花菜	*Hemerocallis minor*
百合科	Liliaceae	芦荟属	*Aloe*	芦荟	*Aloe vera*
百合科	Liliaceae	郁金香属	*Tulipa*	郁金香	*Tulipa gesneriana*
百合科	Liliaceae	百合属	*Lilium*	有斑百合	*Lilium concolor* var. *pulchellum*
百合科	Liliaceae	百合属	*Lilium*	百合	*Lilium brownii* var. *viridulum*
百合科	Liliaceae	百合属	*Lilium*	野百合	*Crotalaria sessiliflora*
百合科	Liliaceae	百合属	*Lilium*	渥丹	*Lilium concolor*
百合科	Liliaceae	百合属	*Lilium*	卷丹	*Lilium lancifolium*
百合科	Liliaceae	百合属	*Lilium*	山丹	*Lilium pumilum*
百合科	Liliaceae	百合属	*Lilium*	青岛百合	*Lilium tsingtauense*
百合科	Liliaceae	绵枣儿属	*Barnardia*	绵枣儿	*Barnardia japonica*
百合科	Liliaceae	葱属	*Allium*	矮韭	*Allium anisopodium*
百合科	Liliaceae	葱属	*Allium*	洋葱	*Allium cepa*
百合科	Liliaceae	葱属	*Allium*	葱	*Allium fistulosum*
百合科	Liliaceae	葱属	*Allium*	薤白	*Allium macrostemon*
百合科	Liliaceae	葱属	*Allium*	天蒜	*Allium paepalanthoides*
百合科	Liliaceae	葱属	*Allium*	野韭	*Allium ramosum*
百合科	Liliaceae	葱属	*Allium*	蒜	*Allium sativum*
百合科	Liliaceae	葱属	*Allium*	山韭	*Allium senescens*
百合科	Liliaceae	葱属	*Allium*	细叶韭	*Allium tenuissimum*
百合科	Liliaceae	葱属	*Allium*	球序韭	*Allium thunbergii*
百合科	Liliaceae	葱属	*Allium*	韭	*Allium tuberosum*

（续）

科		属		种	
中文名	拉丁名	中文名	拉丁名	中文名	拉丁名
百合科	Liliaceae	丝兰属	*Yucca*	凤尾丝兰	*Yucca gloriosa*
百合科	Liliaceae	丝兰属	*Yucca*	软叶丝兰	*Yucca flaccida*
百合科	Liliaceae	朱蕉属	*Cordyline*	朱蕉	*Cordyline fruticosa*
百合科	Liliaceae	春慵花属	*Ornithogalum*	虎眼万年青	*Ornithogalum caudatum*
百合科	Liliaceae	虎尾兰属	*Sansevieria*	虎尾兰	*Sansevieria trifasciata*
百合科	Liliaceae	铃兰属	*Convallaria*	铃兰	*Convallaria majalis*
百合科	Liliaceae	吉祥草属	*Reineckea*	吉祥草	*Reineckea carnea*
百合科	Liliaceae	万年青属	*Rohdea*	万年青	*Rohdea japonica*
百合科	Liliaceae	蜘蛛抱蛋属	*Aspidistra*	蜘蛛抱蛋	*Aspidistra elatior*
百合科	Liliaceae	舞鹤草属	*Maianthemum*	鹿药	*Maianthemum japonicum*
百合科	Liliaceae	万寿竹属	*Disporum*	山东万寿竹	*Disporum smilacinum*
百合科	Liliaceae	黄精属	*Polygonatum*	二苞黄精	*Polygonatum involucratum*
百合科	Liliaceae	黄精属	*Polygonatum*	热河黄精	*Polygonatum macropodium*
百合科	Liliaceae	黄精属	*Polygonatum*	玉竹	*Polygonatum odoratum*
百合科	Liliaceae	黄精属	*Polygonatum*	黄精	*Polygonatum sibiricum*
百合科	Liliaceae	天门冬属	*Asparagus*	龙须菜	*Asparagus schoberioides*
百合科	Liliaceae	天门冬属	*Asparagus*	天门冬	*Asparagus cochinchinensis*
百合科	Liliaceae	天门冬属	*Asparagus*	兴安天门冬	*Asparagus dauricus*
百合科	Liliaceae	天门冬属	*Asparagus*	长花天门冬	*Asparagus longiflorus*
百合科	Liliaceae	天门冬属	*Asparagus*	石刁柏	*Asparagus officinalis*
百合科	Liliaceae	天门冬属	*Asparagus*	南玉带	*Asparagus oligoclonos*
百合科	Liliaceae	天门冬属	*Asparagus*	文竹	*Asparagus setaceus*
百合科	Liliaceae	天门冬属	*Asparagus*	非洲天门冬	*Asparagus densiflorus*
百合科	Liliaceae	假叶树属	*Ruscus*	假叶树	*Ruscus aculeatus*
百合科	Liliaceae	山麦冬属	*Liriope*	禾叶山麦冬	*Liriope graminifolia*
百合科	Liliaceae	山麦冬属	*Liriope*	短莛山麦冬	*Liriope muscari*
百合科	Liliaceae	山麦冬属	*Liriope*	山麦冬	*Liriope spicata*
百合科	Liliaceae	沿阶草属	*Ophiopogon*	麦冬	*Ophiopogon japonicus*
百合科	Liliaceae	菝葜属	*Smilax*	菝葜	*Smilax china*
百合科	Liliaceae	菝葜属	*Smilax*	白背牛尾菜	*Smilax nipponica*
百合科	Liliaceae	菝葜属	*Smilax*	牛尾菜	*Smilax riparia*

科		属		种	
中文名	拉丁名	中文名	拉丁名	中文名	拉丁名
百合科	Liliaceae	菝葜属	*Smilax*	华东菝葜	*Smilax sieboldii*
百合科	Liliaceae	菝葜属	*Smilax*	鞘柄菝葜	*Smilax stans*
百合科	Liliaceae	老鸦瓣属	*Amana*	老鸦瓣	*Amana edulis*
百合科	Liliaceae	君子兰属	*Clivia*	君子兰	*Clivia miniata*
百合科	Liliaceae	君子兰属	*Clivia*	垂笑君子兰	*Clivia nobilis*
百合科	Liliaceae	葱莲属	*Zephyranthes*	葱莲	*Zephyranthes candida*
百合科	Liliaceae	葱莲属	*Zephyranthes*	韭莲	*Zephyranthes carinata*
百合科	Liliaceae	文殊兰属	*Crinum*	文殊兰	*Crinum asiaticum* var. *sinicum*
百合科	Liliaceae	朱顶红属	*Hippeastrum*	朱顶红	*Hippeastrum rutilum*
百合科	Liliaceae	朱顶红属	*Hippeastrum*	花朱顶红	*Hippeastrum vittatum*
百合科	Liliaceae	石蒜属	*Lycoris*	石蒜	*Lycoris radiata*
百合科	Liliaceae	石蒜属	*Lycoris*	鹿葱	*Lycoris squamigera*
百合科	Liliaceae	水仙属	*Narcissus*	水仙	*Narcissus tazetta* subsp. *chinensis*
百合科	Liliaceae	水仙属	*Narcissus*	黄水仙	*Narcissus pseudonarcissus*
百合科	Liliaceae	龙舌兰属	*Agave*	龙舌兰	*Agave americana*
百合科	Liliaceae	龙舌兰属	*Agave*	金边龙舌兰	*Agave americana* var. *marginata*
百合科	Liliaceae	晚香玉属	*Polianthes*	晚香玉	*Polianthes tuberosa*
薯蓣科	Dioscoreaceae	薯蓣属	*Dioscorea*	穿龙薯蓣	*Dioscorea nipponica*
薯蓣科	Dioscoreaceae	薯蓣属	*Dioscorea*	薯蓣	*Dioscorea opposita*
鸢尾科	Iridaceae	唐菖蒲属	*Gladiolus*	唐菖蒲	*Gladiolus gandavensis*
鸢尾科	Iridaceae	香雪兰属	*Freesia*	香雪兰	*Freesia refracta*
鸢尾科	Iridaceae	射干属	*Belamcanda*	射干	*Belamcanda chinensis*
鸢尾科	Iridaceae	鸢尾属	*Iris*	德国鸢尾	*Iris germanica*
鸢尾科	Iridaceae	鸢尾属	*Iris*	野鸢尾	*Iris dichotoma*
鸢尾科	Iridaceae	鸢尾属	*Iris*	马蔺	*Iris lactea*
鸢尾科	Iridaceae	鸢尾属	*Iris*	紫苞鸢尾	*Iris ruthenica*
鸢尾科	Iridaceae	鸢尾属	*Iris*	鸢尾	*Iris tectorum*
石蒜科	Amaryllidaceae	百子莲属	*Agapanthus*	百子莲	*Agapanthus africanus*
芭蕉科	Iridaceae	芭蕉属	*Musa*	芭蕉	*Musa basjoo*
芭蕉科	Musaceae	鹤望兰属	*Strelitzia*	鹤望兰	*Strelitzia reginae*
姜科	Zingiberaceae	姜属	*Zingiber*	姜	*Zingiber officinale*

（续）

科		属		种	
中文名	拉丁名	中文名	拉丁名	中文名	拉丁名
美人蕉科	Cannaceae	美人蕉属	*Canna*	大花美人蕉	*Canna generalis*
美人蕉科	Cannaceae	美人蕉属	*Canna*	美人蕉	*Canna indica*
兰科	Orchidaceae	杓兰属	*Cypripedium*	紫点杓兰	*Cypripedium guttatum*
兰科	Orchidaceae	头蕊兰属	*Cephalanthera*	长苞头蕊兰	*Cephalanthera longibracteata*
兰科	Orchidaceae	火烧兰属	*Epipactis*	北火烧兰	*Epipactis xanthophaea*
兰科	Orchidaceae	斑叶兰属	*Goodyera*	小斑叶兰	*Goodyera repens*
兰科	Orchidaceae	绶草属	*Spiranthes*	绶草	*Spiranthes sinensis*
兰科	Orchidaceae	舌唇兰属	*Platanthera*	二叶舌唇兰	*Platanthera chlorantha*
兰科	Orchidaceae	舌唇兰属	*Platanthera*	密花舌唇兰	*Platanthera hologlottis*
兰科	Orchidaceae	舌唇兰属	*Platanthera*	尾瓣舌唇兰	*Platanthera mandarinorum*
兰科	Orchidaceae	角盘兰属	*Herminium*	角盘兰	*Herminium monorchis*
兰科	Orchidaceae	朱兰属	*Pogonia*	朱兰	*Pogonia japonica*
兰科	Orchidaceae	小红门兰属	*Ponerorchis*	蜈蚣兰	*Cleisostoma scolopendrifolium*
兰科	Orchidaceae	小红门兰属	*Ponerorchis*	无柱兰	*Ponerorchis gracilis*
兰科	Orchidaceae	原沼兰属	*Malaxis*	原沼兰	*Malaxis monophyllos*
兰科	Orchidaceae	白及属	*Bletilla*	白及	*Bletilla striata*
兰科	Orchidaceae	兰属	*Cymbidium*	建兰	*Cymbidium ensifolium*
兰科	Orchidaceae	兰属	*Cymbidium*	蕙兰	*Cymbidium faberi*
兰科	Orchidaceae	兰属	*Cymbidium*	春兰	*Cymbidium goeringii*
兰科	Orchidaceae	兰属	*Cymbidium*	虎头兰	*Cymbidium hookerianum*
兰科	Orchidaceae	兰属	*Cymbidium*	墨兰	*Cymbidium sinense*
兰科	Orchidaceae	石斛属	*Dendrobium*	石斛	*Dendrobium nobile*
金粟兰科	Chloranthaceae	金粟兰属	*Chloranthus*	丝穗金粟兰	*Chloranthus fortunei*
金粟兰科	Chloranthaceae	金粟兰属	*Chloranthus*	银线草	*Chloranthus japonicus*
金粟兰科	Chloranthaceae	金粟兰属	*Chloranthus*	金粟兰	*Chloranthus spicatus*
杨柳科	Salicaceae	杨属	*Populus*	钻天杨	*Populus nigra* var. *italica*
杨柳科	Salicaceae	杨属	*Populus*	银白杨	*Populus alba*
杨柳科	Salicaceae	杨属	*Populus*	山杨	*Populus davidiana*
杨柳科	Salicaceae	杨属	*Populus*	小叶杨	*Populus simonii*
杨柳科	Salicaceae	杨属	*Populus*	毛白杨	*Populus tomentosa*
杨柳科	Salicaceae	杨属	*Populus*	加杨	*Populus* × *canadensis*

科		属		种	
中文名	拉丁名	中文名	拉丁名	中文名	拉丁名
杨柳科	Salicaceae	柳属	*Salix*	龙爪柳	*Salix matsudana*
杨柳科	Salicaceae	柳属	*Salix*	绦柳	*Salix matsudana*
杨柳科	Salicaceae	柳属	*Salix*	垂柳	*Salix babylonica*
杨柳科	Salicaceae	柳属	*Salix*	腺柳	*Salix chaenomeloides*
杨柳科	Salicaceae	柳属	*Salix*	杞柳	*Salix integra*
杨柳科	Salicaceae	柳属	*Salix*	朝鲜柳	*Salix koreensis*
杨柳科	Salicaceae	柳属	*Salix*	旱柳	*Salix matsudana*
杨柳科	Salicaceae	柳属	*Salix*	三蕊柳	*Salix nipponica*
杨柳科	Salicaceae	柳属	*Salix*	簸箕柳	*Salix suchowensis*
胡桃科	Juglandaceae	化香树属	*Platycarya*	化香树	*Platycarya strobilacea*
胡桃科	Juglandaceae	枫杨属	*Pterocarya*	枫杨	*Pterocarya stenoptera*
胡桃科	Juglandaceae	胡桃属	*Juglans*	野核桃	*Juglans cathayensis*
胡桃科	Juglandaceae	胡桃属	*Juglans*	胡桃楸	*Juglans mandshurica*
胡桃科	Juglandaceae	胡桃属	*Juglans*	胡桃	*Juglans regia*
胡桃科	Juglandaceae	山核桃属	*Carya*	美国山核桃	*Carya illinoensis*
桦木科	Betulaceae	榛属	*Corylus*	榛	*Corylus heterophylla*
桦木科	Betulaceae	榛属	*Corylus*	毛榛	*Corylus mandshurica*
桦木科	Betulaceae	鹅耳枥属	*Carpinus*	千金榆	*Carpinus cordata*
桦木科	Betulaceae	鹅耳枥属	*Carpinus*	鹅耳枥	*Carpinus turczaninowii*
桦木科	Betulaceae	桤木属	*Alnus*	辽东桤木	*Alnus sibirica*
桦木科	Betulaceae	桤木属	*Alnus*	日本桤木	*Alnus japonica*
桦木科	Betulaceae	桦木属	*Betula*	坚桦	*Betula chinensis*
桦木科	Betulaceae	桦木属	*Betula*	白桦	*Betula platyphylla*
壳斗科	Fagaceae	栗属	*Castanea*	栗	*Castanea mollissima*
壳斗科	Fagaceae	栎属	*Quercus*	锐齿槲栎	*Quercus aliena* var. *acuteserrata*
壳斗科	Fagaceae	栎属	*Quercus*	麻栎	*Quercus acutissima*
壳斗科	Fagaceae	栎属	*Quercus*	槲栎	*Quercus aliena*
壳斗科	Fagaceae	栎属	*Quercus*	槲树	*Quercus dentata*
壳斗科	Fagaceae	栎属	*Quercus*	蒙古栎	*Quercus mongolica*
壳斗科	Fagaceae	栎属	*Quercus*	沼生栎	*Quercus palustris*
壳斗科	Fagaceae	栎属	*Quercus*	夏栎	*Quercus robur*

（续）

科		属		种	
中文名	拉丁名	中文名	拉丁名	中文名	拉丁名
壳斗科	Fagaceae	栎属	Quercus	枹栎	Quercus serrata
壳斗科	Fagaceae	栎属	Quercus	栓皮栎	Quercus variabilis
榆科	Ulmaceae	榆属	Ulmus	春榆	Ulmus davidiana var. japonica
榆科	Ulmaceae	榆属	Ulmus	美国榆	Ulmus americana
榆科	Ulmaceae	榆属	Ulmus	黑榆	Ulmus davidiana
榆科	Ulmaceae	榆属	Ulmus	大果榆	Ulmus macrocarpa
榆科	Ulmaceae	榆属	Ulmus	榔榆	Ulmus parvifolia
榆科	Ulmaceae	榆属	Ulmus	榆树	Ulmus pumila
榆科	Ulmaceae	刺榆属	Hemiptelea	刺榆	Hemiptelea davidii
榆科	Ulmaceae	榉属	Zelkova	大叶榉树	Zelkova schneideriana
榆科	Ulmaceae	榉属	Zelkova	榉树	Zelkova serrata
榆科	Ulmaceae	糙叶树属	Aphananthe	糙叶树	Aphananthe aspera
榆科	Ulmaceae	朴属	Celtis	黑弹树	Celtis bungeana
榆科	Ulmaceae	朴属	Celtis	大叶朴	Celtis koraiensis
榆科	Ulmaceae	朴属	Celtis	朴树	Celtis sinensis
桑科	Moraceae	桑属	Morus	桑	Morus alba
桑科	Moraceae	桑属	Morus	蒙桑	Morus mongolica
桑科	Moraceae	构属	Broussonetia	构树	Broussonetia papyrifera
桑科	Moraceae	橙桑属	Maclura	柘	Maclura tricuspidata
桑科	Moraceae	榕属	Ficus	三角榕	Ficus triangularis
桑科	Moraceae	榕属	Ficus	无花果	Ficus carica
桑科	Moraceae	榕属	Ficus	印度榕	Ficus elastica
桑科	Moraceae	榕属	Ficus	榕树	Ficus microcarpa
大麻科	Cannabaceae	葎草属	Humulus	啤酒花	Humulus lupulus
大麻科	Cannabaceae	葎草属	Humulus	葎草	Humulus scandens
大麻科	Cannabaceae	大麻属	Cannabis	大麻	Cannabis sativa
荨麻科	Urticaceae	荨麻属	Urtica	狭叶荨麻	Urtica angustifolia
荨麻科	Urticaceae	蝎子草属	Girardinia	蝎子草	Girardinia diversifolia subsp. suborbiculata
荨麻科	Urticaceae	冷水花属	Pilea	透茎冷水花	Pilea pumila
荨麻科	Urticaceae	苎麻属	Boehmeria	野线麻	Boehmeria japonica
荨麻科	Urticaceae	苎麻属	Boehmeria	八角麻	Boehmeria platanifolia

科		属		种	
中文名	拉丁名	中文名	拉丁名	中文名	拉丁名
荨麻科	Urticaceae	苎麻属	*Boehmeria*	赤麻	*Boehmeria silvestrii*
荨麻科	Urticaceae	苎麻属	*Boehmeria*	小赤麻	*Boehmeria spicata*
檀香科	Santalaceae	百蕊草属	*Thesium*	百蕊草	*Thesium chinense*
马兜铃科	Aristolochiaceae	细辛属	*Asarum*	细辛	*Asarum heterotropoides*
马兜铃科	Aristolochiaceae	关木通属	*Isotrema*	寻骨风	*Isotrema mollissimum*
马兜铃科	Aristolochiaceae	马兜铃属	*Aristolochia*	北马兜铃	*Aristolochia contorta*
马兜铃科	Aristolochiaceae	马兜铃属	*Aristolochia*	马兜铃	*Aristolochia debilis*
蓼科	Polygonaceae	拳参属	*Bistorta*	拳参	*Bistorta officinalis*
蓼科	Polygonaceae	冰岛蓼属	*Koenigia*	高山蓼	*Koenigia alpina*
蓼科	Polygonaceae	蓼属	*Persicaria*	粘蓼	*Persicaria viscofera*
蓼科	Polygonaceae	蓼属	*Persicaria*	圆基长鬃蓼	*Persicaria longiseta* var. *rotundata*
蓼科	Polygonaceae	蓼属	*Persicaria*	柳叶刺蓼	*Persicaria bungeana*
蓼科	Polygonaceae	蓼属	*Persicaria*	稀花蓼	*Persicaria dissitiflora*
蓼科	Polygonaceae	蓼属	*Persicaria*	金线草	*Persicaria filiformis*
蓼科	Polygonaceae	蓼属	*Persicaria*	水蓼	*Persicaria hydropiper*
蓼科	Polygonaceae	蓼属	*Persicaria*	蚕茧草	*Persicaria japonica*
蓼科	Polygonaceae	蓼属	*Persicaria*	酸模叶蓼	*Persicaria lapathifolia*
蓼科	Polygonaceae	蓼属	*Persicaria*	长鬃蓼	*Persicaria longiseta*
蓼科	Polygonaceae	蓼属	*Persicaria*	长戟叶蓼	*Persicaria maackiana*
蓼科	Polygonaceae	蓼属	*Persicaria*	春蓼	*Persicaria maculosa*
蓼科	Polygonaceae	蓼属	*Persicaria*	短毛金线草	*Persicaria neofiliformis*
蓼科	Polygonaceae	蓼属	*Persicaria*	尼泊尔蓼	*Persicaria nepalensis*
蓼科	Polygonaceae	蓼属	*Persicaria*	红蓼	*Persicaria orientalis*
蓼科	Polygonaceae	蓼属	*Persicaria*	扛板归	*Persicaria perfoliata*
蓼科	Polygonaceae	蓼属	*Persicaria*	丛枝蓼	*Persicaria posumbu*
蓼科	Polygonaceae	蓼属	*Persicaria*	箭头蓼	*Persicaria sagittata*
蓼科	Polygonaceae	蓼属	*Persicaria*	刺蓼	*Polygonum senticosum*
蓼科	Polygonaceae	蓼属	*Persicaria*	戟叶蓼	*Persicaria thunbergii*
蓼科	Polygonaceae	蓼属	*Persicaria*	萹蓄	*Polygonum aviculare*
蓼科	Polygonaceae	蓼属	*Persicaria*	习见萹蓄	*Polygonum plebeium*
蓼科	Polygonaceae	千叶兰属	*Muehlenbeckia*	竹节蓼	*Muehlenbeckia platyclada*

（续）

科		属		种	
中文名	拉丁名	中文名	拉丁名	中文名	拉丁名
蓼科	Polygonaceae	何首乌属	*Pleuropterus*	何首乌	*Pleuropterus multiflorus*
蓼科	Polygonaceae	虎杖属	*Reynoutria*	虎杖	*Reynoutria japonica*
蓼科	Polygonaceae	荞麦属	*Fagopyrum*	荞麦	*Fagopyrum esculentum*
蓼科	Polygonaceae	酸模属	*Rumex*	酸模	*Rumex acetosa*
蓼科	Polygonaceae	酸模属	*Rumex*	小酸模	*Rumex acetosella*
蓼科	Polygonaceae	酸模属	*Rumex*	皱叶酸模	*Rumex crispus*
蓼科	Polygonaceae	酸模属	*Rumex*	齿果酸模	*Rumex dentatus*
蓼科	Polygonaceae	酸模属	*Rumex*	羊蹄	*Rumex japonicus*
蓼科	Polygonaceae	酸模属	*Rumex*	巴天酸模	*Rumex patientia*
蓼科	Polygonaceae	藤蓼属	*Fallopia*	卷茎蓼	*Fallopia convolvulus*
蓼科	Polygonaceae	藤蓼属	*Fallopia*	齿翅蓼	*Fallopia dentatoalata*
蓼科	Polygonaceae	藤蓼属	*Fallopia*	篱蓼	*Fallopia dumetorum*
蓼科	Polygonaceae	西伯利亚蓼属	*Knorringia*	西伯利亚蓼	*Knorringia sibirica*
藜科	Chenopodiaceae	甜菜属	*Beta*	莙荙菜	*Beta vulgaris* var. *cicla*
藜科	Chenopodiaceae	盐角草属	*Salicornia*	盐角草	*Salicornia europaea*
藜科	Chenopodiaceae	滨藜属	*Atriplex*	滨藜	*Atriplex patens*
藜科	Chenopodiaceae	菠菜属	*Spinacia*	菠菜	*Spinacia oleracea*
藜科	Chenopodiaceae	虫实属	*Corispermum*	兴安虫实	*Corispermum chinganicum*
藜科	Chenopodiaceae	虫实属	*Corispermum*	细苞虫实	*Corispermum stenolepis*
藜科	Chenopodiaceae	藜属	*Chenopodium*	尖头叶藜	*Chenopodium acuminatum*
藜科	Chenopodiaceae	藜属	*Chenopodium*	藜	*Chenopodium album*
藜科	Chenopodiaceae	藜属	*Chenopodium*	小藜	*Chenopodium serotinum*
藜科	Chenopodiaceae	地肤属	*Kochia*	扫帚菜	*Kochia scoparia*
藜科	Chenopodiaceae	碱蓬属	*Suaeda*	碱蓬	*Suaeda glauca*
藜科	Chenopodiaceae	碱蓬属	*Suaeda*	盐地碱蓬	*Suaeda salsa*
藜科	Chenopodiaceae	猪毛菜属	*Salsola*	猪毛菜	*Kali collinum*
藜科	Chenopodiaceae	猪毛菜属	*Salsola*	无翅猪毛菜	*Kali komarovii*
藜科	Chenopodiaceae	猪毛菜属	*Salsola*	刺沙蓬	*Kali tragus*
苋科	Amaranthaceae	青葙属	*Celosia*	青葙	*Celosia argentea*
苋科	Amaranthaceae	青葙属	*Celosia*	鸡冠花	*Celosia cristata*
苋科	Amaranthaceae	苋属	*Amaranthus*	北美苋	*Amaranthus blitoides*

科		属		种	
中文名	拉丁名	中文名	拉丁名	中文名	拉丁名
苋科	Amaranthaceae	苋属	*Amaranthus*	凹头苋	*Amaranthus blitum*
苋科	Amaranthaceae	苋属	*Amaranthus*	尾穗苋	*Amaranthus caudatus*
苋科	Amaranthaceae	苋属	*Amaranthus*	绿穗苋	*Amaranthus hybridus*
苋科	Amaranthaceae	苋属	*Amaranthus*	合被苋	*Amaranthus polygonoides*
苋科	Amaranthaceae	苋属	*Amaranthus*	反枝苋	*Amaranthus retroflexus*
苋科	Amaranthaceae	苋属	*Amaranthus*	刺苋	*Amaranthus spinosus*
苋科	Amaranthaceae	苋属	*Amaranthus*	苋	*Amaranthus tricolor*
苋科	Amaranthaceae	苋属	*Amaranthus*	皱果苋	*Amaranthus viridis*
苋科	Amaranthaceae	牛膝属	*Achyranthes*	牛膝	*Achyranthes bidentata*
苋科	Amaranthaceae	红叶藜属	*Oxybasis*	灰绿藜	*Chenopodium glaucum*
苋科	Amaranthaceae	麻叶藜属	*Chenopodiastrum*	细穗藜	*Chenopodium gracilispicum*
苋科	Amaranthaceae	沙冰藜属	*Bassia*	地肤	*Bassia scoparia*
苋科	Amaranthaceae	腺毛藜属	*Dysphania*	土荆芥	*Dysphania ambrosioides*
紫茉莉科	Nyctaginaceae	叶子花属	*Bougainvillea*	叶子花	*Bougainvillea spectabilis*
紫茉莉科	Nyctaginaceae	紫茉莉属	*Mirabilis*	紫茉莉	*Mirabilis jalapa*
商陆科	Phytolaccaceae	商陆属	*Phytolacca*	商陆	*Phytolacca acinosa*
商陆科	Phytolaccaceae	商陆属	*Phytolacca*	垂序商陆	*Phytolacca americana*
粟米草科	Molluginaceae	粟米草属	*Mollugo*	毯粟草	*Mollugo verticillata*
粟米草科	Molluginaceae	粟米草属	*Mollugo*	粟米草	*Mollugo stricta*
番杏科	Tetragoniaceae	日中花属	*Mesembryanthemum*	松叶菊	*Mesembryanthemum spectabile*
马齿苋科	Portulacaceae	马齿苋属	*Portulaca*	大花马齿苋	*Portulaca grandiflora*
马齿苋科	Portulacaceae	马齿苋属	*Portulaca*	马齿苋	*Portulaca oleracea*
马齿苋科	Portulacaceae	土人参属	*Talinum*	土人参	*Talinum paniculatum*
落葵科	Basellaceae	落葵属	*Basella*	落葵	*Basella alba*
石竹科	Caryophyllaceae	孩儿参属	*Pseudostellaria*	蔓孩儿参	*Pseudostellaria davidii*
石竹科	Caryophyllaceae	孩儿参属	*Pseudostellaria*	孩儿参	*Pseudostellaria heterophylla*
石竹科	Caryophyllaceae	卷耳属	*Cerastium*	球序卷耳	*Cerastium glomeratum*
石竹科	Caryophyllaceae	繁缕属	*Stellaria*	雀舌草	*Stellaria alsine*
石竹科	Caryophyllaceae	繁缕属	*Stellaria*	鹅肠菜	*Stellaria aquatica*
石竹科	Caryophyllaceae	繁缕属	*Stellaria*	中国繁缕	*Stellaria chinensis*
石竹科	Caryophyllaceae	繁缕属	*Stellaria*	禾叶繁缕	*Stellaria graminea*

（续）

科		属		种	
中文名	拉丁名	中文名	拉丁名	中文名	拉丁名
石竹科	Caryophyllaceae	繁缕属	*Stellaria*	繁缕	*Stellaria media*
石竹科	Caryophyllaceae	无心菜属	*Arenaria*	无心菜	*Arenaria serpyllifolia*
石竹科	Caryophyllaceae	漆姑草属	*Sagina*	漆姑草	*Sagina japonica*
石竹科	Caryophyllaceae	蝇子草属	*Silene*	高雪轮	*Atocion armeria*
石竹科	Caryophyllaceae	蝇子草属	*Silene*	女娄菜	*Silene aprica*
石竹科	Caryophyllaceae	蝇子草属	*Silene*	麦瓶草	*Silene conoidea*
石竹科	Caryophyllaceae	蝇子草属	*Silene*	坚硬女娄菜	*Silene firma*
石竹科	Caryophyllaceae	蝇子草属	*Silene*	鹤草	*Silene fortunei*
石竹科	Caryophyllaceae	蝇子草属	*Silene*	山蚂蚱草	*Silene jenisseensis*
石竹科	Caryophyllaceae	蝇子草属	*Silene*	大蔓樱草	*Silene pendula*
石竹科	Caryophyllaceae	狗筋蔓属	*Cucubalus*	狗筋蔓	*Cucubalus baccifer*
石竹科	Caryophyllaceae	石竹属	*Dianthus*	须苞石竹	*Dianthus barbatus*
石竹科	Caryophyllaceae	石竹属	*Dianthus*	香石竹	*Dianthus caryophyllus*
石竹科	Caryophyllaceae	石竹属	*Dianthus*	石竹	*Dianthus chinensis*
石竹科	Caryophyllaceae	石竹属	*Dianthus*	长萼瞿麦	*Dianthus longicalyx*
石竹科	Caryophyllaceae	石竹属	*Dianthus*	瞿麦	*Dianthus superbus*
石竹科	Caryophyllaceae	肥皂草属	*Saponaria*	肥皂草	*Saponaria officinaiis*
石竹科	Caryophyllaceae	石头花属	*Gypsophila*	麦蓝菜	*Gypsophila vaccaria*
石竹科	Caryophyllaceae	石头花属	*Gypsophila*	长蕊石头花	*Gypsophila oldhamiana*
睡莲科	Nymphaeaceae	莲属	*Nelumbo*	莲	*Nelumbo nucifera*
睡莲科	Nymphaeaceae	睡莲属	*Nymphaea*	红睡莲	*Nymphaea alba* var. *rubra*
睡莲科	Nymphaeaceae	睡莲属	*Nymphaea*	睡莲	*Nymphaea tetragona*
金鱼藻科	Ceratophyllaceae	金鱼藻属	*Ceratophyllum*	金鱼藻	*Ceratophyllum demersum*
金鱼藻科	Ceratophyllaceae	金鱼藻属	*Ceratophyllum*	穗状狐尾藻	*Myriophyllum spicatum*
毛茛科	Ranunculaceae	芍药属	*Paeonia*	芍药	*Paeonia lactiflora*
毛茛科	Ranunculaceae	芍药属	*Paeonia*	牡丹	*Paeonia suffruticosa*
毛茛科	Ranunculaceae	乌头属	*Aconitum*	拟两色乌头	*Aconitum loczyonum*
毛茛科	Ranunculaceae	乌头属	*Aconitum*	展毛乌头	*Aconitum carmichaelii* var. *truppelianum*
毛茛科	Ranunculaceae	乌头属	*Aconitum*	乌头	*Aconitum carmichaelii*
毛茛科	Ranunculaceae	乌头属	*Aconitum*	高帽乌头	*Aconitum longecassidatum*
毛茛科	Ranunculaceae	翠雀属	*Delphinium*	腺毛翠雀	*Delphinium grandiflorum* var. *gilgianum*

科		属		种	
中文名	拉丁名	中文名	拉丁名	中文名	拉丁名
毛茛科	Ranunculaceae	飞燕草属	*Consolida*	飞燕草	*Consolida ajacis*
毛茛科	Ranunculaceae	耧斗菜属	*Aquilegia*	紫花耧斗菜	*Aquilegia viridiflora* var. *atropurpurea*
毛茛科	Ranunculaceae	耧斗菜属	*Aquilegia*	耧斗菜	*Aquilegia viridiflora*
毛茛科	Ranunculaceae	耧斗菜属	*Aquilegia*	华北耧斗菜	*Aquilegia yabeana*
毛茛科	Ranunculaceae	唐松草属	*Thalictrum*	唐松草	*Thalictrum aquilegifolium* var. *sibiricum*
毛茛科	Ranunculaceae	唐松草属	*Thalictrum*	东亚唐松草	*Thalictrum minus* var. *hypoleucum*
毛茛科	Ranunculaceae	唐松草属	*Thalictrum*	短梗箭头唐松草	*Thalictrum simplex* var. *brevipes*
毛茛科	Ranunculaceae	唐松草属	*Thalictrum*	瓣蕊唐松草	*Thalictrum petaloideum*
毛茛科	Ranunculaceae	银莲花属	*Anemone*	多被银莲花	*Anemone raddeana*
毛茛科	Ranunculaceae	银莲花属	*Anemone*	山东银莲花	*Anemone shikokiana*
毛茛科	Ranunculaceae	白头翁属	*Pulsatilla*	白头翁	*Pulsatilla chinensis*
毛茛科	Ranunculaceae	铁线莲属	*Clematis*	长冬草	*Clematis hexapetala* var. *Tchefouensis*
毛茛科	Ranunculaceae	铁线莲属	*Clematis*	褐毛铁线莲	*Clematis fusca*
毛茛科	Ranunculaceae	铁线莲属	*Clematis*	大叶铁线莲	*Clematis heracleifolia*
毛茛科	Ranunculaceae	铁线莲属	*Clematis*	太行铁线莲	*Clematis kirilowii*
毛茛科	Ranunculaceae	铁线莲属	*Clematis*	转子莲	*Clematis patens*
毛茛科	Ranunculaceae	毛茛属	*Ranunculus*	茴茴蒜	*Ranunculus chinensis*
毛茛科	Ranunculaceae	毛茛属	*Ranunculus*	毛茛	*Ranunculus japonicus*
毛茛科	Ranunculaceae	毛茛属	*Ranunculus*	石龙芮	*Ranunculus sceleratus*
木通科	Lardizabalaceae	木通属	*Akebia*	木通	*Akebia quinata*
小檗科	Berberidaceae	南天竹属	*Nandina*	阔叶十大功劳	*Mahonia bealei*
小檗科	Berberidaceae	南天竹属	*Nandina*	南天竹	*Nandina domestica*
小檗科	Berberidaceae	小檗属	*Berberis*	紫叶小檗	*Berberis thunbergii*
小檗科	Berberidaceae	小檗属	*Berberis*	黄芦木	*Berberis amurensis*
小檗科	Berberidaceae	小檗属	*Berberis*	日本小檗	*Berberis thunbergii*
小檗科	Berberidaceae	十大功劳属	*Mahonia*	十大功劳	*Mahonia fortunei*
防己科	Menispermaceae	木防己属	*Cocculus*	木防己	*Cocculus orbiculatus*
防己科	Menispermaceae	蝙蝠葛属	*Menispermum*	蝙蝠葛	*Menispermum dauricum*
木兰科	Magnoliaceae	木兰属	*Magnolia*	日本厚朴	*Magnolia hypoleuca*
木兰科	Magnoliaceae	木兰属	*Magnolia*	厚朴	*Magnolia officinalis*
木兰科	Magnoliaceae	木兰属	*Magnolia*	荷花木兰	*Magnolia grandiflora*

（续）

科		属		种	
中文名	拉丁名	中文名	拉丁名	中文名	拉丁名
木兰科	Magnoliaceae	木兰属	Magnolia	凹叶厚朴	Houpoea officinalis
木兰科	Magnoliaceae	木兰属	Magnolia	天女木兰	Magnolia sieboldii
木兰科	Magnoliaceae	木兰属	Magnolia	二乔玉兰	Yulania × soulangeana
木兰科	Magnoliaceae	木兰属	Magnolia	望春玉兰	Yulania biondii
木兰科	Magnoliaceae	木兰属	Magnolia	玉兰	Yulania denudata
木兰科	Magnoliaceae	木兰属	Magnolia	日本辛夷	Yulania kobus
木兰科	Magnoliaceae	木兰属	Magnolia	紫玉兰	Yulania liliiflora
木兰科	Magnoliaceae	木兰属	Magnolia	武当玉兰	Yulania sprengeri
木兰科	Magnoliaceae	含笑属	Michelia	含笑花	Michelia figo
木兰科	Magnoliaceae	含笑属	Michelia	白兰	Michelia alba
木兰科	Magnoliaceae	鹅掌楸属	Liriodendron	鹅掌楸	Liriodendron chinense
木兰科	Magnoliaceae	鹅掌楸属	Liriodendron	杂交鹅掌楸	Liriodendron chinense
木兰科	Magnoliaceae	鹅掌楸属	Liriodendron	北美鹅掌楸	Liriodendron tulipifera
五味子科	Schisandraceae	五味子属	Schisandra	五味子	Schisandra chinensis
腊梅科	Calycanthaceae	蜡梅属	Chimonanthus	蜡梅	Chimonanthus praecox
樟科	Lauraceae	润楠属	Machilus	红楠	Machilus thunbergii
樟科	Lauraceae	樟属	Cinnamomum	樟	Cinnamomum camphora
樟科	Lauraceae	檫木属	Sassafras	檫木	Sassafras tzumu
樟科	Lauraceae	山胡椒属	Lindera	狭叶山胡椒	Lindera angustifolia
樟科	Lauraceae	山胡椒属	Lindera	红果山胡椒	Lindera erythrocarpa
樟科	Lauraceae	山胡椒属	Lindera	山胡椒	Lindera glauca
樟科	Lauraceae	山胡椒属	Lindera	三桠乌药	Lindera obtusiloba
樟科	Lauraceae	月桂属	Laurus	月桂	Laurus nobilis
罂粟科	Papaveraceae	罂粟属	Papaver	虞美人	Papaver rhoeas
罂粟科	Papaveraceae	花菱草属	Eschscholzia	花菱草	Eschscholzia californica
罂粟科	Papaveraceae	秃疮花属	Dicranostigma	秃疮花	Dicranostigma leptopodum
罂粟科	Papaveraceae	白屈菜属	Chelidonium	白屈菜	Chelidonium majus
罂粟科	Papaveraceae	荷包牡丹属	Lamprocapnos	荷包牡丹	Dicentra spectabilis
罂粟科	Papaveraceae	紫堇属	Corydalis	北越紫堇	Corydalis balansae
罂粟科	Papaveraceae	紫堇属	Corydalis	堇叶延胡索	Corydalis fumariifolia
罂粟科	Papaveraceae	紫堇属	Corydalis	胶州延胡索	Corydalis kiautschouensis

科		属		种	
中文名	拉丁名	中文名	拉丁名	中文名	拉丁名
罂粟科	Papaveraceae	紫堇属	*Corydalis*	黄堇	*Corydalis pallida*
罂粟科	Papaveraceae	紫堇属	*Corydalis*	小黄紫堇	*Corydalis raddeana*
罂粟科	Papaveraceae	紫堇属	*Corydalis*	全叶延胡索	*Corydalis repens*
罂粟科	Papaveraceae	紫堇属	*Corydalis*	珠果黄堇	*Corydalis speciosa*
罂粟科	Papaveraceae	紫堇属	*Corydalis*	齿瓣延胡索	*Corydalis turtschaninovii*
罂粟科	Papaveraceae	紫堇属	*Corydalis*	阜平黄堇	*Corydalis chanetii*
十字花科	Brassicaceae	芸薹属	*Brassica*	花椰菜	*Brassica oleracea* var. *botrytis*
十字花科	Brassicaceae	芸薹属	*Brassica*	白菜	*Brassica pekinensis*
十字花科	Brassicaceae	芸薹属	*Brassica*	甘蓝	*Brassica oleracea* var. *capitata*
十字花科	Brassicaceae	芸薹属	*Brassica*	羽衣甘蓝	*Brassica oleracea* var. *acephala*
十字花科	Brassicaceae	芸薹属	*Brassica*	芸薹	*Brassica campestris*
十字花科	Brassicaceae	芸薹属	*Brassica*	青菜	*Brassica chinensis*
十字花科	Brassicaceae	萝卜属	*Raphanus*	萝卜	*Raphanus sativus*
十字花科	Brassicaceae	诸葛菜属	*Orychophragmus*	诸葛菜	*Orychophragmus violaceus*
十字花科	Brassicaceae	独行菜属	*Lepidium*	独行菜	*Lepidium apetalum*
十字花科	Brassicaceae	独行菜属	*Lepidium*	柱毛独行菜	*Lepidium ruderale*
十字花科	Brassicaceae	独行菜属	*Lepidium*	北美独行菜	*Lepidium virginicum*
十字花科	Brassicaceae	臭荠属	*Coronopus*	臭荠	*Lepidium didymum*
十字花科	Brassicaceae	菥蓂属	*Thlaspi*	菥蓂	*Thlaspi arvense*
十字花科	Brassicaceae	荠属	*Capsella*	荠	*Capsella bursa*
十字花科	Brassicaceae	葶苈属	*Draba*	葶苈	*Draba nemorosa*
十字花科	Brassicaceae	碎米荠属	*Cardamine*	弯曲碎米荠	*Cardamine flexuosa*
十字花科	Brassicaceae	碎米荠属	*Cardamine*	粗毛碎米荠	*Cardamine hirsuta*
十字花科	Brassicaceae	碎米荠属	*Cardamine*	弹裂碎米荠	*Cardamine impatiens*
十字花科	Brassicaceae	碎米荠属	*Cardamine*	碎米荠	*Cardamine hirsuta*
十字花科	Brassicaceae	南芥属	*Arabis*	垂果南芥	*Arabis pendula*
十字花科	Brassicaceae	蔊菜属	*Rorippa*	广州蔊菜	*Rorippa cantoniensis*
十字花科	Brassicaceae	蔊菜属	*Rorippa*	风花菜	*Rorippa globosa*
十字花科	Brassicaceae	蔊菜属	*Rorippa*	蔊菜	*Rorippa indica*
十字花科	Brassicaceae	蔊菜属	*Rorippa*	沼生蔊菜	*Rorippa palustris*
十字花科	Brassicaceae	花旗杆属	*Dontostemon*	花旗杆	*Dontostemon dentatus*

（续）

科		属		种	
中文名	拉丁名	中文名	拉丁名	中文名	拉丁名
十字花科	Brassicaceae	紫罗兰属	Matthiola	紫罗兰	Matthiola incana
十字花科	Brassicaceae	离子芥属	Chorispora	离子芥	Chorispora tenella
十字花科	Brassicaceae	香芥属	Clausia	毛萼香芥	Clausia trichosepala
十字花科	Brassicaceae	糖芥属	Erysimum	糖芥	Erysimum amurense
十字花科	Brassicaceae	糖芥属	Erysimum.	小花糖芥	Erysimum cheiranthoides
十字花科	Cruciferae	糖芥属	Erysimum.	桂竹香	Erysimum × cheiri
十字花科	Brassicaceae	大蒜芥属	Sisymbrium	全叶大蒜芥	Sisymbrium luteum
十字花科	Brassicaceae	锥果芥属	Berteroella	锥果芥	Berteroella maximowiczii
十字花科	Brassicaceae	亚麻荠属	Camelina	小果亚麻荠	Camelina microcarpa
十字花科	Brassicaceae	播娘蒿属	Descurainia	播娘蒿	Descurainia sophia
山柑科	Capparaceae	醉蝶花属	Tarenaya	醉蝶花	Tarenaya hassleriana
景天科	Crassulaceae	落地生根属	Bryophyllum	落地生根	Bryophyllum pinnatum
景天科	Crassulaceae	瓦松属	Orostachys	狼爪瓦松	Orostachys cartilagineus
景天科	Crassulaceae	瓦松属	Orostachys	瓦松	Orostachys fimbriatus
景天科	Crassulaceae	费菜属	Phedimus	费菜	Phedimus aizoon
景天科	Crassulaceae	八宝属	Hylotelephium	八宝	Hylotelephium erythrostictum
景天科	Crassulaceae	八宝属	Hylotelephium	钝叶瓦松	Hylotelephium malacophyllum
景天科	Crassulaceae	八宝属	Hylotelephium	长药八宝	Hylotelephium spectabile
景天科	Crassulaceae	八宝属	Hylotelephium	轮叶八宝	Hylotelephium verticillatum
景天科	Crassulaceae	景天属	Sedum	火焰草	Castilleja pallida
景天科	Crassulaceae	景天属	Sedum	堪察加费菜	Phedimus kamtschaticus
景天科	Crassulaceae	景天属	Sedum	藓状景天	Sedum polytrichoides
景天科	Crassulaceae	景天属	Sedum	垂盆草	Sedum sarmentosum
景天科	Crassulaceae	青锁龙属	Crassula	玉树	Crassula arborescens
景天科	Crassulaceae	青锁龙属	Crassula	燕子掌	Crassula ovata
虎耳草科	Saxifragaceae	扯根菜属	Penthorum	扯根菜	Penthorum chinense
虎耳草科	Saxifragaceae	岩白菜属	Bergenia	厚叶岩白菜	Bergenia crassifolia
虎耳草科	Saxifragaceae	虎耳草属	Saxifraga	虎耳草	Saxifraga stolonifera
绣球花科	Hydrangeaceae	溲疏属	Deutzia	钩齿溲疏	Deutzia baroniana
绣球花科	Hydrangeaceae	溲疏属	Deutzia	齿叶溲疏	Deutzia crenata
绣球花科	Hydrangeaceae	溲疏属	Deutzia	光萼溲疏	Deutzia glabrata

科		属		种	
中文名	拉丁名	中文名	拉丁名	中文名	拉丁名
绣球花科	Hydrangeaceae	溲疏属	*Deutzia*	大花溲疏	*Deutzia grandiflora*
绣球花科	Hydrangeaceae	溲疏属	*Deutzia*	小花溲疏	*Deutzia parviflora*
绣球花科	Hydrangeaceae	溲疏属	*Deutzia*	紫花重瓣溲疏	*Deutzia purpurascens*
绣球花科	Hydrangeaceae	溲疏属	*Deutzia*	白花重瓣溲疏	*Deutzia scabra* var. *candidissima*
绣球花科	Hydrangeaceae	山梅花属	*Philadelphus*	欧洲山梅花	*Philadelphus coronarius*
绣球花科	Hydrangeaceae	山梅花属	*Philadelphus*	山梅花	*Philadelphus incanus*
绣球花科	Hydrangeaceae	山梅花属	*Philadelphus*	太平花	*Philadelphus pekinensis*
绣球花科	Hydrangeaceae	绣球属	*Hydrangea*	绣球	*Hydrangea macrophylla*
绣球花科	Hydrangeaceae	绣球属	*Hydrangea*	圆锥绣球	*Hydrangea paniculata*
茶藨子科	Grossulariaceae	茶藨子属	*Ribes*	香茶藨子	*Ribes odoratum*
茶藨子科	Grossulariaceae	茶藨子属	*Ribes*	华蔓茶藨子	*Ribes fasciculatum* var. *chinense*
茶藨子科	Grossulariaceae	茶藨子属	*Ribes*	东北茶藨子	*Ribes mandshuricum*
海桐科	Pittosporaceae	海桐属	*Pittosporum*	海桐	*Pittosporum tobira*
金缕梅科	Hamamelidaceae	枫香树属	*Liquidambar*	枫香树	*Liquidambar formosana*
金缕梅科	Hamamelidaceae	檵木属	*Loropetalum*	檵木	*Loropetalum chinense*
金缕梅科	Hamamelidaceae	蜡瓣花属	*Corylopsis*	蜡瓣花	*Corylopsis sinensis*
金缕梅科	Hamamelidaceae	蚊母树属	*Distylium*	蚊母树	*Distylium racemosum*
杜仲科	Eucommiaceae	杜仲属	*Eucommia*	杜仲	*Eucommia ulmoides*
悬铃木科	Platanaceae	悬铃木属	*Platanus*	一球悬铃木	*Platanus occidentalis*
悬铃木科	Platanaceae	悬铃木属	*Platanus*	三球悬铃木	*Platanus orientalis*
悬铃木科	Platanaceae	悬铃木属	*Platanus*	二球悬铃木	*Platanus acerifolia*
蔷薇科	Rosaceae	绣线菊属	*Spiraea*	菱叶绣线菊	*Spiraea vanhouttei*
蔷薇科	Rosaceae	绣线菊属	*Spiraea*	光叶粉花绣线菊	*Spiraea japonica* var. *fortunei*
蔷薇科	Rosaceae	绣线菊属	*Spiraea*	麻叶绣线菊	*Spiraea cantoniensis*
蔷薇科	Rosaceae	绣线菊属	*Spiraea*	华北绣线菊	*Spiraea fritschiana*
蔷薇科	Rosaceae	绣线菊属	*Spiraea*	粉花绣线菊	*Spiraea japonica*
蔷薇科	Rosaceae	绣线菊属	*Spiraea*	李叶绣线菊	*Spiraea prunifolia*
蔷薇科	Rosaceae	绣线菊属	*Spiraea*	土庄绣线菊	*Spiraea pubescens*
蔷薇科	Rosaceae	绣线菊属	*Spiraea*	珍珠绣线菊	*Spiraea thunbergii*
蔷薇科	Rosaceae	绣线菊属	*Spiraea*	三裂绣线菊	*Spiraea trilobata*
蔷薇科	Rosaceae	珍珠梅属	*Sorbaria*	华北珍珠梅	*Sorbaria kirilowii*

（续）

科		属		种	
中文名	拉丁名	中文名	拉丁名	中文名	拉丁名
蔷薇科	Rosaceae	珍珠梅属	*Sorbaria*	珍珠梅	*Sorbaria sorbifolia*
蔷薇科	Rosaceae	风箱果属	*Physocarpus*	无毛风箱果	*Physocarpus opulifolius*
蔷薇科	Rosaceae	白鹃梅属	*Exochorda*	白鹃梅	*Exochorda racemosa*
蔷薇科	Rosaceae	枸子属	*Cotoneaster*	平枝枸子	*Cotoneaster horizontalis*
蔷薇科	Rosaceae	野珠兰属	*Stephanandra*	小野珠兰	*Stephanandra incisa*
蔷薇科	Rosaceae	火棘属	*Pyracantha*	窄叶火棘	*Pyracantha angustifolia*
蔷薇科	Rosaceae	火棘属	*Pyracantha*	细圆齿火棘	*Pyracantha crenulata*
蔷薇科	Rosaceae	火棘属	*Pyracantha*	火棘	*Pyracantha fortuneana*
蔷薇科	Rosaceae	山楂属	*Crataegus*	山里红	*Crataegus pinnatifida* var. *major*
蔷薇科	Rosaceae	山楂属	*Crataegus*	野山楂	*Crataegus cuneata*
蔷薇科	Rosaceae	山楂属	*Crataegus*	毛山楂	*Crataegus maximowiczii*
蔷薇科	Rosaceae	山楂属	*Crataegus*	山楂	*Crataegus pinnatifida*
蔷薇科	Rosaceae	石楠属	*Photinia*	光叶石楠	*Photinia glabra*
蔷薇科	Rosaceae	石楠属	*Photinia*	小叶石楠	*Photinia parvifolia*
蔷薇科	Rosaceae	石楠属	*Photinia*	石楠	*Photinia serratifolia*
蔷薇科	Rosaceae	石楠属	*Photinia*	毛叶石楠	*Photinia villosa*
蔷薇科	Rosaceae	枇杷属	*Eriobotrya*	枇杷	*Eriobotrya japonica*
蔷薇科	Rosaceae	石斑木属	*Rhaphiolepis*	厚叶石斑木	*Rhaphiolepis umbellata*
蔷薇科	Rosaceae	花楸属	*Sorbus*	裂叶水榆花楸	*Sorbus alnifolia* var. *lobulata*
蔷薇科	Rosaceae	花楸属	*Sorbus*	水榆花楸	*Sorbus alnifolia*
蔷薇科	Rosaceae	花楸属	*Sorbus*	湖北花楸	*Sorbus hupehensis*
蔷薇科	Rosaceae	花楸属	*Sorbus*	少叶花楸	*Sorbus hupehensis* var. *paucijuga*
蔷薇科	Rosaceae	花楸属	*Sorbus*	花楸树	*Sorbus pohuashanensis*
蔷薇科	Rosaceae	榅桲属	*Cydonia*	榅桲	*Cydonia oblonga*
蔷薇科	Rosaceae	木瓜属	*Chaenomeles*	贴梗海棠	*Chaenomeles speciosa*
蔷薇科	Rosaceae	木瓜属	*Pseudocydonia*	木瓜	*Chaenomeles sinensis*
蔷薇科	Rosaceae	欧楂属	*Mespilus*	欧楂	*Mespilus germinica*
蔷薇科	Rosaceae	梨属	*Pyrus*	杜梨	*Pyrus betulifolia*
蔷薇科	Rosaceae	梨属	*Pyrus*	白梨	*Pyrus bretschneideri*
蔷薇科	Rosaceae	梨属	*Pyrus*	豆梨	*Pyrus calleryana*
蔷薇科	Rosaceae	梨属	*Pyrus*	河北梨	*Pyrus hopeiensis*

科		属		种	
中文名	拉丁名	中文名	拉丁名	中文名	拉丁名
蔷薇科	Rosaceae	梨属	*Pyrus*	褐梨	*Pyrus phaeocarpa*
蔷薇科	Rosaceae	梨属	*Pyrus*	崂山梨	*Pyrus trioicularis*
蔷薇科	Rosaceae	梨属	*Pyrus*	秋子梨	*Pyrus ussuriensis*
蔷薇科	Rosaceae	苹果属	*Malus*	北美海棠	*Malus 'American'*
蔷薇科	Rosaceae	苹果属	*Malus*	重瓣白海棠	*Malus spectabilis* var. *albiplena*
蔷薇科	Rosaceae	苹果属	*Malus*	重瓣粉海棠	*Malus spectabilis*
蔷薇科	Rosaceae	苹果属	*Malus*	山荆子	*Malus baccata*
蔷薇科	Rosaceae	苹果属	*Malus*	垂丝海棠	*Malus halliana*
蔷薇科	Rosaceae	苹果属	*Malus*	湖北海棠	*Malus hupehensis*
蔷薇科	Rosaceae	苹果属	*Malus*	楸子	*Malus prunifolia*
蔷薇科	Rosaceae	苹果属	*Malus*	苹果	*Malus pumila*
蔷薇科	Rosaceae	苹果属	*Malus*	海棠花	*Malus spectabilis*
蔷薇科	Rosaceae	苹果属	*Malus*	三叶海棠	*Malus toringo*
蔷薇科	Rosaceae	苹果属	*Malus*	西府海棠	*Malus × micromalus*
蔷薇科	Rosaceae	唐棣属	*Amelanchier*	唐棣	*Amelanchier sinica*
蔷薇科	Rosaceae	棣棠花属	*Kerria*	棣棠	*Kerria japonica*
蔷薇科	Rosaceae	棣棠花属	*Kerria*	重瓣棣棠花	*Kerria japonica*
蔷薇科	Rosaceae	鸡麻属	*Rhodotypos*	鸡麻	*Rhodotypos scandens*
蔷薇科	Rosaceae	悬钩子属	*Rubus*	山莓	*Rubus corchorifolius*
蔷薇科	Rosaceae	悬钩子属	*Rubus*	牛叠肚	*Rubus crataegifolius*
蔷薇科	Rosaceae	悬钩子属	*Rubus*	覆盆子	*Rubus idaeus*
蔷薇科	Rosaceae	悬钩子属	*Rubus*	茅莓	*Rubus parvifolius*
蔷薇科	Rosaceae	悬钩子属	*Rubus*	多腺悬钩子	*Rubus phoenicolasius*
蔷薇科	Rosaceae	悬钩子属	*Rubus*	刺毛白叶莓	*Rubus spinulosoides*
蔷薇科	Rosaceae	路边青属	*Geum*	路边青	*Geum aleppicum*
蔷薇科	Rosaceae	路边青属	*Geum*	柔毛路边青	*Geum japonicum* var. *chinense*
蔷薇科	Rosaceae	龙芽草属	*Agrimonia*	龙牙草	*Agrimonia pilosa*
蔷薇科	Rosaceae	委陵菜属	*Potentilla*	细裂委陵菜	*Potentilla chinensis* var. *lineariloba*
蔷薇科	Rosaceae	委陵菜属	*Potentilla*	委陵菜	*Potentilla chinensis*
蔷薇科	Rosaceae	委陵菜属	*Potentilla*	翻白草	*Potentilla discolor*
蔷薇科	Rosaceae	委陵菜属	*Potentilla*	匍枝委陵菜	*Potentilla flagellaris*

（续）

科		属		种	
中文名	拉丁名	中文名	拉丁名	中文名	拉丁名
蔷薇科	Rosaceae	委陵菜属	*Potentilla*	莓叶委陵菜	*Potentilla fragarioides*
蔷薇科	Rosaceae	委陵菜属	*Potentilla*	三叶委陵菜	*Potentilla freyniana*
蔷薇科	Rosaceae	委陵菜属	*Potentilla*	蛇含委陵菜	*Potentilla kleiniana*
蔷薇科	Rosaceae	委陵菜属	*Potentilla*	朝天委陵菜	*Potentilla supina*
蔷薇科	Rosaceae	委陵菜属	*Potentilla*	菊叶委陵菜	*Potentilla tanacetifolia*
蔷薇科	Rosaceae	草莓属	*Fragaria*	草莓	*Fragaria × ananassa*
蔷薇科	Rosaceae	蛇莓属	*Duchesnea*	蛇莓	*Duchesnea indica*
蔷薇科	Rosaceae	蔷薇属	*Rosa*	七姊妹	*Rosa multiflora*
蔷薇科	Rosaceae	蔷薇属	*Rosa*	木香花	*Rosa banksiae*
蔷薇科	Rosaceae	蔷薇属	*Rosa*	百叶蔷薇	*Rosa centifolia*
蔷薇科	Rosaceae	蔷薇属	*Rosa*	月季花	*Rosa chinensis*
蔷薇科	Rosaceae	蔷薇属	*Rosa*	伞花蔷薇	*Rosa maximowicziana*
蔷薇科	Rosaceae	蔷薇属	*Rosa*	野蔷薇	*Rosa multiflora*
蔷薇科	Rosaceae	蔷薇属	*Rosa*	玫瑰	*Rosa rugosa*
蔷薇科	Rosaceae	蔷薇属	*Rosa*	黄刺玫	*Rosa xanthina*
蔷薇科	Rosaceae	地榆属	*Sanguisorba*	粉花地榆	*Sanguisorba officinalis* var. *carnea*
蔷薇科	Rosaceae	地榆属	*Sanguisorba*	宽蕊地榆	*Sanguisorba applanata*
蔷薇科	Rosaceae	地榆属	*Sanguisorba*	地榆	*Sanguisorba officinalis*
蔷薇科	Rosaceae	地榆属	*Sanguisorba*	细叶地榆	*Sanguisorba tenuifolia*
蔷薇科	Rosaceae	李属	*Prunus*	野杏	*Prunus armeniaca* var. *ansu*
蔷薇科	Rosaceae	李属	*Prunus*	紫叶李	*Prunus cerasifera*
蔷薇科	Rosaceae	李属	*Prunus*	山樱花	*Prunus campanulata*
蔷薇科	Rosaceae	李属	*Prunus*	蟠桃	*Prunus persica*
蔷薇科	Rosaceae	李属	*Prunus*	寿星桃	*Prunus persica*
蔷薇科	Rosaceae	李属	*Prunus*	碧桃	*Prunus persica*
蔷薇科	Rosaceae	李属	*Prunus*	紫叶桃	*Prunus persica*
蔷薇科	Rosaceae	李属	*Prunus*	白山桃	*Prunus davidiana*
蔷薇科	Rosaceae	李属	*Prunus*	重瓣榆叶梅	*Prunus triloba*
蔷薇科	Rosaceae	李属	*Prunus*	撒金碧桃	*Prunus persica*
蔷薇科	Rosaceae	李属	*Prunus*	北亚稠李	*Prunus padus* var. *asiatica*
蔷薇科	Rosaceae	李属	*Prunus*	杏	*Armeniaca vulgaris*

科		属		种	
中文名	拉丁名	中文名	拉丁名	中文名	拉丁名
蔷薇科	Rosaceae	李属	*Prunus*	欧洲甜樱桃	*Cerasus avium*
蔷薇科	Rosaceae	李属	*Prunus*	山桃	*Prunus davidiana*
蔷薇科	Rosaceae	李属	*Prunus*	麦李	*Cerasus glandulosa*
蔷薇科	Rosaceae	李属	*Prunus*	郁李	*Cerasus japonica*
蔷薇科	Rosaceae	李属	*Prunus*	梅	*Prunus mume*
蔷薇科	Rosaceae	李属	*Prunus*	稠李	*Padus racemosa*
蔷薇科	Rosaceae	李属	*Prunus*	桃	*Amygdalus persica*
蔷薇科	Rosaceae	李属	*Prunus*	樱桃	*Cerasus pseudocerasus*
蔷薇科	Rosaceae	李属	*Prunus*	李	*Prunus salicina*
蔷薇科	Rosaceae	李属	*Prunus*	山樱桃	*Prunus serrulata*
蔷薇科	Rosaceae	李属	*Prunus*	大叶早樱	*Prunus × subhirtella*
蔷薇科	Rosaceae	李属	*Prunus*	毛樱桃	*Cerasus tomentosa*
蔷薇科	Rosaceae	李属	*Prunus*	榆叶梅	*Prunus triloba*
蔷薇科	Rosaceae	李属	*Prunus*	东京樱花	*Prunus × yedoensis*
蔷薇科	Rosaceae	樱属	*Cerasus*	日本晚樱	*C (Carri.) Makino*
豆科	Fabaceae	含羞草属	*Mimosa*	含羞草	*Mimosa pudica*
豆科	Fabaceae	合欢属	*Albizia*	合欢	*Albizia julibrissin*
豆科	Fabaceae	合欢属	*Albizia*	山槐	*Albizia kalkora*
豆科	Fabaceae	肥皂荚属	*Gymnocladus*	北美肥皂荚	*Gymnocladus dioeca*
豆科	Fabaceae	皂荚属	*Gleditsia*	山皂荚	*Gleditsia japonica*
豆科	Fabaceae	皂荚属	*Gleditsia*	皂荚	*Gleditsia sinensis*
豆科	Fabaceae	长柄山蚂蟥属	*Hylodesmum*	长柄山蚂蟥	*Hylodesmum podocarpum*
豆科	Fabaceae	云实属	*Biancaea*	云实	*Biancaea decapetala*
豆科	Fabaceae	山扁豆属	*Chamaecrista*	豆茶山扁豆	*Cassia nomame*
豆科	Fabaceae	紫荆属	*Cercis*	紫荆	*Cercis chinensis*
豆科	Fabaceae	马鞍树属	*Maackia*	朝鲜槐	*Maackia amurensis*
豆科	Fabaceae	马鞍树属	*Maackia*	苦参	*Sophora flavescens*
豆科	Fabaceae	马鞍树属	*Maackia*	槐	*Sophora japonica*
豆科	Fabaceae	槐属	*Styphnolobium*	龙爪槐	*Styphnolobium japonicum*
豆科	Fabaceae	黄檀属	*Dalbergia*	黄檀	*Dalbergia hupeana*
豆科	Fabaceae	紫藤属	*Wisteria*	多花紫藤	*Wisteria floribunda*

（续）

科		属		种	
中文名	拉丁名	中文名	拉丁名	中文名	拉丁名
豆科	Fabaceae	紫藤属	*Wisteria*	紫藤	*Wisteria sinensis*
豆科	Fabaceae	紫藤属	*Wisteria*	白花藤萝	*Wisteria venusta*
豆科	Fabaceae	刺槐属	*Robinia*	无刺刺槐	*Robinia pseudoacacia* var. *inermis*
豆科	Fabaceae	刺槐属	*Robinia*	伞形洋槐	*Robinia pseudoacacia*
豆科	Fabaceae	刺槐属	*Robinia*	毛洋槐	*Robinia hispida*
豆科	Fabaceae	刺槐属	*Robinia*	刺槐	*Robinia pseudoacacia*
豆科	Fabaceae	田菁属	*Sesbania*	田菁	*Sesbania cannabina*
豆科	Fabaceae	木蓝属	*Indigofera*	河北木蓝	*Indigofera bungeana*
豆科	Fabaceae	木蓝属	*Indigofera*	花木蓝	*Indigofera kirilowii*
豆科	Fabaceae	胡枝子属	*Lespedeza*	胡枝子	*Lespedeza bicolor*
豆科	Fabaceae	胡枝子属	*Lespedeza*	长叶胡枝子	*Lespedeza caraganae*
豆科	Fabaceae	胡枝子属	*Lespedeza*	截叶铁扫帚	*Lespedeza cuneata*
豆科	Fabaceae	胡枝子属	*Lespedeza*	短梗胡枝子	*Lespedeza cyrtobotrya*
豆科	Fabaceae	胡枝子属	*Lespedeza*	兴安胡枝子	*Lespedeza daurica*
豆科	Fabaceae	胡枝子属	*Lespedeza*	多花胡枝子	*Lespedeza floribunda*
豆科	Fabaceae	胡枝子属	*Lespedeza*	阴山胡枝子	*Lespedeza inschanica*
豆科	Fabaceae	胡枝子属	*Lespedeza*	尖叶铁扫帚	*Lespedeza juncea*
豆科	Fabaceae	胡枝子属	*Lespedeza*	绒毛胡枝子	*Lespedeza tomentosa*
豆科	Fabaceae	胡枝子属	*Lespedeza*	细梗胡枝子	*Lespedeza virgata*
豆科	Fabaceae	鸡眼草属	*Kummerowia*	长萼鸡眼草	*Kummerowia stipulacea*
豆科	Fabaceae	鸡眼草属	*Kummerowia*	鸡眼草	*Kummerowia striata*
豆科	Fabaceae	刺桐属	*Erythrina*	龙牙花	*Erythrina corallodendron*
豆科	Fabaceae	葛属	*Pueraria*	葛	*Pueraria montana* var. *lobata*
豆科	Fabaceae	大豆属	*Glycine*	大豆	*Glycine max*
豆科	Fabaceae	大豆属	*Glycine*	野大豆	*Glycine soja*
豆科	Fabaceae	两型豆属	*Amphicarpaea*	两型豆	*Amphicarpaea edgeworthii*
豆科	Fabaceae	扁豆属	*Lablab*	扁豆	*Lablab purpureus*
豆科	Fabaceae	豇豆属	*Vigna*	长豇豆	*Vigna unguiculata* subsp. *sesquipedalis*
豆科	Fabaceae	豇豆属	*Vigna*	短豇豆	*Vigna unguiculata* subsp. *cylindrica*
豆科	Fabaceae	豇豆属	*Vigna*	赤豆	*Vigna angularis*
豆科	Fabaceae	豇豆属	*Vigna*	贼小豆	*Vigna minima*

科		属		种	
中文名	拉丁名	中文名	拉丁名	中文名	拉丁名
豆科	Fabaceae	豇豆属	*Vigna*	绿豆	*Vigna radiata*
豆科	Fabaceae	豇豆属	*Vigna*	豇豆	*Vigna unguiculata*
豆科	Fabaceae	菜豆属	*Phaseolus*	菜豆	*Phaseolus vulgaris*
豆科	Fabaceae	草木樨属	*Melilotus*	白花草木樨	*Melilotus albus*
豆科	Fabaceae	草木樨属	*Melilotus*	印度草木樨	*Melilotus indicus*
豆科	Fabaceae	草木樨属	*Melilotus*	草木樨	*Melilotus suaveolens*
豆科	Fabaceae	鹿藿属	*Rhynchosia*	渐尖叶鹿藿	*Rhynchosia acuminatifolia*
豆科	Fabaceae	鹿藿属	*Rhynchosia*	鹿藿	*Rhynchosia volubilis*
豆科	Fabaceae	紫穗槐属	*Amorpha*	紫穗槐	*Amorpha fruticosa*
豆科	Fabaceae	合萌属	*Aeschynomene*	合萌	*Aeschynomene indica*
豆科	Fabaceae	落花生属	*Arachis*	落花生	*Arachis hypogaea*
豆科	Fabaceae	锦鸡儿属	*Caragana*	黄刺条	*Caragana frutex*
豆科	Fabaceae	锦鸡儿属	*Caragana*	毛掌叶锦鸡儿	*Caragana leveillei*
豆科	Fabaceae	锦鸡儿属	*Caragana*	小叶锦鸡儿	*Caragana microphylla*
豆科	Fabaceae	锦鸡儿属	*Caragana*	红花锦鸡儿	*Caragana rosea*
豆科	Fabaceae	锦鸡儿属	*Caragana*	锦鸡儿	*Caragana sinica*
豆科	Fabaceae	决明属	*Senna*	决明	*Senna tora*
豆科	Fabaceae	黄芪属	*Astragalus*	草木樨状黄芪	*Astragalus melilotoides*
豆科	Fabaceae	黄芪属	*Astragalus*	糙叶黄芪	*Astragalus scaberrimus*
豆科	Fabaceae	黄芪属	*Astragalus*	紫云英	*Astragalus sinicus*
豆科	Fabaceae	米口袋属	*Gueldenstaedtia*	米口袋	*Gueldenstaedtia verna*
豆科	Fabaceae	苦参属	*Sophora*	苦豆子	*Sophora alopecuroides*
豆科	Fabaceae	野豌豆属	*Vicia*	山野豌豆	*Vicia amoena*
豆科	Fabaceae	野豌豆属	*Vicia*	大花野豌豆	*Vicia bungei*
豆科	Fabaceae	野豌豆属	*Vicia*	小巢菜	*Vicia hirsuta*
豆科	Fabaceae	野豌豆属	*Vicia*	确山野豌豆	*Vicia kioshanica*
豆科	Fabaceae	野豌豆属	*Vicia*	兵豆	*Vicia lens*
豆科	Fabaceae	野豌豆属	*Vicia*	窄叶野豌豆	*Vicia sativa* subsp. *nigra*
豆科	Fabaceae	野豌豆属	*Vicia*	北野豌豆	*Vicia ramuliflora*
豆科	Fabaceae	野豌豆属	*Vicia*	救荒野豌豆	*Vicia sativa*
豆科	Fabaceae	野豌豆属	*Vicia*	四籽野豌豆	*Vicia tetrasperma*

（续）

科		属		种	
中文名	拉丁名	中文名	拉丁名	中文名	拉丁名
豆科	Fabaceae	野豌豆属	Vicia	歪头菜	Vicia unijuga
豆科	Fabaceae	山黧豆属	Lathyrus	大山黧豆	Lathyrus davidii
豆科	Fabaceae	山黧豆属	Lathyrus	中华山黧豆	Lathyrus dielsianus
豆科	Fabaceae	山黧豆属	Lathyrus	海滨山黧豆	Lathyrus japonicus
豆科	Fabaceae	苜蓿属	Medicago	天蓝苜蓿	Medicago lupulina
豆科	Fabaceae	苜蓿属	Medicago	苜蓿	Medicago sativa
豆科	Fabaceae	车轴草属	Trifolium	白车轴草	Trifolium repens
豆科	Fabaceae	猪屎豆属	Crotalaria	农吉利	Crotalaria sessiliflora
酢浆草科	Oxalidaceae	酢浆草属	Oxalis	大花酢浆草	Oxalis bowiei
酢浆草科	Oxalidaceae	酢浆草属	Oxalis	酢浆草	Oxalis corniculata
酢浆草科	Oxalidaceae	酢浆草属	Oxalis	山酢浆草	Oxalis griffithii
牻牛儿苗科	Geraniaceae	牻牛儿苗属	Erodium	芹叶牻牛儿苗	Erodium cicutarium
牻牛儿苗科	Geraniaceae	牻牛儿苗属	Erodium	牻牛儿苗	Erodium stephanianum
牻牛儿苗科	Geraniaceae	老鹳草属	Geranium	野老鹳草	Geranium carolinianum
牻牛儿苗科	Geraniaceae	老鹳草属	Geranium	朝鲜老鹳草	Geranium koreanum
牻牛儿苗科	Geraniaceae	老鹳草属	Geranium	鼠掌老鹳草	Geranium sibiricum
牻牛儿苗科	Geraniaceae	老鹳草属	Geranium	老鹳草	Geranium wilfordii
牻牛儿苗科	Geraniaceae	天竺葵属	Pelargonium	马蹄纹天竺葵	Pelargonium zonale
牻牛儿苗科	Geraniaceae	天竺葵属	Pelargonium	天竺葵	Pelargonium hortorum
旱金莲科	Tropaeolaceae	旱金莲属	Tropaeolum	旱金莲	Tropaeolum majus
亚麻科	Linaceae	亚麻属	Linum	亚麻	Linum usitatissimum
蒺藜科	Zygophyllaceae	蒺藜属	Tribulus	蒺藜	Tribulus terrestris
芸香科	Rutaceae	花椒属	Zanthoxylum	竹叶花椒	Zanthoxylum armatum
芸香科	Rutaceae	花椒属	Zanthoxylum	花椒	Zanthoxylum bungeanum
芸香科	Rutaceae	花椒属	Zanthoxylum	青花椒	Zanthoxylum schinifolium
芸香科	Rutaceae	吴茱萸属	Tetradium	臭檀吴萸	Tetradium daniellii
芸香科	Rutaceae	黄檗属	Phellodendron	黄檗	Phellodendron amurense
芸香科	Rutaceae	金橘属	Fortunella	金柑	Citrus japonica
芸香科	Rutaceae	柑橘属	Citrus	佛手	Citrus medica
芸香科	Rutaceae	柑橘属	Citrus	代代酸橙	Citrus × aurantium
芸香科	Rutaceae	柑橘属	Citrus	柑橘	Citrus reticulata

科		属		种	
中文名	拉丁名	中文名	拉丁名	中文名	拉丁名
芸香科	Rutaceae	柑橘属	*Citrus*	枳	*Citrus trifoliata*
苦木科	Simaroubaceae	臭椿属	*Ailanthus*	臭椿	*Ailanthus altissima*
苦木科	Simaroubaceae	苦树属	*Picrasma*	苦木	*Picrasma quassioides*
楝科	Toona	香椿属	*Toona*	香椿	*Toona sinensis*
楝科	Meliaceae	米仔兰属	*Aglaia*	米仔兰	*Aglaia odorata*
楝科	Meliaceae	楝属	*Melia*	楝	*Melia azedarach*
远志科	Polygalaceae	远志属	*Polygala*	瓜子金	*Polygala japonica*
远志科	Polygalaceae	远志属	*Polygala*	西伯利亚远志	*Polygala sibirica*
远志科	Polygalaceae	远志属	*Polygala*	远志	*Polygala tenuifolia*
叶下珠科	Phyllanthaceae	白饭树属	*Flueggea*	叶底珠	*Flueggea suffruticosa*
叶下珠科	Phyllanthaceae	叶下珠属	*Phyllanthus*	叶下珠	*Phyllanthus urinaria*
叶下珠科	Phyllanthaceae	叶下珠属	*Phyllanthus*	蜜甘草	*Phyllanthus ussuriensis*
叶下珠科	Phyllanthaceae	算盘子属	*Glochidion*	算盘子	*Glochidion puberum*
大戟科	Euphorbiaceae	地构叶属	*Speranskia*	地构叶	*Speranskia tuberculata*
大戟科	Euphorbiaceae	野桐属	*Mallotus*	白背叶	*Mallotus apelta*
大戟科	Euphorbiaceae	野桐属	*Mallotus*	野梧桐	*Mallotus japonicus*
大戟科	Euphorbiaceae	山麻杆属	*Alchornea*	山麻秆	*Alchornea davidii*
大戟科	Euphorbiaceae	铁苋菜属	*Acalypha*	铁苋菜	*Acalypha australis*
大戟科	Euphorbiaceae	油桐属	*Vernicia*	油桐	*Vernicia fordii*
大戟科	Euphorbiaceae	海漆属	*Excoecaria*	红背桂	*Excoecaria cochinchinensis*
大戟科	Euphorbiaceae	乌桕属	*Triadica*	乌桕	*Triadica sebifera*
大戟科	Euphorbiaceae	大戟属	*Euphorbia*	乳浆大戟	*Euphorbia esula*
大戟科	Euphorbiaceae	大戟属	*Euphorbia*	泽漆	*Euphorbia helioscopia*
大戟科	Euphorbiaceae	大戟属	*Euphorbia*	白苞猩猩草	*Euphorbia heterophylla*
大戟科	Euphorbiaceae	大戟属	*Euphorbia*	地锦草	*Euphorbia humifusa*
大戟科	Euphorbiaceae	大戟属	*Euphorbia*	通奶草	*Euphorbia hypericifolia*
大戟科	Euphorbiaceae	大戟属	*Euphorbia*	斑地锦草	*Euphorbia maculata*
大戟科	Euphorbiaceae	大戟属	*Euphorbia*	小叶大戟	*Euphorbia makinoi*
大戟科	Euphorbiaceae	大戟属	*Euphorbia*	银边翠	*Euphorbia marginata*
大戟科	Euphorbiaceae	大戟属	*Euphorbia*	铁海棠	*Euphorbia milii*
大戟科	Euphorbiaceae	大戟属	*Euphorbia*	金刚纂	*Euphorbia neriifolia*

（续）

科		属		种	
中文名	拉丁名	中文名	拉丁名	中文名	拉丁名
大戟科	Euphorbiaceae	大戟属	*Euphorbia*	大戟	*Euphorbia pekinensis*
大戟科	Euphorbiaceae	大戟属	*Euphorbia*	一品红	*Euphorbia pulcherrima*
大戟科	Euphorbiaceae	白木乌桕属	*Neoshirakia*	白木乌桕	*Neoshirakia japonica*
黄杨科	Buxaceae	黄杨属	*Buxus*	黄杨	*Buxus sinica*
漆树科	Anacardiaceae	南酸枣属	*Choerospondias*	南酸枣	*Choerospondias axillaris*
漆树科	Anacardiaceae	黄连木属	*Pistacia*	黄连木	*Pistacia chinensis*
漆树科	Anacardiaceae	黄栌属	*Cotinus*	毛黄栌	*Cotinus coggygria* var. *pubescens*
漆树科	Anacardiaceae	漆树属	*Toxicodendron*	漆	*Toxicodendron vernicifluum*
漆树科	Anacardiaceae	盐肤木属	*Rhus*	盐麸木	*Rhus chinensis*
漆树科	Anacardiaceae	盐肤木属	*Rhus*	火炬树	*Rhus typhina*
冬青科	Aquifoliaceae	冬青属	*Ilex*	龟甲冬青	*Ilex crenata* var. *convexa*
冬青科	Aquifoliaceae	冬青属	*Ilex*	枸骨	*Ilex cornuta*
冬青科	Aquifoliaceae	冬青属	*Ilex*	齿叶冬青	*Ilex crenata*
卫矛科	Celastraceae	卫矛属	*Euonymus*	金心黄杨	*Euonymus japonicus*
卫矛科	Celastraceae	卫矛属	*Euonymus*	金边黄杨	*Euonymus japonicus*
卫矛科	Celastraceae	卫矛属	*Euonymus*	银边黄杨	*Euonymus japonicus* var. *albo-marginatus*
卫矛科	Celastraceae	卫矛属	*Euonymus*	卫矛	*Euonymus alatus*
卫矛科	Celastraceae	卫矛属	*Euonymus*	扶芳藤	*Euonymus fortunei*
卫矛科	Celastraceae	卫矛属	*Euonymus*	冬青卫矛	*Euonymus japonicus*
卫矛科	Celastraceae	卫矛属	*Euonymus*	白杜	*Euonymus maackii*
卫矛科	Celastraceae	卫矛属	*Euonymus*	垂丝卫矛	*Euonymus oxyphyllus*
卫矛科	Celastraceae	南蛇藤属	*Celastrus*	南蛇藤	*Celastrus orbiculatus*
槭树科	Aceraceae	槭属	*Acer*	五角槭	*Acer pictum* subsp. *mono*
槭树科	Aceraceae	槭属	*Acer*	锐角槭	*Acer acutum*
槭树科	Aceraceae	槭属	*Acer*	茶条槭	*Acer tataricum* subsp. *ginnala*
槭树科	Aceraceae	槭属	*Acer*	三角槭	*Acer buergerianum*
槭树科	Aceraceae	槭属	*Acer*	羽扇槭	*Acer japonicum*
槭树科	Aceraceae	槭属	*Acer*	鸡爪槭	*Acer palmatum*
槭树科	Aceraceae	槭属	*Acer*	色木槭	*Acer pictum*
槭树科	Aceraceae	槭属	*Acer*	中华槭	*Acer sinense*
槭树科	Aceraceae	槭属	*Acer*	元宝槭	*Acer truncatum*

科		属		种	
中文名	拉丁名	中文名	拉丁名	中文名	拉丁名
七叶树科	Hippocastanaceae	七叶树属	*Aesculus*	七叶树	*Aesculus chinensis*
七叶树科	Hippocastanaceae	七叶树属	*Aesculus*	日本七叶树	*Aesculus turbinata*
无患子科	Sapindaceae	无患子属	*Sapindus*	无患子	*Sapindus saponaria*
无患子科	Sapindaceae	栾属	*Koelreuteria*	栾	*Koelreuteria paniculata*
清风藤科	Sabiaceae	泡花树属	*Meliosma*	多花泡花树	*Meliosma myriantha*
清风藤科	Sabiaceae	泡花树属	*Meliosma*	红柴枝	*Meliosma oldhamii*
清风藤科	Sabiaceae	泡花树属	*Meliosma*	羽叶泡花树	*Meliosma pinnata*
凤仙花科	Balsaminaceae	凤仙花属	*Impatiens*	平顶凤仙	*Impatiens balsamina*
凤仙花科	Balsaminaceae	凤仙花属	*Impatiens*	凤仙花	*Impatiens balsamina*
凤仙花科	Balsaminaceae	凤仙花属	*Impatiens*	水金凤	*Impatiens noli*
凤仙花科	Balsaminaceae	凤仙花属	*Impatiens*	苏丹凤仙花	*Impatiens walleriana*
鼠李科	Rhamnaceae	鼠李属	*Rhamnus*	锐齿鼠李	*Rhamnus arguta*
鼠李科	Rhamnaceae	鼠李属	*Rhamnus*	东北鼠李	*Rhamnus schneideri* var. *manshurica*
鼠李科	Rhamnaceae	鼠李属	*Rhamnus*	鼠李	*Rhamnus davurica*
鼠李科	Rhamnaceae	鼠李属	*Rhamnus*	金刚鼠李	*Rhamnus diamantiaca*
鼠李科	Rhamnaceae	鼠李属	*Rhamnus*	圆叶鼠李	*Rhamnus globosa*
鼠李科	Rhamnaceae	鼠李属	*Rhamnus*	朝鲜鼠李	*Rhamnus koraiensis*
鼠李科	Rhamnaceae	鼠李属	*Rhamnus*	崂山鼠李	*Rhamnus laoshanensis*
鼠李科	Rhamnaceae	鼠李属	*Rhamnus*	小叶鼠李	*Rhamnus parvifolia*
鼠李科	Rhamnaceae	鼠李属	*Rhamnus*	乌苏里鼠李	*Rhamnus ussuriensis*
鼠李科	Rhamnaceae	鼠李属	*Rhamnus*	冻绿	*Rhamnus utilis*
鼠李科	Rhamnaceae	枳椇属	*Hovenia*	北枳椇	*Hovenia dulcis*
鼠李科	Rhamnaceae	枳椇属	*Hovenia*	猫乳	*Rhamnella franguloides*
鼠李科	Rhamnaceae	枣属	*Ziziphus*	酸枣	*Ziziphus jujuba* var. *spinosa*
鼠李科	Rhamnaceae	枣属	*Ziziphus*	龙爪枣	*Ziziphus jujuba*
鼠李科	Rhamnaceae	枣属	*Ziziphus*	枣	*Ziziphus jujuba*
葡萄科	Vitaceae	地锦属	*Parthenocissus*	五叶地锦	*Parthenocissus quinquefolia*
葡萄科	Vitaceae	地锦属	*Parthenocissus*	地锦	*Parthenocissus tricuspidata*
葡萄科	Vitaceae	蛇葡萄属	*Ampelopsis*	异叶蛇葡萄	*Ampelopsis glandulosa* var. *heterophylla*
葡萄科	Vitaceae	蛇葡萄属	*Ampelopsis*	掌裂蛇葡萄	*Ampelopsis delavayana* var. *glabra*
葡萄科	Vitaceae	蛇葡萄属	*Ampelopsis*	葎叶蛇葡萄	*Ampelopsis humulifolia*

（续）

科		属		种	
中文名	拉丁名	中文名	拉丁名	中文名	拉丁名
葡萄科	Vitaceae	蛇葡萄属	*Ampelopsis*	白蔹	*Ampelopsis japonica*
葡萄科	Vitaceae	乌蔹莓属	*Causonis*	乌蔹莓	*Causonis japonica*
葡萄科	Vitaceae	葡萄属	*Vitis*	桑叶葡萄	*Vitis heyneana* subsp. *ficifolia*
葡萄科	Vitaceae	葡萄属	*Vitis*	山葡萄	*Vitis amurensis*
葡萄科	Vitaceae	葡萄属	*Vitis*	葛藟葡萄	*Vitis flexuosa*
葡萄科	Vitaceae	葡萄属	*Vitis*	毛葡萄	*Vitis heyneana*
葡萄科	Vitaceae	葡萄属	*Vitis*	葡萄	*Vitis vinifera*
锦葵科	Malvaceae	椴属	*Tilia*	心叶椴	*Tilia cordata*
锦葵科	Malvaceae	椴属	*Tilia*	紫椴	*Tilia amurensis*
锦葵科	Malvaceae	椴属	*Tilia*	华东椴	*Tilia japonica*
锦葵科	Malvaceae	椴属	*Tilia*	辽椴	*Tilia mandshurica*
锦葵科	Malvaceae	椴属	*Tilia*	南京椴	*Tilia miqueliana*
锦葵科	Malvaceae	椴属	*Tilia*	蒙椴	*Tilia mongolica*
锦葵科	Malvaceae	黄花稔属	*Sida*	拔毒散	*Sida szechuensis*
锦葵科	Malvaceae	田麻属	*Corchoropsis*	光果田麻	*Corchoropsis crenata* var. *hupehensis*
锦葵科	Malvaceae	田麻属	*Corchoropsis*	田麻	*Corchoropsis crenata*
锦葵科	Malvaceae	扁担杆属	*Grewia*	小花扁担杆	*Grewia biloba* var. *parviflora*
锦葵科	Malvaceae	扁担杆属	*Grewia*	扁担杆	*Grewia biloba*
锦葵科	Malvaceae	锦葵属	*Malva*	锦葵	*Malva cathayensis*
锦葵科	Malvaceae	锦葵属	*Malva*	圆叶锦葵	*Malva pusilla*
锦葵科	Malvaceae	蜀葵属	*Alcea*	蜀葵	*Alcea rosea*
锦葵科	Malvaceae	苘麻属	*Abutilon*	苘麻	*Abutilon theophrasti*
锦葵科	Malvaceae	木槿属	*Hibiscus*	红秋葵	*Hibiscus coccineus*
锦葵科	Malvaceae	木槿属	*Hibiscus*	芙蓉葵	*Hibiscus moscheutos*
锦葵科	Malvaceae	木槿属	*Hibiscus*	木芙蓉	*Hibiscus mutabilis*
锦葵科	Malvaceae	木槿属	*Hibiscus*	朱槿	*Hibiscus rosa*
锦葵科	Malvaceae	木槿属	*Hibiscus*	木槿	*Hibiscus syriacus*
锦葵科	Malvaceae	木槿属	*Hibiscus*	野西瓜苗	*Hibiscus trionum*
锦葵科	Malvaceae	梧桐属	*Firmiana*	梧桐	*Firmiana simplex*
锦葵科	Malvaceae	午时花属	*Pentapetes*	午时花	*Pentapetes phoenicea*
猕猴桃科	Actinidiaceae	猕猴桃属	*Actinidia*	软枣猕猴桃	*Actinidia arguta*

科		属		种	
中文名	拉丁名	中文名	拉丁名	中文名	拉丁名
猕猴桃科	Actinidiaceae	猕猴桃属	*Actinidia*	中华猕猴桃	*Actinidia chinensis*
猕猴桃科	Actinidiaceae	猕猴桃属	*Actinidia*	葛枣猕猴桃	*Actinidia polygama*
山茶科	Theaceae	山茶属	*Camellia*	山茶	*Camellia japonica*
山茶科	Theaceae	山茶属	*Camellia*	茶	*Camellia sinensis*
藤黄科	Guttiferae	金丝桃属	*Hypericum*	黄海棠	*Hypericum ascyron*
藤黄科	Guttiferae	金丝桃属	*Hypericum*	赶山鞭	*Hypericum attenuatum*
藤黄科	Guttiferae	金丝桃属	*Hypericum*	金丝桃	*Hypericum monogynum*
柽柳科	Tamaricaceae	柽柳属	*Tamarix*	柽柳	*Tamarix chinensis*
堇菜科	Violaceae	堇菜属	*Viola*	鸡腿堇菜	*Viola acuminata*
堇菜科	Violaceae	堇菜属	*Viola*	阴地堇菜	*Viola yezoensis*
堇菜科	Violaceae	堇菜属	*Viola*	枪叶堇菜	*Viola belophylla*
堇菜科	Violaceae	堇菜属	*Viola*	戟叶堇菜	*Viola betonicifolia*
堇菜科	Violaceae	堇菜属	*Viola*	双花堇菜	*Viola biflora*
堇菜科	Violaceae	堇菜属	*Viola*	南山堇菜	*Viola chaerophylloides*
堇菜科	Violaceae	堇菜属	*Viola*	球果堇菜	*Viola collina*
堇菜科	Violaceae	堇菜属	*Viola*	长萼堇菜	*Viola inconspicua*
堇菜科	Violaceae	堇菜属	*Viola*	东北堇菜	*Viola mandshurica*
堇菜科	Violaceae	堇菜属	*Viola*	蒙古堇菜	*Viola mongolica*
堇菜科	Violaceae	堇菜属	*Viola*	东方堇菜	*Viola orientalis*
堇菜科	Violaceae	堇菜属	*Viola*	白花地丁	*Viola patrinii*
堇菜科	Violaceae	堇菜属	*Viola*	茜堇菜	*Viola phalacrocarpa*
堇菜科	Violaceae	堇菜属	*Viola*	紫花地丁	*Viola philippica*
堇菜科	Violaceae	堇菜属	*Viola*	早开堇菜	*Viola prionantha*
堇菜科	Violaceae	堇菜属	*Viola*	细距堇菜	*Viola tenuicornis*
堇菜科	Violaceae	堇菜属	*Viola*	三色堇	*Viola tricolor*
大风子科	Flacourtiaceae	山桐子属	*Idesia*	毛叶山桐子	*Idesia polycarpa* var. *vestita*
秋海棠科	Begoniaceae	秋海棠属	*Begonia*	四季秋海棠	*Begonia cucullata*
秋海棠科	Begoniaceae	秋海棠属	*Begonia*	斑叶竹节秋海棠	*Begonia maculata*
秋海棠科	Begoniaceae	秋海棠属	*Begonia*	秋海棠	*Begonia grandis*
秋海棠科	Begoniaceae	秋海棠属	*Begonia*	紫叶秋海棠	*Begonia purpureofolia*
仙人掌科	Cactaceae	仙人掌属	*Opuntia*	仙人掌	*Opuntia dillenii*

（续）

科		属		种	
中文名	拉丁名	中文名	拉丁名	中文名	拉丁名
仙人掌科	Cactaceae	令箭荷花属	Napaixochia	令箭荷花	Nopalxochia ackermannii
仙人掌科	Cactaceae	昙花属	Epiphyllum	昙花	Epiphyllum oxypetalum
仙人掌科	Cactaceae	鼠尾鞭属	Aporocactus	鼠尾掌	Aporocactus flagelliformis
仙人掌科	Cactaceae	仙人柱属	Cereus	山影拳	Cereus pitajaya
仙人掌科	Cactaceae	仙人指属	Schlumbergera	蟹爪兰	Schlumbergera truncata
瑞香科	Thymelaeaceae	瑞香属	Daphne	芫花	Daphne genkwa
瑞香科	Thymelaeaceae	瑞香属	Daphne	瑞香	Daphne odora
瑞香科	Thymelaeaceae	结香属	Edgeworthia	结香	Edgeworthia chrysantha
胡颓子科	Elaeagnaceae	胡颓子属	Elaeagnus	大叶胡颓子	Elaeagnus macrophylla
胡颓子科	Elaeagnaceae	胡颓子属	Elaeagnus	木半夏	Elaeagnus multiflora
胡颓子科	Elaeagnaceae	胡颓子属	Elaeagnus	胡颓子	Elaeagnus pungens
胡颓子科	Elaeagnaceae	胡颓子属	Elaeagnus	牛奶子	Elaeagnus umbellata
千屈菜科	Lythraceae	紫薇属	Lagerstroemia	银薇	Lagerstroemia indica
千屈菜科	Lythraceae	紫薇属	Lagerstroemia	紫薇	Lagerstroemia indica
千屈菜科	Lythraceae	石榴属	Punica	石榴	Punica granatum
蓝果树科	Nyssaceae	喜树属	Camptotheca	喜树	Camptotheca acuminata
八角枫科	Alangiaceae	八角枫属	Alangium	八角枫	Alangium chinense
八角枫科	Alangiaceae	八角枫属	Alangium	瓜木	Alangium platanifolium
桃金娘科	Myrtaceae	红千层属	Callistemon	红千层	Callistemon rigidus
柳叶菜科	Onagraceae	丁香蓼属	Ludwigia	丁香蓼	Ludwigia prostrata
柳叶菜科	Onagraceae	倒挂金钟属	Fuchsia	白萼倒挂金钟	Fuchsia 'Albo Coccinea'
柳叶菜科	Onagraceae	倒挂金钟属	Fuchsia	倒挂金钟	Fuchsia hybrida
柳叶菜科	Onagraceae	露珠草属	Circaea	深山露珠草	Circaea alpina
柳叶菜科	Onagraceae	露珠草属	Circaea	露珠草	Circaea cordata
柳叶菜科	Onagraceae	露珠草属	Circaea	南方露珠草	Circaea mollis
柳叶菜科	Onagraceae	山桃草属	Gaura	山桃草	Oenothera lindheimeri
柳叶菜科	Onagraceae	山桃草属	Gaura	小花山桃草	Gaura parviflora
柳叶菜科	Onagraceae	月见草属	Oenothera	月见草	Oenothera biennis
柳叶菜科	Onagraceae	月见草属	Oenothera	美丽月见草	Oenothera speciosa
柳叶菜科	Onagraceae	月见草属	Oenothera	黄花月见草	Oenothera glazioviana
柳叶菜科	Onagraceae	月见草属	Oenothera	待宵草	Oenothera stricta

科		属		种	
中文名	拉丁名	中文名	拉丁名	中文名	拉丁名
小二仙草科	Haloragaceae	狐尾藻属	*Myriophyllum*	狐尾藻	*Myriophyllum verticillatum*
五加科	Araliaceae	常春藤属	*Hedera*	常春藤	*Hedera nepalensis* var. *sinensis*
五加科	Araliaceae	常春藤属	*Hedera*	菱叶常春藤	*Hedera rhombea*
五加科	Araliaceae	刺楸属	*Kalopanax*	刺楸	*Kalopanax septemlobus*
五加科	Araliaceae	楤木属	*Aralia*	辽东楤木	*Aralia elata* var. *glabrescens*
五加科	Araliaceae	楤木属	*Aralia*	楤木	*Aralia elata*
五加科	Araliaceae	人参属	*Panax*	人参	*Panax ginseng*
伞形科	Apiaceae	变豆菜属	*Sanicula*	变豆菜	*Sanicula chinensis*
伞形科	Apiaceae	窃衣属	*Torilis*	小窃衣	*Torilis japonica*
伞形科	Apiaceae	窃衣属	*Torilis*	窃衣	*Torilis scabra*
伞形科	Apiaceae	柴胡属	*Bupleurum*	北柴胡	*Bupleurum chinense*
伞形科	Apiaceae	柴胡属	*Bupleurum*	大叶柴胡	*Bupleurum longiradiatum*
伞形科	Apiaceae	柴胡属	*Bupleurum*	红柴胡	*Bupleurum scorzonerifolium*
伞形科	Umbelliferae	芹属	*Apium*	旱芹	*Apium graveolens*
伞形科	Apiaceae	山茴香属	*Carlesia*	山茴香	*Carlesia sinensis*
伞形科	Apiaceae	泽芹属	*Sium*	泽芹	*Sium suave*
伞形科	Apiaceae	岩风属	*Libanotis*	香芹	*Libanotis seseloides*
伞形科	Apiaceae	水芹属	*Oenanthe*	水芹	*Oenanthe javanica*
伞形科	Apiaceae	水芹属	*Oenanthe*	线叶水芹	*Oenanthe linearis*
伞形科	Apiaceae	芫荽属	*Coriandrum*	芫荽	*Coriandrum sativum*
伞形科	Umbelliferae	茴香属	*Foeniculum*	茴香	*Foeniculum vulgare*
伞形科	Apiaceae	疆前胡属	*Peucedanum*	滨海前胡	*Peucedanum japonicum*
伞形科	Apiaceae	蛇床属	*Cnidium*	蛇床	*Cnidium monnieri*
伞形科	Apiaceae	藁本属	*Ligusticum*	黑水岩茴香	*Ligusticum ajanense*
伞形科	Apiaceae	山芎属	*Conioselinum*	辽藁本	*Conioselinum smithii*
伞形科	Apiaceae	当归属	*Angelica*	东北长鞘当归	*Angelica cartilaginomarginata*
伞形科	Apiaceae	当归属	*Angelica*	白芷	*Angelica dahurica*
伞形科	Apiaceae	当归属	*Angelica*	紫花前胡	*Angelica decursiva*
伞形科	Apiaceae	当归属	*Angelica*	拐芹	*Angelica polymorpha*
伞形科	Apiaceae	珊瑚菜属	*Glehnia*	珊瑚菜	*Glehnia littoralis*
伞形科	Apiaceae	阿魏属	*Ferula*	铜山阿魏	*Ferula licentiana* var. *tunshanica*

（续）

科		属		种	
中文名	拉丁名	中文名	拉丁名	中文名	拉丁名
伞形科	Apiaceae	前胡属	*Peucedanum*	泰山前胡	*Peucedanum wawrae*
伞形科	Apiaceae	石防风属	*Kitagawia*	石防风	*Kitagawia terebinthacea*
伞形科	Apiaceae	防风属	*Saposhnikovia*	防风	*Saposhnikovia divaricata*
伞形科	Umbelliferae	胡萝卜属	*Daucus*	胡萝卜	*Daucus carota* var. *sativa*
山茱萸科	Cornaceae	桃叶珊瑚属	*Aucuba*	花叶青木	*Aucuba japonica* var. *variegata*
山茱萸科	Cornaceae	桃叶珊瑚属	*Aucuba*	桃叶珊瑚	*Aucuba chinensis*
山茱萸科	Cornaceae	桃叶珊瑚属	*Aucuba*	青木	*Aucuba japonica*
山茱萸科	Cornaceae	山茱萸属	*Cornus*	四照花	*Cornus kousa* subsp. *chinensis*
山茱萸科	Cornaceae	山茱萸属	*Cornus*	红瑞木	*Cornus alba*
山茱萸科	Cornaceae	山茱萸属	*Cornus*	灯台树	*Cornus controversa*
山茱萸科	Cornaceae	山茱萸属	*Cornus*	山茱萸	*Cornus officinalis*
山茱萸科	Cornaceae	山茱萸属	*Cornus*	毛梾	*Cornus walteri*
杜鹃花科	Ericaceae	杜鹃花属	*Rhododendron*	照山白	*Rhododendron micranthum*
杜鹃花科	Ericaceae	杜鹃花属	*Rhododendron*	迎红杜鹃	*Rhododendron mucronulatum*
杜鹃花科	Ericaceae	杜鹃花属	*Rhododendron*	杜鹃	*Rhododendron simsii*
杜鹃花科	Ericaceae	越橘属	*Vaccinium*	腺齿越橘	*Vaccinium oldhamii*
报春花科	Primulaceae	珍珠菜属	*Lysimachia*	狼尾花	*Lysimachia barystachys*
报春花科	Primulaceae	珍珠菜属	*Lysimachia*	泽珍珠菜	*Lysimachia candida*
报春花科	Primulaceae	珍珠菜属	*Lysimachia*	矮桃	*Lysimachia clethroides*
报春花科	Primulaceae	珍珠菜属	*Lysimachia*	狭叶珍珠菜	*Lysimachia pentapetala*
报春花科	Primulaceae	仙客来属	*Cyclamen*	仙客来	*Cyclamen persicum*
报春花科	Primulaceae	点地梅属	*Androsace*	点地梅	*Androsace umbellata*
报春花科	Primulaceae	报春花属	*Primula*	肾叶报春	*Primula loeseneri*
报春花科	Primulaceae	报春花属	*Primula*	报春花	*Primula malacoides*
报春花科	Primulaceae	报春花属	*Primula*	鄂报春	*Primula obconica*
报春花科	Primulaceae	报春花属	*Primula*	樱草	*Primula sieboldii*
报春花科	Primulaceae	报春花属	*Primula*	藏报春	*Primula sinensis*
白花丹科	Plumbaginaceae	补血草属	*Limonium*	二色补血草	*Limonium bicolor*
柿科	Ebenaceae	柿属	*Diospyros*	野柿	*Diospyros kaki* var. *silvestris*
柿科	Ebenaceae	柿属	*Diospyros*	柿	*Diospyros kaki*
柿科	Ebenaceae	柿属	*Diospyros*	君迁子	*Diospyros lotus*

科		属		种	
中文名	拉丁名	中文名	拉丁名	中文名	拉丁名
山矾科	Symplocaceae	山矾属	*Symplocos*	华山矾	*Symplocos chinensis*
山矾科	Symplocaceae	山矾属	*Symplocos*	白檀	*Symplocos tanakana*
安息香科	Styracaceae	安息香属	*Styrax*	毛萼野茉莉	*Styrax japonicus* var. *calycothrix*
安息香科	Styracaceae	安息香属	*Styrax*	野茉莉	*Styrax japonicus*
安息香科	Styracaceae	安息香属	*Styrax*	玉铃花	*Styrax obassia*
木樨科	Oleaceae	雪柳属	*Fontanesia*	雪柳	*Fontanesia philliraeoides* var. *fortunei*
木樨科	Oleaceae	梣属	*Fraxinus*	花曲柳	*Fraxinus chinensis* subsp. *rhynchophylla*
木樨科	Oleaceae	梣属	*Fraxinus*	白蜡树	*Fraxinus chinensis*
木樨科	Oleaceae	梣属	*Fraxinus*	水曲柳	*Fraxinus mandschurica*
木樨科	Oleaceae	连翘属	*Forsythia*	连翘	*Forsythia suspensa*
木樨科	Oleaceae	连翘属	*Forsythia*	金钟花	*Forsythia viridissima*
木樨科	Oleaceae	丁香属	*Syringa*	白丁香	*Syringa oblata*
木樨科	Oleaceae	丁香属	*Syringa*	欧丁香	*Syringa vulgaris*
木樨科	Oleaceae	丁香属	*Syringa*	暴马丁香	*Syringa reticulata* subsp. *amurensis*
木樨科	Oleaceae	丁香属	*Syringa*	北京丁香	*Syringa reticulata* subsp. *pekinensis*
木樨科	Oleaceae	丁香属	*Syringa*	小叶巧玲花	*Syringa pubescens* subsp. *microphylla*
木樨科	Oleaceae	丁香属	*Syringa*	紫丁香	*Syringa oblata*
木樨科	Oleaceae	丁香属	*Syringa*	巧玲花	*Syringa pubescens*
木樨科	Oleaceae	木樨属	*Osmanthus*	金桂	*Osmanthus fragrans* var. *thunbergii*
木樨科	Oleaceae	木樨属	*Osmanthus*	木樨	*Osmanthus fragrans*
木樨科	Oleaceae	木樨属	*Osmanthus*	柊树	*Osmanthus heterophyllus*
木樨科	Oleaceae	流苏树属	*Chionanthus*	流苏树	*Chionanthus retusus*
木樨科	Oleaceae	女贞属	*Ligustrum*	辽东水蜡树	*Ligustrum obtusifolium* subsp. *suave*
木樨科	Oleaceae	女贞属	*Ligustrum*	日本女贞	*Ligustrum japonicum*
木樨科	Oleaceae	女贞属	*Ligustrum*	女贞	*Ligustrum lucidum*
木樨科	Oleaceae	女贞属	*Ligustrum*	小叶女贞	*Ligustrum quihoui*
木樨科	Oleaceae	女贞属	*Ligustrum*	小蜡	*Ligustrum sinense*
木樨科	Oleaceae	素馨属	*Jasminum*	探春花	*Chrysojasminum floridum*
木樨科	Oleaceae	素馨属	*Jasminum*	矮探春	*Jasminum humile*
木樨科	Oleaceae	素馨属	*Jasminum*	迎春花	*Jasminum nudiflorum*
木樨科	Oleaceae	素馨属	*Jasminum*	茉莉花	*Jasminum sambac*

（续）

科		属		种	
中文名	拉丁名	中文名	拉丁名	中文名	拉丁名
马钱科	Loganiaceae	尖帽草属	*Mitrasacme*	尖帽草	*Mitrasacme indica*
马钱科	Loganiaceae	醉鱼草属	*Buddleja*	醉鱼草	*Buddleja lindleyana*
龙胆科	Gentianaceae	龙胆属	*Gentiana*	笔龙胆	*Gentiana zollingeri*
龙胆科	Gentianaceae	荇菜属	*Nymphoides*	荇菜	*Nymphoides peltata*
龙胆科	Gentianaceae	獐牙菜属	*Swertia*	北方獐牙菜	*Swertia diluta*
夹竹桃科	Apocynaceae	黄花夹竹桃属	*Thevetia*	黄花夹竹桃	*Thevetia peruviana*
夹竹桃科	Apocynaceae	鸡蛋花属	*Plumeria*	鸡蛋花	*Plumeria rubra*
夹竹桃科	Apocynaceae	长春花属	*Catharanthus*	长春花	*Catharanthus roseus*
夹竹桃科	Apocynaceae	夹竹桃属	*Nerium*	夹竹桃	*Nerium oleander*
夹竹桃科	Apocynaceae	罗布麻属	*Apocynum*	罗布麻	*Apocynum venetum*
夹竹桃科	Apocynaceae	白前属	*Vincetoxicum*	白薇	*Vincetoxicum atratum*
夹竹桃科	Apocynaceae	白前属	*Vincetoxicum*	白前	*Vincetoxicum glaucescens*
夹竹桃科	Apocynaceae	白前属	*Vincetoxicum*	竹灵消	*Vincetoxicum inamoenum*
夹竹桃科	Apocynaceae	白前属	*Vincetoxicum*	徐长卿	*Vincetoxicum pycnostelma*
夹竹桃科	Apocynaceae	白前属	*Vincetoxicum*	变色白前	*Vincetoxicum versicolor*
夹竹桃科	Apocynaceae	络石属	*Trachelospermum*	络石	*Trachelospermum jasminoides*
夹竹桃科	Apocynaceae	杠柳属	*Periploca*	杠柳	*Periploca sepium*
夹竹桃科	Apocynaceae	鹅绒藤属	*Cynanchum*	牛皮消	*Cynanchum auriculatum*
夹竹桃科	Apocynaceae	鹅绒藤属	*Cynanchum*	鹅绒藤	*Cynanchum chinense*
夹竹桃科	Apocynaceae	鹅绒藤属	*Cynanchum*	萝藦	*Cynanchum rostellatum*
夹竹桃科	Apocynaceae	鹅绒藤属	*Cynanchum*	地梢瓜	*Cynanchum thesioides*
夹竹桃科	Apocynaceae	鹅绒藤属	*Cynanchum*	隔山消	*Cynanchum wilfordii*
萝藦科	Asclepiadaceae	球兰属	*Hoya*	球兰	*Hoya carnosa*
旋花科	Convolvulaceae	打碗花属	*Calystegia*	欧旋花	*Calystegia sepium* subsp. *spectabilis*
旋花科	Convolvulaceae	打碗花属	*Calystegia*	旋花	*Calystegia sepium*
旋花科	Convolvulaceae	打碗花属	*Calystegia*	打碗花	*Calystegia hederacea*
旋花科	Convolvulaceae	打碗花属	*Calystegia*	藤长苗	*Calystegia pellita*
旋花科	Convolvulaceae	打碗花属	*Calystegia*	肾叶打碗花	*Calystegia soldanella*
旋花科	Convolvulaceae	旋花属	*Convolvulus*	田旋花	*Convolvulus arvensis*
旋花科	Convolvulaceae	鱼黄草属	*Merremia*	毛籽鱼黄草	*Merremia sibirica* var. *trichosperma*
旋花科	Convolvulaceae	番薯属	*Ipomoea*	蕹菜	*Ipomoea aquatica*

科		属		种	
中文名	拉丁名	中文名	拉丁名	中文名	拉丁名
旋花科	Convolvulaceae	番薯属	*Ipomoea*	番薯	*Ipomoea batatas*
旋花科	Convolvulaceae	番薯属	*Ipomoea*	三裂叶薯	*Ipomoea triloba*
旋花科	Convolvulaceae	虎掌藤属	*Ipomoea*	橙红茑萝	*Ipomoea cholulensis*
旋花科	Convolvulaceae	虎掌藤属	*Ipomoea*	牵牛	*Ipomoea nil*
旋花科	Convolvulaceae	虎掌藤属	*Ipomoea*	圆叶牵牛	*Ipomoea purpurea*
旋花科	Convolvulaceae	虎掌藤属	*Ipomoea*	茑萝	*Ipomoea quamoclit*
旋花科	Convolvulaceae	茑萝属	*Quamoclit*	葵叶茑萝	*Ipomoea* × *sloteri*
旋花科	Convolvulaceae	菟丝子属	*Cuscuta*	南方菟丝子	*Cuscuta australis*
旋花科	Convolvulaceae	菟丝子属	*Cuscuta*	菟丝子	*Cuscuta chinensis*
旋花科	Convolvulaceae	菟丝子属	*Cuscuta*	金灯藤	*Cuscuta japonica*
旋花科	Convolvulaceae	菟丝子属	*Cuscuta*	啤酒花菟丝子	*Cuscuta lupuliformis*
紫草科	Boraginaceae	天芥菜属	*Heliotropium*	南美天芥菜	*Heliotropium arborescens*
紫草科	Boraginaceae	紫丹属	*Tournefortia*	砂引草	*Tournefortia sibirica*
紫草科	Boraginaceae	紫草属	*Lithospermum*	田紫草	*Lithospermum arvense*
紫草科	Boraginaceae	紫草属	*Lithospermum*	紫草	*Lithospermum erythrorhizon*
紫草科	Boraginaceae	蓝蓟属	*Echium*	蓝蓟	*Echium vulgare*
紫草科	Boraginaceae	附地菜属	*Trigonotis*	北附地菜	*Trigonotis radicans*
紫草科	Boraginaceae	附地菜属	*Trigonotis*	附地菜	*Trigonotis peduncularis*
紫草科	Boraginaceae	鹤虱属	*Lappula*	鹤虱	*Lappula myosotis*
紫草科	Boraginaceae	斑种草属	*Bothriospermum*	斑种草	*Bothriospermum chinense*
紫草科	Boraginaceae	斑种草属	*Bothriospermum*	多苞斑种草	*Bothriospermum secundum*
紫草科	Boraginaceae	斑种草属	*Bothriospermum*	柔弱斑种草	*Bothriospermum zeylanicum*
紫草科	Boraginaceae	琉璃草属	*Cynoglossum*	琉璃草	*Cynoglossum furcatum*
紫草科	Boraginaceae	盾果草属	*Thyrocarpus*	盾果草	*Thyrocarpus sampsonii*
马鞭草科	Verbenaceae	马鞭草属	*Verbena*	美女樱	*Glandularia* × *hybrida*
马鞭草科	Verbenaceae	马鞭草属	*Verbena*	柳叶马鞭草	*Verbena bonariensis*
马鞭草科	Verbenaceae	马缨丹属	*Lantana*	马缨丹	*Lantana camara*
马鞭草科	Verbenaceae	紫珠属	*Callicarpa*	白棠子树	*Callicarpa dichotoma*
马鞭草科	Verbenaceae	紫珠属	*Callicarpa*	老鸦糊	*Callicarpa giraldii*
马鞭草科	Verbenaceae	紫珠属	*Callicarpa*	日本紫珠	*Callicarpa japonica*
马鞭草科	Verbenaceae	牡荆属	*Vitex*	牡荆	*Vitex negundo* var. *cannabifolia*

（续）

科		属		种	
中文名	拉丁名	中文名	拉丁名	中文名	拉丁名
马鞭草科	Verbenaceae	牡荆属	*Vitex*	荆条	*Vitex negundo* var. *heterophylla*
马鞭草科	Verbenaceae	牡荆属	*Vitex*	黄荆	*Vitex negundo*
马鞭草科	Verbenaceae	牡荆属	*Vitex*	单叶蔓荆	*Vitex rotundifolia*
马鞭草科	Verbenaceae	大青属	*Clerodendrum*	臭牡丹	*Clerodendrum bungei*
马鞭草科	Verbenaceae	大青属	*Clerodendrum*	海州常山	*Clerodendrum trichotomum*
唇形科	Lamiaceae	筋骨草属	*Ajuga*	筋骨草	*Ajuga ciliata*
唇形科	Lamiaceae	筋骨草属	*Ajuga*	多花筋骨草	*Ajuga multiflora*
唇形科	Lamiaceae	黄芩属	*Scutellaria*	大叶黄芩	*Scutellaria megaphylla*
唇形科	Lamiaceae	黄芩属	*Scutellaria*	沙滩黄芩	*Scutellaria strigillosa*
唇形科	Lamiaceae	夏至草属	*Lagopsis*	夏至草	*Lagopsis supina*
唇形科	Lamiaceae	藿香属	*Agastache*	藿香	*Agastache rugosa*
唇形科	Lamiaceae	活血丹属	*Glechoma*	活血丹	*Glechoma longituba*
唇形科	Lamiaceae	夏枯草属	*Prunella*	夏枯草	*Prunella vulgaris*
唇形科	Lamiaceae	糙苏属	*Phlomoides*	糙苏	*Phlomoides umbrosa*
唇形科	Lamiaceae	野芝麻属	*Lamium*	宝盖草	*Lamium amplexicaule*
唇形科	Lamiaceae	益母草属	*Leonurus*	益母草	*Leonurus japonicus*
唇形科	Lamiaceae	益母草属	*Leonurus*	錾菜	*Leonurus pseudomacranthus*
唇形科	Lamiaceae	水苏属	*Stachys*	毛水苏	*Stachys baicalensis*
唇形科	Lamiaceae	水苏属	*Stachys*	水苏	*Stachys japonica*
唇形科	Lamiaceae	鼠尾草属	*Salvia*	鼠尾草	*Salvia japonica*
唇形科	Lamiaceae	鼠尾草属	*Salvia*	丹参	*Salvia miltiorrhiza*
唇形科	Lamiaceae	鼠尾草属	*Salvia*	荔枝草	*Salvia plebeia*
唇形科	Lamiaceae	鼠尾草属	*Salvia*	一串红	*Salvia splendens*
唇形科	Lamiaceae	风轮菜属	*Clinopodium*	风轮菜	*Clinopodium chinense*
唇形科	Lamiaceae	风轮菜属	*Clinopodium*	麻叶风轮菜	*Clinopodium urticifolium*
唇形科	Lamiaceae	百里香属	*Thymus*	地椒	*Thymus quinquecostatus*
唇形科	Lamiaceae	薄荷属	*Mentha*	薄荷	*Mentha canadensis*
唇形科	Lamiaceae	地笋属	*Lycopus*	硬毛地笋	*Lycopus lucidus* var. *hirtus*
唇形科	Lamiaceae	地笋属	*Lycopus*	地笋	*Lycopus lucidus*
唇形科	Lamiaceae	紫苏属	*Perilla*	紫苏	*Perilla frutescens*
唇形科	Lamiaceae	石荠苎属	*Mosla*	石香薷	*Mosla chinensis*

科		属		种	
中文名	拉丁名	中文名	拉丁名	中文名	拉丁名
唇形科	Lamiaceae	石荠苎属	*Mosla*	小鱼仙草	*Mosla dianthera*
唇形科	Lamiaceae	石荠苎属	*Mosla*	石荠苎	*Mosla scabra*
唇形科	Lamiaceae	香薷属	*Elsholtzia*	香薷	*Elsholtzia ciliata*
唇形科	Lamiaceae	香薷属	*Elsholtzia*	岩生香薷	*Elsholtzia saxatilis*
唇形科	Lamiaceae	香薷属	*Elsholtzia*	海州香薷	*Elsholtzia splendens*
唇形科	Lamiaceae	香茶菜属	*Isodon*	蓝萼香茶菜	*Isodon japonicus* var. *glaucocalyx*
唇形科	Lamiaceae	香茶菜属	*Isodon*	内折香茶菜	*Isodon inflexus*
唇形科	Lamiaceae	香茶菜属	*Isodon*	毛叶香茶菜	*Isodon japonicus*
唇形科	Lamiaceae	鞘蕊花属	*Coleus*	五彩苏	*Coleus scutellarioides*
唇形科	Lamiaceae	罗勒属	*Ocimum*	罗勒	*Ocimum basilicum*
唇形科	Lamiaceae	黄芩属	*Scutellaria*	黄芩	*Scutellaria baicalensis*
唇形科	Lamiaceae	黄芩属	*Scutellaria*	韩信草	*Scutellaria indica*
唇形科	Lamiaceae	黄芩属	*Scutellaria*	京黄芩	*Scutellaria pekinensis*
茄科	Solanaceae	枸杞属	*Lycium*	枸杞	*Lycium chinense*
茄科	Solanaceae	散血丹属	*Physaliastrum*	日本散血丹	*Physaliastrum echinatum*
茄科	Solanaceae	散血丹属	*Physaliastrum*	华北散血丹	*Physaliastrum sinicum*
茄科	Solanaceae	酸浆属	*Alkekengi*	挂金灯	*Alkekengi officinarum* var. *franchetii*
茄科	Solanaceae	酸浆属	*Alkekengi*	酸浆	*Alkekengi officinarum*
茄科	Solanaceae	辣椒属	*Capsicum*	辣椒	*Capsicum annuum*
茄科	Solanaceae	辣椒属	*Capsicum*	朝天椒	*Capsicum annuum* var. *conoides*
茄科	Solanaceae	茄属	*Solanum*	番茄	*Solanum lycopersicum*
茄科	Solanaceae	茄属	*Solanum*	白英	*Solanum lyratum*
茄科	Solanaceae	茄属	*Solanum*	龙葵	*Solanum nigrum*
茄科	Solanaceae	茄属	*Solanum*	马铃薯	*Solanum tuberosum*
茄科	Solanaceae	茄属	*Solanum*	黄果茄	*Solanum virginianum*
茄科	Solanaceae	曼陀罗属	*Datura*	木本曼陀罗	*Brugmansia arborea*
茄科	Solanaceae	曼陀罗属	*Datura*	曼陀罗	*Datura stramonium*
茄科	Solanaceae	夜香树属	*Cestrum*	夜香树	*Cestrum nocturnum*
茄科	Solanaceae	夜香树属	*Solanum*	茄	*Solanum melongena*
茄科	Solanaceae	夜香树属	*Solanum*	珊瑚樱	*Solanum pseudocapsicum*
茄科	Solanaceae	夜香树属	*Solanum*	刺天茄	*Solanum violaceum*

（续）

科		属		种	
中文名	拉丁名	中文名	拉丁名	中文名	拉丁名
茄科	Solanaceae	洋酸浆属	*Physalis*	苦蘵	*Physalis angulata*
茄科	Solanaceae	洋酸浆属	*Physalis*	小酸浆	*Physalis minima*
茄科	Solanaceae	烟草属	*Nicotiana*	花烟草	*Nicotiana alata*
茄科	Solanaceae	烟草属	*Nicotiana*	烟草	*Nicotiana tabacum*
茄科	Solanaceae	碧冬茄属	*Petunia*	碧冬茄	*Petunia hybrida*
玄参科	Scrophulariaceae	泡桐属	*Paulownia*	楸叶泡桐	*Paulownia catalpifolia*
玄参科	Scrophulariaceae	泡桐属	*Paulownia*	毛泡桐	*Paulownia tomentosa*
玄参科	Scrophulariaceae	母草属	*Lindernia*	陌上菜	*Lindernia procumbens*
玄参科	Scrophulariaceae	通泉草属	*Mazus*	通泉草	*Mazus pumilus*
玄参科	Scrophulariaceae	通泉草属	*Mazus*	弹刀子菜	*Mazus stachydifolius*
玄参科	Scrophulariaceae	地黄属	*Rehmannia*	地黄	*Rehmannia glutinosa*
玄参科	Scrophulariaceae	腹水草属	*Veronicastrum*	草本威灵仙	*Veronicastrum sibiricum*
玄参科	Scrophulariaceae	婆婆纳属	*Veronica*	北水苦荬	*Veronica anagallis*
玄参科	Scrophulariaceae	婆婆纳属	*Veronica*	阿拉伯婆婆纳	*Veronica persica*
玄参科	Scrophulariaceae	山罗花属	*Melampyrum*	山罗花	*Melampyrum roseum*
玄参科	Scrophulariaceae	松蒿属	*Phtheirospermum*	松蒿	*Phtheirospermum japonicum*
玄参科	Scrophulariaceae	马先蒿属	*Pedicularis*	返顾马先蒿	*Pedicularis resupinata*
玄参科	Scrophulariaceae	阴行草属	*Siphonostegia*	阴行草	*Siphonostegia chinensis*
玄参科	Scrophulariaceae	梓属	*Catalpa*	楸	*Catalpa bungei*
玄参科	Scrophulariaceae	梓属	*Catalpa*	灰楸	*Catalpa fargesii*
玄参科	Scrophulariaceae	梓属	*Catalpa*	梓	*Catalpa ovata*
玄参科	Scrophulariaceae	梓属	*Catalpa*	黄金树	*Catalpa speciosa*
玄参科	Scrophulariaceae	凌霄属	*Campsis*	凌霄	*Campsis grandiflora*
玄参科	Scrophulariaceae	凌霄属	*Campsis*	厚萼凌霄	*Campsis radicans*
胡麻科	Pedaliaceae	胡麻属	*Sesamum*	芝麻	*Sesamum indicum*
列当科	Orobanchaceae	列当属	*Orobanche*	列当	*Orobanche coerulescens*
狸藻科	Lentibulariaceae	狸藻属	*Utricularia*	挖耳草	*Utricularia bifida*
爵床科	Acanthaceae	爵床属	*Justicia*	虾衣花	*Justicia brandegeeana*
爵床科	Acanthaceae	爵床属	*Justicia*	珊瑚花	*Justicia carnea*
爵床科	Acanthaceae	爵床属	*Justicia*	爵床	*Justicia procumbens*
透骨草科	Phrymaceae	透骨草属	*Phryma*	透骨草	*Phryma leptostachya* subsp. *asiatica*

科		属		种	
中文名	拉丁名	中文名	拉丁名	中文名	拉丁名
车前科	Plantaginaceae	车前属	*Plantago*	芒苞车前	*Plantago aristata*
车前科	Plantaginaceae	车前属	*Plantago*	车前	*Plantago asiatica*
车前科	Plantaginaceae	车前属	*Plantago*	平车前	*Plantago depressa*
车前科	Plantaginaceae	车前属	*Plantago*	长叶车前	*Plantago lanceolata*
车前科	Plantaginaceae	车前属	*Plantago*	大车前	*Plantago major*
车前科	Plantaginaceae	车前属	*Plantago*	北美车前	*Plantago virginica*
车前科	Plantaginaceae	爆仗竹属	*Russelia*	爆仗竹	*Russelia equisetiformis*
车前科	Plantaginaceae	金鱼草属	*Antirrhinum*	金鱼草	*Antirrhinum majus*
车前科	Plantaginaceae	兔尾苗属	*Pseudolysimachion*	细叶水蔓菁	*Pseudolysimachion linariifolium*
荷包花科	Calceolariaceae	荷包花属	*Calceolaria*	蒲包花	*Calceolaria crenatiflora*
苦苣苔科	Gesneriaceae	大岩桐属	*Sinningia*	大岩桐	*Sinningia speciosa*
紫葳科	Bignoniaceae	黄钟花属	*Tecoma*	硬骨凌霄	*Tecoma capensis*
茜草科	Rubiaceae	栀子属	*Gardenia*	大花栀子	*Gardenia jasminoides*
茜草科	Rubiaceae	栀子属	*Gardenia*	栀子	*Gardenia jasminoides*
茜草科	Rubiaceae	号扣草属	*Hexasepalum*	睫毛坚扣草	*Hexasepalum teres*
茜草科	Rubiaceae	鸡屎藤属	*Paederia*	鸡屎藤	*Paederia foetida*
茜草科	Rubiaceae	白马骨属	*Serissa*	白马骨	*Serissa serissoides*
茜草科	Rubiaceae	虎刺属	*Damnacanthus*	虎刺	*Damnacanthus indicus*
茜草科	Rubiaceae	拉拉藤属	*Galium*	阔叶四叶葎	*Galium bungei* var. *trachyspermum*
茜草科	Rubiaceae	拉拉藤属	*Galium*	四叶葎	*Galium bungei*
茜草科	Rubiaceae	拉拉藤属	*Galium*	异叶轮草	*Galium maximoviczii*
茜草科	Rubiaceae	拉拉藤属	*Galium*	拉拉藤	*Galium spurium*
茜草科	Rubiaceae	拉拉藤属	*Galium*	麦仁珠	*Galium tricornutum*
茜草科	Rubiaceae	拉拉藤属	*Galium*	蓬子菜	*Galium verum*
茜草科	Rubiaceae	茜草属	*Rubia*	茜草	*Rubia cordifolia*
茜草科	Rubiaceae	茜草属	*Rubia*	卵叶茜草	*Rubia ovatifolia*
茜草科	Rubiaceae	茜草属	*Rubia*	山东茜草	*Rubia truppeliana*
忍冬科	Caprifoliaceae	接骨木属	*Sambucus*	西洋接骨木	*Sambucus nigra*
忍冬科	Caprifoliaceae	接骨木属	*Sambucus*	接骨木	*Sambucus williamsii*
忍冬科	Caprifoliaceae	荚蒾属	*Viburnum*	绣球荚蒾	*Viburnum keteleeri*
忍冬科	Caprifoliaceae	荚蒾属	*Viburnum*	鸡树条	*Viburnum opulus* subsp. *calvescens*

（续）

科		属		种	
中文名	拉丁名	中文名	拉丁名	中文名	拉丁名
忍冬科	Caprifoliaceae	荚蒾属	*Viburnum*	粉团	*Viburnum plicatum*
忍冬科	Caprifoliaceae	荚蒾属	*Viburnum*	裂叶宜昌荚蒾	*Viburnum erosum* var. *taquetii*
忍冬科	Caprifoliaceae	荚蒾属	*Viburnum*	日本珊瑚树	*Viburnum awabuki*
忍冬科	Caprifoliaceae	荚蒾属	*Viburnum*	荚蒾	*Viburnum dilatatum*
忍冬科	Caprifoliaceae	荚蒾属	*Viburnum*	宜昌荚蒾	*Viburnum erosum*
忍冬科	Caprifoliaceae	荚蒾属	*Viburnum*	琼花	*Viburnum keteleeri*
忍冬科	Caprifoliaceae	荚蒾属	*Viburnum*	珊瑚树	*Viburnum odoratissimum*
忍冬科	Caprifoliaceae	荚蒾属	*Viburnum*	欧洲荚蒾	*Viburnum opulus*
忍冬科	Caprifoliaceae	六道木属	*Abelia*	六道木	*Zabelia biflora*
忍冬科	Caprifoliaceae	锦带花属	*Weigela*	半边月	*Weigela japonica* var. *sinica*
忍冬科	Caprifoliaceae	锦带花属	*Primula*	朝鲜锦带花	*Weigela coraeensis*
忍冬科	Caprifoliaceae	锦带花属	*Weigela*	锦带花	*Weigela florida*
忍冬科	Caprifoliaceae	忍冬属	*Lonicera*	红白忍冬	*Lonicera japonica* var. *chinensis*
忍冬科	Caprifoliaceae	忍冬属	*Lonicera*	苦糖果	*Lonicera fragrantissima* var. *lancifolia*
忍冬科	Caprifoliaceae	忍冬属	*Lonicera*	贯月忍冬	*Lonicera sempervirens*
忍冬科	Caprifoliaceae	忍冬属	*Lonicera*	金花忍冬	*Lonicera chrysantha*
忍冬科	Caprifoliaceae	忍冬属	*Lonicera*	郁香忍冬	*Lonicera fragrantissima*
忍冬科	Caprifoliaceae	忍冬属	*Lonicera*	忍冬	*Lonicera japonica*
忍冬科	Caprifoliaceae	忍冬属	*Lonicera*	金银忍冬	*Lonicera maackii*
忍冬科	Caprifoliaceae	忍冬属	*Lonicera*	紫花忍冬	*Lonicera maximowiczii*
忍冬科	Caprifoliaceae	忍冬属	*Lonicera*	华北忍冬	*Lonicera tatarinowii*
忍冬科	Caprifoliaceae	败酱属	*Patrinia*	异叶败酱	*Patrinia heterophylla*
忍冬科	Caprifoliaceae	败酱属	*Patrinia*	少蕊败酱	*Patrinia monandra*
忍冬科	Caprifoliaceae	败酱属	*Patrinia*	败酱	*Patrinia scabiosifolia*
葫芦科	Cucurbitaceae	盒子草属	*Actinostemma*	盒子草	*Actinostemma tenerum*
葫芦科	Cucurbitaceae	苦瓜属	*Momordica*	苦瓜	*Momordica charantia*
葫芦科	Cucurbitaceae	丝瓜属	*Luffa*	丝瓜	*Luffa aegyptiaca*
葫芦科	Cucurbitaceae	冬瓜属	*Benincasa*	冬瓜	*Benincasa hispida*
葫芦科	Cucurbitaceae	西瓜属	*Citrullus*	西瓜	*Citrullus lanatus*
葫芦科	Cucurbitaceae	黄瓜属	*Cucumis*	马[瓟]瓜	*Cucumis melo* var. *agrestis*
葫芦科	Cucurbitaceae	黄瓜属	*Cucumis*	甜瓜	*Cucumis melo*

科		属		种	
中文名	拉丁名	中文名	拉丁名	中文名	拉丁名
葫芦科	Cucurbitaceae	黄瓜属	*Cucumis*	黄瓜	*Cucumis sativus*
葫芦科	Cucurbitaceae	马㼎儿属	*Zehneria*	马㼎儿	*Zehneria japonica*
葫芦科	Cucurbitaceae	葫芦属	*Lagenaria*	葫芦	*Lagenaria siceraria*
葫芦科	Cucurbitaceae	葫芦属	*Lagenaria*	瓠子	*Lagenaria siceraria* var. *hispida*
葫芦科	Cucurbitaceae	葫芦属	*Lagenaria*	小葫芦	*Lagenaria siceraria* var. *microcarpa*
葫芦科	Cucurbitaceae	栝楼属	*Trichosanthes*	栝楼	*Trichosanthes kirilowii*
葫芦科	Cucurbitaceae	南瓜属	*Cucurbita*	南瓜	*Cucurbita moschata*
葫芦科	Cucurbitaceae	南瓜属	*Cucurbita*	西葫芦	*Cucurbita pepo*
葫芦科	Cucurbitaceae	佛手瓜属	*Sechium*	佛手瓜	*Sechium edule*
桔梗科	Campanulaceae	党参属	*Codonopsis*	羊乳	*Codonopsis lanceolata*
桔梗科	Campanulaceae	桔梗属	*Platycodon*	桔梗	*Platycodon grandiflorus*
桔梗科	Campanulaceae	沙参属	*Adenophora*	杏叶沙参	*Adenophora petiolata* subsp. *hunanensis*
桔梗科	Campanulaceae	沙参属	*Adenophora*	细叶沙参	*Adenophora capillaris* subsp. *paniculata*
桔梗科	Campanulaceae	沙参属	*Adenophora*	展枝沙参	*Adenophora divaricata*
桔梗科	Campanulaceae	沙参属	*Adenophora*	狭叶沙参	*Adenophora gmelinii*
桔梗科	Campanulaceae	沙参属	*Adenophora*	石沙参	*Adenophora polyantha*
桔梗科	Campanulaceae	沙参属	*Adenophora*	薄叶荠苨	*Adenophora remotiflora*
桔梗科	Campanulaceae	沙参属	*Adenophora*	轮叶沙参	*Adenophora tetraphylla*
桔梗科	Campanulaceae	沙参属	*Adenophora*	荠苨	*Adenophora trachelioides*
菊科	Asteraceae	藿香蓟属	*Ageratum*	藿香蓟	*Ageratum conyzoides*
菊科	Asteraceae	藿香蓟属	*Ageratum*	熊耳草	*Ageratum houstonianum*
菊科	Asteraceae	泽兰属	*Eupatorium*	白头婆	*Eupatorium japonicum*
菊科	Asteraceae	泽兰属	*Eupatorium*	林泽兰	*Eupatorium lindleyanum*
菊科	Asteraceae	一枝黄花属	*Solidago*	加拿大一枝黄花	*Solidago canadensis*
菊科	Asteraceae	雏菊属	*Bellis*	雏菊	*Bellis perennis*
菊科	Asteraceae	春黄菊属	*Anthemis*	春黄菊	*Anthemis tinctoria*
菊科	Asteraceae	翠菊属	*Callistephus*	翠菊	*Callistephus chinensis*
菊科	Asteraceae	女菀属	*Turczaninovia*	女菀	*Turczaninovia fastigiata*
菊科	Asteraceae	联毛紫菀属	*Symphyotrichum*	钻叶紫菀	*Symphyotrichum subulatum*
菊科	Asteraceae	联毛紫菀属	*Symphyotrichum*	联毛紫菀	*Symphyotrichum novi*
菊科	Asteraceae	紫菀属	*Aster*	三脉紫菀	*Aster ageratoides*

（续）

科		属		种	
中文名	拉丁名	中文名	拉丁名	中文名	拉丁名
菊科	Asteraceae	紫菀属	*Aster*	阿尔泰狗娃花	*Aster altaicus*
菊科	Asteraceae	紫菀属	*Aster*	狗娃花	*Aster hispidus*
菊科	Asteraceae	紫菀属	*Aster*	马兰	*Aster indicus*
菊科	Asteraceae	紫菀属	*Aster*	山马兰	*Aster lautureanus*
菊科	Asteraceae	紫菀属	*Aster*	全叶马兰	*Aster pekinensis*
菊科	Asteraceae	紫菀属	*Aster*	东风菜	*Aster scaber*
菊科	Asteraceae	紫菀属	*Aster*	紫菀	*Aster tataricus*
菊科	Asteraceae	碱菀属	*Tripolium*	碱菀	*Tripolium pannonicum*
菊科	Asteraceae	疆千里光属	*Jacobaea*	琥珀千里光	*Jacobaea ambracea*
菊科	Asteraceae	飞蓬属	*Erigeron*	飞蓬	*Erigeron acris*
菊科	Asteraceae	飞蓬属	*Erigeron*	一年蓬	*Erigeron annuus*
菊科	Asteraceae	飞蓬属	*Erigeron*	香丝草	*Erigeron bonariensis*
菊科	Asteraceae	飞蓬属	*Erigeron*	小蓬草	*Erigeron canadensis*
菊科	Asteraceae	火绒草属	*Leontopodium*	火绒草	*Leontopodium leontopodioides*
菊科	Asteraceae	香青属	*Anaphalis*	香青	*Anaphalis sinica*
菊科	Asteraceae	鼠曲草属	*Pseudognaphalium*	鼠曲草	*Pseudognaphalium affine*
菊科	Asteraceae	旋覆花属	*Inula*	旋覆花	*Inula japonica*
菊科	Asteraceae	旋覆花属	*Inula*	线叶旋覆花	*Inula linariifolia*
菊科	Asteraceae	天名精属	*Carpesium*	天名精	*Carpesium abrotanoides*
菊科	Asteraceae	天名精属	*Carpesium*	烟管头草	*Carpesium cernuum*
菊科	Asteraceae	苍耳属	*Xanthium*	苍耳	*Xanthium strumarium*
菊科	Asteraceae	苍耳属	*Tecomaria*	意大利苍耳	*Xanthium strumarium* subsp. *italicum*
菊科	Asteraceae	豚草属	*Ambrosia*	豚草	*Ambrosia artemisiifolia*
菊科	Asteraceae	百日菊属	*Zinnia*	百日菊	*Zinnia elegans*
菊科	Asteraceae	蜂斗菜属	*Petasites*	蜂斗菜	*Petasites japonicus*
菊科	Asteraceae	豨莶属	*Sigesbeckia*	豨莶	*Sigesbeckia orientalis*
菊科	Asteraceae	豨莶属	*Sigesbeckia*	腺梗豨莶	*Sigesbeckia pubescens*
菊科	Asteraceae	鳢肠属	*Eclipta*	鳢肠	*Eclipta prostrata*
菊科	Asteraceae	金光菊属	*Rudbeckia*	黑心菊	*Rudbeckia hirta*
菊科	Asteraceae	金光菊属	*Rudbeckia*	金光菊	*Rudbeckia laciniata*
菊科	Asteraceae	向日葵属	*Helianthus*	向日葵	*Helianthus annuus*

科		属		种	
中文名	拉丁名	中文名	拉丁名	中文名	拉丁名
菊科	Asteraceae	向日葵属	*Helianthus*	菊芋	*Helianthus tuberosus*
菊科	Asteraceae	金鸡菊属	*Coreopsis*	大花金鸡菊	*Coreopsis grandiflora*
菊科	Asteraceae	金鸡菊属	*Coreopsis*	剑叶金鸡菊	*Coreopsis lanceolata*
菊科	Asteraceae	金鸡菊属	*Coreopsis*	两色金鸡菊	*Coreopsis tinctoria*
菊科	Asteraceae	大丽花属	*Dahlia*	大丽花	*Dahlia pinnata*
菊科	Asteraceae	秋英属	*Cosmos*	秋英	*Cosmos bipinnatus*
菊科	Asteraceae	鬼针草属	*Bidens*	婆婆针	*Bidens bipinnata*
菊科	Asteraceae	鬼针草属	*Bidens*	南美鬼针草	*Bidens subalternans*
菊科	Asteraceae	鬼针草属	*Bidens*	金盏银盘	*Bidens biternata*
菊科	Asteraceae	鬼针草属	*Bidens*	大狼耙草	*Bidens frondosa*
菊科	Asteraceae	鬼针草属	*Bidens*	小花鬼针草	*Bidens parviflora*
菊科	Asteraceae	鬼针草属	*Bidens*	鬼针草	*Bidens pilosa*
菊科	Asteraceae	鬼针草属	*Bidens*	狼耙草	*Bidens tripartita*
菊科	Asteraceae	蛇鸦葱属	*Scorzonera*	华北鸦葱	*Scorzonera albicaulis*
菊科	Asteraceae	蛇鸦葱属	*Scorzonera*	桃叶鸦葱	*Scorzonera sinensis*
菊科	Asteraceae	牛膝菊属	*Galinsoga*	牛膝菊	*Galinsoga parviflora*
菊科	Asteraceae	牛膝菊属	*Galinsoga*	粗毛牛膝菊	*Galinsoga quadriradiata*
菊科	Asteraceae	万寿菊属	*Tagetes*	万寿菊	*Tagetes erecta*
菊科	Asteraceae	万寿菊属	*Tagetes*	印加孔雀草	*Tagetes minuta*
菊科	Asteraceae	万寿菊属	*Tagetes*	少花万寿竹	*Disporum uniflorum*
菊科	Asteraceae	天人菊属	*Gaillardia*	天人菊	*Gaillardia pulchella*
菊科	Asteraceae	蓍属	*Achillea*	蓍	*Achillea millefolium*
菊科	Asteraceae	茼蒿属	*Chrysanthemum*	蒿子杆	*Glebionis carinata*
菊科	Asteraceae	茼蒿属	*Chrysanthemum*	南茼蒿	*Glebionis segetum*
菊科	Asteraceae	菊属	*Chrysanthemum*	小红菊	*Chrysanthemum chanetii*
菊科	Asteraceae	菊属	*Chrysanthemum*	野菊	*Chrysanthemum indicum*
菊科	Asteraceae	菊属	*Chrysanthemum*	甘菊	*Chrysanthemum lavandulifolium*
菊科	Asteraceae	菊属	*Chrysanthemum*	菊花	*Chrysanthemum morifolium*
菊科	Asteraceae	菊属	*Chrysanthemum*	紫花野菊	*Chrysanthemum zawadskii*
菊科	Asteraceae	石胡荽属	*Centipeda*	石胡荽	*Centipeda minima*
菊科	Asteraceae	蒿属	*Artemisia*	密毛细裂叶莲蒿	*Artemisia gmelinii* var. *messerschmidiana*

（续）

科		属		种	
中文名	拉丁名	中文名	拉丁名	中文名	拉丁名
菊科	Asteraceae	蒿属	*Artemisia*	狭叶牡蒿	*Artemisia angustissima*
菊科	Asteraceae	蒿属	*Artemisia*	黄花蒿	*Artemisia annua*
菊科	Asteraceae	蒿属	*Artemisia*	艾	*Artemisia argyi*
菊科	Asteraceae	蒿属	*Artemisia*	茵陈蒿	*Artemisia capillaris*
菊科	Asteraceae	蒿属	*Artemisia*	青蒿	*Artemisia caruifolia*
菊科	Asteraceae	蒿属	*Artemisia*	南牡蒿	*Artemisia eriopoda*
菊科	Asteraceae	蒿属	*Artemisia*	海州蒿	*Artemisia fauriei*
菊科	Asteraceae	蒿属	*Artemisia*	五月艾	*Artemisia indica*
菊科	Asteraceae	蒿属	*Artemisia*	牡蒿	*Artemisia japonica*
菊科	Asteraceae	蒿属	*Artemisia*	庵闾	*Artemisia keiskeana*
菊科	Asteraceae	蒿属	*Artemisia*	矮蒿	*Artemisia lancea*
菊科	Asteraceae	蒿属	*Artemisia*	野艾蒿	*Artemisia lavandulifolia*
菊科	Asteraceae	蒿属	*Artemisia*	蒙古蒿	*Artemisia mongolica*
菊科	Asteraceae	蒿属	*Artemisia*	魁蒿	*Artemisia princeps*
菊科	Asteraceae	蒿属	*Artemisia*	红足蒿	*Artemisia rubripes*
菊科	Asteraceae	蒿属	*Artemisia*	白莲蒿	*Artemisia stechmanniana*
菊科	Asteraceae	蒿属	*Artemisia*	宽叶山蒿	*Artemisia stolonifera*
菊科	Asteraceae	蒿属	*Artemisia*	阴地蒿	*Artemisia sylvatica*
菊科	Asteraceae	兔儿伞属	*Syneilesis*	兔儿伞	*Syneilesis aconitifolia*
菊科	Asteraceae	狗舌草属	*Tephroseris*	狗舌草	*Tephroseris kirilowii*
菊科	Asteraceae	千里光属	*Senecio*	欧洲千里光	*Senecio vulgaris*
菊科	Asteraceae	瓜叶菊属	*Pericallis*	瓜叶菊	*Pericallis × hybrida*
菊科	Asteraceae	蓝刺头属	*Echinops*	华东蓝刺头	*Echinops grijsii*
菊科	Asteraceae	苍术属	*Atractylodes*	朝鲜苍术	*Atractylodes koreana*
菊科	Asteraceae	苍术属	*Atractylodes*	苍术	*Atractylodes lancea*
菊科	Asteraceae	牛蒡属	*Arctium*	牛蒡	*Arctium lappa*
菊科	Asteraceae	蓟属	*Cirsium*	大刺儿菜	*Cirsium arvense* var. *setosum*
菊科	Asteraceae	蓟属	*Cirsium*	刺儿菜	*Cirsium arvense* var. *integrifolium*
菊科	Asteraceae	蓟属	*Cirsium*	绿蓟	*Cirsium chinense*
菊科	Asteraceae	蓟属	*Cirsium*	蓟	*Cirsium japonicum*
菊科	Asteraceae	泥胡菜属	*Hemisteptia*	泥胡菜	*Hemisteptia lyrata*

（续）

科		属		种	
中文名	拉丁名	中文名	拉丁名	中文名	拉丁名
菊科	Asteraceae	飞廉属	*Carduus*	飞廉	*Carduus nutans*
菊科	Asteraceae	麻花头属	*Klasea*	麻花头	*Klasea centauroides*
菊科	Asteraceae	漏芦属	*Rhaponticum*	漏芦	*Rhaponticum uniflorum*
菊科	Asteraceae	矢车菊属	*Centaurea*	矢车菊	*Centaurea cyanus*
菊科	Asteraceae	风毛菊属	*Saussurea*	风毛菊	*Saussurea japonica*
菊科	Asteraceae	风毛菊属	*Saussurea*	蒙古风毛菊	*Saussurea mongolica*
菊科	Asteraceae	风毛菊属	*Saussurea*	乌苏里风毛菊	*Saussurea ussuriensis*
菊科	Asteraceae	大丁草属	*Leibnitzia*	大丁草	*Leibnitzia anandria*
菊科	Asteraceae	鸦葱属	*Takhtajaniantha*	鸦葱	*Takhtajaniantha austriaca*
菊科	Asteraceae	婆罗门参属	*Tragopogon*	黄花婆罗门参	*Tragopogon orientalis*
菊科	Asteraceae	毛连菜属	*Picris*	日本毛连菜	*Picris japonica*
菊科	Asteraceae	苦苣菜属	*Sonchus*	续断菊	*Sonchus asper*
菊科	Asteraceae	苦苣菜属	*Sonchus*	长裂苦苣菜	*Sonchus brachyotus*
菊科	Asteraceae	苦苣菜属	*Sonchus*	苦苣菜	*Sonchus oleraceus*
菊科	Asteraceae	黄鹌菜属	*Youngia*	黄鹌菜	*Youngia japonica*
菊科	Asteraceae	假还阳参属	*Crepidiastrum*	黄瓜菜	*Crepidiastrum denticulatum*
菊科	Asteraceae	假还阳参属	*Crepidiastrum*	尖裂假还阳参	*Crepidiastrum sonchifolium*
菊科	Asteraceae	稻槎菜属	*Lapsanastrum*	稻槎菜	*Lapsanastrum apogonoides*
菊科	Asteraceae	耳菊属	*Nabalus*	福王草	*Nabalus tatarinowii*
菊科	Asteraceae	莴苣属	*Lactuca*	莴笋	*Lactuca sativa* var. *angustata*
菊科	Asteraceae	莴苣属	*Prunus*	台湾翅果菊	*Lactuca formosana*
菊科	Asteraceae	莴苣属	*Lactuca*	翅果菊	*Lactuca indica*
菊科	Asteraceae	莴苣属	*Lactuca*	毛脉翅果菊	*Lactuca raddeana*
菊科	Asteraceae	莴苣属	*Lactuca*	莴苣	*Lactuca sativa*
菊科	Asteraceae	苦荬菜属	*Ixeris*	中华苦荬菜	*Ixeris chinensis*
菊科	Asteraceae	苦荬菜属	*Ixeris*	变色苦荬菜	*Ixeris chinensis* subsp. *versicolor*
菊科	Asteraceae	苦荬菜属	*Ixeris*	沙苦荬	*Ixeris repens*
菊科	Asteraceae	蒲公英属	*Taraxacum*	蒲公英	*Taraxacum mongolicum*
菊科	Asteraceae	蒲公英属	*Taraxacum*	白缘蒲公英	*Taraxacum platypecidum*

附录 2 崂山生物多样性保护优先区域鸟类名录

目	科	物种 种	学名	居留类型	生态类型	IUCN红色名录等级	保护级别	区系	简述	秋季迁徙
鸡形目 Galliformes	雉科 Phasianidae	环颈雉	Phasianus colchicus	R	陆禽	LC		广布种	留鸟	
		鹌鹑	Coturnix japonica	R	陆禽	NT		古北界	过境/过冬/繁殖	1
		石鸡	Alectoris chukar	R	陆禽	LC		古北界	留鸟	
雁形目 Anseriformes	鸭科 Anatidae	豆雁	Anser fabalis	T	游禽	LC		古北界	过境	
		短嘴豆雁	Anser serrirostris	T	游禽	NR		古北界	过冬	
		白额雁	Anser albifrons	T	游禽	LC	二	古北界	过境	
		鹊鸭	Bucephala clangula	W	游禽	LC		古北界	过境/过冬	
		斑头秋沙鸭	Mergellus albellus	W	游禽	LC	二	古北界	过境/过冬	
		普通秋沙鸭	Mergus merganser	W	游禽	LC		古北界	过境/过冬	
		翘鼻麻鸭	Tadorna tadorna	W	游禽	LC		古北界	过境/过冬	
		鸳鸯	Aix galericulata	T	游禽	LC	二	古北界	过境/少量度夏	
		红头潜鸭	Aythya ferina	W	游禽	VU		古北界	过境/过冬	
		白眼潜鸭	Aythya nyroca	W	游禽	NT		古北界	过境/过冬	
		凤头潜鸭	Aythya fuligula	W	游禽	LC		古北界	过境/过冬	
		白眉鸭	Spatula querquedula	T	游禽	LC		古北界	过境	
		琵嘴鸭	Spatula clypeata	W	游禽	LC		古北界	过境/过冬	
		罗纹鸭	Mareca falcata	W	游禽	NT		古北界	过境/过冬	
		赤膀鸭	Mareca strepera	W	游禽	LC		古北界	过境/过冬	
		赤颈鸭	Mareca penelope	W	游禽	LC		古北界	过境/过冬	
		斑嘴鸭	Anas zonorhyncha	S	游禽	LC		古北界	过境/过冬/繁殖	
		绿头鸭	Anas platyrhynchos	S	游禽	LC		古北界	过境/过冬/繁殖	
		针尾鸭	Anas acuta	W	游禽	LC		古北界	过境/过冬	

（续）

物种 目	科	种	学名	居留类型	生态类型	IUCN红色名录等级	保护级别	区系	简述	秋季迁徙
雁形目 Anseriformes	鸭科 Anatidae	绿翅鸭	Anas crecca	W	游禽	LC		古北界	过境/过冬	
䴙䴘目 Podicipediformes	䴙䴘科 Podicipedidae	小䴙䴘	Tachybaptus ruficollis	S	游禽	LC		广布种	繁殖	
		凤头䴙䴘	Podiceps cristatus	S	游禽	LC		古北界	过冬/繁殖	
		黑颈䴙䴘	Podiceps nigricollis	T	游禽	LC	二	古北界	过境	
鸽形目 Columbiformes	鸠鸽科 Columbidae	岩鸽	Columba rupestris	R	陆禽	LC		古北界	留鸟	
		山斑鸠	Streptopelia orientalis	R	陆禽	LC		古北界	过冬/留鸟	1
		珠颈斑鸠	Spilopelia chinensis	R	陆禽	LC		广布种	留鸟	
夜鹰目 Caprimulgiformes	夜鹰科 Caprimulgidae	普通夜鹰	Caprimulgus jotaka	S	攀禽	LC		广布种	过境/繁殖	
雨燕目 Apodiformes	雨燕科 Apodidae	白喉针尾雨燕	Hirundapus caudacutus	T	攀禽	LC		古北界	过境	1
		爪哇金丝燕	Aerodramus germani	T	攀禽	LC	二	东洋界	过境	1
		白腰雨燕	Apus pacificus	S	攀禽	LC		广布种	过境/繁殖	1
鹃形目 Cuculiformes	杜鹃科 Cuculidae	小鸦鹃	Centropus bengalensis	S	攀禽	LC	二	东洋界	繁殖	
		大鹰鹃	Hierococcyx sparverioides	S	攀禽	LC		广布种	繁殖	
		北棕腹鹰鹃	Hierococcyx hyperythrus	T	攀禽	LC		古北界	过境	1
		四声杜鹃	Cuculus micropterus	S	攀禽	LC		广布种	繁殖	
		大杜鹃	Cuculus canorus	S	攀禽	LC		广布种	繁殖	1
		中杜鹃	Cuculus optatus	T	攀禽	NR		古北界	过境	1
		小杜鹃	Cuculus poliocephalus	S	攀禽	LC		广布种	繁殖	
鹤形目 Gruiformes	秧鸡科 Rallidae	西秧鸡	Rallus aquaticus	W	涉禽	LC		古北界	过冬	
		普通秧鸡	Rallus indicus	W	涉禽	LC		古北界	过境/过冬	
		白胸苦恶鸟	Amaurornis phoenicurus	S	涉禽	LC		广布种	繁殖	
		小田鸡	Porzana pusilla	T	涉禽	LC		古北界	过境	
		黑水鸡	Gallimula chloropus	R	涉禽	LC		广布种	四季可见/繁殖	

（续）

| 目 | 物种 | | 学名 | 居留类型 | 生态类型 | IUCN红色名录等级 | 保护级别 | 区系 | 简述 | 秋季迁徙 |
	科	种								
鹤形目 Gruiformes	秧鸡科 Rallidae	白骨顶	*Fulica atra*	S	涉禽	LC		古北界	四季可见/繁殖	
鹳形目 Ciconiiformes	鹳科 Ciconiidae	黑鹳	*Ciconia nigra*	T	涉禽	LC	一	古北界	过境	
		东方白鹳	*Ciconia boyciana*	T	涉禽	EN	一	古北界	过境	
	鹭科 Ardeidae	大麻鳽	*Botaurus stellaris*	W	涉禽	LC		古北界	过境	
		黄斑苇鳽	*Ixobrychus sinensis*	S	涉禽	LC		广布种	繁殖	
		夜鹭	*Nycticorax nycticorax*	S	涉禽	LC		广布种	繁殖	
		绿鹭	*Butorides striata*	S	涉禽	LC		广布种	繁殖	
		池鹭	*Ardeola bacchus*	S	涉禽	LC		广布种	繁殖	
		牛背鹭	*Bubulcus coromandus*	T	涉禽	NR		广布种	四季可见	
		苍鹭	*Ardea cinerea*	S	涉禽	LC		广布种	四季可见	
		大白鹭	*Ardea alba*	S	涉禽	LC		广布种	四季可见	
		中白鹭	*Ardea intermedia*	T	涉禽	LC		广布种	过境	
		白鹭	*Egretta garzetta*	S	涉禽	LC		广布种	四季可见/繁殖	
鲣鸟目 Suliformes	鸬鹚科 Phalacrocoracidae	普通鸬鹚	*Phalacrocorax carbo*	W	游禽	LC		广布种	过冬	
鸻形目 Charadriiformes	反嘴鹬科 Recurvirostridae	黑翅长脚鹬	*Himantopus himantopus*	S	涉禽	LC		古北界	过境/繁殖	
	鸻科 Charadriidae	长嘴剑鸻	*Charadrius placidus*	W	涉禽	LC		古北界	过境/过冬	
		金眶鸻	*Charadrius dubius*	S	涉禽	LC		广布种	过境/繁殖	
		环颈鸻	*Charadrius alexandrinus*	T	涉禽	LC		广布种	过境	
	丘鹬科 Scolopacidae	中杓鹬	*Numenius phaeopus*	T	涉禽	LC		古北界	过境	
		黑尾塍鹬	*Limosa limosa*	T	涉禽	NT		古北界	过境	
		尖尾滨鹬	*Calidris acuminata*	T	涉禽	LC		古北界	过境	
		青脚滨鹬	*Calidris temminckii*	T	涉禽	LC		古北界	过境	
		长趾滨鹬	*Calidris subminuta*	T	涉禽	LC		古北界	过境	

（续）

目	科	种	学名	居留类型	生态类型	IUCN红色名录等级	保护级别	区系	简述	秋季迁徙
鸻形目 Charadriiformes	丘鹬科 Scolopacidae	丘鹬	*Scolopax rusticola*	T	涉禽	LC		古北界	过境/过冬	
		针尾沙锥	*Gallinago stenura*	T	涉禽	LC		古北界	过境	
		扇尾沙锥	*Gallinago gallinago*	T	涉禽	LC		古北界	过境	
		矶鹬	*Actitis hypoleucos*	T	涉禽	LC		古北界	过境/少量度夏	
		白腰草鹬	*Tringa ochropus*	W	涉禽	LC		古北界	过境/少量过冬	
		泽鹬	*Tringa stagnatilis*	T	涉禽	LC		古北界	过境	
		林鹬	*Tringa glareola*	T	涉禽	LC		古北界	过境	
		青脚鹬	*Tringa nebularia*	T	涉禽	LC		古北界	过境	
	鸥科 Laridae	红嘴鸥	*Chroicocephalus ridibundus*	W	游禽	LC		古北界	过冬	
		西伯利亚银鸥	*Larus vegae*	W	游禽	LC		古北界	过冬	
		鸥嘴噪鸥	*Gelochelidon nilotica*	T	游禽	LC		古北界	过境/少量度夏	
		普通燕鸥	*Sterna hirundo*	T	游禽	LC		古北界	过境/少量度夏	
		灰翅浮鸥	*Chlidonias hybrida*	T	游禽	LC		古北界	过境/少量度夏	
		白翅浮鸥	*Chlidonias leucopterus*	T	游禽	LC		古北界	过境	
鸮形目 Strigiformes	鸱鸮科 Strigidae	日本鹰鸮	*Ninox japonica*	T	猛禽	LC	二	古北界	过境	
		纵纹腹小鸮	*Athene noctua*	R	猛禽	LC	二	广布种	留鸟	
		北领角鸮	*Otus semitorques*	S	猛禽	LC	二	古北界	繁殖	
		红角鸮	*Otus sunia*	S	猛禽	LC	二	广布种	过境/繁殖	
		雕鸮	*Bubo bubo*	R	猛禽	LC	二	广布种	留鸟	
鹰形目 Accipitriformes	鹗科 Pandionidae	鹗	*Pandion haliaetus*	T	猛禽	LC	二	广布种	过境	
	鹰科 Accipitridae	黑翅鸢	*Elanus caeruleus*	R	猛禽	LC	二	广布种	留鸟	
		凤头蜂鹰	*Pernis ptilorhynchus*	T	猛禽	LC	二	古北界	过境/夏季偶见	
		乌雕	*Clanga clanga*	T	猛禽	VU	一	古北界	过境	

（续）

目	科	种	学名	居留类型	生态类型	IUCN红色名录等级	保护级别	区系	简述	秋季正能
鹰形目 Accipitriformes	鹰科 Accipitridae	凤头鹰	*Accipiter trivirgatus*	T	猛禽	LC	二	东洋界	过境	
		赤腹鹰	*Accipiter soloensis*	S	猛禽	LC	二	广布种	过境/繁殖	
		日本松雀鹰	*Accipiter gularis*	T	猛禽	LC	二	古北界	过境	
		雀鹰	*Accipiter nisus*	S	猛禽	LC	二	古北界	过境/繁殖	
		苍鹰	*Accipiter gentilis*	T	猛禽	LC	二	古北界	过境	
		白腹鹞	*Circus spilonotus*	T	猛禽	LC	二	古北界	过境	
		白尾鹞	*Circus cyaneus*	T	猛禽	LC	二	古北界	过境	
		鹊鹞	*Circus melanoleucos*	T	猛禽	LC	二	古北界	过境	
		黑鸢	*Milvus migrans*	T	猛禽	LC	二	广布种	过境	
		灰脸鵟鹰	*Butastur indicus*	T	猛禽	LC	二	古北界	过境	
		普通鵟	*Buteo japonicus*	T	猛禽	LC	二	古北界	过境	
犀鸟目 Bucerotiformes	戴胜科 Upupidae	戴胜	*Upupa epops*	R	攀禽	LC		广布种	留鸟	
佛法僧目 Coraciiformes	佛法僧科 Coraciidae	三宝鸟	*Eurystomus orientalis*	S	攀禽	LC		广布种	过境/繁殖	1
	翠鸟科 Alcedinidae	普通翠鸟	*Alcedo atthis*	S	攀禽	LC		广布种	四季可见	
䴕形目 Piciformes	啄木鸟科 Picidae	灰头绿啄木鸟	*Picus canus*	R	攀禽	LC		广布种	留鸟	
		大斑啄木鸟	*Dendrocopos major*	R	攀禽	LC		广布种	留鸟	
隼形目 Falconiformes	隼科 Falconidae	红隼	*Falco tinnunculus*	R	猛禽	LC	二	广布种	过境/留鸟	
		红脚隼	*Falco amurensis*	T	猛禽	LC	二	古北界	过境	
		燕隼	*Falco subbuteo*	S	猛禽	LC	二	广布种	过境/繁殖	
		游隼	*Falco peregrinus*	R	猛禽	LC	二	广布种	过境/繁殖/过冬	
雀形目 Passeriformes	黄鹂科 Oriolidae	黑枕黄鹂	*Oriolus chinensis*	S	鸣禽	LC		广布种	过境/繁殖	1
	山椒鸟科 Campephagidae	灰山椒鸟	*Pericrocotus divaricatus*	T	鸣禽	LC		古北界	过境	1
		小灰山椒鸟	*Pericrocotus cantonensis*	S	鸣禽	LC		东洋界	繁殖	

（续）

目	物种			居留类型	生态类型	IUCN红色名录等级	保护级别	区系	简述	秋季迁徙
	科	种	学名							
雀形目 Passeriformes	卷尾科 Dicruridae	黑卷尾	*Dicrurus macrocercus*	S	鸣禽	LC		广布种	过境/繁殖	1
	王鹟科 Monarchidae	寿带	*Terpsiphone incei*	S	鸣禽	LC		广布种	可能繁殖	
	伯劳科 Laniidae	虎纹伯劳	*Lanius tigrinus*	S	鸣禽	LC		广布种	繁殖	
		牛头伯劳	*Lanius bucephalus*	T	鸣禽	LC		古北界	过境/过冬	1
		红尾伯劳	*Lanius cristatus*	T	鸣禽	LC		古北界	过境/繁殖	1
		棕背伯劳	*Lanius schach*	R	鸣禽	LC		广布种	四季可见/繁殖	
		楔尾伯劳	*Lanius sphenocercus*	W	鸣禽	LC		古北界	过冬	1
	鸦科 Corvidae	灰喜鹊	*Cyanopica cyanus*	R	鸣禽	LC		广布种	留鸟	
		喜鹊	*Pica serica*	R	鸣禽	LC		广布种	留鸟	
		秃鼻乌鸦	*Corvus frugilegus*	T	鸣禽	LC		古北界	过境	1
		小嘴乌鸦	*Corvus corone*	T	鸣禽	LC		古北界	过境	
	王鹟科 Stenostiridae	方尾鹟	*Culicicapa ceylonensis*		鸣禽	LC		东洋界	夏候鸟	
	山雀科 Paridae	煤山雀	*Periparus ater*	W	鸣禽	LC		古北界	过冬	1
		黄腹山雀	*Pardaliparus venustulus*	T	鸣禽	LC		古北界	过境/过冬	
		大山雀	*Parus minor*	R	鸣禽	NR	二	广布种	留鸟	
	攀雀科 Remizidae	中华攀雀	*Remiz consobrinus*	S	鸣禽	LC		古北界	过境/繁殖	1
	百灵科 Alaudidae	云雀	*Alauda arvensis*	T	鸣禽	LC		古北界	过境/过冬	1
	扇尾莺科 Cisticolidae	棕扇尾莺	*Cisticola juncidis*	S	鸣禽	LC		广布种	繁殖	
	苇莺科 Acrocephalidae	东方大苇莺	*Acrocephalus orientalis*	S	鸣禽	LC		广布种	过境/繁殖	1
		黑眉苇莺	*Acrocephalus bistrigiceps*	T	鸣禽	LC		古北界	过境	1
		厚嘴苇莺	*Arundinax aedon*	T	鸣禽	LC		古北界	过境	1
	蝗莺科 Locustellidae	小蝗莺	*Locustella certhiola*	T	鸣禽	LC		古北界	过境	1
		矛斑蝗莺	*Locustella lanceolata*	T	鸣禽	LC		古北界	过境	1

（续）

目	科	种	学名	居留类型	生态类型	IUCN红色名录等级	保护级别	区系	简述	秋季迁徙
雀形目 Passeriformes	燕科 Hirundinidae	家燕	*Hirundo rustica*	S	鸣禽	LC		广布种	过境/繁殖	1
		毛脚燕	*Delichon urbicum*	T	鸣禽	LC		古北界	过境	1
		金腰燕	*Cecropis daurica*	S	鸣禽	LC		广布种	过境/繁殖	1
	鹎科 Pycnonotidae	领雀嘴鹎	*Spizixos semitorques*	R	鸣禽	LC		东洋界	留鸟	
		白头鹎	*Pycnonotus sinensis*	R	鸣禽	LC		东洋界	留鸟	
		栗耳短脚鹎	*Hypsipetes amaurotis*	W	鸣禽	LC		古北界	过冬	
	柳莺科 Phylloscopidae	黄眉柳莺	*Phylloscopus inornatus*	T	鸣禽	LC		古北界	过境	1
		云南柳莺	*Phylloscopus yunnanensis*	S	鸣禽	LC		广布种	繁殖	
		黄腰柳莺	*Phylloscopus proregulus*	T	鸣禽	LC		古北界	过境/过冬	1
		巨嘴柳莺	*Phylloscopus schwarzi*	T	鸣禽	LC		古北界	过境	1
		褐柳莺	*Phylloscopus fuscatus*	T	鸣禽	LC		古北界	过境	1
		冕柳莺	*Phylloscopus coronatus*	T	鸣禽	LC		古北界	过境/少量过冬	1
		淡尾鹟莺	*Seicercus soror*	T	鸣禽	LC		古北界	过境	1
		双斑绿柳莺	*Phylloscopus plumbeitarsus*	T	鸣禽	LC		古北界	过境	1
		淡脚柳莺	*Phylloscopus tenellipes*	T	鸣禽	LC		古北界	过境	1
		极北柳莺	*Phylloscopus borealis*	T	鸣禽	LC		古北界	过境	1
	树莺科 Cettidae	远东树莺	*Horornis canturians*	S	鸣禽	LC		广布种	过境/繁殖	1
		鳞头树莺	*Urosphena squameiceps*	T	鸣禽	LC		古北界	过境/可能繁殖	1
	长尾山雀科 Aegithalidae	银喉长尾山雀	*Aegithalos glaucogularis*	R	鸣禽	LC			繁殖	
	莺鹛科 Sylviidae	棕头鸦雀	*Sinosuthora webbiana*	R	鸣禽	LC		广布种	繁殖	
		震旦鸦雀	*Paradoxornis heudei*	R	鸣禽	NT	二	广布种	繁殖	
	绣眼鸟科 Zosteropidae	红胁绣眼鸟	*Zosterops erythropleurus*	T	鸣禽	LC	二	古北界	过境	1
		暗绿绣眼鸟	*Zosterops simplex*	S	鸣禽	LC		广布种	繁殖	1

（续）

目	科	种	学名	居留类型	生态类型	IUCN红色名录等级	保护级别	区系	简述	秋季迁徙
雀形目 Passeriformes	噪鹛科 Leiothrichidae	画眉	Garrulax canorus	R	鸣禽	LC	二	东洋界	留鸟	
		红嘴相思鸟	Leiothrix lutea	R	鸣禽	LC	二	东洋界	留鸟	
	鹪鹩科 Troglodytidae	鹪鹩	Troglodytes troglodytes	W	鸣禽	LC		广布种	过冬	1
	椋鸟科 Sturnidae	八哥	Acridotheres cristatellus	R	鸣禽	LC		东洋界	留鸟	
		丝光椋鸟	Spodiopsar sericeus	R	鸣禽	LC		东洋界	留鸟	
		灰椋鸟	Spodiopsar cineraceus	R	鸣禽	LC		广布种	留鸟	1
	鸫科 Turdidae	白眉地鸫	Geokichla sibirica	T	鸣禽	LC		古北界	过境	1
		虎斑地鸫	Zoothera aurea	S	鸣禽	LC		古北界	繁殖	1
		灰背鸫	Turdus hortulorum	S	鸣禽	LC		古北界	过境/繁殖	1
		乌鸫	Turdus mandarinus	R	鸣禽	LC		东洋界	留鸟	
		白眉鸫	Turdus obscurus	T	鸣禽	LC		古北界	过境	1
		白腹鸫	Turdus pallidus	T	鸣禽	LC		古北界	过境	1
		红尾斑鸫	Turdus naumanni	W	鸣禽	LC		古北界	过冬	1
		斑鸫	Turdus eunomus	W	鸣禽	LC		古北界	过冬	1
	鹟科 Muscicapidae	灰纹鹟	Muscicapa griseisticta	T	鸣禽	LC		古北界	过境	1
		乌鹟	Muscicapa sibirica	T	鸣禽	LC		古北界	过境	1
		北灰鹟	Muscicapa dauurica	S	鸣禽	LC		古北界	过境/繁殖	1
		白腹蓝鹟	Cyanoptila cyanomelana	S	鸣禽	LC		古北界	过境/繁殖	1
		蓝歌鸲	Larvivora cyane	S	鸣禽	LC		古北界	过境/繁殖	1
		红尾歌鸲	Larvivora sibilans	T	鸣禽	LC		古北界	过冬	1
		红胁蓝尾鸲	Tarsiger cyanurus	T	鸣禽	LC		古北界	过境/少量过冬	1
		紫嘴鸫	Myophonus caeruleus	T	鸣禽	LC		广布种	度夏	1
		白眉姬鹟	Ficedula zanthopygia	S	鸣禽	LC		广布种	过境/繁殖	1

（续）

目	科	种	学名	居留类型	生态类型	IUCN红色名录等级	保护级别	区系	简述	秋季迁徙
雀形目 Passeriformes	鹟科 Muscicapidae	黄眉姬鹟	Ficedula narcissina	T	鸣禽	LC		古北界	过境	
		绿背姬鹟	Ficedula elisae	S	鸣禽	LC		古北界	繁殖	
		鸲姬鹟	Ficedula mugimaki	T	鸣禽	LC		古北界	过境	1
		红喉姬鹟	Ficedula albicilla	T	鸣禽	LC		古北界	过境	1
		北红尾鸲	Phoenicurus auroreus	S	鸣禽	LC		广布种	四季可见/繁殖	
		红尾水鸲	Phoenicurus fuliginosus	R	鸣禽	LC		广布种	留鸟	
		蓝矶鸫	Monticola solitarius	S	鸣禽	LC		广布种	四季可见/繁殖	
		白喉矶鸫	Monticola gularis	T	鸣禽	LC		古北界	过境	1
		东亚石䳭	Saxicola stejnegeri	T	鸣禽	NR		古北界	过境	1
	戴菊科 Regulidae	戴菊	Regulus regulus	W	鸣禽	LC		古北界	过冬	1
	岩鹨科 Prunellidae	领岩鹨	Prunella collaris	T	鸣禽	LC		古北界	过境	
	雀科 Passeridae	山麻雀	Passer cinnamomeus	R	鸣禽	LC		广布种	留鸟	
		麻雀	Passer montanus	R	鸣禽	LC		广布种	留鸟	
	鹡鸰科 Motacillidae	山鹡鸰	Dendronanthus indicus	S	鸣禽	LC		广布种	过境/繁殖	
		树鹨	Anthus hodgsoni	T	鸣禽	LC		古北界	过境/过冬	1
		红喉鹨	Anthus cervinus	T	鸣禽	LC		古北界	过境	
		黄腹鹨	Anthus rubescens	T	鸣禽	LC		古北界	过境/过冬	
		水鹨	Anthus spinoletta	T	鸣禽	LC		古北界	过境/过冬	
		田鹨	Anthus richardi	T	鸣禽	LC		古北界	过境	
		黄鹡鸰	Motacilla tschutschensis	T	鸣禽	LC		古北界	过境	1
		灰鹡鸰	Motacilla cinerea	S	鸣禽	LC		古北界	过境/繁殖	
		白鹡鸰	Motacilla alba	S	鸣禽	LC		广布种	过境/繁殖/过冬	1
	燕雀科 Fringillidae	燕雀	Fringilla montifringilla	W	鸣禽	LC		古北界	过境/过冬	1

（续）

物种				居留类型	生态类型	IUCN红色名录等级	保护级别	区系	简述	秋季迁徙
目	科	种	学名							
雀形目 Passeriformes	燕雀科 Fringillidae	锡嘴雀	*Coccothraustes*	W	鸣禽	LC		古北界	过冬	1
		黑尾蜡嘴雀	*Eophona migratoria*	R	鸣禽	LC		广布种	留鸟	1
		普通朱雀	*Carpodacus erythrinus*	T	鸣禽	LC		古北界	过境	1
		金翅雀	*Chloris sinica*	R	鸣禽	LC		广布种	留鸟	1
		黄雀	*Spinus spinus*	W	鸣禽	LC		古北界	过境/过冬	1
	鹀科 Emberizidae	栗耳鹀	*Emberiza fucata*	T	鸣禽	LC		古北界	过境	1
		三道眉草鹀	*Emberiza cioides*	R	鸣禽	LC		广布种	留鸟	1
		黄喉鹀	*Emberiza elegans*	S	鸣禽	LC		古北界	过境/繁殖/过冬	1
		苇鹀	*Emberiza pallasi*	W	鸣禽	LC		古北界	过境/过冬	1
		田鹀	*Emberiza rustica*	W	鸣禽	VU		古北界	过境/过冬	1
		小鹀	*Emberiza pusilla*	W	鸣禽	LC		古北界	过境/过冬	1
		灰头鹀	*Emberiza spodocephala*	W	鸣禽	LC		古北界	过境/过冬	1
		栗鹀	*Emberiza rutila*	T	鸣禽	LC		古北界	过境	1
		黄眉鹀	*Emberiza chrysophrys*	T	鸣禽	LC		古北界	过境	1
		白眉鹀	*Emberiza tristrami*	T	鸣禽	LC		古北界	过境	1

注：EX：灭绝；EW：野外灭绝；CR：极危；EN：濒危；VU：易危；NT：近危；LC：低度关注；NR：未认可；DD：资料缺乏；NE：未评估。

附录3　崂山生物多样性保护优先区域哺乳动物名录

物种				IUCN红色名录等级	区系	保护级别
目	科	种	学名			
翼手目 Chiroptera	菊头蝠科	马铁菊头蝠	*Rhinolophus ferrumequinum*	LC	古北界	
	蝙蝠科	渡濑氏鼠耳蝠	*Myotis rufoniger*	LC	东洋界	
		阿拉善伏翼	*Hypsugo alaschanicus*	LC	古北界	
灵长目 Primatesa	猴科	猕猴	*Macaca mulatta*	LC	东洋界	二
食肉目 Carnivora	鼬科	黄鼬	*Mustela sibirica*	LC	古北界	
		狗獾	*Meles leucurus*	LC	古北界	
	犬科	貉	*Nyctereutes procyonoides*	LC	广布种	二
	猫科	豹猫	*Prionailurus bengalensis*	LC	广布种	
啮齿目 Rodentia	松鼠科	北松鼠	*Sciurus vulgaris*	LC	古北界	
		岩松鼠	*Sciurotamias davidianus*	LC	古北界	
	鼠科	山东社鼠	*Niviventer sacer*	LC	古北界	
		大林姬鼠	*Apodemus peninsulae*	LC	古北界	
		黑线姬鼠	*Apodemus agrarius*	LC	古北界	
兔形目 Lagomorpha	兔科	蒙古兔	*Lepus tolai*	LC	古北界	
猬形目 Erinaceomorpha	猬科	东北刺猬	*Erinaceus amurensis*	LC	古北界	

注：EX：灭绝；EW：野外灭绝；CR：极危；EN：濒危；VU：易危；NT：近危；LC：低度关注；NR：未认可；DD：资料缺乏；NE：未评估。

附录 4　崂山生物多样性保护优先区域两栖爬行动物名录

物种				IUCN 红色名录等级	区系	保护级别
目	科	种	学名			
无尾目 Anura	蟾蜍科 Bufonidae	中华蟾蜍	*Bufo gargarizans*	LC	广布种	
	盘舌蟾科 Discoglossidae	东方铃蟾	*Bombina orientali*	LC	古北界	
	蛙科 Ranidae	黑斑侧褶蛙	*Pelophylax nigromaculatus*	LC	广布种	
		太行林蛙	*Rana taihangensis*	LC	古北界	二
		牛蛙	*Lithobates catesbeiana*	LC		
蜥蜴亚目 Lacertilia	壁虎科 Gekkonidae	无蹼壁虎	*Gekko swinhonis*	LC	古北界	
	蜥蜴科 Lacertidae	北草蜥	*Takydromus septentrionalis*	LC	古北界	二
		丽斑麻蜥	*Eremias argus*	LC	古北界	
		山地麻蜥	*Eremias brenchleyi*	LC	古北界	
	石龙子科 Lacertidae	宁波滑蜥	*Scincella modesta*	LC	古北界	
蛇亚目 Serpentes	游蛇科 Colubridae	黄脊游蛇	*Coluber spinalis*	LC	古北界	
		赤链蛇	*Dinodon rufozonatum*	LC	广布种	
		王锦蛇	*Elaphe carinata*	LC	广布种	
		黑眉锦蛇	*Elaphe taeniura*	LC	广布种	
		赤峰锦蛇	*Elaphe anomala*	LC	古北界	
		白条锦蛇	*Elaphe dione*	LC	古北界	
		团花锦蛇	*Elaphe davidi*	VU	古北界	
		乌梢蛇	*Ptyas dhumnades*	LC	广布种	
		虎斑颈槽蛇	*Rhabdophis tigrinus*	LC	广布种	
	蝰科 Viperidae	长岛蝮	*Gloydius changdaoensis*	LC	古北界	

注：EX：灭绝；EW：野外灭绝；CR：极危；EN：濒危；VU：易危；NT：近危；LC：低度关注；NR：未认可；DD：资料缺乏；NE：未评估。

附录 5　崂山生物多样性保护优先区域昆虫名录

目		科		种	
中文名	拉丁名	中文名	拉丁名	中文名	拉丁名
蜚蠊目	Blattodea	姬蠊科	Blattellidae	德国小蠊	*Blattella germanica*
蜚蠊目	Blattodea	蜚蠊科	Blattidae	东方蜚蠊	*Blatta orientalis*
蜚蠊目	Blattodea	蜚蠊科	Blattidae	中华真地鳖	*Eupolyphaga sinensis*
蜚蠊目	Blattodea	蜚蠊科	Blattidae	翼地鳖	*Polyphaga plancyi*
鞘翅目	Coleoptera	卷叶象甲科	Attelabidae	棕长颈卷叶象甲	*Paratrachelophorus nodicornis*
鞘翅目	Coleoptera	步甲科	Carabidae	日本细胫步甲	*Agonum japonicum*
鞘翅目	Coleoptera	步甲科	Carabidae	黄足隘步甲	*Archipatrobus flavipes*
鞘翅目	Coleoptera	步甲科	Carabidae	暗色气步甲	*Brachinus scotomedes*
鞘翅目	Coleoptera	步甲科	Carabidae	黑广肩步甲	*Calosoma maximoviczi*
鞘翅目	Coleoptera	步甲科	Carabidae	肩步甲	*Carabus hummeli*
鞘翅目	Coleoptera	步甲科	Carabidae	罕丽步甲	*Carabus manifestus*
鞘翅目	Coleoptera	步甲科	Carabidae	绿步甲	*Carabus smaragdinus*
鞘翅目	Coleoptera	步甲科	Carabidae	双斑青步甲	*Chlaenius bioculatus*
鞘翅目	Coleoptera	步甲科	Carabidae	中华婪步甲	*Harpalus sinicus*
鞘翅目	Coleoptera	步甲科	Carabidae	大劫步甲	*Lesticus magnus*
鞘翅目	Coleoptera	步甲科	Carabidae	黑斑心步甲	*Nebria pulcherrima pulcherrima*
鞘翅目	Coleoptera	步甲科	Carabidae	耶屁步甲	*Pheropsophus jessoensis*
鞘翅目	Coleoptera	天牛科	Cerambycidae	星天牛	*Anoplophora chinensis*
鞘翅目	Coleoptera	天牛科	Cerambycidae	褐梗天牛	*Arhopalus rusticus*
鞘翅目	Coleoptera	天牛科	Cerambycidae	桃红颈天牛	*Aromia bungii*
鞘翅目	Coleoptera	天牛科	Cerambycidae	云斑白条天牛	*Batocera lineolata*
鞘翅目	Coleoptera	天牛科	Cerambycidae	六斑绿虎天牛	*Chlorophorus sexmaculatus*
鞘翅目	Coleoptera	天牛科	Cerambycidae	二斑黑绒天牛	*Embrikstrandia bimaculata*
鞘翅目	Coleoptera	天牛科	Cerambycidae	栗山天牛	*Massicus raddei*
鞘翅目	Coleoptera	天牛科	Cerambycidae	四点象天牛	*Mesosa myops*
鞘翅目	Coleoptera	天牛科	Cerambycidae	松墨天牛	*Monochamus alternatus*
鞘翅目	Coleoptera	天牛科	Cerambycidae	桔褐天牛	*Nadezhdiella cantori*
鞘翅目	Coleoptera	天牛科	Cerambycidae	多带天牛	*Polyzonus fasciatus*
鞘翅目	Coleoptera	天牛科	Cerambycidae	咖啡脊虎天牛	*Xylotrechus grayii*
鞘翅目	Coleoptera	天牛科	Cerambycidae	白蜡脊虎天牛	*Xylotrechus rufilius*

（续）

目		科		种	
中文名	拉丁名	中文名	拉丁名	中文名	拉丁名
鞘翅目	Coleoptera	花金龟科	Cetoniidae	小青花金龟	*Gametis jucunda*
鞘翅目	Coleoptera	花金龟科	Cetoniidae	绿罗花金龟	*Rhomborrhina unicolor*
鞘翅目	Coleoptera	叶甲科	Chrysomelidae	胡枝子克萤叶甲	*Cneorane violaceipennis*
鞘翅目	Coleoptera	叶甲科	Chrysomelidae	核桃扁叶甲	*Gastrolina depressa*
鞘翅目	Coleoptera	叶甲科	Chrysomelidae	蓝负泥虫	*Lema concinnipennis*
鞘翅目	Coleoptera	叶甲科	Chrysomelidae	红胸负泥虫	*Lema fortunei*
鞘翅目	Coleoptera	叶甲科	Chrysomelidae	葡萄十星叶甲	*Oides decempunctata*
鞘翅目	Coleoptera	叶甲科	Chrysomelidae	黑额光叶甲	*Smaragdina nigrifrons*
鞘翅目	Coleoptera	郭公虫科	Cleridae	中华食蜂郭公虫	*Trichodes sinae*
鞘翅目	Coleoptera	瓢虫科	Coccinellidae	二星瓢虫	*Adalia bipunctata*
鞘翅目	Coleoptera	瓢虫科	Coccinellidae	红点唇瓢虫	*Chilocorus kuwanae*
鞘翅目	Coleoptera	瓢虫科	Coccinellidae	四斑月瓢虫	*Menochilus quadriplagiata*
鞘翅目	Coleoptera	瓢虫科	Coccinellidae	六斑月瓢虫	*Menochilus sexmaculata*
鞘翅目	Coleoptera	瓢虫科	Coccinellidae	异色瓢虫	*Harmonia axyridis*
鞘翅目	Coleoptera	瓢虫科	Coccinellidae	隐斑瓢虫	*Harmonia yedoensis*
鞘翅目	Coleoptera	瓢虫科	Coccinellidae	茄二十八星瓢虫	*Henosepilachna vigintioctopunctata*
鞘翅目	Coleoptera	瓢虫科	Coccinellidae	多异瓢虫	*Hippodamia variegata*
鞘翅目	Coleoptera	瓢虫科	Coccinellidae	十二斑巧瓢虫	*Oenopia bissexnotata*
鞘翅目	Coleoptera	瓢虫科	Coccinellidae	深点食螨瓢虫	*Stethorus punctillum*
鞘翅目	Coleoptera	象甲科	Curculionidae	西伯利亚绿象甲	*Chlorophanus sibiricus*
鞘翅目	Coleoptera	象甲科	Curculionidae	柞栎象	*Curculio dentipes*
鞘翅目	Coleoptera	象甲科	Curculionidae	毛束象	*Desmidophorus hebes*
鞘翅目	Coleoptera	象甲科	Curculionidae	宽肩象	*Ectatorihinis adamsi*
鞘翅目	Coleoptera	象甲科	Curculionidae	短带长毛象	*Enaptorhinus convexiusculus*
鞘翅目	Coleoptera	象甲科	Curculionidae	中华长毛象	*Enaptorhinus sinensis*
鞘翅目	Coleoptera	象甲科	Curculionidae	臭椿沟眶象	*Eucryptorrhynchus brandti*
鞘翅目	Coleoptera	象甲科	Curculionidae	沟框象	*Eucryptorrhynchus chinensis*
鞘翅目	Coleoptera	象甲科	Curculionidae	松树皮象	*Hylobius haroldi*
鞘翅目	Coleoptera	象甲科	Curculionidae	甜菜筒喙象	*Lixus subtilis*
鞘翅目	Coleoptera	象甲科	Curculionidae	蒙古土象	*Xylinophorus mongolicus*
鞘翅目	Coleoptera	叩甲科	Elateridae	细胸锥尾叩甲	*Agriotes subvittatus*

（续）

目		科		种	
中文名	拉丁名	中文名	拉丁名	中文名	拉丁名
鞘翅目	Coleoptera	叩甲科	Elateridae	双瘤槽缝叩甲	*Agrypnus bipapulatus*
鞘翅目	Coleoptera	叩甲科	Elateridae	筛胸梳爪叩甲	*Melanotus cribricollis*
鞘翅目	Coleoptera	叩甲科	Elateridae	木棉梳角叩甲	*Pectocera fortunei*
鞘翅目	Coleoptera	肖叶甲科	Eumolpidae	中华萝藦肖叶甲	*Chrysochus chinensis*
鞘翅目	Coleoptera	肖叶甲科	Eumolpidae	甘薯肖叶甲	*Colasposoma dauricum*
鞘翅目	Coleoptera	豉甲科	Gyrinidae	大豉甲	*Dineutus mellyi*
鞘翅目	Coleoptera	萤科	Lampyridae	山窗萤	*Pyrocoelia praetexta*
鞘翅目	Coleoptera	锹甲科	Lucanidae	细齿扁锹甲	*Dorcus consentaneus*
鞘翅目	Coleoptera	芫菁科	Meloidae	眼斑芫菁	*Mylabris cichorii*
鞘翅目	Coleoptera	鳃金龟科	Melolonthidae	福婆鳃金龟	*Brahmina faldermanni*
鞘翅目	Coleoptera	鳃金龟科	Melolonthidae	华北大黑鳃金龟	*Holotrichia oblita*
鞘翅目	Coleoptera	鳃金龟科	Melolonthidae	暗黑鳃金龟	*Holotrichia parallela*
鞘翅目	Coleoptera	鳃金龟科	Melolonthidae	铅灰齿爪鳃金龟	*Holotrichia plumbea*
鞘翅目	Coleoptera	鳃金龟科	Melolonthidae	棕色鳃金龟	*Holotrichia titanis*
鞘翅目	Coleoptera	鳃金龟科	Melolonthidae	毛黄鳃金龟	*Holotrichia trichophorus*
鞘翅目	Coleoptera	鳃金龟科	Melolonthidae	东方绢金龟	*Maladera orientalis*
鞘翅目	Coleoptera	鳃金龟科	Melolonthidae	蓬莱姬黑金龟	*Sophrops formosana*
鞘翅目	Coleoptera	露尾甲科	Nitidulidae	四斑露尾甲	*Librodor japonicus*
鞘翅目	Coleoptera	丽金龟科	Rutelidae	铜绿丽金龟	*Anomala corpulenta*
鞘翅目	Coleoptera	丽金龟科	Rutelidae	棉花弧丽金龟	*Popillia mutans*
鞘翅目	Coleoptera	金龟科	Scarabaeidae	阔胫玛绢金龟	*Maladera verticalis*
鞘翅目	Coleoptera	金龟科	Scarabaeidae	沙氏亮嗡蜣螂	*Onthophagus schaefernai*
鞘翅目	Coleoptera	葬甲科	Silphidae	黑负葬甲	*Nicrophorus concolor*
鞘翅目	Coleoptera	隐翅虫科	Staphylinidae	新菲隐翅甲	*Philonthus numata*
鞘翅目	Coleoptera	隐翅虫科	Staphylinidae	红腹菲隐翅甲	*Philonthus rutiliventris*
鞘翅目	Coleoptera	隐翅虫科	Staphylinidae	长毛小隐翅甲	*Stenagria concinna*
鞘翅目	Coleoptera	斑金龟科	Trichiidae	短毛斑金龟	*Lasiotrichius succinctus*
革翅目	Dermaptera	肥蠼科	Anisolabididae	肥蠼	*Anisolabis maritima*
革翅目	Dermaptera	蠼螋科	Labiduridae	蠼螋	*Labidura riparia*
双翅目	Diptera	食虫虻科	Asilidae	微芒食虫虻	*Microstylum dux*
双翅目	Diptera	食虫虻科	Asilidae	黑跗三叉食虫虻	*Trichomachimus nigritarsus*

（续）

目		科		种	
中文名	拉丁名	中文名	拉丁名	中文名	拉丁名
双翅目	Diptera	毛蚊科	Bibionidae	红腹毛蚊	*Bibio rufiventris*
双翅目	Diptera	蜂虻科	Bombyliidae	大蜂虻	*Bombylius major*
双翅目	Diptera	蜂虻科	Bombyliidae	土耳其庸蜂虻	*Exoprosopa turkestanica*
双翅目	Diptera	蜂虻科	Bombyliidae	浅斑翅蜂虻	*Hemipenthes velutina*
双翅目	Diptera	蜂虻科	Bombyliidae	北京姬蜂虻	*Systropus beijinganus*
双翅目	Diptera	蜂虻科	Bombyliidae	黄边姬蜂虻	*Systropus hoppo*
双翅目	Diptera	丽蝇科	Calliphoridae	大头金蝇	*Chrysomya megacephala*
双翅目	Diptera	丽蝇科	Calliphoridae	肥躯金蝇	*Chrysomya pinguis*
双翅目	Diptera	丽蝇科	Calliphoridae	三色依蝇	*Idiella tripartita*
双翅目	Diptera	丽蝇科	Calliphoridae	壶绿蝇	*Lucilia ampullacea*
双翅目	Diptera	丽蝇科	Calliphoridae	狭额绿蝇	*Lucilia angustifrontata*
双翅目	Diptera	丽蝇科	Calliphoridae	铜绿蝇	*Lucilia cuprina*
双翅目	Diptera	丽蝇科	Calliphoridae	亮绿蝇	*Lucilia illustris*
双翅目	Diptera	丽蝇科	Calliphoridae	丝光绿蝇	*Lucilia sericata*
双翅目	Diptera	丽蝇科	Calliphoridae	伏蝇	*Phormia regina*
双翅目	Diptera	摇蚊科	Chironomidae	离摇蚊	*Chironomus dissidens*
双翅目	Diptera	摇蚊科	Chironomidae	黄色羽摇蚊	*Chironomus flaviplumus*
双翅目	Diptera	摇蚊科	Chironomidae	毛跗球附器摇蚊	*Kiefferulus barbatitarsis*
双翅目	Diptera	长足虻科	Dolichopodidae	小雅长足虻	*Amblypsilopus humilis*
双翅目	Diptera	缟蝇科	Lauxaniidae	麦氏同脉缟蝇	*Homoneura mayrhoferi*
双翅目	Diptera	沼大蚊科	Limoniidae	驼背合大蚊	*Symplecta hybrida*
双翅目	Diptera	蝇科	Muscidae	厩腐蝇	*Muscina stabulans*
双翅目	Diptera	蝇科	Muscidae	白线直脉蝇	*Polietes domitor*
双翅目	Diptera	菌蚊科	Mycetophilidae	黑端长角菌蚊	*Macrocera nigrapicis*
双翅目	Diptera	广口蝇科	Platystomatidae	东北广口蝇	*Platystoma mandschuricum*
双翅目	Diptera	麻蝇科	Sarcophagidae	棕尾别麻蝇	*Boettcherisca peregrina*
双翅目	Diptera	麻蝇科	Sarcophagidae	黑尾黑麻蝇	*Helicophagella melanura*
双翅目	Diptera	麻蝇科	Sarcophagidae	济南欧麻蝇	*Heteronychia tsinanensis*
双翅目	Diptera	眼蕈蚊科	Sciaridae	短鞭迟眼蕈蚊	*Bradysia brachytoma*
双翅目	Diptera	眼蕈蚊科	Sciaridae	饰尾突眼蕈蚊	*Dolichosciara ornata*
双翅目	Diptera	水虻科	Stratiomyidae	亮斑扁角水虻	*Hermetia illucens*

（续）

目		科		种	
中文名	拉丁名	中文名	拉丁名	中文名	拉丁名
双翅目	Diptera	水虻科	Stratiomyidae	光滑小丽水虻	*Microchrysa polita*
双翅目	Diptera	水虻科	Stratiomyidae	黄足瘦腹水虻	*Sargus flavipes*
双翅目	Diptera	水虻科	Stratiomyidae	南方指突水虻	*Ptecticus australis*
双翅目	Diptera	水虻科	Stratiomyidae	黑色指突水虻	*Ptecticus tenebrifer*
双翅目	Diptera	食蚜蝇科	Syrphidae	黑带食蚜蝇	*Episyrphus balteatus*
双翅目	Diptera	食蚜蝇科	Syrphidae	灰带管蚜蝇	*Eristalis cerealis*
双翅目	Diptera	食蚜蝇科	Syrphidae	长尾管蚜蝇	*Eristalis tenax*
双翅目	Diptera	食蚜蝇科	Syrphidae	新月斑优食蚜蝇	*Eupeodes luniger*
双翅目	Diptera	食蚜蝇科	Syrphidae	属模首角蚜蝇	*Primocerioides petri*
双翅目	Diptera	食蚜蝇科	Syrphidae	黄盾蜂蚜蝇	*Volucella pellucens tabanoides*
双翅目	Diptera	食蚜蝇科	Syrphidae	圆斑宽扁蚜蝇	*Xanthandrus comtus*
双翅目	Diptera	虻科	Tabanidae	塔氏麻虻	*Haematopota tamerlani*
双翅目	Diptera	虻科	Tabanidae	华虻	*Tabanus mandarinus*
双翅目	Diptera	寄蝇科	Tachinidae	异长足寄蝇	*Dexia divergens*
双翅目	Diptera	寄蝇科	Tachinidae	腹长足寄蝇	*Dexia ventralis*
双翅目	Diptera	大蚊科	Tipulidae	山东褶大蚊	*Dicranoptycha shandongensis*
双翅目	Diptera	大蚊科	Tipulidae	拟接合朔大蚊	*Tipula conjuncta conjunctoides*
双翅目	Diptera	大蚊科	Tipulidae	新雅大蚊	*Tipula nova*
蜉蝣目	Ephemeroptera	四节蜉科	Baetidae	双翼二翅蜉	*Cloeon dipterum*
半翅目	Hemiptera	同蝽科	Acanthosomatidae	细齿同蝽	*Acanthosoma denticaudum*
半翅目	Hemiptera	蚜科	Aphididae	绣线菊蚜	*Aphis citricola*
半翅目	Hemiptera	负子蝽科	Belostomatidae	锈色负子蝽	*Diplonychus rusticus*
半翅目	Hemiptera	跷蝽科	Berytidae	锤胁跷蝽	*Yemma signata*
半翅目	Hemiptera	沫蝉科	Cercopidae	白带沫蝉	*Aphrophora intermedia*
半翅目	Hemiptera	沫蝉科	Cercopidae	黑头曙沫蝉	*Eoscarta assimilis*
半翅目	Hemiptera	叶蝉科	Cicadellidae	黑尾大叶蝉	*Bothrogonia ferruginea*
半翅目	Hemiptera	叶蝉科	Cicadellidae	小绿叶蝉	*Empoasca flavescens*
半翅目	Hemiptera	叶蝉科	Cicadellidae	小贯小绿叶蝉	*Empoasca onukii*
半翅目	Hemiptera	叶蝉科	Cicadellidae	白边大叶蝉	*Tettigoniella albomarginata*
半翅目	Hemiptera	蝉科	Cicadidae	黑蚱蝉	*Cryptotympana atrata*
半翅目	Hemiptera	蝉科	Cicadidae	蒙古寒蝉	*Meimuna mongolica*

（续）

目		科		种	
中文名	拉丁名	中文名	拉丁名	中文名	拉丁名
半翅目	Hemiptera	蝉科	Cicadidae	鸣鸣蝉	*Oncotympana maculaticoliis*
半翅目	Hemiptera	蝉科	Cicadidae	蟪蛄	*Platypleura kaempferi*
半翅目	Hemiptera	缘蝽科	Coreidae	瘤缘蝽	*Acanthocoris scaber*
半翅目	Hemiptera	缘蝽科	Coreidae	斑背安缘蝽	*Anoplocnemis binotata*
半翅目	Hemiptera	缘蝽科	Coreidae	稻棘缘蝽	*Cletus punctiger*
半翅目	Hemiptera	缘蝽科	Coreidae	宽棘缘蝽	*Cletus schmidti*
半翅目	Hemiptera	缘蝽科	Coreidae	拟黛缘蝽	*Dasynopsis cunealis*
半翅目	Hemiptera	缘蝽科	Coreidae	广腹同缘蝽	*Homoeocerus dilatatus*
半翅目	Hemiptera	缘蝽科	Coreidae	一点同缘蝽	*Homoeocerus unipunctatus*
半翅目	Hemiptera	缘蝽科	Coreidae	曲胫侏缘蝽	*Mictis tenebrosa*
半翅目	Hemiptera	缘蝽科	Coreidae	点蜂缘蝽	*Riptortus pedestris*
半翅目	Hemiptera	土蝽科	Cydnidae	青革土蝽	*Macroscyrtus subaeneus*
半翅目	Hemiptera	飞虱科	Delphacidae	芦苇长突飞虱	*Stenocranus matsumurai*
半翅目	Hemiptera	象蜡蝉科	Dictyopharidae	伯瑞象蜡蝉	*Raivuna patruelis*
半翅目	Hemiptera	象蜡蝉科	Dictyopharidae	月纹象蜡蝉	*Orthopagus lunulifer*
半翅目	Hemiptera	蜡蝉科	Fulgoridae	斑衣蜡蝉	*Lycorma delicatula*
半翅目	Hemiptera	黾蝽科	Gerridae	水黾	*Aquarius paludum*
半翅目	Hemiptera	长蝽科	Lygaeidae	小长蝽	*Nysius ericae*
半翅目	Hemiptera	长蝽科	Lygaeidae	白斑地长蝽	*Rhyparochromus albomaculatus*
半翅目	Hemiptera	长蝽科	Lygaeidae	红脊长蝽	*Tropidothorax elegans*
半翅目	Hemiptera	角蝉科	Membracidae	黑圆角蝉	*Gargara genistae*
半翅目	Hemiptera	角蝉科	Membracidae	褐三刺角蝉	*Tricentrus brunneus*
半翅目	Hemiptera	盲蝽科	Miridae	三点苜蓿盲蝽	*Adelphocoris fasciaticollis*
半翅目	Hemiptera	盲蝽科	Miridae	波氏木盲蝽	*Castanopsides potanini*
半翅目	Hemiptera	盲蝽科	Miridae	绿后丽盲蝽	*Lygocoris lucorum*
半翅目	Hemiptera	盲蝽科	Miridae	横断异盲蝽	*Polymerus funestus*
半翅目	Hemiptera	蝽科	Pentatomidae	华麦蝽	*Aelia nasuta*
半翅目	Hemiptera	蝽科	Pentatomidae	蠋蝽	*Arma custos*
半翅目	Hemiptera	蝽科	Pentatomidae	辉蝽	*Carbula obtusangula*
半翅目	Hemiptera	蝽科	Pentatomidae	刺槐小皱蝽	*Cyclopelta parva*
半翅目	Hemiptera	蝽科	Pentatomidae	岱蝽	*Dalpada oculata*

（续）

目		科		种	
中文名	拉丁名	中文名	拉丁名	中文名	拉丁名
半翅目	Hemiptera	蝽科	Pentatomidae	斑须蝽	*Dolycoris baccarum*
半翅目	Hemiptera	蝽科	Pentatomidae	麻皮蝽	*Erthesina fullo*
半翅目	Hemiptera	蝽科	Pentatomidae	硕蝽	*Eurostus validus*
半翅目	Hemiptera	蝽科	Pentatomidae	横纹菜蝽	*Eurydema gebleri*
半翅目	Hemiptera	蝽科	Pentatomidae	谷蝽	*Gonopsis affinis*
半翅目	Hemiptera	蝽科	Pentatomidae	茶翅蝽	*Halyomorpha halys*
半翅目	Hemiptera	蝽科	Pentatomidae	弯角蝽	*Lelia decempunctata*
半翅目	Hemiptera	蝽科	Pentatomidae	珀蝽	*Plautia fimbriata*
半翅目	Hemiptera	蝽科	Pentatomidae	珠蝽	*Rubiconia intermedia*
半翅目	Hemiptera	龟蝽科	Plataspidae	双痣圆龟蝽	*Coptosoma biguttula*
半翅目	Hemiptera	龟蝽科	Plataspidae	筛豆龟蝽	*Megacopta cribraria*
半翅目	Hemiptera	猎蝽科	Reduviidae	红缘真猎蝽	*Harpactor rubromarginatus*
半翅目	Hemiptera	猎蝽科	Reduviidae	褐菱猎蝽	*Isyndus obscurus*
半翅目	Hemiptera	猎蝽科	Reduviidae	环足健猎蝽	*Neozirta eidmanni*
半翅目	Hemiptera	猎蝽科	Reduviidae	斑环猛猎蝽	*Sphedanolestes impressicollis*
半翅目	Hemiptera	猎蝽科	Reduviidae	淡舟猎蝽	*Staccia diluta*
半翅目	Hemiptera	盾蝽科	Scutelleridae	金绿宽盾蝽	*Poecilocoris levisi*
半翅目	Hemiptera	网蝽科	Tingidae	悬铃木方翅网蝽	*Corythucha ciliata*
膜翅目	Hymenoptera	蚜茧蜂科	Aphidiidae	烟蚜茧蜂	*Aphidius gifuensis*
膜翅目	Hymenoptera	蜜蜂科	Apidae	中华蜜蜂	*Apis cerana*
膜翅目	Hymenoptera	蜜蜂科	Apidae	东方蜜蜂	*Apis cerana*
膜翅目	Hymenoptera	蜜蜂科	Apidae	大蜜蜂	*Apis dorsata*
膜翅目	Hymenoptera	蜜蜂科	Apidae	小蜜蜂	*Apis florea*
膜翅目	Hymenoptera	蜜蜂科	Apidae	西方蜜蜂	*Apis melifera*
膜翅目	Hymenoptera	蜜蜂科	Apidae	短颊隧蜂	*Halictus simplex*
膜翅目	Hymenoptera	蜜蜂科	Apidae	中国毛斑蜂	*Melecta chinensis*
膜翅目	Hymenoptera	蜜蜂科	Apidae	黑胸无刺蜂	*Trigona pagdeni*
膜翅目	Hymenoptera	蜜蜂科	Apidae	黄胸木蜂	*Xylocopa appendiculata*
膜翅目	Hymenoptera	肿腿蜂科	Bethylidae	管氏肿腿蜂	*Scleroderma guani*
膜翅目	Hymenoptera	熊蜂科	Bombidae	红光熊蜂	*Bombus ignitus*
膜翅目	Hymenoptera	熊蜂科	Bombidae	散熊蜂	*Bombus sporadicus*

（续）

目		科		种	
中文名	拉丁名	中文名	拉丁名	中文名	拉丁名
膜翅目	Hymenoptera	茧蜂科	Braconidae	赤腹茧蜂	*Iphiaulax impostor*
膜翅目	Hymenoptera	茧蜂科	Braconidae	神长柄茧蜂	*Streblocera janus*
膜翅目	Hymenoptera	小蜂科	Chalalcididae	广大腿小蜂	*Brachymeria lasus*
膜翅目	Hymenoptera	青蜂科	Chrysididae	上海青蜂	*Chrysis shanghalensis*
膜翅目	Hymenoptera	蜾蠃科	Eumenidae	陆蜾蠃	*Eumenes mediterraneus mediterraneus*
膜翅目	Hymenoptera	蜾蠃科	Eumenidae	方蜾蠃	*Eumenes quadratus*
膜翅目	Hymenoptera	蚁科	Formicidae	长足捷蚁	*Anoplolepis gracilipes*
膜翅目	Hymenoptera	蚁科	Formicidae	黑木工蚁	*Camponotus japonicus*
膜翅目	Hymenoptera	蚁科	Formicidae	黑毛蚁	*Lasius niger*
膜翅目	Hymenoptera	蚁科	Formicidae	褐色脊红蚁	*Myrmicaria brunnea*
膜翅目	Hymenoptera	蚁科	Formicidae	黄猄蚁	*Oecophylla smaragdina*
膜翅目	Hymenoptera	蚁科	Formicidae	敏捷扁头猛蚁	*Pachycondyla astuta*
膜翅目	Hymenoptera	姬蜂科	Ichneumonidae	稻苞虫阿格姬蜂	*Agrypon japonicum*
膜翅目	Hymenoptera	姬蜂科	Ichneumonidae	螟蛉悬茧姬蜂	*Charops bicolor*
膜翅目	Hymenoptera	姬蜂科	Ichneumonidae	舞毒蛾黑瘤姬蜂	*Coccygomimus disparis*
膜翅目	Hymenoptera	姬蜂科	Ichneumonidae	松毛虫埃姬蜂	*Itoplectis alternans spectabilis*
膜翅目	Hymenoptera	姬蜂科	Ichneumonidae	云南角额姬蜂	*Listrognathus yunnanensis*
膜翅目	Hymenoptera	姬蜂科	Ichneumonidae	长尾曼姬蜂	*Mansa longicauda*
膜翅目	Hymenoptera	姬蜂科	Ichneumonidae	斑翅马尾姬蜂	*Megarhyssa praecellens*
膜翅目	Hymenoptera	姬蜂科	Ichneumonidae	东方拟瘦姬蜂	*Netelia orientalis*
膜翅目	Hymenoptera	姬蜂科	Ichneumonidae	夜蛾瘦姬蜂	*Ophion luteus*
膜翅目	Hymenoptera	姬蜂科	Ichneumonidae	弄蝶武姬蜂	*Ulesta agitata*
膜翅目	Hymenoptera	切叶蜂科	Megachilidae	角额壁蜂	*Osmia cornifrons*
膜翅目	Hymenoptera	蚁蜂科	Mutillidae	眼斑驼盾蚁蜂	*Trogaspidia oculata*
膜翅目	Hymenoptera	蚁蜂科	Mutillidae	可疑驼盾蚁蜂岭南亚种	*Trogaspidia suspiciosa lingnani*
膜翅目	Hymenoptera	扁叶蜂科	Pamphiliidae	松阿扁叶蜂	*Acantholyda posticalis*
膜翅目	Hymenoptera	蛛蜂科	Pompilidae	斑额黑蛛蜂	*Batozonellus maculifrons*
膜翅目	Hymenoptera	蛛蜂科	Pompilidae	背弯沟蛛蜂	*Cyphononyx dorsalis*
膜翅目	Hymenoptera	蛛蜂科	Pompilidae	傲叉爪蛛蜂	*Episyron arrogans*
膜翅目	Hymenoptera	金小蜂科	Pteromalidae	黑青小蜂	*Dibrachys cavus*

（续）

目		科		种	
中文名	拉丁名	中文名	拉丁名	中文名	拉丁名
膜翅目	Hymenoptera	土蜂科	Scoliidae	白毛长腹土蜂	*Campsomeris annulata*
膜翅目	Hymenoptera	土蜂科	Scoliidae	厚长腹土蜂	*Campsomeris grossa*
膜翅目	Hymenoptera	土蜂科	Scoliidae	金毛长腹土蜂	*Campsomeris prismatica*
膜翅目	Hymenoptera	土蜂科	Scoliidae	间色腹土蜂	*Scolia watanabei*
膜翅目	Hymenoptera	土蜂科	Scoliidae	弧丽钩土蜂	*Tiphia popilliavora*
膜翅目	Hymenoptera	树蜂科	Siricidae	新渡户树蜂	*Sirex nitobei*
膜翅目	Hymenoptera	树蜂科	Siricidae	黑顶树蜂	*Tremex apicalis*
膜翅目	Hymenoptera	树蜂科	Siricidae	烟扁角树蜂	*Tremex fuscicornis*
膜翅目	Hymenoptera	泥蜂科	Sphecidae	红足沙泥蜂	*Ammophila arripes*
膜翅目	Hymenoptera	泥蜂科	Sphecidae	红腰沙泥蜂	*Ammophila infesta*
膜翅目	Hymenoptera	泥蜂科	Sphecidae	多沙泥蜂骚扰亚种	*Ammophila sabulosa infesta*
膜翅目	Hymenoptera	泥蜂科	Sphecidae	赛氏沙泥蜂	*Ammophila sickmanni*
膜翅目	Hymenoptera	泥蜂科	Sphecidae	长背泥蜂	*Ampulex difficilis*
膜翅目	Hymenoptera	泥蜂科	Sphecidae	叉突节腹泥蜂	*Cerceris tuberculata evecta*
膜翅目	Hymenoptera	泥蜂科	Sphecidae	日本蓝泥蜂	*Chalybion japonicum punctatum*
膜翅目	Hymenoptera	泥蜂科	Sphecidae	黑泥蜂	*Cheyletus eruditus*
膜翅目	Hymenoptera	泥蜂科	Sphecidae	条胸捷小唇泥蜂	*Tachytes modestus*
膜翅目	Hymenoptera	叶蜂科	Tenthredinidae	杜鹃黑毛三节叶蜂	*Arge similis*
膜翅目	Hymenoptera	叶蜂科	Tenthredinidae	荔蒲吉松叶蜂	*Gilpinia lipuensis*
膜翅目	Hymenoptera	叶蜂科	Tenthredinidae	蔡氏方颜叶蜂	*Pachyprotasis caii*
膜翅目	Hymenoptera	叶蜂科	Tenthredinidae	褐色桫椤叶蜂	*Rhoptroceros babai*
膜翅目	Hymenoptera	叶蜂科	Tenthredinidae	中华尖鞘三节叶蜂	*Tanyphatnidea sinensis*
膜翅目	Hymenoptera	胡蜂科	Vespidae	变侧异腹胡蜂	*Parapolybia varia*
膜翅目	Hymenoptera	胡蜂科	Vespidae	柑马蜂	*Polistes mandarinus*
膜翅目	Hymenoptera	胡蜂科	Vespidae	斯马蜂	*Polistes snelleni*
膜翅目	Hymenoptera	胡蜂科	Vespidae	带铃腹胡蜂	*Ropalidia fasciata*
膜翅目	Hymenoptera	胡蜂科	Vespidae	丽狭腹胡蜂	*Stenogaster seitula*
膜翅目	Hymenoptera	胡蜂科	Vespidae	黄腰胡蜂	*Vespa affinis*
膜翅目	Hymenoptera	胡蜂科	Vespidae	黄边胡蜂	*Vespa crabro*
膜翅目	Hymenoptera	胡蜂科	Vespidae	金环胡蜂	*Vespa mandarina mandarina*

（续）

目		科		种	
中文名	拉丁名	中文名	拉丁名	中文名	拉丁名
膜翅目	Hymenoptera	胡蜂科	Vespidae	墨胸胡蜂	*Vespa velutina*
膜翅目	Hymenoptera	胡蜂科	Vespidae	细黄胡蜂	*Vespula flaviceps*
膜翅目	Hymenoptera	胡蜂科	Vespidae	北方黄胡蜂	*Vespula ruta ruta*
膜翅目	Hymenoptera	胡蜂科	Vespidae	锈腹黄胡蜂	*Vespula structor*
鳞翅目	Lepidoptera	长角蛾科	Adelidae	大黄长角蛾	*Nemophora amurensis*
鳞翅目	Lepidoptera	虎蛾科	Agaristidae	葡萄修虎蛾	*Sarbanissa subflava*
鳞翅目	Lepidoptera	灯蛾科	Arctiidae	红缘灯蛾	*Amsacta lactinea*
鳞翅目	Lepidoptera	灯蛾科	Arctiidae	白雪灯蛾	*Chionarctia nivea*
鳞翅目	Lepidoptera	灯蛾科	Arctiidae	雪土苔蛾	*Eilema degenerella*
鳞翅目	Lepidoptera	灯蛾科	Arctiidae	美国白蛾	*Hyphantria cunea*
鳞翅目	Lepidoptera	灯蛾科	Arctiidae	黄边美苔蛾	*Miltochrista pallida*
鳞翅目	Lepidoptera	灯蛾科	Arctiidae	肖浑黄灯蛾	*Rhyparioides amurensis*
鳞翅目	Lepidoptera	灯蛾科	Arctiidae	污灯蛾	*Spilarctia lutea*
鳞翅目	Lepidoptera	灯蛾科	Arctiidae	连星污灯蛾	*Spilarctia seriatopunctata*
鳞翅目	Lepidoptera	灯蛾科	Arctiidae	人纹污灯蛾	*Spilarctia subcarnea*
鳞翅目	Lepidoptera	蛀果蛾科	Carposinidae	桃蛀果蛾	*Carposina niponensis*
鳞翅目	Lepidoptera	草螟科	Crambidae	杨芦伸喙野螟	*Mecyna tricolor*
鳞翅目	Lepidoptera	鹿蛾科	Ctenuchidae	广鹿蛾	*Amata emma*
鳞翅目	Lepidoptera	蜡螟科	Galleriidae	米蛾	*Corcyra cephalonica*
鳞翅目	Lepidoptera	麦蛾科	Gelechiidae	麦蛾	*Sitotroga cerealella*
鳞翅目	Lepidoptera	尺蛾科	Geometridae	银灰金星尺蛾	*Abraxas submartiaria*
鳞翅目	Lepidoptera	尺蛾科	Geometridae	榛金星尺蛾	*Abraxas sylvata*
鳞翅目	Lepidoptera	尺蛾科	Geometridae	掌尺蛾	*Amraica superans*
鳞翅目	Lepidoptera	尺蛾科	Geometridae	李尺蛾	*Angerona prunaria*
鳞翅目	Lepidoptera	尺蛾科	Geometridae	大造桥虫	*Ascotis selenaria*
鳞翅目	Lepidoptera	尺蛾科	Geometridae	桦尺蛾	*Biston betularia*
鳞翅目	Lepidoptera	尺蛾科	Geometridae	白脉青尺蛾	*Geometra albovenaria*
鳞翅目	Lepidoptera	尺蛾科	Geometridae	蝶青尺蛾	*Geometra papilionaria*
鳞翅目	Lepidoptera	尺蛾科	Geometridae	粉无缰青尺蛾	*Hemistola dijuncta*
鳞翅目	Lepidoptera	尺蛾科	Geometridae	紫线尺蛾	*Timandra comptaria*
鳞翅目	Lepidoptera	弄蝶科	Hesperiidae	黑弄蝶	*Daimio tethys*

（续）

目		科		种	
中文名	拉丁名	中文名	拉丁名	中文名	拉丁名
鳞翅目	Lepidoptera	弄蝶科	Hesperiidae	黄赭弄蝶	*Ochlodes crataeis*
鳞翅目	Lepidoptera	弄蝶科	Hesperiidae	黑豹弄蝶	*Thymelicus sylvaticus*
鳞翅目	Lepidoptera	刺蛾科	Limacodidae	扁刺蛾	*Thosea sinensis*
鳞翅目	Lepidoptera	灰蝶科	Lycaenidae	琉璃灰蝶	*Celastrina argiola*
鳞翅目	Lepidoptera	灰蝶科	Lycaenidae	蓝灰蝶	*Everes argiades*
鳞翅目	Lepidoptera	灰蝶科	Lycaenidae	红灰蝶	*Lycaena phlaeas*
鳞翅目	Lepidoptera	灰蝶科	Lycaenidae	尼氏燕灰蝶	*Rapala nissa*
鳞翅目	Lepidoptera	毒蛾科	Lymantriidae	茸毒蛾	*Calliteara pudibunda*
鳞翅目	Lepidoptera	毒蛾科	Lymantriidae	肘纹毒蛾	*Lymantria bantaizana*
鳞翅目	Lepidoptera	毒蛾科	Lymantriidae	舞毒蛾	*Lymantria dispar*
鳞翅目	Lepidoptera	毒蛾科	Lymantriidae	栎毒蛾	*Lymantria mathura(*
鳞翅目	Lepidoptera	毒蛾科	Lymantriidae	珊毒蛾	*Lymantria viola*
鳞翅目	Lepidoptera	毒蛾科	Lymantriidae	豆盗毒蛾	*Porthesia piperita*
鳞翅目	Lepidoptera	夜蛾科	Noctuidae	光剑纹夜蛾	*Acronicta adaucta*
鳞翅目	Lepidoptera	夜蛾科	Noctuidae	小地老虎	*Agrotis ipsilon*
鳞翅目	Lepidoptera	夜蛾科	Noctuidae	黄地老虎	*Agrotis segetum*
鳞翅目	Lepidoptera	夜蛾科	Noctuidae	二点委夜蛾	*Athetis lepigone*
鳞翅目	Lepidoptera	夜蛾科	Noctuidae	平嘴壶夜蛾	*Calyptra lata*
鳞翅目	Lepidoptera	夜蛾科	Noctuidae	吸血蛾子	*Calyptra thalictri*
鳞翅目	Lepidoptera	夜蛾科	Noctuidae	客来夜蛾	*Chrysorithrum amata*
鳞翅目	Lepidoptera	夜蛾科	Noctuidae	银纹夜蛾	*Ctenoplusia agnata*
鳞翅目	Lepidoptera	夜蛾科	Noctuidae	旋歧夜蛾	*Discestra trifolii*
鳞翅目	Lepidoptera	夜蛾科	Noctuidae	东北巾夜蛾	*Dysgonia mandschuriana*
鳞翅目	Lepidoptera	夜蛾科	Noctuidae	钩白肾夜蛾	*Edessena hamada*
鳞翅目	Lepidoptera	夜蛾科	Noctuidae	旋皮夜蛾	*Eligma narcissus*
鳞翅目	Lepidoptera	夜蛾科	Noctuidae	苹梢鹰夜蛾	*Hypocala subsatura*
鳞翅目	Lepidoptera	夜蛾科	Noctuidae	劳氏粘虫	*Leucania loreyi*
鳞翅目	Lepidoptera	夜蛾科	Noctuidae	秘夜蛾	*Mythimna turca*
鳞翅目	Lepidoptera	夜蛾科	Noctuidae	乏夜蛾	*Niphonix segregata*
鳞翅目	Lepidoptera	夜蛾科	Noctuidae	胡桃豹夜蛾	*Sinna extrema*
鳞翅目	Lepidoptera	夜蛾科	Noctuidae	绕环夜蛾	*Spirama helicina*

（续）

目		科		种	
中文名	拉丁名	中文名	拉丁名	中文名	拉丁名
鳞翅目	Lepidoptera	夜蛾科	Noctuidae	环夜蛾	*Spirama retorta*
鳞翅目	Lepidoptera	夜蛾科	Noctuidae	陌夜蛾	*Trachea atriplicis*
鳞翅目	Lepidoptera	夜蛾科	Noctuidae	后夜蛾	*Trisuloides sericea*
鳞翅目	Lepidoptera	舟蛾科	Notodontidae	刺槐掌舟蛾	*Phalera sangana*
鳞翅目	Lepidoptera	舟蛾科	Notodontidae	榆掌舟蛾	*Phalera takasagoensis*
鳞翅目	Lepidoptera	蛱蝶科	Nymphalidae	绿豹蛱蝶	*Argynnis paphia*
鳞翅目	Lepidoptera	蛱蝶科	Nymphalidae	灿福蛱蝶	*Fabriciana adippe*
鳞翅目	Lepidoptera	蛱蝶科	Nymphalidae	琉璃蛱蝶	*Kaniska canace*
鳞翅目	Lepidoptera	蛱蝶科	Nymphalidae	中环蛱蝶	*Neptis hylas*
鳞翅目	Lepidoptera	蛱蝶科	Nymphalidae	黄钩蛱蝶	*Polygonia c-aureum*
鳞翅目	Lepidoptera	蛱蝶科	Nymphalidae	小红蛱蝶	*Vanessa cardui*
鳞翅目	Lepidoptera	织蛾科	Oecophoridae	桃展足蛾	*Stathmopoda auriferella*
鳞翅目	Lepidoptera	凤蝶科	Papilionidae	长尾麝凤蝶	*Byasa impediens*
鳞翅目	Lepidoptera	凤蝶科	Papilionidae	碧凤蝶	*Papilio bianor*
鳞翅目	Lepidoptera	凤蝶科	Papilionidae	金凤蝶	*Papilio machaon*
鳞翅目	Lepidoptera	凤蝶科	Papilionidae	花椒凤蝶	*Papilio xuthus*
鳞翅目	Lepidoptera	粉蝶科	Pieridae	斑缘豆粉蝶	*Colias erate*
鳞翅目	Lepidoptera	粉蝶科	Pieridae	黑纹粉蝶	*Pieris melete*
鳞翅目	Lepidoptera	粉蝶科	Pieridae	菜粉蝶	*Pieris rapae*
鳞翅目	Lepidoptera	粉蝶科	Pieridae	云粉蝶	*Pontia daplidice*
鳞翅目	Lepidoptera	菜蛾科	Plutellidae	小菜蛾	*Plutella xylostella*
鳞翅目	Lepidoptera	螟蛾科	Pyralidae	盐肤木黑条螟	*Arippara indicator*
鳞翅目	Lepidoptera	螟蛾科	Pyralidae	稻纵卷叶螟	*Cnaphalocrocis medinalis*
鳞翅目	Lepidoptera	螟蛾科	Pyralidae	瓜绢螟	*Diaphania indica*
鳞翅目	Lepidoptera	螟蛾科	Pyralidae	黄杨绢野螟	*Diaphania perspectalis*
鳞翅目	Lepidoptera	螟蛾科	Pyralidae	四斑绢野螟	*Diaphania quadrimaculalis*
鳞翅目	Lepidoptera	螟蛾科	Pyralidae	桃蛀螟	*Dichocrocis punctiferalis*
鳞翅目	Lepidoptera	螟蛾科	Pyralidae	并脉岐角螟	*Endotricha consocia*
鳞翅目	Lepidoptera	螟蛾科	Pyralidae	巴塘暗斑螟	*Euzophera batangensis*
鳞翅目	Lepidoptera	螟蛾科	Pyralidae	亚洲玉米螟	*Ostrinia furnacalis*
鳞翅目	Lepidoptera	螟蛾科	Pyralidae	一点缀螟	*Paralipsa gularis*

（续）

目		科		种	
中文名	拉丁名	中文名	拉丁名	中文名	拉丁名
鳞翅目	Lepidoptera	螟蛾科	Pyralidae	三条扇野螟	*Pleuroptya chlorophanta*
鳞翅目	Lepidoptera	螟蛾科	Pyralidae	烟翅娇野螟	*Tenerobotys subfumalis*
鳞翅目	Lepidoptera	大蚕蛾科	Saturniidae	绿尾大蚕蛾	*Actias selene ningpoana*
鳞翅目	Lepidoptera	大蚕蛾科	Saturniidae	王氏樗蚕	*Samia wangi*
鳞翅目	Lepidoptera	眼蝶科	Satyridae	矍眼蝶	*Ypthima baldus*
鳞翅目	Lepidoptera	眼蝶科	Satyridae	中华矍眼蝶	*Ypthima chinensis*
鳞翅目	Lepidoptera	绢蛾科	Scythrididae	中华绢蛾	*Scythris sinensis*
鳞翅目	Lepidoptera	天蛾科	Sphingidae	葡萄天蛾	*Ampelophaga rubiginosa*
鳞翅目	Lepidoptera	天蛾科	Sphingidae	豆天蛾	*Clanis bilineata tsingtauica*
鳞翅目	Lepidoptera	天蛾科	Sphingidae	洋槐天蛾	*Clanis deucalion*
鳞翅目	Lepidoptera	天蛾科	Sphingidae	青背长喙天蛾	*Macroglossum bombylans*
鳞翅目	Lepidoptera	天蛾科	Sphingidae	黑长喙天蛾	*Macroglossum pyrrhosticta*
鳞翅目	Lepidoptera	天蛾科	Sphingidae	小豆长喙天蛾	*Macroglossum stellatarum*
鳞翅目	Lepidoptera	天蛾科	Sphingidae	椴六点天蛾	*Marumba dyras*
鳞翅目	Lepidoptera	天蛾科	Sphingidae	鹰翅天蛾	*Oxyambulyx ochracea*
鳞翅目	Lepidoptera	天蛾科	Sphingidae	红天蛾	*Pergesa elpenor lewisi*
鳞翅目	Lepidoptera	天蛾科	Sphingidae	白肩天蛾	*Rhagastis mongoliana mongoliana*
鳞翅目	Lepidoptera	天蛾科	Sphingidae	蓝目天蛾	*Smerinthus planus*
鳞翅目	Lepidoptera	天蛾科	Sphingidae	雀纹天蛾	*Theretra japonica*
鳞翅目	Lepidoptera	卷蛾科	Tortricidae	麻小食心虫	*Grapholita delineana*
鳞翅目	Lepidoptera	卷蛾科	Tortricidae	细圆卷蛾	*Neocalyptis liratana*
鳞翅目	Lepidoptera	斑蛾科	Zygaenidae	稻八点斑蛾	*Balataea octomaculata*
鳞翅目	Lepidoptera	斑蛾科	Zygaenidae	蓝宝灿斑蛾	*Clelea sapphirina*
鳞翅目	Lepidoptera	斑蛾科	Zygaenidae	重阳木锦斑蛾	*Histia rhodope*
螳螂目	Mantodea	螳科	Mantidae	两点广腹螳螂	*Hierodula patellifora*
螳螂目	Mantodea	螳科	Mantidae	棕静螳	*Statilia maculata*
螳螂目	Mantodea	螳科	Mantidae	南大刀螳	*Tenodera aridifolia*
广翅目	Megaloptera	齿蛉科	Corydalidae	碎斑鱼蛉	*Neochauliodes parasparsus*
广翅目	Megaloptera	齿蛉科	Corydalidae	圆端斑鱼蛉	*Neochauliodes rotundatus*
广翅目	Megaloptera	齿蛉科	Corydalidae	中华斑鱼蛉	*Neochauliodes sinensis*
广翅目	Megaloptera	齿蛉科	Corydalidae	炎黄星齿蛉	*Protohermes xanthodes*

（续）

目		科		种	
中文名	拉丁名	中文名	拉丁名	中文名	拉丁名
石蛃目	Microcoryphia	石蛃科	Machilidae	希氏跳蛃	*Pedetontus silvestrii*
脉翅目	Neuroptera	蝶角蛉科	Ascalaphidae	黄脊蝶角蛉	*Ascalohybris subjacens*
脉翅目	Neuroptera	草蛉科	Chrysopidae	大草蛉	*Chrysopa pallens*
脉翅目	Neuroptera	草蛉科	Chrysopidae	中华通草蛉	*Chrysoperla sinica*
蜻蜓目	Odonata	蜓科	Aeshnidae	碧伟蜓	*Anax parthenope julis*
蜻蜓目	Odonata	蟌科	Coenagrionidae	东亚异痣蟌	*Ischnura asiatica*
蜻蜓目	Odonata	蜻科	Libellulidae	黄蜻	*Pantala flavescens*
蜻蜓目	Odonata	蜻科	Libellulidae	玉带蜻	*Pseudothemis zonata*
蜻蜓目	Odonata	蜻科	Libellulidae	黄基赤蜻	*Sympetrum speciosum*
蜻蜓目	Odonata	扇蟌科	Platycnemididae	黄纹长腹蟌	*Coeliccia cyanomelas*
直翅目	Orthoptera	蝗科	Acrididae	棉蝗	*Chondracris rosea rosea*
直翅目	Orthoptera	网翅蝗科	Arcypteridae	肿脉蝗	*Stauroderus scalaris scalaris*
直翅目	Orthoptera	斑腿蝗科	Catantopidae	短星翅蝗	*Calliptamus abbreviatus*
直翅目	Orthoptera	斑腿蝗科	Catantopidae	红褐斑腿蝗	*Catantops pinguis pinguis*
直翅目	Orthoptera	斑腿蝗科	Catantopidae	短角异斑腿蝗	*Xenocatantops brachycerus*
直翅目	Orthoptera	蟋蟀科	Gryllidae	小棺头蟋	*Loxoblemmus aomoriensis*
直翅目	Orthoptera	蟋蟀科	Gryllidae	多伊棺头蟋	*Loxoblemmus doenitzi*
直翅目	Orthoptera	蟋蟀科	Gryllidae	迷卡斗蟋	*Velarifictorus micado*
直翅目	Orthoptera	蝼蛄科	Gryllotalpidae	东方蝼蛄	*Gryllotalpa orientalis*
直翅目	Orthoptera	斑翅蝗科	Oedipodidae	云斑车蝗	*Gastrimargus marmoratus*
直翅目	Orthoptera	斑翅蝗科	Oedipodidae	黄胫小车蝗	*Oedaleus infernalis*
直翅目	Orthoptera	锥头蝗科	Pyrgomorphidae	短额负蝗	*Atractomorpha sinensis*
直翅目	Orthoptera	驼螽科	Rhaphidophoridae	庭疾灶螽	*Tachycines asynamorus*
直翅目	Orthoptera	螽斯科	Tettigoniidae	中华草螽	*Conocephalus chinensis*
直翅目	Orthoptera	螽斯科	Tettigoniidae	日本条螽	*Ducetia japonica*
直翅目	Orthoptera	螽斯科	Tettigoniidae	邦内特姬螽	*Metrioptera bonneti*
竹节虫目	Phasmatoptera	叶䗛科	Phyllidae	细皮竹节虫	*Phraortes stomphax*
襀翅目	Plecoptera	叉襀科	Nemouridae	北京叉襀	*Nemoura geei*
襀翅目	Plecoptera	襀科	Perlidae	双目黄襀	*Flavoperla biocellata*
毛翅目	Trichoptera	等翅石蛾科	Philopotamidae	钩肢缺叉等翅石蛾	*Chimarra hamularis*
衣鱼目	Zygentoma	土衣鱼科	Nicoletiidae	久保田蠹形土衣鱼	*Nipponatelura kubotai*

附录6 崂山生物多样性保护优先区域水生生物名录

类群	纲	目	科	属	种	学名
浮游植物	金藻纲 Chrysophyceae	色金藻目 Chromulinales	锥囊藻科 Dinobryonaceae	锥囊藻属 Dinobryon	分歧锥囊藻	Dinobryon divergens
		黄群藻目 Synurales	黄群藻科 Synuraceae	黄群藻属 Synura	黄群藻	Synura uvella
	隐藻纲 Cryptophyceae	隐藻目 Cryptomonadales	隐鞭藻科 Cryptomonadaceae	蓝隐藻属 Chroomonas	具尾蓝隐藻	Chroomonas caudata
					尖尾蓝隐藻	Chroomonas acuta
				隐藻属 Cryptomonas	卵形隐藻	Cryptomonas ovata
					啮蚀隐藻	Cryptomonas erosa
					反曲隐藻	Cryptomonas reflexa
	蓝藻纲 Cyanophyceae	色球藻目 Chroococcales	平裂藻科 Merismopediaceae	平裂藻属 Merismopedia	点形平裂藻	Merismopedia punciata
				隐球藻属 Aphanocapsa	溪生隐球藻	Aphanocapsa rivularis
					微小隐球藻	Aphanocapsa delicatissima
					细小隐球藻	Aphanocapsa elachista
					温泉隐球藻	Aphanocapsa thermalis
				集胞藻属 Synechocystis	极小集胞藻	Synechocystis minuscula
				束球藻属 Gomphosphaeria	束球藻属	Gomphosphaeria sp.
			微囊藻科 Microcystaceae	微囊藻属 Microcystis	铜绿微囊藻	Microcystis aeruginosa
					微小微囊藻	Microcystis minutissima
					苍白微囊藻	Microcystis pallida
					粗大微囊藻	Microcystis robusta
				粘球藻属 Gloeocapsa	池生粘球藻	Gloeocapsa limnetica
			色球藻科 Chroococcaceae	色球藻属 Chroococcus	小形色球藻	Chroococcus minor
			聚球藻科 Synechococcaceae	棒胶藻属 Rhabdogloea	棒胶藻属	Rhabdogloea sp.
				棒条藻属 Rhabdoderma	棒条藻	Rhabdoderma sp.
		念珠藻目 Nostocales	念珠藻科 Nostocaceae	鱼腥藻属 Anabaena	球形鱼腥藻	Anabaena sphaerica
				尖头藻属 Raphidiopsis	弯头尖头藻	Raphidiopsis sinensia
				束丝藻属 Aphanizomenon	水华束丝藻	Aphanizomenon flos-aquae
	蓝藻纲 Cyanophyceae	颤藻目 Osillatoriales	颤藻科 Oscillatoriaceae	颤藻属 Oscillatoria	拟短形颤藻	Oscillatoria subbrevis

（续）

类群	纲	目	科	属	种	学名
浮游植物	蓝藻纲 Cyanophyceae	颤藻目 Osillatoriales	颤藻科 Oscillatoriaceae	颤藻属 Oscillatoria	巨颤藻	*Oscillatoria princeps*
					绿色颤藻	*Oscillatoria chlorina*
				鞘丝藻属 Lyngbya	鞘丝藻	*Lyngbya* sp.
			席藻科 Phormidiaceae	席藻属 Phormidium	皮状席藻	*Phormidium corium*
					土生席藻	*Phormidium mucicold*
			假鱼腥藻科 Pseudanabaenaceae	细鞘丝藻属 Leptolyngbya	细鞘丝藻属	*Leptolyngbya* sp.
				假鱼腥藻属 Pseudanabaena	湖泊假鱼腥藻	*Pseudanabaena limnetica*
	双星藻纲 Zygnematophyceae	双星藻目 Zygnematales	双星藻科 Zygnemataceae	水绵属 Spirogyra	水绵属	*Spirogyra* sp.
				转板藻属 Mougeotia	转板藻	*Mougeotia* sp.
					球孢转板藻	*Mougeotia globulispora* Jao
					小转板藻	*Mougeotia parvula*
				双星藻属 Zygnemopsis	双星藻	*Zygnemopsis* sp.
			中带鼓藻科 Mesotaniaceae	梭形鼓藻属 Netrium	梭形鼓藻	*Netrium* sp.
		鼓藻目 Desmidiales	鼓藻科 Desmidiaceae	新月藻属 Closterium	微小新月藻	*Closterium parvulum*
					微小新月藻狭变种	*Closterium parvulum* var.*angustum*
				鼓藻属 Cosmarium	鼓藻属	*Cosmarium* sp.
					圆鼓藻	*Cosmarium circulare*
					光滑鼓藻	*Cosmarium laeve*
					颤鼓藻	*Cosmarium vexatum*
					颗粒鼓藻	*Cosmarium granatum*
				角丝鼓藻属 Desmidium	角丝鼓藻	*Desmidium swartzii*
				角星鼓藻属 Staurastrum	新月角星鼓藻	*Staurodesmus lunatum*
					曼弗角星鼓藻	*Staurastrum manfeldtii*
	绿藻纲 Chlorophyceae	绿球藻目 Chlorococcales	小球藻科 Chlorellaceae	月牙藻属 Selenastrum	小形月牙藻	*Selenastrum minutum*
					月牙藻	*Selenastrum bibraianum*
				纤维藻属 Ankistrodesmus	针形纤维藻	*Ankistrodesmus acicularis*
					卷曲纤维藻	*Ankistrodesmus convolutus*
					镰形纤维藻	*Ankistrodesmus falcatus*

（续）

类群	纲	目	科	属	种	学名
浮游植物	绿藻纲 Chlorophyceae	绿球藻目 Chlorococcales	小球藻科 Chlorellaceae	纤维藻属 Ankistrodesmus	镰形纤维藻奇异变种	*Ankistrodesmus falcatus* var. *mirabilis*
				四角藻属 Tetraëdron	微小四角藻	*Tetraëdron minimum*
					三角四角藻	*Tetraëdron trilobulatum*
					具尾四角藻	*Tetraedron caudatum*
				小球藻属 Chlorella	小球藻	*Chlorella vulgaris*
				顶棘藻属 Chodatella	纤毛顶棘藻	*Chodatella ciliata*
				四棘藻属 Treubaria	三刺四棘藻	*Treubaria triappendiculata*
				蹄形藻属 Kirchneriella	扭曲蹄形藻	*Kirchneriella contorta*
					肥壮蹄形藻	*Kirchneriella obesa*
			卵囊藻科 Oocystaceae	并联藻属 Quadrigula	并联藻属	*Quadrigula* sp.
					并联藻	*Quadrigula chodatii*
				卵囊藻属 Oocystis	单生卵囊藻	*Oocystis solitaria*
					包氏卵囊藻	*Oocystis borgei*
				肾形藻属 Nephrocytium	新月肾形藻	*Nephrocytium lunatum*
					肾形藻	*Nephrocytium agardhianum*
				胶囊藻属 Gloeocystis	泡状胶囊藻	*Gloeocystis vesiculosa*
					巨胶囊藻	*Gloeocytis gigas*
				球囊藻属 Sphaerocystis	施氏球囊藻	*Sphaerocystis schroeteri*
			栅藻科 Scenedesmaceae	四星藻属 Tetrastrum	平滑四星藻	*Tetrastrum glabrum*
					短刺四星藻	*Tetrastrum staurogeniaeforme*
				十字藻属 Crucigenia	四足十字藻	*Crucigenia tetrapedia* (Kirch.)
					顶锥十字藻	*Crucigenia apiculata*
				栅藻属 Scenedesmus	四尾栅藻	*Scenedesmus quadricauda*
					四尾栅藻小型变种	*Scenedesmus quadricauda* var. *parvus*
					双对栅藻	*Scenedesmus bijuga*
					繁茂栅藻	*Scenedesmus abundans*
					双棘栅藻	*Scenedesmus bicaudatus*
					二形栅藻	*Scenedesmus dimorphus*

（续）

类群	纲	目	科	属	种	学名
浮游植物	绿藻纲 Chlorophyceae	绿球藻目 Chlorococcales	栅藻科 Scenedesmaceae	栅藻属 Scenedesmus	爪哇栅藻	*Scenedesmus javaensis*
					颗粒栅藻	*Scenedesmus granulatus*
					叉刺栅藻	*Scenedesmus furcuato*
					裂孔栅藻	*Scenedesmus perforatus*
				集星藻属 Actinastrum	集星藻	*Actinastrum* sp.
				空星藻属 Coelastrum	小空星藻	*Coelastrum microporum*
					空星藻	*Coelastrum* sp.
					网状空星藻	*Coelastrum reticulatum*
				韦斯藻属 Westella	韦斯藻	*Westella botryoides*
			盘星藻科 Pediastraceae	盘星藻属 Pediastrum	单角盘星藻	*Pediastrum simples*
					双射盘星藻	*Pediastrum biradiatum*
					短棘盘星藻	*Pediastrum boryanum*
					二角盘星藻	*Pediastrum duplex*
					四角盘星藻	*Pediastrum tetras*
			绿球藻科 Chlorococcaceae	多芒藻属 Golenkinia	疏刺多芒藻	*Golemkinia paucispina*
				微芒藻属 Micractinium	微芒藻	*Micractinium pusillum*
				绿球藻属 Chlorococcum	土生绿球藻	*Chlorococcum humicola*
					水溪绿球藻	*Chlorococcum infusionum*
			球网藻科 Sphaerodictyaceae	胶网藻属 Dictyosphae	美丽胶网藻	*Dictyosphae rium*
		丝藻目 Ulotrichales	丝藻科 Ulotrichaceae	丝藻属 Ulothrix	丝藻	*Ulothrix* sp.
					细丝藻	*Ulothrix tenerrima*
				克里藻属 Klebsormidium	克里藻	*Klebsormidium* sp.
		团藻目 Volvocales	团藻科 Volvocaceae	实球藻属 Pandorina	实球藻	*Pandorina morum*
				空球藻属 Eudorina	空球藻	*Eudorina* sp.
					华美空球藻	*Eudorina elegans*
			壳衣藻科 Phacotaceae	球粒藻属 Coccomonas	球粒藻	*Coccomonas orbicularis*
			衣藻科 Chlamydomonadaceae	衣藻属 Chlamydomonas	小球衣藻	*Chlamydomonas microsphaera*
		鞘藻目 Oedogoniales	鞘藻科 Oedogoniaceae	鞘藻属 Oedogonium	鞘藻	*Oedogonium* sp.

（续）

类群	纲	目	科	属	种	学名
浮游植物	绿藻纲 Chlorophyceae	胶毛藻目 Chaetophorales	胶毛藻科 Chaetophorales	毛枝藻属 Stigeoclonium	毛枝藻	*Stigeoclonium* sp.
		四胞藻目 Tetrasporales	胶球藻科 Coccomyxaceae	纺锤藻属 Elakatothrix Wille	纺锤藻属	*Elakatothrix* Wille sp.
		环藻目 Sphaeropleales	微孢藻科 Microsporaceae	微孢藻属 Microspora	微孢藻属	*Microspora* sp.
	羽纹纲 Pennatae	无壳缝目 Araphidiales	脆杆藻科 Fragilariaceae	针杆藻属 Synedra	肘状针杆藻	*Synedra ulna*
					美小针杆藻	*Synedra pulchella*
					针杆藻属	*Synedra* sp.
					尖针杆藻	*Synedra acus*
					放射针杆藻	*Synedra actinastroides*
					针杆藻群体	*Synedra* sp.
				星杆藻属 Asterionella	美丽星杆藻	*Asterionella formosa*
				等片藻属 Diatoma	普通等片藻	*Diatoma vulgare*
				脆杆藻属 Fragilaria	二头脆杆藻	*Fragilaria biceps*
					钝脆杆藻	*Fragilaria capucina*
					中型脆杆藻	*Fragilaria intermedia*
					脆杆藻	*Fragilaria* sp.
					克罗顿脆杆藻	*Fragilaria crotonensis*
					克罗顿脆杆藻俄勒冈变种	*Fragilaria crotonensis* var. *oregona*
					十字脆杆藻	*Staurosira* Brun
			等片藻科 Diatomaceae	平板藻属 Tabellaria	绒毛平板藻	*Tabellaria floculosa*
		双壳缝目 Biraphidinales	异极藻科 Gomphonemaceae	异极藻属 Gomphonema	近棒形异极藻	*Gomphonema subclavatum*
					缢缩异极藻	*Gomphonema constrictrum*
					小型异极藻	*Gomphonema parvalum*
					缢缩异极藻头状变种	*Gomphonema constrictum* var. *capitatum*
					塔形异极藻	*Gomphonema turris*
			舟形藻科 Naviculaceae	羽纹藻属 Pinnularia	间断羽纹藻	*Pinnularia interrupta*
					著名羽纹藻	*Pinnularia nobilis*
					绿色羽纹藻	*Pinnularia viridis*

（续）

类群	纲	目	科	属	种	学名
浮游植物	羽纹纲 Pennatae	双壳缝目 Biraphidinales	舟形藻科 Naviculaceae	舟形藻属 Navicula	舟形藻	*Navicula* sp.
					喙头舟形藻	*Navicula rhynchocephala*
					隐头舟形藻	*Navicula cryptocephala*
					简单舟形藻	*Navicula simples*
					燕麦舟形藻	*Navicula avenacea*
					急尖舟形藻	*Navicula cuspidata*
					系带舟形藻	*Navicula cincta*
					微型舟形藻	*Navicula minima*
					阿比库斯舟形藻	*Navicula abiskoensis*
				肋缝藻属 Frustulia	菱形肋缝藻	*Frustulia rhomboides*
					普通肋缝藻	*Frustulia vulgaris*
				布纹藻属 Gyrosigma	尖布纹藻	*Gyrosigma acuminatum*
			桥弯藻科 Cymbellaceae	双眉藻属 Amphora	卵圆双眉藻	*Amphora ovalis*
				桥弯藻属 Cymbella	偏肿桥弯藻	*Cymbella ventricosa*
					微细桥弯藻	*Cymbella parva*
					极小桥弯藻	*Cymbella perpusilla*
					弯曲桥弯藻	*Cymbella sinuata*
					新月形桥弯藻	*Cymbella parua*
					近缘桥弯藻	*Cymbella affinis*
					粗糙桥弯藻	*Cymbella aspera*
					膨胀桥弯藻	*Cymbella tumida*
					埃伦桥弯藻	*Cymbella ehrenbergii*
				内丝藻属 Encyonema	平卧内丝藻	*Encyonema prostratum*
		管壳缝目 Qulonoraphidinales	双菱藻科 Surirellaceae	波缘藻属 Cymatopleura	草鞋形波缘藻	*Cymatopleura solea*
				双菱藻属 Surirella	粗壮双菱藻	*Surirella robusta*
					卵圆双菱藻	*Surirella ovalis*
			窗纹藻科 Epithemiaceae	棒杆藻属 Rhopalodia	弯棒杆藻	*Rhopalodia gibba*
			杆状藻科 Bacillariaceae	菱板藻属 Hantzschia	两尖菱板藻	*Hantzschia amphioxys*
				菱形藻属 Nitzschia	钝端菱形藻	*Nitzschia obtusa*

（续）

类群	纲	目	科	属	种	学名
浮游植物	羽纹纲 Pennatae	管壳缝目 Qulonoraphidinales	杆状藻科 Bacillariaceae	菱形藻属 Nitzschia	谷皮菱形藻	*Nitzschia palea*
					双头菱形藻	*Nitzschia amphibia*
					针形菱形藻	*Nitzschia acicularis*
					奇异菱形藻	*Nitzschia paradoxa*
					菱形藻	*Nitzschia subcohaerems*
					类 S 型菱形藻	*Nitzschia sigmoidea*
					菱形藻属	*Nitzschia* sp.
		单壳缝目 Monoraphidales	曲壳藻科 Achnanthaceae	曲壳藻属 *Achnanthes*	细小曲壳藻	*Achnanthes gracillina*
					曲壳藻属	*Achnanthes* sp.
				卵形藻属 *Cocconeis*	扁圆卵形藻	*Cocconeis placentula*
		拟壳缝目 Raphidionales	短缝藻科 Eunotiaceae	短缝藻属 *Eunotia*	篦形短缝藻	*Eunotia pectinalis*
					弧形短缝藻	*Eunotia arcus*
					短缝藻属	*Eunotia* sp.
	中心纲 Centricae	圆筛藻目 Coscinodiscales	圆筛藻科 Coscinodiscaceae	小环藻属 *Cyclotella*	梅尼小环藻	*Cyclotella meneghiniana*
					链形小环藻	*Cyclotella catenata*
				直链藻属 *Melosira*	颗粒直链藻	*Melosira granulata*
					颗粒直链藻螺旋变种	*Melosira granulata* var. *angustissima f. spiralis*
					颗粒直链藻极狭变种	*Melosira granulata* var. *angutissima*
					极小直链藻	*Melosira pusilla*
					变异直链藻	*Melosira varians*
				冠盘藻属 *Stephanodiscus*	冠盘藻属	*Stephanodiscus* sp.
					极小冠盘藻	*Stephanodiscus minutulus*
			沟链藻科 Aulacoseiraceae	沟链藻属 *Aulacoseira*	矮小沟链藻	*Aulacoseira pusilla*
					颗粒沟链藻	*Aulacoseira granulata*
	裸藻纲 Euglenophyceae	裸藻目 Euglenales	裸藻科 Euglenaceae	囊裸藻属 *Trachelomonas*	平滑囊裸藻	*Trachelomonas dybowskii*
					结实囊裸藻	*Trachelomonas felix*
					芒刺囊裸藻	*Trachelomonas scabra*
					矩圆囊裸藻	*Trachelomonas oblonga*
					相似囊裸藻	*Trachelomonas similis*
					糙纹囊裸藻	*Trachelomonas scabra*

（续）

类群	纲	目	科	属	种	学名
浮游植物	裸藻纲 Euglenophyceae	裸藻目 Euglenales	裸藻科 Euglenaceae	囊裸藻属 Trachelomonas	多变卡克藻	*Khawkinea variabilis*
				扁裸藻属 Phacus	扁裸藻属	*Phacus* sp.
					多养扁裸藻	*Phacus polytrophos*
				裸藻属 Euglena	喜滨裸藻	*Euglena thinophila*
					梭形裸藻	*Euglena acus*
					尖尾裸藻	*Euglena gasterosteus*
					多形裸藻	*Euglena polymorpha*
	甲藻纲 Dinophyceae	多甲藻目 Peridiniales	裸甲藻科 Gymnodiniaceae	裸甲藻属 Gymnodinium	裸甲藻	*Gymnodinium aerugunosum*
			角甲藻科 Ceratiaceae	角甲藻属 Ceratium	飞燕角甲藻	*Ceratium hirundinella*
			多甲藻科 Peridiniaceae	多甲藻属 Peridinium	不显著多甲藻	*Peridinium inconspicuum*
					楯形多甲藻	*Peridinium umbonatum*
					埃尔多甲藻	*Peridinium elpatiewskyi*
					佩纳多甲藻	*Peridinium penardiforme*
					坎宁顿多甲藻	*Peridinium cunningtonnii*
	针胞藻纲 Raphidophyceae	无隔藻目 Vaucheriales	无隔藻科 Vaucheriaceae	膝口藻属 Gonyostomum	扁平膝口藻	*Gonyostomum deplessum*
浮游动物	肉足纲 Sarcodina	表壳目 Arcellinida	表壳科 Arcellidae	表壳虫属 Arcella	大口表壳虫	*Arcella megastoma*
					砂表壳虫	*Arcella arenaria*
					普通表壳虫	*Arcella vulgaris*
					盘状表壳虫	*Arcella discoides*
			砂壳科 Tintinnidae	砂壳虫属 Difflugia	球砂壳虫	*Difflugia globulosa*
					长圆砂壳虫	*Difflugia oblonga* Ehrenberg
					瘤棘砂壳虫	*Difflugia tuberspmifere*
				匣壳虫属 Centorpyxis	针棘匣壳虫	*Centropyxis aculeata*
			茄壳科 Hyalospheniidae	茄壳虫属 Hyalosphenia	小茄壳虫	*Hyalosphenia minuta*
		太阳目 Actinophryida	刺胞科 Acanthocystidae	刺胞属 Acanthocystis	针棘刺胞虫	*Acanthocystis aculeata*
					短刺刺胞虫	*Acanthocystis brevicirrhis*
					月形刺胞虫	*Acanthocystis erinaceus*
		变形目 Amoebida	晶盘科 Hyalodiscidae	晶盘虫属 Hyalodiscus	太阳晶盘虫	*Hyalodiscus actinophorus*

（续）

类群	纲	目	科	属	种	学名
浮游动物	肉足纲 Sarcodina	螺口目 Prorodon	前管科 Prorodontidae	前管虫属 Prorodon	卵圆前管虫	*Prorodon ovum*
	纤毛纲 Ciliata	前口目 Prostomatida	圆口科 Trachellidae	圆口虫属 Trachelius	卵圆口虫	*Trachelius ovum*
			刀口科 Spathidiidae	斜吻虫属 Enchelydium	纺锤斜吻虫	*Enchelydium fusidens*
		缘毛目 Peritrichida	急游科 Strombidiidae	急游虫属 Strombidium	绿急游虫	*Strombidium viride*
					急游虫	*Strombidium* sp.
			累枝科 Epistylididae	累枝虫属 Epistylis	累枝虫属	*Epistylis* sp.
			游仆科 Euplotidae	游仆属 Euplotes	近亲游仆虫	*Euplotes affinis*
					阔口游仆虫	*Euplotes eurystomus*
		异毛目 Heterotrichida	筒壳科 Tintinnidiidae	拟铃壳虫属 Tintinnopsis	王氏拟铃壳虫	*Tintinnopsis wangi*
					雷殿拟铃壳虫	*Tintinnopsis leidyi*
				薄铃虫属 Leprotintinnus	淡水薄铃虫	*Leprotintinnus fluviatile*
		刺钩目 Haptorida	栉毛科 Didiniidae	栉毛虫属 Didinium	双环栉毛虫	*Didinium nasutum*
					小单环栉毛虫	*Didinium balbiamii nanum*
	轮虫纲 Rotifera	双巢目 Digononta	旋轮科 Philodinidae	轮虫属 Rotaria	橘色轮虫	*Rotaria citrina*
			胶鞘轮科 Collothecacea	胶鞘轮属 Collotheca	多态胶鞘轮虫	*Collotheca ambigua*
		单巢目 Monogonota	聚花轮科 Conochilidae	聚花轮属 Conochilus	独角聚花轮虫	*Conochilus unicornis*
				拟聚花轮属 Conochiloides	叉角拟聚花轮虫	*Conochiloides dossuarius*
			晶囊轮科 Asplancchnidae	晶囊轮属 Asplanchna	卜氏晶囊轮虫	*Asplanchna brightwelli*
					盖氏晶囊轮虫	*Asplanchna girodi*
					前节晶囊轮虫	*Asplanchna priodonta*
			臂尾轮科 Brachionida	龟甲轮属 Keratella	曲腿龟甲轮虫	*Keratella valga*
					矩形龟甲轮虫	*Keratella quadrata*
					缘板龟甲轮虫	*Keratella ticinensis*
					螺形龟甲轮虫	*Keratella cochlearis*
				臂尾轮属 Brachionus	方形臂尾轮虫	*Brachionus quadridentatus*
					裂足臂尾轮虫	*Brachionus diversicornis*
					萼花臂尾轮虫	*Brachionus calyciflorus*
					角突臂尾轮虫	*Brachionus angularis*
					壶状臂尾轮虫	*Brachionus urceus*

（续）

类群	纲	目	科	属	种	学名
浮游动物	轮虫纲 Rotifera	单巢目 Monogonota	臂尾轮科 Brachionida	臂尾轮属 Brachionus	镰状臂尾轮虫	*Brachionus falcatus*
					蒲达臂尾轮虫	*Brachionus budapestiensis*
				龟纹轮属 Anuraeopsis	裂痕龟纹轮虫	*Anuraeopsis fissa*
			疣毛轮科 Synchaetidae	多肢轮属 Polyarthra	针簇多肢轮虫	*Polyarthra trigla*
					真翅多肢轮虫	*Polyarthra euryptera*
					广布多肢轮虫	*Polyarthra vulgaris*
				三肢轮属 Filinia	长三肢轮虫	*Filinia longisela*
				疣毛轮属 Synchaeta	梳状疣毛轮虫	*Synchaeta pectinata*
					疣毛轮属	*Synchaeta* sp.
					长圆疣毛轮虫	*Synchaeta oblonga*
				皱甲轮属 Ploesoma	截头皱甲轮虫	*Ploesoma truncatum*
					郝氏皱甲轮虫	*Ploesoma hudsoni*
			腹尾轮科 Gastropodidae	彩胃轮属 Chromogaster	卵形彩胃轮虫	*Chromogaster ovalis*
			棘管轮科 mytilinidae	高跷轮属 Scaridium	高跷轮虫	*Scaridium longicaudum*
			鼠轮科 Trichocercidae	异尾轮属 Trichocerca	细异尾轮虫	*Trichocerca gracilis*
					纤巧异尾轮虫	*Trichocerca tenuior*
					暗小异尾轮虫	*Trichocerca pusilla*
					冠饰异尾轮虫	*Trichocerca lophoessa*
					圆筒异尾轮虫	*Trichocerca cylindrica*
					刺盖异尾轮虫	*Trichocerca capucina*
					等刺异尾轮虫	*Trichocerca stylata*
				同尾轮属 Diurella	韦氏同尾轮虫	*Diurella weberi*
			须足轮科 Euchlanidae	须足轮属 Euchlanis	大肚须足轮虫	*Euchlanis dilatata*
			腔轮科 Lecanidae	单趾轮属 Monostyla	囊形单趾轮虫	*Monostyla bulla*
				腔轮属 Lecane	月形腔轮虫	*Lecane luna*
					节趾腔轮虫	*Lecane sibina*
					共趾腔轮虫	*Lecane sympoda*
			镜轮科 Testudinellidae	泡轮属 Pompholyx	扁平泡轮虫	*Pompholyx complanata*
			鬼轮科 Trichotriidae	鬼轮属 Trichotria	方块鬼轮虫	*Trichotria tetractis*
			椎轮科 Notommatidae	柱头轮属 Eosphora	圆盖柱头轮虫	*Eosphora thoa*

（续）

类群	纲	目	科	属	种	学名
浮游动物	甲壳纲 Rotaria	枝角目 Cladocera	象鼻溞科 Bosminidae	象鼻溞属 Bosmina	简弧象鼻溞	*Bosmina coregoni*
					长额象鼻溞	*Bosmina longirostris*
				基合溞属 Bosminopsis	颈沟基合溞	*Bosminopsis deitersi*
			盘肠溞科 Chydoridae	盘肠溞属 Chydorus	圆形盘肠溞	*Chydorus sphaericus*
				尖额溞属 Alona	点滴尖额溞	*Alona guttata*
					矩形尖额溞	*Alona rectangula*
			仙达溞科 Sididae	仙达溞属 Diaphanosoma	短尾秀体溞	*Diaphanosoma brachyurum*
			溞科 Daphniidae	溞属 Daphnia	僧帽溞	*Daphnia cucullata*
					透明溞	*Daphnia hyaline*
		哲水蚤目 Calanoida	镖水蚤科 Diaptomidae	新镖水蚤属 Neodiaptomus	右突新镖水蚤	*Neodiaptomus schmackeri*
			胸刺水蚤科 Centropagidae	华哲水蚤属 Sinocalanus	汤匙华哲水蚤	*Sinocalanus dorrii*
		猛水溞目 Harpacticoida	猛水蚤科 Ameiridae	猛水蚤属 Harpacticoida	猛水蚤	*Harpacticoida* sp.
		剑水蚤目 Cyclopoidea	剑水蚤科 Cyclopidae	剑水蚤属 Cyclops	英勇剑水蚤	*Cyclops strenuuss*
					近邻剑水蚤	*Cyclops vicinus*
				小剑水蚤属 Microcyclops	长尾小剑水蚤	*Microcyclops longiramus*
				中剑水蚤属 Mesocyclops	广布中剑水蚤	*Mesocyclops leuckarti*
				温剑水蚤属 Thermocyclops	透明温剑水蚤	*Thermocyclops hyalinus*
					等刺温剑水蚤	*Thermocyclops kawamurai*
				咸水剑水蚤属 Halicyclops	低盐咸水剑水蚤	*Halicyclops aequoreus*
			长腹剑水蚤科 Oithonidae	窄腹剑水蚤属 Limnoithona	四刺窄腹剑水蚤	*Limnoithona tetraspina*
					桡足类无节幼体	*Nauplius*
底栖动物	寡毛纲 Oligochaeta	颤蚓目 Tubificida	颤蚓科 Tubificidae	水丝蚓属 Limnodrilus	霍普水丝蚓	*Limnodrilus hoffmeisteri*
					奥特开水丝蚓	*Limnodrilus udekemianus*
					水丝蚓属	*Limnodrilus* sp.
				单孔蚓属 Monopylephorus	淡水单孔蚓	*Monopylephorus limosus*
				颤蚓属 tubificid	中华颤蚓	*Tubifex sinicus*
					颤蚓	*Tubificid worms*

（续）

类群	纲	目	科	属	种	学名
底栖动物	寡毛纲 Oligochaeta	颤蚓目 Tubificida	颤蚓科 Tubificidae	水丝蚓属 Limnodrilus	克拉伯水丝蚓	*Limnodrilus claparedianus*
				尾鳃蚓属 Branchiura	苏氏尾鳃蚓	*Branchiura sowerbyi*
	昆虫纲 Insecta	襀翅目 Plecoptera	绿襀科 Choloroperlida	长绿石蝇属 Sweltsa	长绿石蝇	*Sweltsa* sp.
		鳞翅目 Lepidoptera	螟蛾科 Pyralidae	塘水螟属 Elophila	棉塘水螟	*Elophila interruptails*
		双翅目 Diptera	摇蚊科 Chironomidae	壳粗腹属 Conchapelopia	壳粗腹摇蚊	*Conchapelopia*
					壳粗腹属	*Conchapelopia* sp.
				流粗腹属 Rheopelopia	斑点流粗腹摇蚊	*Rheopelopia maculipennis*
				多足摇蚊属 Polypedilum	拟踵突多足摇蚊	*Polypedilum paravicep*
					云集多足摇蚊	*Polypedilum nubifer*
					梯形多足摇蚊	*Pdypedilum scalaenumgrous*
					小云多足摇蚊	*Polypedilum nubeculosum*
				环足摇蚊属 Cricotopus	轮环足摇蚊	*Cricotopus anulator*
					白色环足摇蚊	*Cricotopus albidorceps*
					林间环足摇蚊	*Cricotopus sylvestris*
					双线环足摇蚊	*Cricotopus bicinctus*
				隐摇蚊属 Cryptochironomus	喙隐摇蚊	*Cryptochironomus rostratus*
				倒毛摇蚊属 Microtendipes	绿倒毛摇蚊	*Microtendipes chloris*
				雕翅摇蚊属 Glyptotendipes	柔嫩雕翅摇蚊	*Glyptotendipes cauliginellus*
				齿斑摇蚊属 Stictochironomus	俊才齿斑摇蚊	*Stictochironomus juncaii*
					多齿齿斑摇蚊	*Stictochironomus multannulatus*
				布摇蚊属 Brillia	前黄斑布摇蚊	*Brillia flavifrons*
				浪突摇蚊属 Zalutschia	浪突摇蚊属	*Zalutschia* sp.
				小突摇蚊属 Micropsectra	中禅小突摇蚊	*Micropsectra chuzeprima*
				前突摇蚊属 Procladius	前突摇蚊 A 种	*Procladius* sp. A
					前突摇蚊 B 种	*Procladius* sp. B
					前突摇蚊 C 种	*Procladius* sp. C
					花翅前突摇蚊	*Procladius choreus*

（续）

类群	纲	目	科	属	种	学名
底栖动物	昆虫纲 Insecta	双翅目 Diptera	摇蚊科 Chironomidae	前突摇蚊属 Procladius	红前突摇蚊	*Procladius rufovittaus*
				直突摇蚊属 Orthocladius	直突摇蚊属	*Orthocladius* sp.
				双突摇蚊属 Diplocladius	双突摇蚊属	*Diplocladius* sp.
				拟突摇蚊属 Paracladius	反转似突摇蚊	*Paracladius conversus*
				真开氏摇蚊属 Eukiefferiella	真开氏摇蚊属	*Eukiefferiella* sp.
				拟开氏摇蚊属 Parakiefferiella	冠拟开氏摇蚊	*Parakiefferiella coronata*
					隆凸拟开氏摇蚊	*Parakiefferiella torutata*
				拟长跗摇蚊属 Paratanytarsus	拟长跗摇蚊属	*Paratanytarsus* sp.
				裸须摇蚊属 Propsilocerus	裸须摇蚊属	*Propsilocerus* sp.
				摇蚊属 Chironomus	墨黑摇蚊	*Chironomus anthracinus*
					溪流摇蚊	*Chironomus riparius*
					若西摇蚊	*Chironomus yoshimatusi*
					喜盐摇蚊	*Chironomus salinarinus*
				水摇蚊属 Hydrobaenus	近藤水摇蚊	*Hydrobaenus kondoi*
				沼摇蚊属 Limnophyes	单毛沼摇蚊	*Limnophyes asquamatus*
				林摇蚊属 Lipiniella	马德林摇蚊	*Lipiniella moderata*
				寡角摇蚊属 Diamesa	寡角摇蚊属	*Diamesa* sp.
				拉普摇蚊属 Lappodiamesa	多毛拉普摇蚊	*Lappodiamesa multiseta*
				流长跗摇蚊属 Rheotanytarsus	流长跗摇蚊属	*Rheotanytarsus* sp.
					苔流长跗摇蚊	*Rheotanytarsus muscicola*
				雕翅摇蚊属 Glyptotendipes	浅白雕翅摇蚊	*Glyptotendipes pallens*
					德永雕翅摇蚊	*Glyptotendipes tokunagai*
				长跗摇蚊属 Tanytarsus	下凸长跗摇蚊	*Tanytarsus chinyensis*
					长跗摇蚊属	*Tanytarsus* sp.
					台湾长跗摇蚊	*Tanytarsus formosanus*
					渐变长跗摇蚊	*Tanytarsus mendax*

（续）

类群	纲	目	科	属	种	学名
底栖动物	昆虫纲 Insecta	双翅目 Diptera	摇蚊科 Chironomidae	长跗摇蚊属 Tanytarsus	残枝长跗摇蚊	Cladotanytarsus vanderwulpi
				提涅摇蚊属 Thienemannia	纤细提涅摇蚊	Thienemannia gracilis
				枝铗摇蚊属 Cladopelma	平铗枝角摇蚊	Cladopelma edwardsi
				间摇蚊属 Paratendipes	白间摇蚊	Paratendipes albimanus
				刀突摇蚊属 Psectrocladius	缘刀突摇蚊	Psectrocladius limbatellus
				长足摇蚊属 Tanypodinae	长足摇蚊属 sp.1	Tanypodinae sp.1
					长足摇蚊属 sp.2	Tanypodinae sp.2
					长足摇蚊属 sp.3	Tanypodinae sp.3
				那塔摇蚊属 Natarsia	斑点纳塔摇蚊	Natarsia punctata
				二叉摇蚊属 Dicrotendipus	叶二叉摇蚊	Dicrotendipus lobifer
				真开氏摇蚊属 Eukiefferiella	伊克尔真开氏摇蚊	Eukiefferiella ilkleyensis
				萨特摇蚊属 Saetheria	瑞氏萨特摇蚊	Saetheria ressi
				摇蚊属 Chironominae	摇蚊属 sp.	Chironominae sp.
				直突摇蚊属 Orthocladius	直突摇蚊属 sp.	Orthocladius sp.
			大蚊科 Trpulidae	巨吻沼蚊属 Antocha	双叉巨吻沼蚊	Antocha bifida
				雅大蚊属 Tipula	雅大蚊属	Tipula sp.
		鞘翅目 Coleoptera	长角泥甲科 Elmidae	Pseudamophilus	日假爱菲泥甲	Pseudamophilus japonicas
		毛翅目 Trichoptera	纹石蛾科 Hydropsychidae	长角纹石蛾属 Macrostemun	卡罗长角纹石蛾	Macrostemun carolina
			沼石蛾科 Limnephilidae	内石蛾属 Nemotaulius	艾莫内石蛾	Nemotaulius admorsus
			原石蚕科 Rhyacophilidae	原石蚕属 Rhyacophila	纳维原石蚕	Rhyacophila narvae
					隐缩原石蚕	Rhyacophila retracta
		蜉蝣目 Ephemeroptera	四节蜉科 Baetidae	四节蜉属 Baetis	四节蜉属	Baetis sp.
				刺翅蜉属 Centroptilum	羽翼刺翅蜉	Centroptilum pennulatum
			蜉蝣科 Ephemeridae	蜉蝣属 Ephemera	蜉蝣属	Ephemera sp.
				扁蜉属 Ecdyonurus	德拉扁蜉蝣	Ecdyonurus dracon

（续）

类群	纲	目	科	属	种	学名
底栖动物	昆虫纲 Insecta	蜻蜓目 Odonata	大伪蜻科 Macromiidae	丽大伪蜻属 Epophthalmia	闪蓝丽大蜻	Epophthalmia elegans
			色蟌科 Calopterygidae	色蟌属 Calopteryx	黑色蟌	Calopteryx atratum
	甲壳纲 Malacostraca	十足目 Decapoda	长臂虾科 Palaemonidae	白虾属 Exopalaemon	秀丽白虾	Exopalaemon mosestus
	腹足纲 Gastropoda	中腹足目 Mesogastropoda	田螺科 Viviparidae	环棱螺属 Bellamya	梨形环棱螺	Bellamya purificata
				圆田螺属 Cipangopaludina	中国圆田螺	Cipangopaludina chinensis
鱼虾类	辐鳍鱼纲 Actinopterygii	鲤形目 Cypriniformes	鲤科 Cyprinidae	鲫属 Carassius	鲫	Carassius auratus
					银鲫	Carassius gibelio
				鳑鲏属 Rhodeus	鳑鲏	Rhodeus sp.
				麦穗鱼属 Pseudorasbora	麦穗鱼	Pseudorasbora parva
				鲢属 Hypophthalmichthys	鳙	Hypophthalmichthys nobilis
					鲢	Hypophthalmichthys molitrix
				草鱼属 Ctenopharyngodon	草鱼	Ctenopharyngodon Idella
				鲂属 Megalobrama	三角鲂	Megalobrama terminalis
				鲹属 Hemiculter	鲹	Hemiculter leucisculus
				马口鱼属 Opsariichthys	马口鱼	Opsariichthys bidens
				鲤属 Cyprinus	鲤	Cyprinus carpio
				近红鲌属 Ancherythroculter	黑尾近红鲌	Ancherythroculter nigrocauda
				青鱼属 Mylopharyngodon	青鱼	Mylopharyngodon piceus
			鳅科 Cobitidae	泥鳅属 Misgurnus	泥鳅	Misgurnus anguillicaudatus
				副泥鳅属 Paramisgurnus	大鳞副泥鳅	Paramisgurnus dabryanus
		鰕虎鱼目 Gobiiformes	鰕虎鱼科 Gobiidae	吻鰕虎鱼属 Rhinogobius	子陵吻鰕虎	Rhinogobius giurinus
					吻鰕虎属	Rhinogobius sp.
		鲈形目 Perciformes	斗鱼科 Osphronemidae	斗鱼属 Macropodus	圆尾斗鱼	Macropodus chinensis
			塘鳢科 Eleotridae	黄黝鱼属 Hypseleotris	黄黝鱼	Hypseleotris swinhonis
			鲈科 Percoidea	梭鲈属 lucioperca	梭鲈	Sander lucioperca
		颌针鱼目 Beloniformes	颌针鱼科 Belonidae	青鳉属 Oryzias	青鳉	Oryzias sinensis

（续）

类群	纲	目	科	属	种	学名
鱼虾类	辐鳍鱼纲 Actinopterygii	鲇形目 Siluriformes	鲇科 Siluridae	鲇属 *Silurus*	鲇	*Silurus asotus*
			鲿科 Bagridae	黄颡鱼属 *Pelteobagrus*	黄颡鱼	*Pelteobagrus fulvidraco*
		鲑形目 Salmoniformes	香鱼科 Plecoglossidae	香鱼属 *Plecoglossus*	香鱼	*Plecoglossus altivelis*
	软甲纲 Malacostraca	十足目 Decapoda	长臂虾科 Palaemonidae	沼虾属 *Macrobrachium*	日本沼虾	*Macrobrachium nipponense*
				白虾属 *Exopalaemon*	秀丽白虾	*Exopalaemon mosestus*
				小长臂虾属 *Palaemonetes*	中华小长臂虾	*Palaemonetes sinensis*
			匙指虾科 Atyidae	米虾属 *Caridina*	米虾属	*Caridina* sp.
			螯虾科 Cambaridae	蝲蛄属 *Cambaroides*	蝲蛄	*Cambaroides dauricus*
				原螯虾属 *Procambarus*	克氏原螯虾	*Procambarus clarkii*
着生藻类	蓝藻纲 Cyanophyceae	色球藻目 Chroococcales	平裂藻科 Merismopediaceae	平裂藻属 *Merismopedia*	点形平裂藻	*Merismopedia punctata*
		颤藻目 Osillatoriales	颤藻科 Oscillatoriaceae	颤藻属 *Oscillatoria*	绿色颤藻	*Oscillatoria chlorine*
					巨颤藻	*Oscillatoria princeps*
			伪鱼腥藻科 Pseudanabaenaceae	伪鱼腥藻属 *Pseudanabaena*	伪鱼腥藻	*Pseudanabaena* sp.
		念珠藻目 Nostocales	念珠藻科 Nostocaceae	鱼腥藻属 *Anabaena*	鱼腥藻	*Anabaena* sp.
	绿藻纲 Chlorophyceae	绿球藻目 Chlorococcales	栅藻科 Scenedesmaceae	栅藻属 *Scenedesmus*	四尾栅藻	*Scenedesmus quadricauda*
					双对栅藻	*Scenedesmus bijuga*
					二形栅藻	*Scenedesmus dimorphus*
					齿牙栅藻	*Scenedesmus denticulatus*
					弯曲栅藻	*Scenedesmus arcuatus*
				空星藻属 *Coelastrum*	小空星藻	*Coelastrum microporum*
			盘星藻科 Pediastraceae	盘星藻属 *Pediastrum*	整齐盘星藻	*Pediastrumintegrum*
					双射盘星藻	*Pediastrum biradiatum*
					四角盘星藻	*Pediastrum tetras*
		丝藻目 Ulotrichales	丝藻科 Ulotrichaceae	丝藻属 *Ulothrix*	环丝藻	*Ulothrix zonata*
		鞘藻目 Oedogoniales	鞘藻科 Oedogoniaceae	鞘藻属 *Oedogonium*	鞘藻	*Oedogonium* sp.
	双星藻纲 Zygnematophyceae	鼓藻目 Desmidiales	鼓藻科 Desmidiaceae	新月藻属 *Closterium*	膨胀新月藻	*Closterium tumidum*

（续）

类群	纲	目	科	属	种	学名
着生藻类	双星藻纲 Zygnematophyceae	鼓藻目 Desmidiales	鼓藻科 Desmidiaceae	鼓藻属 Cosmarium	美丽鼓藻	*Cosmarium formosulum*
					肾形鼓藻	*Cosmarium reniforme*
		双星藻目 Zygnematales	双星藻科 Zygnemataceae	转板藻属 Mougeotia	转板藻	*Mougeotia* sp.
				水绵藻属 Spirogyra	异形水绵藻	*Spirogyra varians*
					水绵藻	*Spirogyra* sp.
	中心纲 Centricae	圆筛藻目 Coscinodiscales	圆筛藻科 Coscinodiscaceae	小环藻属 Cyclotella	梅尼小环藻	*Cyclotella meneghiniana*
				直链藻属 Melosira	颗粒直链藻	*Melosira granulata*
					螺旋颗粒直链藻	*Melosira granulata* var. *angustissima f. spiralis*
					变异直链藻	*Melosira varians*
					颗粒直链藻极狭变种	*Melosira granulata* var. *angutissima*
	羽纹纲 Pennatae	无壳缝目 Araphidiales	脆杆藻科 Fragilariaceae	针杆藻属 Synedra	尖针杆藻	*Synedra acus*
					肘状针杆藻	*Synedra ulna*
				脆杆藻属 Fragilaria	脆杆藻	*Fragilaria* sp.
					钝脆杆藻	*Fragilaria capucina*
				等片藻属 Diatoma	普通等片藻	*Diatoma vulgare*
				平板藻属 Tabellaria	绒毛平板藻	*Tabellaria flocculosa*
				星杆藻属 Asterionella	华丽星杆藻	*Asterionella formosa*
		拟壳缝目 Raphidionales	短缝藻科 Eunotiaceae	短缝藻属 Eunotia	月形短缝藻	*Eunotia lunaris*
					蓖形短缝藻	*Eunotia pectinnalis*
		双壳缝目 Biraphidinales	舟形藻科 Naviculaceae	舟形藻属 Navicula	简单舟形藻	*Navicula simplex*
			桥弯藻科 Cymbellaceae	桥弯藻属 Cymbella	近缘桥弯藻	*Cymbella affinis*
					细小桥弯藻	*Cymbella pusilla*
					桥弯藻	*Cymbella* sp.
			异极藻科 Gomphonemaceae	异极藻属 Gomphonema	缢缩异极藻头状变种	*Gomphonema constrictum* var. *capitatum*
					塔形异极藻	*Gomphonema turris*
					尖顶异极藻	*Gomphonema augur*
					纤细异极藻	*Gomphonema gracile*
		单壳缝目 Monoraphidales	曲壳藻科 Achnanthaceae	卵形藻属 Cocconeis	扁圆卵形藻	*Cocconeis placentula*

（续）

类群	纲	目	科	属	种	学名
着生藻类	羽纹纲 Pennatae	单壳缝目 Monoraphidales	曲壳藻科 Achnanthaceae	曲壳藻属 *Achnanthes*	短小曲壳藻	*Achnanthes exigua*
					膨大曲壳藻	*Achnanthes inflata*
		管壳缝目 Qulonoraphidinales	菱形藻科 Nitzschiaceae	菱形藻属 *Nitzschia*	两栖菱形藻	*Nitzschia amphibia*
挺水植物	单子叶植物纲 Monocotyledons	禾本目 Poales	禾本科 Poaceae	芦苇属 *Phragmites*	芦苇	*Phragmites australis*
		香蒲目 Typhaceae	香蒲科 Typhaceae	香蒲属 *Typha*	狭叶香蒲	*Typha angustifolia*
		鸭跖草目 Commelinales	鸭跖草科 Commelinaceae Mirb.	鸭跖草属 *Commelina communis*	鸭跖草	*Commelina communis*
	双子叶植物纲 Dicotyledoneae	石竹目 Caryophyllales	蓼科 Polygonaceae	蓼属 *Polygonum*	酸模叶蓼	*Persicaria lapathifolia*
				酸模属 *Rumex L.*	刺酸模	*Rumex maritimus*
			苋科 Amaranthaceae	莲子草属 *Alternanthera Forsk.*	喜旱莲子草	*Alternanthera philoxeroides*
		杨柳目 Salicales	杨柳科 Salicaceae	柳属 *Salix*	柳树	*Salix babylonica*
		禾本目 Poales	禾本科 Poaceae	披碱草属 *Elymus spp.*	鹅观草	*Elymus kamoji*
		豆目 Fabales	豆科 Fabaceae	大豆属 *Glycine*	野大豆	*Glycine soja*
		十字花目 Cruciales	十字花科 Brassicaceae	蔊菜属 *Rorippa Scop.*	沼生蔊菜	*Rorippa palustris*

附录7　崂山生物多样性保护优先区域大型真菌名录

科		属		种	
中文名	拉丁名	中文名	拉丁名	中文名	拉丁名
炭壳菌科	Xylariaceae	炭角菌属	Xylaria	多形炭角菌	*Xylaria polymorpha*
花耳科	Dacrymycetaceae	花耳属	Dacrymyces	桂花耳	*Guepinia spathularia*
花耳科	Dacrymycetaceae	花耳属	Dacrymyces	花耳	*Dacrymyces stillatus*
木耳科	Auriculariaceae	木耳属	Auricularia	黑木耳	*Auricularia auricula*
木耳科	Auriculariaceae	木耳属	Auricularia	毛木耳	*Auricularia polytricha*
蘑菇科	Agaricaceae	蘑菇属	Agaricus	双孢蘑菇	*Agaricus bisporus*
蘑菇科	Agaricaceae	蘑菇属	Agaricus	蘑菇	*Agaricus campestris*
蘑菇科	Agaricaceae	蘑菇属	Agaricus	假根蘑菇	*Agaricus radicatus*
蘑菇科	Agaricaceae	蘑菇属	Agaricus	赭鳞蘑菇	*Agaricus subrufescens*
蘑菇科	Agaricaceae	蘑菇属	Agaricus	白林地蘑菇	*Agaricus sylvicola*
蘑菇科	Agaricaceae	蘑菇属	Agaricus	麻脸蘑菇	*Agaricus villaticus*
蘑菇科	Agaricaceae	蘑菇属	Agaricus	野蘑菇	*Agaricus arvensis*
蘑菇科	Agaricaceae	蘑菇属	Agaricus	大紫蘑菇	*Agaricus augustus*
蘑菇科	Agaricaceae	蘑菇属	Agaricus	紫红蘑菇	*Agaricus subrutilescens*
蘑菇科	Agaricaceae	秃马勃属	Calvatia	龟裂马勃	*Calvatia caelata*
蘑菇科	Agaricaceae	秃马勃属	Calvatia	头状秃马勃	*Calvatia craniiformis*
蘑菇科	Agaricaceae	鬼伞属	Coprinus	毛头鬼伞	*Coprinus comatus*
蘑菇科	Agaricaceae	鬼伞属	Coprinus	晶粒鬼伞	*Coprinus micaceus*
蘑菇科	Agaricaceae	鬼伞属	Coprinus	辐毛小鬼伞	*Coprinus radians*
蘑菇科	Agaricaceae	环柄菇属	Lepiota	肉褐鳞环柄菇	*Lepiota brunneoincarnata*
蘑菇科	Agaricaceae	环柄菇属	Lepiota	栗色环柄菇	*Lepiota castanea*
蘑菇科	Agaricaceae	白环蘑菇属	Leucoagaricus	裂皮白环菇	*Leucoagaricus excoriatus*
蘑菇科	Agaricaceae	白鬼伞属	Leucocoprinus	纯黄白鬼伞	*Leucocoprinus birnbaumii*
蘑菇科	Agaricaceae	白鬼伞属	Leucocoprinus	易碎白鬼伞	*Leucocoprinus fragilissimus*
蘑菇科	Agaricaceae	白鬼伞属	Leucocoprinus	天鹅色环柄菇	*Leucocoprinus cygneus*
蘑菇科	Agaricaceae	马勃属	Lycoperdon	长刺马勃	*Lycoperdon echinatum*
蘑菇科	Agaricaceae	马勃属	Lycoperdon	网纹马勃	*Lycoperdon perlatum*
蘑菇科	Agaricaceae	马勃属	Lycoperdon	草地马勃	*Lycoperdon pratense*
蘑菇科	Agaricaceae	大环柄菇属	Macrolepiota	脱皮大环柄菇	*Macrolepiota detersa*
蘑菇科	Agaricaceae	大环柄菇属	Macrolepiota	高大环柄菇	*Macrolepiota procera*

（续）

科		属		种	
中文名	拉丁名	中文名	拉丁名	中文名	拉丁名
蘑菇科	Agaricaceae	暗褶菌属	Melanophyllum	红孢暗褶伞	*Melanophyllum haematospermum*
鹅膏菌科	Amanitaceae	鹅膏属	Amanita	雀斑鳞鹅膏	*Amanita avellaneosquamosa*
鹅膏菌科	Amanitaceae	鹅膏属	Amanita	拟橙盖鹅膏菌	*Amanita caesareoides*
鹅膏菌科	Amanitaceae	鹅膏属	Amanita	致命鹅膏	*Amanita exitialis*
鹅膏菌科	Amanitaceae	鹅膏属	Amanita	格纹鹅膏菌	*Amanita fritillaria*
鹅膏菌科	Amanitaceae	鹅膏属	Amanita	灰花纹鹅膏菌	*Amanita fuliginea*
鹅膏菌科	Amanitaceae	鹅膏属	Amanita	红黄鹅膏	*Amanita hemibapha*
鹅膏菌科	Amanitaceae	鹅膏属	Amanita	亚球基鹅膏	*Amanita ibotengutake*
鹅膏菌科	Amanitaceae	鹅膏属	Amanita	草鸡枞	*Amanita manginiana*
鹅膏菌科	Amanitaceae	鹅膏属	Amanita	豹斑鹅膏菌	*Amanita pantherina*
鹅膏菌科	Amanitaceae	鹅膏属	Amanita	赭盖鹅膏	*Amanita rubescens*
鹅膏菌科	Amanitaceae	鹅膏属	Amanita	中华鹅膏	*Amanita sinensis*
鹅膏菌科	Amanitaceae	鹅膏属	Amanita	角鳞灰鹅膏	*Amanita spissacea*
鹅膏菌科	Amanitaceae	鹅膏属	Amanita	松生鹅膏	*Amanita strobiliformis*
鹅膏菌科	Amanitaceae	鹅膏属	Amanita	黄盖鹅膏	*Amanita subjunquillea*
鹅膏菌科	Amanitaceae	鹅膏属	Amanita	黄盖鹅膏白色变种	*Amanita subjunquillea* var. *alba*
鹅膏菌科	Amanitaceae	鹅膏属	Amanita	杵柄鹅膏	*Amanita sinocitrina*
鹅膏菌科	Amanitaceae	鹅膏属	Amanita	红褐鹅膏菌	*Amanita orsonii*
鹅膏菌科	Amanitaceae	鹅膏属	Amanita	湖南鹅膏菌	*Amanita hunanensis*
鹅膏菌科	Amanitaceae	鹅膏属	Amanita	灰鹅膏	*Amanita vaginata*
鹅膏菌科	Amanitaceae	鹅膏属	Amanita	假褐云斑鹅膏	*Amanita pseudoporphyria*
鹅膏菌科	Amanitaceae	鹅膏属	Amanita	拟卵盖鹅膏菌	*Amanita neoovoidea*
鹅膏菌科	Amanitaceae	鹅膏属	Amanita	松果鹅膏菌	*Amanita stribiliformis*
鹅膏菌科	Amanitaceae	鹅膏属	Amanita	显鳞鹅膏菌	*Amanita clarisquamos*
鹅膏菌科	Amanitaceae	鹅膏属	Amanita	小豹斑鹅膏	*Amanita parvipantherina*
鹅膏菌科	Amanitaceae	鹅膏属	Amanita	锥鳞白鹅膏	*Amanita virgineoides*
鹅膏菌科	Amanitaceae	鹅膏属	Amanita	土红鹅膏	*Amanita rufoferruginea*
珊瑚菌科	Clavariaceae	锁瑚菌属	Clavulina	冠锁瑚菌	*Clavulina coralloides*
丝膜菌科	Cortinariaceae	丝膜菌属	Cortinarius	烟灰褐丝膜菌	*Cortinarius anomalus*
丝膜菌科	Cortinariaceae	丝膜菌属	Cortinarius	双环丝膜菌	*Cortinarius bivelus*
丝膜菌科	Cortinariaceae	丝膜菌属	Cortinarius	皱盖丝膜菌	*Cortinarius caperatus*

（续）

科		属		种	
中文名	拉丁名	中文名	拉丁名	中文名	拉丁名
丝膜菌科	Cortinariaceae	丝膜菌属	Cortinarius	铬黄丝膜菌	*Cortinarius croceicolor*
丝膜菌科	Cortinariaceae	丝膜菌属	Cortinarius	柯夫丝膜菌	*Cortinarius korfii*
丝膜菌科	Cortinariaceae	丝膜菌属	Cortinarius	血红丝膜菌	*Cortinarius sanguineus*
轴腹菌科	Hydnangiaceae	蜡蘑属	Laccaria	白蜡蘑	*Laccaria alba*
轴腹菌科	Hydnangiaceae	蜡蘑属	Laccaria	红蜡蘑	*Laccaria laccata*
轴腹菌科	Hydnangiaceae	蜡蘑属	Laccaria	俄亥俄蜡蘑	*Laccaria ohiensis*
轴腹菌科	Hydnangiaceae	蜡蘑属	Laccaria	条柄蜡蘑	*Laccaria proxima*
轴腹菌科	Hydnangiaceae	蜡蘑属	Laccaria	酒红蜡蘑	*Laccaria vinaceoavellanea*
轴腹菌科	Hydnangiaceae	蜡蘑属	Laccaria	紫晶蜡蘑	*Laccaria amethystina*
蜡伞科	Hygrophoraceae	蜡伞属	Hygrophorus	红蜡伞	*Hygrophorus puniceus*
层腹菌科	Hymenogastraceae	盔孢伞属	Galerina	秋生盔孢伞	*Galerina autumnalis*
层腹菌科	Hymenogastraceae	盔孢伞属	Galerina	黄褐盔孢伞	*Galerina helvoliceps*
层腹菌科	Hymenogastraceae	裸盖菇属	Psilocybe	喜粪裸盖菇	*Psilocybe coprophila*
丝盖伞科	Inocybaceae	丝盖伞属	Inocybe	暗毛丝盖伞	*Inocybe lacera*
丝盖伞科	Inocybaceae	丝盖伞属	Inocybe	光帽丝盖伞	*Inocybe nitidiuscula*
离褶伞科	Lyophyllaceae	寄生菇属	Asterophora	星孢寄生菇	*Nyctalis asterophora*
小皮伞科	Marasmiaceae	小皮伞属	Marasmius	黑顶小皮伞	*Marasmius nigrodiscus*
小皮伞科	Marasmiaceae	小皮伞属	Marasmius	硬柄小皮伞	*Marasmius oreades*
小皮伞科	Marasmiaceae	小皮伞属	Marasmius	紫条沟小皮伞	*Marasmius purpureostriatus*
小皮伞科	Marasmiaceae	小皮伞属	Marasmius	轮小皮伞	*Marasmius rotalis*
小皮伞科	Marasmiaceae	小皮伞属	Marasmius	干小皮伞	*Marasmius siccus*
小皮伞科	Marasmiaceae	小皮伞属	Marasmius	拟聚生小皮伞	*Marasmius subabundans*
小皮伞科	Marasmiaceae	小皮伞属	Marasmius	橙黄小皮伞	*Marasmius aurantiacus*
小皮伞科	Marasmiaceae	大金钱菌属	Megacollybia	杯状奥德蘑	*Megacollybia clitocyboidea*
小菇科	Mycenaceae	小菇属	Mycena	沟柄小菇	*Mycena polygramma*
小菇科	Mycenaceae	小菇属	Mycena	洁小菇	*Mycena pura*
小菇科	Mycenaceae	扇菇属	Panellus	鳞皮扇菇	*Panellus stipticus*
小菇科	Mycenaceae	黏柄小菇属	Roridomyces	泪滴状黏柄小菇	*Roridomyces roridus*
光茸菌科	Omphalotaceae	裸柄伞属	Gymnopus	栎裸脚伞	*Gymnopilus dryophilus*
光茸菌科	Omphalotaceae	裸柄伞属	Gymnopus	安络小皮伞	*Gymnopus androsaceus*
光茸菌科	Omphalotaceae	裸柄伞属	Gymnopus	堆裸伞	*Gymnopus confluens*

（续）

科		属		种	
中文名	拉丁名	中文名	拉丁名	中文名	拉丁名
光茸菌科	Omphalotaceae	微皮伞属	Marasmiellus	白微皮伞	*Marasmiellus candidus*
光茸菌科	Omphalotaceae	微皮伞属	Marasmiellus	黑柄微皮伞	*Marasmiellus nigripes*
光茸菌科	Mycenaceae	铦囊蘑属	Melanoleuca	铦囊蘑	*Melanoleuca cognata*
光茸菌科	Omphalotaceae	红金钱菌属	Rhodocollybia	乳酪粉金钱菌	*Rhodocollybia butyracea*
泡头菌科	Physalacriaceae	蜜环菌属	Armillaria	奥氏蜜环菌	*Armillaria ostoyae*
泡头菌科	Physalacriaceae	蜜环菌属	Armillaria	蜜环菌	*Armillaria mellea*
泡头菌科	Physalacriaceae	冬菇属	Flammulina	冬菇	*Flammulina velutipes*
侧耳科	Pleurotaceae	亚侧耳属	Hohenbuehelia	亚侧耳	*Hohenbuehelia serotina*
侧耳科	Pleurotaceae	侧耳属	Pleurotus	糙皮侧耳	*Pleurotus ostreatus*
侧耳科	Pleurotaceae	侧耳属	Pleurotus	肺形侧耳	*Pleurotus pulmonarius*
小黑轮科	Resuponataceae	小黑轮属	Resupinatus	小伏褶菌	*Resupinatus applicatus*
光柄菇科	Pluteaceae	光柄菇属	Pluteus	鼠灰光柄菇	*Pluteus murinus*
光柄菇科	Pluteaceae	光柄菇属	Pluteus	狮黄光柄菇	*Pluteus leoninus*
小脆柄菇科	Psathyrellaceae	小鬼伞属	Coprinellus	白小鬼伞	*Coprinellus disseminatus*
小脆柄菇科	Psathyrellaceae	拟鬼伞属	Coprinopsis	墨汁拟鬼伞	*Coprinopsis atramentaria*
小脆柄菇科	Psathyrellaceae	拟鬼伞属	Coprinopsis	白绒拟鬼伞	*Coprinopsis lagopus*
小脆柄菇科	Psathyrellaceae	拟鬼伞属	Coprinopsis	晶粒小鬼伞	*Coprinellus micaceus*
小脆柄菇科	Psathyrellaceae	近地伞属	Parasola	射纹鬼伞	*Parasola leiocephala*
小脆柄菇科	Psathyrellaceae	小脆柄菇属	Psathyrella	黄盖小脆柄菇	*Psathyrella candolleana*
小脆柄菇科	Psathyrellaceae	小脆柄菇属	Psathyrella	白黄小脆柄菇	*Psathyrella candolleana* f. *incerta*
小脆柄菇科	Psathyrellaceae	小脆柄菇属	Psathyrella	小脆柄菇	*Psathyrella disseminatus*
小脆柄菇科	Psathyrellaceae	小脆柄菇属	Psathyrella	灰褐小脆柄菇	*Psathyrella spadiceogrisea*
小脆柄菇科	Psathyrellaceae	小脆柄菇属	Psathyrella	褶纹鬼伞	*Parasola plicatilis*
小脆柄菇科	Psathyrellaceae	小脆柄菇属	Psathyrella	丸形小脆柄菇	*Psathyrella piluliformis*
裂褶菌科	Schizophyllaceae	裂褶菌属	Schizophyllum	裂褶菌	*Schizophyllum commune*
球盖菇科	Strophariaceae	田头菇属	Agrocybe	田头菇	*Agrocybe praecox*
球盖菇科	Strophariaceae	田头菇属	Agrocybe	平田头菇	*Naucoria pediades*
球盖菇科	Strophariaceae	沿丝伞属	Hypholoma	丛生垂幕菇	*Hypholoma fasciculare*
球盖菇科	Strophariaceae	沿丝伞属	Hypholoma	砖红垂幕菇	*Hypholoma lateritium*
球盖菇科	Strophariaceae	沿丝伞属	Naematoloma	丛生韧黑伞	*Naematoloma fasciculare*

（续）

科		属		种	
中文名	拉丁名	中文名	拉丁名	中文名	拉丁名
球盖菇科	Strophariaceae	鳞伞属	Pholiota	多脂鳞伞	*Pholiota adiposa*
球盖菇科	Strophariaceae	鳞伞属	Pholiota	小孢鳞伞	*Pholiota microspora*
球盖菇科	Strophariaceae	鳞伞属	Pholiota	柠檬鳞伞	*Pholiota limonella*
口蘑科	Tricholomataceae	香蘑属	Lepista	白香蘑	*Lepista caespitosa*
口蘑科	Tricholomataceae	香蘑属	Lepista	紫丁香蘑	*Lepista nuda*
口蘑科	Tricholomataceae	白桩菇属	Leucopaxillus	大白桩菇	*Leucopaxillus giganteus*
白蘑科	Tricholomataceae	假蜜环菌属	Armillariella	假蜜环菌	*Armillariella tabescens*
粪伞科	Bolbitiaceae	环鳞伞属	Descolea	黄环鳞伞	*Descolea flavoannulata*
牛肝菌科	Boletaceae	薄瓢牛肝菌属	Baorangia	假红足薄瓢牛肝菌	*Baorangia pseudocalopus*
牛肝菌科	Boletaceae	牛肝菌属	Boletus	双色牛肝菌	*Boletus bicolor*
牛肝菌科	Boletaceae	牛肝菌属	Boletus	美味牛肝菌	*Boletus edulis*
牛肝菌科	Boletaceae	牛肝菌属	Boletus	栗色圆孔牛肝菌	*Boletus umbriniporus*
牛肝菌科	Boletaceae	牛肝菌属	Boletus	白牛肝菌	*Boletus albus*
牛肝菌科	Boletaceae	牛肝菌属	Boletus	考夫曼网柄牛肝菌	*Boletus ornatipes*
牛肝菌科	Boletaceae	牛肝菌属	Boletus	铅紫异色牛肝菌	*Sutorius eximius*
牛肝菌科	Boletaceae	粉蓝牛肝菌属	Cyanoboletus	华粉蓝牛肝菌	*Cyanoboletus sinopulverulentus*
牛肝菌科	Boletaceae	厚瓢牛肝菌属	Hourangia	厚瓢牛肝菌	*Hourangia cheoi*
牛肝菌科	Boletaceae	褶孔牛肝菌属	Phylloporus	美丽褶孔牛肝菌	*Phylloporus bellus*
牛肝菌科	Boletaceae	网孢牛肝菌属	Retiboletus	日本网孢牛肝菌	*Heimioporus japonicus*
牛肝菌科	Boletaceae	网柄牛肝菌属	Retiboletus	灰褐网柄牛肝菌	*Retiboletus griseus*
牛肝菌科	Boletaceae	网柄牛肝菌属	Retiboletus	黑网柄牛肝菌	*Retiboletus nigerrimus*
牛肝菌科	Boletaceae	网柄牛肝菌属	Retiboletus	张飞网柄牛肝菌	*Retiboletus zhangfeii*
牛肝菌科	Boletaceae	皱盖牛肝菌属	Rugiboletus	皱盖牛肝菌	*Rugiboletus extremiorientalis*
牛肝菌科	Boletaceae	松塔牛肝菌属	Strobilomyces	松塔牛肝菌	*Strobilomyces strobilaceus*
牛肝菌科	Boletaceae	粉孢牛肝菌属	Tylopilus	黑盖粉孢牛肝菌	*Tylopilus alboater*
牛肝菌科	Boletaceae	粉孢牛肝菌属	Tylopilus	新苦粉孢牛肝菌	*Tylopilus neofelleus*
牛肝菌科	Boletaceae	粉孢牛肝菌属	Tylopilus	类铅紫粉孢牛肝菌	*Tylopilus plumbeoviolaceoides*
牛肝菌科	Boletaceae	绒盖牛肝菌属	Xerocomellus	红绒盖牛肝菌	*Xerocomellus chrysenteron*
牛肝菌科	Boletaceae	黄脚牛肝菌属	Harrya	黄脚粉孢牛肝菌	*Harrya chromapes*
小牛肝菌科	Boletinellaceae	脉柄牛肝菌属	Phlebopus	暗褐网柄牛肝菌	*Phlebopus portentosus*
铆钉菇科	Gomphidiaceae	铆钉菇属	Chroogomphus	拟绒盖色钉菇	*Chroogomphus pseudotomentosus*

（续）

科		属		种	
中文名	拉丁名	中文名	拉丁名	中文名	拉丁名
铆钉菇科	Gomphidiaceae	铆钉菇属	Chroogomphus	色钉菇	*Chroogomphus rutilus*
黏盖牛肝菌科	Suillaceae	乳牛肝菌属	Suillus	黏盖乳牛肝菌	*Suillus bovinus*
黏盖牛肝菌科	Suillaceae	乳牛肝菌属	Suillus	点柄乳牛肝菌	*Suillus granulatus*
黏盖牛肝菌科	Suillaceae	乳牛肝菌属	Suillus	厚环乳牛肝菌	*Suillus grevillei*
黏盖牛肝菌科	Suillaceae	乳牛肝菌属	Suillus	褐环乳牛肝菌	*Suillus luteus*
黏盖牛肝菌科	Suillaceae	乳牛肝菌属	Suillus	灰环乳牛肝菌	*Suillus laricinus*
硬皮地星科	Astraeaceae	硬皮地星属	Astraeus	硬皮地星	*Astraeus hygrometricus*
桩菇菌科	Paxillaceae	短孢牛肝菌属	Gyrodon	铅色短孢牛肝菌	*Gyrodon lividus*
硬皮马勃科	Sclerodermataceae	硬皮马勃属	Scleroderma	马勃状硬皮马勃	*Scleroderma areolatum*
硬皮马勃科	Sclerodermataceae	硬皮马勃属	Scleroderma	橙黄硬皮马勃	*Scleroderma citrinum*
硬皮马勃科	Sclerodermataceae	硬皮马勃属	Scleroderma	多疣硬皮马勃	*Scleroderma verrucosum*
硬皮马勃科	Sclerodermataceae	硬皮马勃属	Scleroderma	大孢硬皮马勃	*Scleroderma bovista*
硬皮马勃科	Sclerodermataceae	硬皮马勃属	Scleroderma	光硬皮马勃	*Scleroderma cepa*
小塔氏菌科	Tapinellaceae	小塔氏菌属	Tapinella	毛柄小塔氏菌	*Tapinella atrotomentosa*
地星科	Geastraceae	地星属	Geastrum	袋形地星	*Geastrum saccatum*
地星科	Geastraceae	地星属	Geastrum	尖顶地星	*Geastrum triplex*
笼头菌科	Clausatulaceae	笼头菌属	Clathrus	阿切氏笼头菌	*Clathrus archeri*
笼头菌科	Clausatulaceae	笼头菌属	Clathrus	笼菌	*Ileodictyon gracile*
鬼笔科	Phallaceae	小林鬼笔属	Linderiella	蟹爪菌	*Linderiella bicolumnata*
鬼笔科	Phallaceae	鬼笔属	Phallus	白鬼笔	*Phallus impudicus*
鬼笔科	Phallaceae	鬼笔属	Phallus	红鬼笔	*Phallus rubicundus*
鬼笔科	Phallaceae	三叉鬼笔属	Pseudocolus	纺锤爪鬼笔	*Pseudocolus fusiformis*
刺革菌科	Hymenochaetaceae	集毛孔菌属	Coltricia	丝光钹孔菌	*Coitricia cinnamonea*
刺革菌科	Hymenochaetaceae	集毛孔菌属	Coltricia	肉桂色集毛菌	*Coltricia cinnamomea*
拟层孔菌科	Fomitopsidaceae	薄孔菌属	Antrodia	白薄孔菌	*Antrodia albida*
拟层孔菌科	Fomitopsidaceae	拟层孔菌属	Fomitopsis	红颊拟层孔菌	*Fomitopsis cytisina*
拟层孔菌科	Fomitopsidaceae	茯苓属	Wolfiporia	茯苓	*Wolfiporia extensa*
齿耳科	Steccherinaceae	小薄孔菌属	Antrodiella	白膏小薄孔菌	*Antrodiella incrustans*
齿耳科	Steccherinaceae	小薄孔菌属	Antrodiella	环带小薄孔菌	*Antrodiella zonata*
灵芝科	Ganodermataceae	灵芝属	Ganoderma	树舌灵芝	*Ganoderma applanatum*
灵芝科	Ganodermataceae	灵芝属	Ganoderma	灵芝	*Ganoderma lucidum*

（续）

科		属		种	
中文名	拉丁名	中文名	拉丁名	中文名	拉丁名
灵芝科	Ganodermataceae	灵芝属	Ganoderma	中华灵芝	*Ganoderma sinense*
皱孔菌科	Meruliaceae	残孔菌属	Abortiporus	二年残孔菌	*Abortiporus biennis*
皱孔菌科	Meruliaceae	树花菌属	Grifola	灰树花孔菌	*Grifola frondosa*
酸味菌科	Oxyporaceae	酸味菌属	Oxyporus	杨锐孔菌	*Oxyporus populinus*
多孔菌科	Polyporaceae	齿毛菌属	Cerrena	一色齿毛菌	*Cerrena unicolor*
多孔菌科	Polyporaceae	云芝属	Coriolus	毛革盖菌	*Coriolus hirsutus*
多孔菌科	Polyporaceae	拟迷孔菌属	Daedaleopsis	粗糙拟迷孔菌	*Daedaleopsis confragosa*
多孔菌科	Polyporaceae	拟迷孔菌属	Daedaleopsis	三色拟迷孔菌	*Daedaleopsis tricolor*
多孔菌科	Polyporaceae	层孔菌属	Fomes	木蹄层孔菌	*Fomes fomentarius*
多孔菌科	Polyporaceae	全缘孔菌属	Haploporus	香味全缘孔菌	*Haploporus odorus*
多孔菌科	Polyporaceae	囊孔菌属	Hirschioporus	冷杉囊孔菌	*Hirschioporus abietinus*
多孔菌科	Polyporaceae	大孔菌属	Megasporoporia	漏斗大孔菌	*Favolus arcularius*
多孔菌科	Polyporaceae	多年卧孔菌属	Perenniporia	白蜡多年卧孔菌	*Perenniporia fraxinophila*
多孔菌科	Polyporaceae	多年卧孔菌属	Perenniporia	骨质多年卧孔菌	*Perenniporia minutissima*
多孔菌科	Polyporaceae	红孔菌属	Pycnoporus	鲜红密孔菌	*Pycnoporus cinnabarinus*
多孔菌科	Polyporaceae	红孔菌属	Pycnoporus	血红密孔菌	*Pycnoporus sanguineus*
多孔菌科	Polyporaceae	多年卧孔菌属	Perenniporia	刺槐多年卧孔菌	*Perenniporia robiniophila*
多孔菌科	Polyporaceae	栓孔菌属	Trametes	云芝栓孔菌	*Trametes versicolor*
多孔菌科	Polyporaceae	栓菌属	Trametes	狭檐栓菌	*Trametes serialis*
耳壳菌科	Dacryobolaceae	波斯特孔菌属	Postia	脆波斯特孔菌	*Postia fragilis*
耳壳菌科	Dacryobolaceae	波斯特孔菌属	Postia	奶油波斯特孔菌	*Postia lactea*
革菌科	Thelephoraceae	革菌属	Thelephora	日本糙饱革菌	*Thelephora japonica*
革菌科	Thelephoraceae	革菌属	Thelephora	莲座糙孢革菌	*Thelephora vialis*
革菌科	Thelephoraceae	革菌属	Thelephora	干巴菌	*Thelephora ganbajun*
耳匙菌科	Auriscalpiaceae	小香菇属	Lentinellus	贝壳状小香菇	*Lentinellus cochleatus*
红菇科	Russulaceae	乳菇属	Lactarius	辛辣乳菇	*Lactarius acerrimus*
红菇科	Russulaceae	乳菇属	Lactarius	松乳菇	*Lactarius deliciosus*
红菇科	Russulaceae	乳菇属	Lactarius	细弱乳菇	*Lactarius gracilis*
红菇科	Russulaceae	乳菇属	Lactarius	红汁乳菇	*Lactarius hatsudake*
红菇科	Russulaceae	乳菇属	Lactarius	砖红乳菇	*Lactarius lateritioroseus*
红菇科	Russulaceae	乳菇属	Lactarius	多汁乳菇	*Lactarius volemus*

（续）

科		属		种	
中文名	拉丁名	中文名	拉丁名	中文名	拉丁名
红菇科	Russulaceae	乳菇属	Lactarius	亚绒白乳菇	*Lactarius subvellereus*
红菇科	Russulaceae	乳菇属	Lactarius	香亚环乳菇	*Lactarius subzonarius*
红菇科	Russulaceae	乳菇属	Lactarius	白乳菇	*Lactarius piperatus*
红菇科	Russulaceae	乳菇属	Lactarius	环纹乳菇	*Lactarius insulsus*
红菇科	Russulaceae	多汁乳菇属	Lactifluus	达瓦里多汁乳菇	*Lactifluus dwaliensis*
红菇科	Russulaceae	红菇属	Russula	花盖红菇	*Russula cyanoxantha*
红菇科	Russulaceae	红菇属	Russula	美味红菇	*Russula delica*
红菇科	Russulaceae	红菇属	Russula	密褶红菇	*Russula densifolia*
红菇科	Russulaceae	红菇属	Russula	毒红菇	*Russula emetica*
红菇科	Russulaceae	红菇属	Russula	玫瑰红菇	*Russula rosacea*
红菇科	Russulaceae	红菇属	Russula	血红菇	*Russula sanguinea*
红菇科	Russulaceae	红菇属	Russula	变绿红菇	*Russula virescens*
红菇科	Russulaceae	红菇属	Russula	稀褶黑菇	*Russula nigricans*
红菇科	Russulaceae	红菇属	Russula	点柄臭黄菇	*Russula senecis* Imai
红菇科	Russulaceae	红菇属	Russula	臭黄菇	*Russula fotens*
红菇科	Russulaceae	红菇属	Russula	金红菇	*Russula aurata*
红菇科	Russulaceae	红菇属	Russula	污黄红菇	*Russula metachroa*
红菇科	Russulaceae	红菇属	Russula	绒盖红菇 （绒紫红菇）	*Russula mariae*
红菇科	Russulaceae	红菇属	Russula	拟篦边红菇	*Russula pectinatoides*
红菇科	Russulaceae	红菇属	Russula	沼泽红菇	*Russula paludosa*
红菇科	Russulaceae	红菇属	Russula	黄红菇	*Russula lutea*
韧革菌科	Stereaeeae	韧革菌属	Stereum	韧革菌	*Stereum princeps*
齿菌科	Hydnaceae	鸡油菌属	Cantharellus	鸡油菌	*Cantharellus cibarius*
齿菌科	Hydnaceae	鸡油菌属	Cantharellus	小鸡油菌	*Cantharellus minor*
齿菌科	Hydnaceae	鸡油菌属	Cantharellus	疣孢鸡油菌	*Cantharellus tuberculosporus*
齿菌科	Hydnaceae	鸡油菌属	Cantharellus	桃红胶鸡油菌	*Cantharellus cinnabarinus*
虫草科	Cordycipitaceae	虫草属	Cordyceps	蛹虫草	*Cordyceps militaris*
钉菇科	Gomphaceae	钉菇属	Gomphus	毛钉菇	*Gomphus floccosus*
钉菇科	Gomphaceae	枝瑚菌属	Ramaria	浅黄枝瑚菌	*Ramaria flavescens*
肉杯菌科	Sarcoscyphaceae	肉杯菌属	Sarcoscypha	绯红肉杯菌	*Sarcoscypha coccinea*
肉杯菌科	Sarcoscyphaceae	肉杯菌属	Sarcoscypha	柯夫肉杯菌	*Sarcoscypha korfiana*

附录 8　崂山生物多样性图集

一、崂山景观

二、植物物种

◎ 白木乌桕

◎ 黄檗

◎ 鹅掌楸

◎ 鸡树条

◎ 玫瑰

◎ 玫瑰

◎ 青岛百合

◎ 青岛百合

◎ 软枣猕猴桃

◎ 珊瑚菜

◎ 软枣猕猴桃

◎ 山茴香

◎ 珊瑚菜

◎ 水杉

◎ 水杉

◎ 天女花

◎ 无柱兰

◎ 野大豆

◎ 野大豆花

◎ 银杏

◎ 迎红杜鹃

◎ 中华猕猴桃

◎ 中华猕猴桃

◎ 紫椴

◎ 紫椴

三、陆生脊椎动物

◎ 太行林蛙

◎ 丽斑麻蜥

◎ 长岛蝮

◎ 白腹蓝鹟

◎ 戴胜

◎ 赤腹鹰

◎ 发冠卷尾

◎ 黄嘴白鹭

◎ 丘鹬

◎ 红尾鸫

◎ 珠颈斑鸠

◎ 红脚隼

◎ 游隼

◎ 红隼

◎ 渡濑氏鼠耳蝠

四、昆虫

◎ 多异瓢虫

◎ 短毛斑金龟

◎ 大蜂虻

◎ 大头金蝇

◎ 黑尾大叶蝉

◎ 点蜂缘蝽

◎ 墨胸胡蜂

◎ 黄钩蛱蝶

◎ 金凤蝶

◎ 碧凤蝶

◎ 棉蝗

◎ 绿步甲

五、水生生物

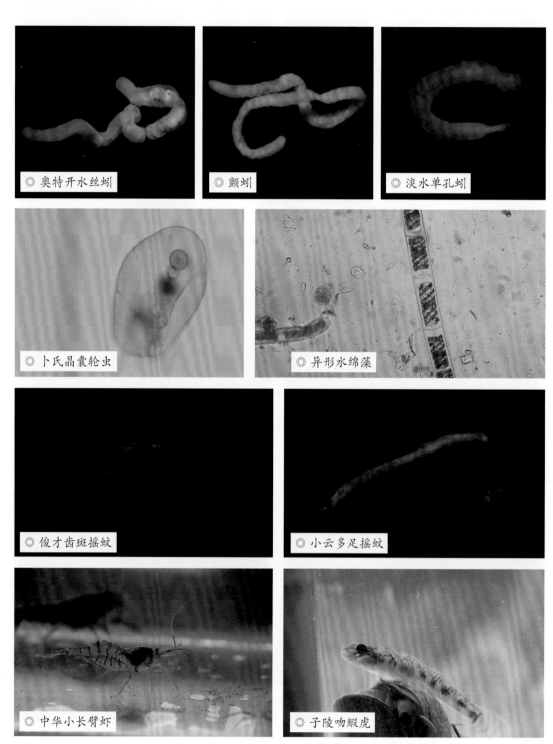

◎ 奥特开水丝蚓

◎ 颤蚓

◎ 淡水单孔蚓

◎ 卜氏晶囊轮虫

◎ 异形水绵藻

◎ 俊才齿斑摇蚊

◎ 小云多足摇蚊

◎ 中华小长臂虾

◎ 子陵吻鰕虎

六、工作照

后　记

　　历经两年多的野外调查、数据整理、分析编写等工作，《沧溟东海崂 山遥万物生——青岛崂山生物多样性调查与评估报告》（简称《报告》）即将出版。《报告》是第一次全面、系统、深入、规范地对崂山生物多样性基本状况的总结和概括，为青岛市、山东省乃至国家生物多样性保护和提高提供了不可或缺的基础资料。作为山东省生物多样性调查的试点，《报告》的出版也为山东省生物多样调查及成果总结提供了可参考的范式。

　　《报告》是在青岛市生态环境局的指导和协调下完成的。在野外调查和成果总结过程中，青岛市生态环境局不仅在人力、物力、经费等方面提供了有利支持和保障，并通过组织专家咨询会、野外调查培训、定期监督评估等方式，保证了调查的顺利进展和报告的圆满完成。山东大学等五个高校和研究机构负责野外调查及书稿撰写。其中，生态系统多样性、植物多样性、大型真菌多样性调查与评估由山东大学植被与生物多样性团队负责完成；哺乳动物多样性、两栖及爬行动物多样性、鸟类多样性调查与评估由青岛市观鸟协会负责完成；昆虫多样性调查与评估由青岛农业大学有关团队负责完成；水生生物多样性调查与评估由中国海洋大学团队负责完成；生物多样性面临的主要威胁及保护对策建议由青岛市环境保护科学研究院负责完成。对于所有参与调查和报告起草的老师、同学及专家学者表示衷心的感谢。

　　青岛市崂山区、城阳区、李沧区的相关部门为野外调查工作提供了支持；山东青岛森林生态系统国家定位观测研究站、山东省植被生态示范工程技术研究中心、青岛市森林和湿地生态研究重点实验室（筹）、山东大学黄河国家战略研究院等为本书的出版提供了平台支持及技术支撑和部分经费支持。在此一并致谢。

　　在《报告》的撰写过程中，还得到了国家林业和草原局林草调查规划院教授级高级工程师郜二虎、吉林农业大学农学院教授图力古尔、中国科学院植物研究所副研究员刘冰、山东农业大学教授许永玉、青岛农业大学教授李海防、青岛市林学会理事长郭仕涛、青岛市园林和林业综合服务中心副主任范培先、崂山国家森林公园管理服务中心（崂山林场）副主任魏小鹏、青岛市农业农村局王永显研究员等专家的指导、支持和帮助。在此特别感谢。

党的二十大报告指出，尊重自然、顺应自然、保护自然，是全面建设社会主义现代化国家的内在要求。必须牢固树立和践行绿水青山就是金山银山的理念，站在人与自然和谐共生的高度谋划发展，贯彻落实"提升生态系统多样性、稳定性、持续性"。2022年12月《生物多样性公约》第十五次缔约方大会（COP15）通过"昆明 - 蒙特利尔全球生物多样性框架"，为今后直至2030年乃至更长一段时间的全球生物多样性治理擘画了新蓝图。在生物多样性保护、自然保护地体系建立，以及美丽山东建设的关键历史时刻，《报告》的出版对美丽中国的建设和中国式现代化的推进都具有重要的现实意义和历史意义。